博士后文库
中国博士后科学基金资助出版

复杂约束下多智能体网络协同控制

崔 冰 著

科 学 出 版 社
北 京

内 容 简 介

本书以多智能体网络协同控制理论为核心，围绕近十年复杂约束下多智能体网络协同控制相关研究的难点和热点问题，从系统模型、网络拓扑结构、分布式控制方法等多个角度出发，针对线性、非线性多智能体网络，系统地解决了间断式通信、时滞非线性、未知非线性动态、状态约束等因素下的协同控制问题，并以航天器编队飞行任务为背景，介绍了多种不确定性影响下的多航天器有限时间姿态协同控制方法，实现了多航天器系统的高性能姿态控制，进一步在复杂网络拓扑结构下，给出了满足多任务需求的姿态编队-合围控制方法，并通过大量的数值仿真实例验证了理论结果的有效性和可行性。

本书可作为协同控制及其相关研究领域的教师、科研人员及工程技术人员的参考用书，也可作为高等院校自动化、系统科学、计算机等理工科专业高年级本科生及研究生的教材和参考用书。

图书在版编目(CIP)数据

复杂约束下多智能体网络协同控制 / 崔冰著. -- 北京 : 科学出版社, 2024. 11. -- （博士后文库）. -- ISBN 978-7-03-079674-5

I. V448.22

中国国家版本馆 CIP 数据核字第 20243X706N 号

责任编辑：张海娜　纪四稳 / 责任校对：郑金红
责任印制：肖　兴 / 封面设计：陈　敬

科学出版社 出版
北京东黄城根北街 16 号
邮政编码: 100717
http://www.sciencep.com
涿州市般润文化传播有限公司印刷
科学出版社发行　各地新华书店经销
*
2024 年 11 月第　一　版　开本: 720×1000　1/16
2024 年 11 月第一次印刷　印张: 14
字数: 282 000

定价: 118.00 元
(如有印装质量问题, 我社负责调换)

“博士后文库”序言

1985年，在李政道先生的倡议和邓小平同志的亲自关怀下，我国建立了博士后制度，同时设立了博士后科学基金。30多年来，在党和国家的高度重视下，在社会各方面的关心和支持下，博士后制度为我国培养了一大批青年高层次创新人才。在这一过程中，博士后科学基金发挥了不可替代的独特作用。

博士后科学基金是中国特色博士后制度的重要组成部分，专门用于资助博士后研究人员开展创新探索。博士后科学基金的资助，对正处于独立科研生涯起步阶段的博士后研究人员来说，适逢其时，有利于培养他们独立的科研人格、在选题方面的竞争意识以及负责的精神，是他们独立从事科研工作的“第一桶金”。尽管博士后科学基金资助金额不大，但对博士后青年创新人才的培养和激励作用不可估量。四两拨千斤，博士后科学基金有效地推动了博士后研究人员迅速成长为高水平的研究人才，“小基金发挥了大作用”。

在博士后科学基金的资助下，博士后研究人员的优秀学术成果不断涌现。2013年，为提高博士后科学基金的资助效益，中国博士后科学基金会联合科学出版社开展了博士后优秀学术专著出版资助工作，通过专家评审遴选出优秀的博士后学术著作，收入“博士后文库”，由博士后科学基金资助、科学出版社出版。我们希望，借此打造专属于博士后学术创新的旗舰图书品牌，激励博士后研究人员潜心科研，扎实治学，提升博士后优秀学术成果的社会影响力。

2015年，国务院办公厅印发了《关于改革完善博士后制度的意见》(国办发〔2015〕87号)，将“实施自然科学、人文社会科学优秀博士后论著出版支持计划”作为“十三五”期间博士后工作的重要内容和提升博士后研究人员培养质量的重要手段，这更加凸显了出版资助工作的意义。我相信，我们提供的这个出版资助平台将对博士后研究人员激发创新智慧、凝聚创新力量发挥独特的作用，促使博士后研究人员的创新成果更好地服务于创新驱动发展战略和创新型国家的建设。

祝愿广大博士后研究人员在博士后科学基金的资助下早日成长为栋梁之才，为实现中华民族伟大复兴的中国梦做出更大的贡献。

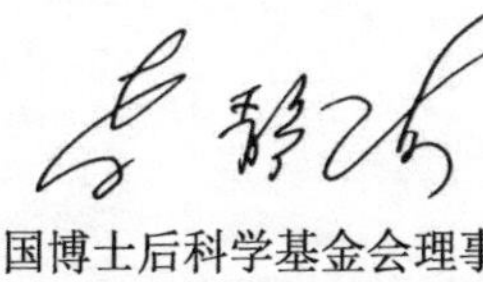

中国博士后科学基金会理事长

前言

多智能体网络是人工智能的一个重要分支，是由一组具有自主性的智能体组成，以相互的信息通信等方式进行耦合，通过控制方法及策略协同完成单个智能体自身所不能实现的复杂任务。近年来，随着计算、通信、传感器及执行器等的小型化，大规模实际工程系统的各个组成单元逐渐成为具有高度自治性的智能体，为共同完成民用与军用的复杂任务提供了可能。相比于单个智能体，网络化的多智能体系统具有更高的执行效率、优良的可扩展性及较好的鲁棒性等特点。针对多智能体系统的研究已逐渐形成一类综合性的复杂系统科学，其建模与控制问题受到了来自数学、控制、通信、计算机等领域学者的广泛关注。由于智能体数量规模庞大、传感器感知能力及通信距离有限等问题，不可能按照传统的系统网络设计全局中央控制器，因此如何设计只依赖于邻近个体信息的分布式控制律成为协同控制领域具有挑战性的任务，也得到了广大研究学者的关注。

在多智能体网络协同控制任务中，各智能体系统本身存在系统时滞、不确定性、非线性动态以及状态约束等多种复杂因素，同时，智能体系统之间的网络拓扑结构会由于特定任务需求、系统移动等问题而发生变化，并且系统之间的信息在通信传输过程中会发生数据丢包、非对称信息交互等现象，这些复杂约束因素从客观上对分布式控制设计提出了更高的要求，使得多智能体网络协同控制的研究具有挑战性。针对网络中客观存在的复杂约束因素的影响，本书以多智能体网络协同控制为主线，系统地介绍了复杂约束下多智能体网络协同控制的理论方法及多航天器姿态协同控制方法。全书共 8 章，主要内容如下：

第 1 章为绪论，首先阐述本书的研究背景和意义，然后对多智能体网络协同控制、一致性控制理论进行全面的综述，其次介绍协同控制理论在多航天器系统姿态协同控制中的应用。

第 2 章介绍在理论推导过程中所用到的代数图论、系统稳定性理论、神经网络逼近理论、航天器姿态模型的基础理论知识，并给出本书中常用符号与相关引理的说明。

第 3～6 章考虑到对网络协同控制影响的复杂约束因素，分别从间断式通信、时滞非线性、未知非线性动态和状态约束四个方面，提出一系列有效的协同控制方法。

第 7、8 章在第 1～6 章的理论基础上，进一步面向航天器编队飞行任务，针对航天器姿态系统设计有限时间姿态协同控制方法与姿态协同编队-合围控制方法。

本书集中了作者自 2013 年以来在协同控制理论方面的一系列研究成果，其涉及的研究工作得到了国家自然科学基金 (61803031、62173041)、中国博士后科学基金 (2017M620640、2019T120053) 等项目的资助，在此表示感谢。对夏元清教授、赵春晖教授、Frank L. Lewis 教授、马铁东副教授、王玉娟研究员、刘坤研究员、张金会教授等长期的指导与帮助表示衷心的感谢。同时，感谢赵国涛、毛玲、胡飞扬、李广、李青松等同学对本书出版给予的大力帮助。

由于作者水平和能力有限，书中难免存在不足之处，敬请广大读者批评指正。

崔 冰

2024 年 5 月

目　录

第 1 章 绪　论

1.1 研究背景及意义

近年来，随着计算、通信及传感等技术的发展，依靠网络交互信息的多智能体网络逐渐兴起，其相关研究越来越多，如何控制多智能体网络实现各种各样复杂任务成为学者关注的热点。从控制的角度出发，一种直接的解决方案是对网络中的智能体采用集中式控制方法，从而实现控制目的。该解决方案需要一个中央控制器，可以根据获得的所有智能体的信息做出控制决策，并且发送控制指令，也称为集中式控制。但是随着智能体数目增加，受到通信传感距离受限、通信线路容易发生故障等因素的影响，这种像传统网络中的全局中央控制器难以满足人们解决实际问题的需要。随着分布式计算技术的发展，一种不需要中央控制器的分布式控制策略呈现出了非常明显的优势。虽然网络规模庞大，但是各个个体可以根据自己的目标，动态地完成各自的运动行为，可以只通过与相邻个体的通信来完成特定的任务。

多智能体网络协同合作的思想得益于对自然界中群体行为的观察，如鱼类的群游、鸟类的蜂拥、萤火虫的闪光同步、蚂蚁的聚集等，每一个个体都有其自己的简单行为，但群体上有着统一的行为法则，可以完成迁徙、觅食、御敌、躲避障碍物等群体行为。根据自然界中生物群体展现出来的特点，在 1987 年，Reynolds 首先给出了模拟动物集结的计算机模型[1]，提出了简单的三条群体行为法则：① 分离性，即避免个体之间的碰撞；② 速度匹配，即匹配个体之间的速度和移动方向；③ 聚合性，个体之间的距离保持。对群体行为的数学化研究为多智能体网络协同控制提供了思想启迪，一些关于一致性思想的算法相继提出，从理论上展示出动物的群体行为。在这些算法中，如同自然界中动物的群体移动，各智能体只需要与自己相邻的个体进行通信合作，并不需要全局信息。因此，网络化的多智能体协同控制的思想正是来源于大自然的馈赠，用分布式的思想使各个个体发挥其应有的作用，继而实现整个网络的协同合作。

多智能体网络是由一个环境内交互的多个智能体组成的网络。从这个概念中可以看出，一个多智能体网络主要由两部分构成：多个智能体及它们之间的耦合关系。智能体的概念首先由美国人工智能专家 M. Minsky 教授提出，用来描述存在于特定网络，并能感知及改变环境的一个实体[2]。实体可以是无线网络的基站、移动机器人网络中的机器人、无线传感器网络的节点等，多个实体通过相互通信合作组合在一起就构成了一个多智能体网络。网络中的各个智能体都具有一定的计算、通信、传感和执行能力，并且都具有各自的动力学系统，这类系统的一个显著特点是网络化下的分布式控制，即多智能体网络是由各个个体只根据自身周围的信息进行控制决策来完成一个全局性的任务。如同自然界中动物的群集行为一样，通过多智能体之间的协同合作，用分布式的控制策略完成单个智能体所不能完成的特定任务。

关于多智能体网络的研究，主要聚焦于其内在的演化规律，即如何设计出有效合理的分布式控制律实现整个网络的合作控制。正是因为分布式协同合作这个显著特点，与单个多智能体相比，网络化的多智能体具有高度的灵活性、更强的功能性、更好的扩展性及容错性等优点。因此，多智能体网络协同控制的理论在军用与民用上得到广泛的应用[3,4]，如在军用上一典型应用多无人机系统，可以用于战场侦察和监视，具有成本低、生存能力强、无人员伤亡及机动性能好等优势[5]；在民用上可以为多机器人合作控制[6]、智能电网[7]、智能车辆控制[8] 及无线传感器网络[9,10] 等实际智能系统及许多工业应用提供理论指导。

1.2 多智能体网络协同控制概述

随着工业与经济的发展，如何实现各个智能体之间相互协调合作而不发生矛盾成为实现多智能体网络整体任务的关键因素。因此，多智能体系统的协同控制理论显得尤为重要。作为一种新型的分布式控制技术，多智能体网络协同控制理论的研究自 21 世纪以来引发了学术界、工业界及军用界等领域学者专家的广泛关注，世界各国的研究机构、组织分别投入大量的人力物力资源，针对多智能体网络潜在的应用前景成立了相关的研究机构，并设立了相关的研究计划和研究项目。美国加利福尼亚大学河滨分校的 Wei Ren，美国得克萨斯大学阿灵顿分校的 Frank L. Lewis，新加坡南洋理工大学的谢立华，中国香港中文大学的黄捷，中国北京大学的段志生、李忠奎等，中国科学院数学与系统科学研究院的张纪峰、洪弈光等，中国东南大学的虞文武、温广辉等，他们在国际高水平期刊及会议上发表了大量重要的学术成果，被许多学者和研究人员引用并作为参考。这些工作都在一定程度上推进了多智能体网络协同控制理论的发展与成熟。目前，典型的多智能体网络协同控制理论主要围绕以下几个问题展开[11]。

1) 一致性问题

一致性问题 (consensus problem) 是通过设计智能体局部的通信法则，即各个智能体可以根据相邻智能体与自己的信息来调整自身的行为，使所有智能体的某一个状态量或所有状态量最终趋于相等[3,12,13]。一致性问题是多智能体网络协同控制理论的基本问题，现有文献分别从有领导者和无领导者进行研究，其中在多智能体系统中无领导者的一致性问题又称协同镇定问题，即通过设计的一致性协议使所有智能体的状态最终达到一个平衡点，但是这个平衡点的值无法预先设定并且与所有智能体的初始状态有关；有领导者的一致性问题又称协同跟踪问题，即通过设计一致性协议使所有智能体的状态与领导者一致，该领导者无须考虑网络中多智能体的信息，可以对该网络中部分智能体进行信息传递。领导者的引入极大地拓宽了多智能体网络的应用，可以使多智能体网络的整体行为按照设计者的意愿进行调整，完成特定的任务。除了对以上两个方向进行研究，还从系统模型、网络拓扑结构、分布式控制方法等方面进行了大量研究，并在理论研究与实际应用方面都取得了丰硕的研究成果，具体成果介绍见本章 1.3 节。

2) 编队问题

编队问题 (formation problem) 是通过设计分布式控制协议，使多智能体系统在运动过程中趋近预先设定的几何形态，并向指定目标或方向进行移动，实现编队任务[3,14-16]。编队问题根据是否有可变参考分为编队形成问题及编队跟踪问题。可变参考可以使多智能体系统的编队形式更加多样化，这样既可以躲避运动过程中的障碍风险，也可以完成不同的任务满足实际需要[17,18]。总体来说，对于多智能体系统的编队问题，主要针对队形生成、队形保持、队形切换、编队避障及自适应等方向进行研究，可以使多智能体系统更加有效地完成指定任务[19]。因此，多智能体系统的编队控制在许多实际系统中有着更加广泛的应用前景，如多无人机编队飞行、智能车辆协同行驶、移动机器人编队及卫星群编队等方面[20-22]。

3) 群集问题

群集问题 (swarming/flocking problem) 是智能体之间通过相互信息交流完成整体意义上的宏观同步任务[1]。与编队问题不同的是，群集问题不需要一个预先设定的几何图形，其在自然界中有着广泛存在，如自然界中鸟群的迁徙、萤火虫的同时闪光及蚁群的共同觅食御敌等行为，值得注意的是理解自然界中动物群集的机制能够为实际工程系统实现许多复杂任务提供借鉴意义[23-26]。

除了以上所述的多智能体网络协同控制三个主要问题外，研究内容还包括：① 收敛速度及能量代价的优化问题[27-31]；② 分布式覆盖、调控及监控问题[9,32-34]；③ 分布式估计问题[35-37] 等。上述协同控制问题的本质是实现某一行为的一致性，因此一致性问题是多智能体网络协同控制研究中最基本和首要的问题。例如，编队问题是系统达成一致时，使各智能体与设定队形的中心位置差值达成一致；群集问题是在宏观意义上实现一种整体同步效应。如果在多智能体网络中的编队和群集问题中，只考虑速度匹配及位置聚合问题，这两种问题也就转化为一致性问题。本章主要针对多智能体网络的一致性问题进行研究，接下来就多智能体网络一致性控制进行系统概述。

1.3 多智能体网络一致性控制概述

一致性问题是多智能体系统协同控制理论中的一个基本问题，很早就已经得到广大研究者的关注，尤其在计算机科学领域有着悠久的发展历史，并且是分布式计算理论的基础。一致性问题首先由管理统计学的学者 Degroot 在 20 世纪 70 年代正式提出[38]，之后 Degroot 提出的统计一致性理论在多传感器及医学专家得到的不确定信息融合中得到体现。基于一致性问题的分布式计算理论在系统学和控制理论中也有很好的体现，如 Borkar 等研究了分布式决策系统和平行计算中的异步一致性问题[39,40]，以上这些工作为系统学和控制理论的发展首次提供了分布式计算的思想，也极大地推动了一致性问题的研究。在具有多个智能体或多个传感器节点的网络中，网络化的系统需要达成一个特定的共同值完成特定的任务。因此，在由具有多个复杂动态的智能体组成的网络中，解决其一致性问题是极其重要的。

如何解决多智能体系统的一致性问题呢？生物界中动物群集现象给学者提供了潜在的解决方案。1987 年，Reynolds[1] 首次提出模仿动物群集的计算机模型，又称 Boid 模型，该模型通过三条行为规则可以使杂乱无章的群体最终表现出某种一致性，这些行为规则只依赖于各个个体邻近个体的行为信息。然而，在许多情况下，整个生物群体需要知道一些目的行为信息，如一些迁徙路线或者觅食路线。在这种情况下，群体中的部分个体需要预先知道行为的方向信息。基于这种情况，Couzin 等[41] 研究了具有领导者决策的动物群体问题，并说明部分领导者的存在可以给全局行为带来指导性作用。文献 [42] 进一步研究了不同类型的领导者对全局行为的作用。1995 年，Vicsek 等[43] 将 Boid 模型进行了简化，提出了一种模拟大量粒子自治运动的离散模型，又称 Vicsek 模型。Vicsek 模型的提出引起了众多学者的关注，2003 年，Jadbabaie 等[44] 通过将 Vicsek 模型线性化，利用图论、矩阵论及动态系统理论等经典的线性系统理论方法，对 Vicsek 模型中粒子的一致性问题进行了理论分析，证明了在网络拓扑保持连通的条件下，各个粒子的位置与速度最终趋于一致。Jadbabaie 等对 Vicsek 模型的一致性行为给出了理论证明，这些工作极大地促进了一致性问题的发展，在理论研究与实际应用方面都取得了丰硕的成果。总体而言，现有文献主要从有领导者和无领导者两个方向将其划分为有领导者的一致性问题和无领导者的一致性问题。在以上这两个方向研究的基础上，研究人员还充分考虑固定/可切换拓扑、有向/无向网络拓扑、有/无时滞等复杂约束条件，提出了一系列一致性控制理论和方法。因此，本节针对复杂约束下多智能体网络，并结合系统从简单到复杂的特点，分别从线性、非线性和未知非线性多智能体网络一致性控制三个方面进行文献概述。

1.3.1　线性多智能体网络一致性控制

基于 Fax 等[45] 的早期工作，Olfati-Saber 等[27] 建立了关于一阶积分器多智能体系统一致性问题的理论框架，其中考虑每个智能体的动态模型如下：

$$\dot{x}_i(t) = u_i(t) \tag{1.1}$$

其中，$x_i(t)$ 和 $u_i(t)$ 分别为第 i 个智能体的状态及控制输入。针对以上动态系统模型，提出了两种一致性协议，建立了关于网络几何连通性与一致性协议性能之间的联系，并系统地讨论了以下三种情况的一致性问题：① 有向固定网络拓扑；② 有向时变网络拓扑；③ 通信时滞下的无向固定网络拓扑。2005 年，Ren 等[46] 进一步弱化了在有向网络拓扑结构下系统达成一致性的网络拓扑的要求，提出了相应的一致性协议，理论证明了在固定拓扑下，系统达成一致性的充分必要条件是网络拓扑包含一个生成树；而在可变拓扑情况下，一阶积分器多智能体系统实现一致性的基本条件是在有限的时间区间内联合网络拓扑包含一个生成树。2007 年，Ren 等[47] 和 Olfati-Saber 等[12] 对多智能体网络一致性问题的早期研究进行了详细的总结和介绍。对一阶积分器多智能体网络的研究极大地促进了分布式协同控制理论的发展。

由于工程中绝大多数系统需要二阶甚至高阶的复杂动力学模型进行刻画，如针对高阶模型的研究可以应用于多无人飞行器、机器人等复杂系统的协同控制，从而更具有实际意义，因此激发了广大学者对更为复杂系统的一致性问题研究的热情。Ren[48] 针对是否有有界输入、相邻速度测量等问题系统讨论了二阶积分器多智能体网络的一致性问题，得出了系统实现一致性的充分条件。Yu 等[49] 进一步推广了文献 [48] 的主要结果，给出二阶积分器线性多智能体网络实现一致性的充分必要条件，理论证明了网络拓扑的拉普拉斯矩阵特征值的实部与虚部对一致性结果起到关键作用；并针对具有通信时滞的二阶积分器多智能体系统，提出相应的分布式控制协议，指出如果网络拓扑中具有一个生成树，且通信时滞小于一设定的阈值，系统就可实现一致性。针对状态不可测的情况，Hong 等[50] 通过设计具有状态估计的分布式协议，解决了一类具有领导者的二阶积分器多智能体网络的协同跟踪问题，所考虑的领导者具有比跟随者更为复杂的动力学系统。2007 年，Ren[51] 首次研究了具有高阶积分器动态的多智能体网络模型，其每个智能体的动态模型如下：

$$\begin{aligned} \dot{x}_i^0(t) &= x_i^1(t) \\ \dot{x}_i^{l-2}(t) &= x_i^{l-1}(t) \\ \dot{x}_i^{l-1}(t) &= u_i(t) \end{aligned} \tag{1.2}$$

其中，$x_i(t) = [x_i^0(t), x_i^1(t), \cdots, x_i^{l-1}(t)]^{\mathrm{T}}$ 和 $u_i(t)$ 分别为第 i 个智能体的状态及待设计的一致性控制输入。在有向固定拓扑下，针对有无领导者两种情况分别提出了系统实现一致性的充分必要条件，指出在无领导者的情况下，所有智能体的状态及它们的高阶导数最终分别收敛到一常值。而在有领导者的情况下，所有智能体的状态最终在达成一致的条件下还可以收敛到预先设定的动态模型。He 等[52]研究了无向网络拓扑下高阶多智能体系统的一致性问题，与文献 [51] 不同的是，He 等所提控制方案最终实现了多智能体网络的位置一致性，而其速度最终为零，因而解决了聚集的问题。Yu 等[53] 进一步深入研究有向拓扑下的高阶多智能体系统一致性问题，通过分析系统矩阵的稳定区域，得出当且仅当网络拓扑的拉普拉斯矩阵的所有非零特征值位于其稳定区时，可实现一致性，并扩展到具有领导者的高阶多智能体系统一致性问题。以上文献所考虑的系统动力学模型一般受限于一阶、二阶甚至高阶积分器形式的系统，随后，具有一般系统动态的线性多智能体网络引起了学者的注意。对于一般线性多智能体网络，其每个智能体的动力学模型为

$$\begin{aligned} \dot{x}_i(t) &= Ax_i(t) + Bu_i(t) \\ y_i(t) &= Cx_i(t) \end{aligned} \tag{1.3}$$

其中，$x_i(t) \in \mathbb{R}^n$、$u_i(t) \in \mathbb{R}^m$、$y_i(t) \in \mathbb{R}^p$ 分别为第 i 个智能体的状态、待设计的控制输入及测量输出；A、B、C 为常系统矩阵。注意到如果系统矩阵 A、B、C 选取不同的值，那么该系统可以表示具有一阶、二阶甚至高阶积分器结构的简单系统。Tuna[54] 研究了同构输出耦合线性多智能体网络的一致性问题，分别给出了系统矩阵为临界稳定和不稳定条件下的系统达成一致性的充分条件。Li 等[55] 给出了一般线性多智能体系统实现一致性的充分必要条件，并提出了基于观测器的一致性协议，利用 Finsler 引理及线性矩阵不等式技术求得控制增益，可得到不受限的稳定区域。Ma 等[56] 针对线性多智能体网络是否具有一致性的问题进行了深入研究，并给出了系统具有一致性的充分必要条件。Tuna[57]首次利用基于优化控制方法的线性二次型调节器（linear quadratic regulator，LQR）求解一致性问题，并针对耦合输出提出其对偶问题。通过利用基于 LQR 的优化控制方法理论，Zhang 等[58] 研究了一般线性多智能体网络的协同跟踪问题，提出了基于优化设计的一致性问题的控制框架，通过求解 Riccati 方程得到反馈控制增益矩阵及反馈控制增益，分别给出了基于状态反馈、观测器设计及动态输出反馈的三种分布式控制协议，并利用此优化方法得到不受限的稳定性区域。Wang 等[59] 提出了在固定拓扑下基于静态输出信息的分布式控制协议，利用极点配置的方法给出了实现系统一致性的充分条件。

1.3.2 非线性多智能体网络一致性控制

1.3.1 节所考虑的系统模型主要针对简单的线性系统，但在实际系统中，系统中各元件的动态和静态特性都存在着不同程度的非线性。随着生产和科学技术的发展，对控制系统性能和精度的要求越来越高，尤其对大规模的非线性多智能体网络，如何设计出行之有效的协同控制律尤其重要。

Moreau[60] 利用代数图论及系统理论研究了一阶非线性多智能体网络一致性问题，考虑了更具一般性的通信拓扑条件，其通信拓扑可以为单向时变拓扑网络，并给出了通信拓扑的必要（充分）条件来保证一致性。Arcak[61] 在无向网络拓扑下提出了基于无源性的设计框架，解决了一类非线性多智能体网络的一致性问题，证明在网络拓扑处于连通状态下，且各智能体的非线性动态模型满足了正切的条件，网络可达成一致。Cortés[62] 研究了具有平衡图及加权平衡图的网络拓扑结构下多智能体网络的一致性问题，通过利用非平滑分析的方法给出了系统实现一致性的充分必要条件。Yu 等[63] 研究了在有向网络拓扑结构下的二阶非线性多智能体网络的一致性问题，针对强连接图及含有生成树的强连接图，首次定义了广义代数连通性的概念，并通过图论、矩阵理论及 Lyapunov 稳定性理论给出了系统实现一致性的充分条件。基于文献 [64] 的工作，Yu 等[65] 进一步研究了有向网络下二阶非线性多智能体网络的一致性问题，系统分析了达成局部及全局一致性问题的充分条件，通过利用广义代数连通性的定义，分别解决了强连接图及含有生成树的连通网络下全局一致性问题。Wen 等[66] 研究了一类时滞非线性多智能体网络的一致性问题，假设智能体只在一些不连续的时间段内接收到邻居智能体的状态测量信息，在强连接和平衡图的拓扑结构下，提出了一种新颖的间断式一致协议，实现了二阶一致性结果；另外进一步研究了可变拓扑的网络结构，提出如果广义代数连通性和通信持续时间分别大于一阈值，网络仍可实现一致性。Li 等[67] 研究了在有向网络拓扑结构下一类具有 Lipschitz 型非线性动态的多智能体网络一致性问题，提出的一致性算法解决了具有外界干扰的 H_∞ 一致性问题。通过构造合适的 Lyapunov 函数及利用随机微分等式理论，Wen 等[68] 研究了一类具有噪声等随机干扰及不确定非线性动态的多智能体网络随机一致性问题，提出如果相关状态的耦合增益大于一阈值，那么网络拓扑为强连接图条件下，网络可实现一致性。

以上结果均基于无领导者的网络拓扑结构，而无领导者一致性问题最终平衡值的大小取决于智能体的初始值及其动态模型，一般无法预先知道。在很多实际应用中，往往希望所有智能体的状态最终趋向于一个可变的参考状态，因而可以满足不同种特定应用需求。因此，有领导者的协同控制问题具有更广泛的实际应用。针对有领导者的协同控制问题，文献 [69]~[71] 利用牵制控制策略研究了具有一阶或二阶积分器模型的线性多智能体网络的协同控制问题。Ren[69] 研究了一类一阶非线性多车辆系统的协同控制问题，假设只有部分车辆可以获得领导者的参考状态并且这些车辆并不一定存在通往其他车辆的有向路径，分别针对领导者为常状态及时变参考状态两种情况提出相应的分布式控制律。Chen 等[72] 研究了强连接拓扑网络下具有非线性耦合的一阶多智能体网络一致性问题，通过牵制控制策略给出了所有智能体状态趋于一固定平衡值的充分条件。Song 等[73] 研究了二阶非线性多智能体网络协同控制问题，根据图论、矩阵理论及 LaSalle 不变集理论提出了牵制控制一致性算法，并进一步弱化了对网络拓扑的要求 (即无需网络强连接或存在生成树等条件)。通过利用 M 矩阵策略，Song 等[74] 进一步研究了二阶非线性多智能系统协同控制问题，给出当领导者与跟随者组成的系统网络中存在生成树及领导者为根节点，并且一参数求导值大于一正阈值，那么多智能体网络可以达成一致，理论证明系统达成一致性的难易程度与牵制控制的智能体数目和牵制反馈增益有关。Wen 等[75] 研究了具有 Lorenz 动态的非线性多智能体网络全局牵制一致性问题，给出当网络拓扑存在生成树并且耦合强度大于依赖于智能体自身动态与网络拓扑的派生临界值时，可以实现在任意固定有向拓扑下的全局一致性，并进一步得出在时变网络拓扑条件下，如果每一个可能的网络拓扑都存在生成树、切换时间小于一正阈值，以及耦合强度满足一定条件，那么系统仍可以实现一致。

1.3.3 未知非线性动态下多智能体网络一致性控制

注意到 1.3.2 节所考虑的非线性动态模型需要已知，或者需要满足特定的条件，如满足 Lipschitz 条件、存在已知上界函数等，并且各智能体网络动态是完全一致的。然而，在实际控制系统中，非线性多智能体网络中的各智能体动态模型由于传感器的精度、测量的准确度等因素的存在，会出现未知的、不确定的，甚至是异构的非线性动态。而解决具有未知非线性动态的异构多智能体网络一致性问题更具有挑战性[76]。近年来，由于神经网络具有良好的全局逼近的性质，可以以任意精度逼近一紧集上的任意光滑函数，因此神经网络技术及模糊逻辑系统常用于补偿具有未知非线性动态的控制系统，许多学者提出了基于神经网络及模糊逻辑系统的分布式自适应控制策略，解决了具有未知非线性动态的多智能体网络一致性问题。

Hou 等[77] 提出了一种基于神经网络的鲁棒性自适应控制框架，通过神经网络有效补偿了未知的非线性动态，并利用鲁棒控制项有效抵消了神经网络逼近误差及外界扰动，成功地解决了无向网络拓扑下具有未知非线性动态及外界干扰的一阶非线性多智能体网络一致性问题。基于神经网络控制，Das 等[78] 提出了分布式自适应控制框架，解决了具有未知非线性动态的一阶多智能体系统的协同控制问题；领导者的动态模型对于跟随者系统未知，网络拓扑为强连接的有向图，理论证明了局部协同误差向量及神经网络加权估计误差向量一致最终有界。更进一步，Das 等[79] 将文献 [78] 的结果扩展到二阶非线性多智能体网络的协同跟踪问题，并分别给出分布式控制律及神经网络权重自适应更新律。Chen 等[80] 研究了有向拓扑网络结构下具有未知 Lagrangian 动态的非线性多智能体网络协同跟踪问题，提出了具有分布式比例-微分（proportional-derivative，PD）控制器，另外针对神经网络逼近误差不一定为常值这一问题，提出了额外的鲁棒控制项进一步消除神经网络逼近误差及外界干扰。Yu 等[81] 通过对未知非线性动态进行参数化处理，提出了分布式自适应一致算法，解决了在联合连通拓扑下的一阶非线性多智能体系统协同跟踪问题。Hu[82] 研究了一类具有未知外界扰动和非线性动态的二阶多智能体网络的鲁棒协同跟踪问题，通过设计一种新颖的“识别器”，可以有效地估计未知的系统动态及外界干扰，并针对无向及有向网络拓扑结构分别给出了相应的协同跟踪一致性的充分条件。通过利用自适应技术处理各智能体之间的耦合强度及反馈增益，Liu 等[83] 解决了存在通信传输时滞的二阶非线性多智能体网络的一致性问题，得出如果连通网络中至少有一个智能体可以获得领导者的信息，那么各智能体的位置及速度信息可以分别趋近于虚拟领导者的位置及速度信息。Liu 等[84] 进一步研究了具有未知 Euler-Lagrange 动态和通信传输时滞的非线性多智能体网络一致性问题，并分别给出可变连通网络拓扑与联合连通拓扑两种网络结构下实现一致性的充分条件。Chen 等[85] 研究了具有时滞非线性动态的一阶多智能体网络一致性问题，提出了一种基于神经网络的自适应一致性控制方法，通过选取合适的 Lyapunov-Krasovskii 泛函有效地补偿了具有未知时滞的不确定项，结合径向基函数神经网络可以弥补未知非线性动态，成功解决了时滞多智能体网络的一致性问题。由于在神经网络自适应一致性算法中，为了得到所需要的近似精度，需要足够多的神经元数目，因而会导致出现过大的在线计算量。Wen 等[86] 针对这一问题提出一种新颖的自适应一致性框架，通过对优化神经网络加权估计矩阵进行范数运算，可以得到标量形式的自适应更新参数，从而大量减少在线计算量，并成功解决了二阶非线性多智能体网络的协同跟踪问题。Wang 等[87] 针对网络中系统部件会不可避免地存在执行器故障及干扰等问题，提出了鲁棒自适应容错控制框架。该自适应容错控制框架不仅能够同时弥补不确定非线性、外界扰动及时变未知的执行器故障，而且还不需要系统动态的结构信息及执行器故障检测等复杂操作。

针对实际中许多系统需要用高阶动态系统进行刻画，基于 Das 等[78] 的前期工作，Zhang 等[88] 将以上对一阶、二阶非线性系统的结果扩展到高阶非线性系统中，并将强连通网络拓扑条件弱化为带有领导者的增广网络只具有生成树的温和条件，其假设初始网络拓扑不一定是连通的，但领导者对初始网络拓扑进行合适的控制使其存在生成树，通过设计基于神经网络的自适应分布式控制协议可以保证所有智能体的跟踪误差向量一致最终有界。随后，El-Ferik 等[89] 利用与文献 [88] 类似的神经网络自适应控制框架，进一步研究了具有未知非线性动态的仿射非线性多智能体网络协同跟踪问题。通过对未知非线性动态进行参数化处理，在无向网络拓扑结构条件下，Yu 等[90] 结合 Lyapunov 理论和同质性技术提出了分布式自适应有限时间一致性跟踪控制律，即能保证在有限时间内达成一致，并在稳定性分析中引入齐次 Lyapunov 函数及齐次向量场理论，证明系统可实现有限时间跟踪一致性。Wang 等[91] 研究了具有非匹配未知参数的非线性多智能体网络输出一致跟踪问题，提出了一种基于反步设计技术的分布式自适应控制协议，证明了系统内所有内在信号都具有有界性，并且系统可以实现渐近输出一致跟踪的结果。针对智能体系统中执行器往往会出现加性时变故障的问题，Shen 等[92] 解决了高阶非线性多智能体网络的协同自适应容错模糊跟踪问题，其利用模糊逻辑系统逼近未知的非线性函数，并采用在线自适应策略有效弥补神经网络逼近误差、外界干扰及加性执行器错误。

近年来，关于模型更为一般化的异构非线性多智能体网络的一致性问题也得到关注。针对具有未知非线性动态的一般非线性多智能体网络的协同跟踪问题，Peng 等[93] 提出了分布式模型参考自适应控制框架，在无向网络拓扑结构下给出跟踪误差一致最终有界的结果，并进一步给出实现系统渐近稳定的改进分布式控制协议。通过利用自适应滤波的方法，Peng 等[94] 实现了利用神经网络对未知非线性系统动态及外界干扰快速学习的特性，分别给出了基于状态和输出反馈的分布式自适应控制协议。Li 等[95] 研究了具有参数不确定性及未知外界干扰的一般异构非线性多智能体网络的一致性问题，分别提出了无领导者及有领导者拓扑结构下的完全分布式自适应一致控制协议，说明各智能体的系统动态具有可稳性是存在所提控制协议的充分条件。基于文献 [93] 的结果，Peng 等[96] 进一步解决了在有向网络拓扑结构下的一般非线性多智能体网络的协同跟踪问题，提出了分布式自适应一致控制器，其无须精确已知系统模型，然后给出基于观测器的分布式自适应控制协议，引入参数依赖 Riccati 不等式，并结合 Lyapunov 稳定性理论证明了整个系统的稳定性，其控制器及观测器设计具有良好的解耦性质。

1.4 多航天器系统姿态协同控制

1.3 节系统概述了线性、一般非线性和未知非线性多智能体网络一致性控制理论结果，本节进一步概述上述理论结果在航天器编队系统中的应用。近年来，协同控制技术的发展极大地促进了星载干涉仪、全球遥感、同步目标跟踪等领域的发展，对天文学、物理学、宇宙学等学科发展起到巨大的推动作用，开展多航天器相关技术的研究具有重大学术价值[97,98]。协同控制技术目前已被应用于对地观测和深空探测的众多实际项目当中，在军、民、商等领域具有广阔的应用前景，因此该技术具有重要的现实意义，并对航天技术的未来发展具有一定的指导意义[99-102]。一般来说，多航天器协同控制主要涉及轨道协同和姿态协同两个方面。在航天器控制系统中，姿态控制系统在获取并保持航天器空间定向过程方面发挥着极其重要的作用，该系统的安全性和稳定性是航天器能够顺利完成深空探测及其他任务的重要保障，因此本节重点研究多航天器姿态协同控制技术。

多航天器姿态协同控制是通过设计分布式姿态控制策略实现各航天器姿态协同调整。一般来说，多航天器编队飞行任务主要实现以下两种控制目的：① 各航天器的姿态同时收敛到一个期望状态；② 各航天器的姿态同步收敛到各自的期望状态。随着一致性理论在多智能体系统的蓬勃发展和广泛应用，越来越多的学者开始尝试采用该理论解决多航天器姿态协同控制问题，即将编队飞行任务中姿态协同控制问题转化为领导者-跟随者的协同跟踪问题，并取得了一系列理论研究结果[103,104]。目前，大部分姿态协同控制算法的理论结果可以保证航天器姿态系统渐近稳定或指数稳定，但这些算法难以获得更高的控制精度[105-109]。而在许多航天器编队飞行任务中，航天器本身的绝对姿态和航天器之间的相对姿态需要极其精确的控制精度才能保证航天任务顺利完成，如 Darwin 计划[110]、Lisa 计划[111]等都需要保证航天器的姿态误差达到微米级甚至纳米级的精度要求。此外，快速响应也是执行多航天器编队飞行任务的重要性能指标。作为一种时间最优的非线性控制方法，有限时间控制技术较传统的渐近稳定或指数稳定控制技术具备更高的控制精度和更快的响应速度，而且对外界扰动具有更强的鲁棒性。总体来说，现有理论成果中所设计的有限时间姿态协同控制方法主要包括齐次控制方法、加幂积分控制方法和滑模控制方法。

1) 基于齐次控制方法的有限时间姿态协同控制

齐次有限时间稳定性理论由 Bhat 等[112] 于 1997 年提出，指出如果系统满足渐近稳定并且带有负齐次度，那么此系统能够实现有限时间稳定。基于此，Hong 等[113,114] 进一步深化了该理论，并将其用于非线性系统有限时间控制中。Hui 等[115] 将齐次有限时间稳定性理论应用到一阶齐次线性多智能体系统协同控制中。Zhao 等[116] 研究了多个欧拉-拉格朗日系统的协同跟踪问题，通过齐次有限时间稳定性理论和 Lyapunov 理论深入分析了系统的稳定性。针对航天器存在输入受限的问题，Hu 等[117] 利用齐次有限时间稳定性理论，提出了有界的有限时间状态反馈控制策略，进一步引入分布式滤波器，解决了角速度不可测的多航天器编队问题。在航天器角速度不可测的情况下，Zou 等[118] 结合有限时间观测器和齐次有限时间稳定性方法，提出了连续有限时间姿态协同控制器，保证了全局系统的有限时间稳定。由于齐次有限时间稳定性理论需要系统满足齐次性，并且无法分析具有扰动和不确定非线性动态的系统模型，一定程度上限制了其理论的实际应用。

2) 基于加幂积分控制方法的有限时间姿态协同控制

该技术由 Caron 等在文献 [119] 中提出，之后被 Lin 等[120-122] 广泛应用于具有非匹配不确定性的非线性系统控制中。Li 等[123] 将加幂积分技术引入二阶多智能体系统协同控制中，在无向连通拓扑条件下，设计了基于虚拟控制器的一致性控制协议。Du 等[124] 研究了单个航天器的姿态跟踪问题，提出了基于加幂积分技术的有限时间控制器，并进一步解决了具有分层网络结构的多航天器有限时间姿态控制问题。Zhou 等[125] 讨论了卫星编队控制问题，提出了有限时间姿态同步和稳定控制方案，为了减轻通信负担，又设计了基于有限时间滑模估计器的协同控制策略。Li 等[126] 利用反步控制技术，设计了新型非光滑分布式姿态协同控制器，解决了系统存在通信时滞下的多航天器姿态协同控制问题。基于加幂积分技术和有限时间滤波器，Jiang 等[127] 研究了单航天器系统的有限时间输出反馈姿态跟踪控制问题，但无法直接拓展到多航天器系统中。特别地，以上大部分算法只适用于通信拓扑为无向图的情形，且控制器设计中需要利用绝对角速度信息，同时控制增益的约束条件较为烦琐，不利于设计方案在工程中的应用。

3) 基于滑模控制方法的有限时间姿态协同控制

滑模控制是一类特殊的变结构控制，由 Emelyanov 等[128] 提出，因其具有独特的鲁棒性，为不确定系统提供了一种有效的控制方法。针对多航天器系统的编队飞行问题，文献 [129] 采用新型非奇异快速终端滑模面和双曲正切函数方法，提出姿态协同控制方案，该方案能保证系统误差的有限时间收敛性，但系统初始状态需满足约束条件。考虑外部扰动对航天器的影响，Gan 等[130] 结合非奇异快速终端滑模和 Chebyshev 神经网络控制方法，提出了有限时间姿态协同跟踪控制律。基于非奇异终端滑模控制算法，He 等[131] 针对角加速度未知的动态领导者和带有外界扰动的跟随者组成的多航天器系统，提出非线性协同控制协议，实现了有限时间姿态同步和跟踪控制。基于自适应滑模控制技术，Zhou 等[132] 提出了两种分布式有限时间姿态控制协议，引入自适应控制技术实现了对外界扰动的有效抑制。基于分布式滑模估计器和非奇异滑模面，Meng 等[133] 研究了多航天器的有限时间合围控制问题，利用邻居的一跳和二跳信息设计了不依赖模型信息的协同控制律，该方案能保证多跟随者的姿态在有限时间内收敛到由多个领导者所构成的姿态凸包内。以上算法只适用于通信拓扑为无向图的情形，而有向拓扑所对应的拉普拉斯矩阵不具有对称性，从而对基于 Lyapunov 理论的控制器设计及理论分析过程带来挑战。针对有向网络拓扑，Khoo 等[134] 设计了基于多滑模面的观测器来观测时变且未知的领导者的速度，并基于终端滑模控制方法提出了分布式控制协议，保证了系统在有限时间内实现一致。文献 [135] 通过设计分布式快速终端滑模面，提出了不依赖于模型的分布式有限时间姿态协同控制率，但需要引入网络的全局拓扑矩阵信息，严格意义上不能属于分布式控制策略。针对姿态系统存在模型不确定性、外界扰动和执行器故障等问题，Zhou 等[136] 引入两种邻域误差信号，通过结合三种分布式有限时间滑模估计器和一种基于估计的有限时间容错控制器，可以有效保证多航天器的姿态快速跟随到领导者姿态信息。Zhao 等[137] 结合神经网络控制和快速终端滑模控制，提出了分布式自适应姿态控制策略，并进一步针对输入受限的问题提出相应的解决方案。针对具有多个静态/动态领导者的多航天器姿态合围控制问题，Ma 等[138] 利用两个滑模观测变量设计了分布式有限时间姿态合围控制方案。虽然文献 [134]、[136]~[138] 给出了有向网络拓扑结构下的分布式控制策略，但所提控制策略不仅需要邻居节点的姿态信息，还需要邻居节点的控制输入信息或姿态的二阶导数信息，这种方法会导致出现文献 [139] 所提出的代数环问题。

总体来说，基于齐次和加幂积分理论的有限时间控制策略，所设计的控制器具有连续性，可以有效避免滑模控制方法导致的系统奇异性和抖振问题。但是齐次有限时间稳定性理论需要假设系统非线性部分满足齐次性条件，且无法分析具有扰动和不确定非线性动态的系统模型；基于加幂积分理论的有限时间控制策略只能保证各航天器姿态跟踪到参考姿态信息，而角速度最终趋于零，并且控制器设计中需要绝对角速度信息，同时其控制增益的约束条件较为烦琐；而基于滑模控制方法的有限时间控制策略由于结构简单、对参数和外界的扰动具有很强的鲁棒性等优点，在多航天器姿态协同控制领域得到广泛关注，但在设计过程中需要避免系统奇异问题且需要抑制抖振现象，这也为设计带来了难度。除此之外，还需关注实际应用中存在的以下现实问题。

一方面，航天器姿态系统的强非线性、强耦合性、参数不确定性和外界扰动都会影响多航天器的姿态控制精度和稳定性，这使得航天器姿态协同控制必须充分考虑系统本身的非线性动态，且需要同时解决系统各种不确定性和干扰抑制问题。同时，航天器在强辐射、高低温等恶劣环境下长期在轨运行，难免会发生故障，姿态敏感器故障的存在会导致航天器系统无法获知精确的角速度信息，从而增加了航天器姿态控制系统分析的复杂性与控制器设计的难度。多航天器之间需要进行信息交互才能完成特定的编队飞行任务，因此除了需要应对航天器姿态系统内部出现的以上问题，还需研究如何在航天器系统之间存在有向的通信链路下，解决弱通信条件对多航天器协同控制带来的影响。在上述实际情况的约束下，如何在有限时间内满足多航天器姿态控制系统的精确性、鲁棒性、容错性、可靠性等多目标控制需求，是多航天器姿态控制领域需要重点关注的问题。

另一方面，针对多航天器编队飞行的不同任务，多航天器编队控制主要基于单领导者-多跟随者和多领导者-多跟随者两种网络结构。值得注意的是，以上所提相关文献主要基于单领导者-多跟随者的网络结果，而对具有多个领导者的姿态协同控制问题的研究结果还比较少。针对具有多领导者的网络结构，文献 [133] 和 [138] 基于滑模控制提出了多跟随者的姿态合围控制策略，但假设领导者之间不进行通信交互，即领导者无须进行分布式控制，而当多航天器在多领导者-多跟随者网络结构下执行编队飞行任务时，多领导者也需要在分布式控制策略下实现特定的姿态编队调整，同时，多领导者和多跟随者应在统一分布式控制框架下进行姿态调整。如何在统一有限时间控制框架下同时实现多领导者的姿态编队调整和多跟随者的姿态合围控制，对满足多航天器编队飞行的多任务控制需求具有重要意义。

1.5 本章小结

本章主要阐述了本书的研究背景和意义，总结概述了多智能体网络协同控制的研究内容，并重点概括了多智能体网络一致性控制的国内外研究现状，其中具体概述了线性多智能体网络、一般非线性多智能体网络、未知非线性动态下多智能体网络的一致性控制理论相关结果，最后概述了一致性控制理论在典型系统即航天器姿态控制系统中的应用，并总结了航天器有限时间姿态协同控制理论与方法。

第 2 章 预 备 知 识

本章主要介绍本书中用到的一些基础知识及理论，为后续章节奠定理论基础。首先介绍代数图论的基础知识；其次分别介绍系统稳定性理论及神经网络逼近理论；然后介绍航天器姿态运动学与动力学模型；最后给出本书中常用符号及相关引理的说明。

2.1 代 数 图 论

2.1.1 图论的基本概念

本节主要研究依靠网络交互信息的动态系统所表现出来的整体行为，其各个智能体可由“节点”表示，各智能体间的信息交互路径可由一条有方向性的“边”代表，那么整个多智能体系统网络可由一张具有节点和边的图表示。在代数图论中，图由 N 个节点及其节点之间的边组成，记为 $\mathcal{G} = (\mathcal{V}, \mathcal{E}, \mathcal{A})$，其中 $\mathcal{V} = \{v_1, v_2, \cdots, v_N\}$ 表示图中 N 个节点集合，$\mathcal{E} \in (\mathcal{V} \times \mathcal{V})$ 表示图中边的集合，$\mathcal{A} = [a_{ij}] \in \mathbb{R}^{N\times N}$ 表示边权值的邻接矩阵。边 (v_i, v_j) 表示从节点 v_i 出发到节点 v_j 结束。定义节点 v_i 的入度（in-degree）为指向节点 v_i 的边的总数，定义节点 v_i 的出度（out-degree）为以节点 v_i 出发点的边的总数。若所有节点 $v_i \in \mathcal{V}$ 的入度等于出度，则称图为平衡图（balanced graph）。若 $(v_i, v_j) \in \mathcal{E} \Rightarrow (v_j, v_i) \in \mathcal{E}$，则称图为双向图（bidirectional graph），否则称为有向图（directed graph）。a_{ij} 表示边 (v_j, v_i) 的权值，其中若 $(v_j, v_i) \in \mathcal{E}$，则 $a_{ij} > 0$，否则 $a_{ij} = 0$。若 $a_{ij} = a_{ji}, \forall i, j$，并且图为双向图，则称图为无向图（undirected graph），如图 2.1(a) 所示。

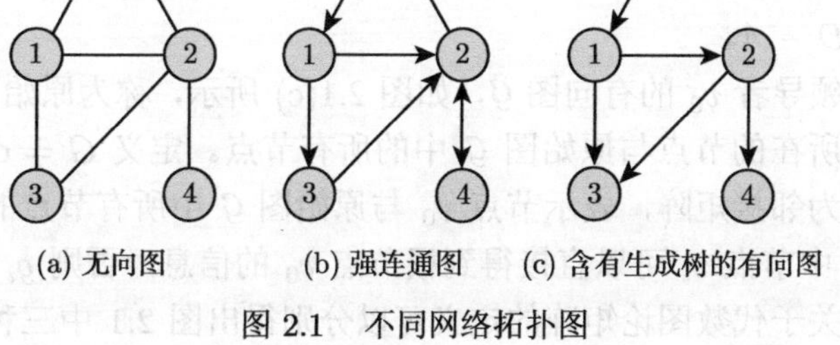

图 2.1 不同网络拓扑图

在有向图中，若从节点 v_i 到节点 v_j 存在一条有向路径，即 $\{(v_i,v_k),(v_k,v_l),\cdots,(v_m,v_j)\}$，则称节点 v_j 与节点 v_i 连通。若有向图内任意两点都有路径相连，则称图为强连通图（strongly connected graph），如图 2.1(b) 所示。而对于无向图或双向图，如果任意两点都存在一个无向路径相连，则称图为连通的。有向树（directed tree）是指除了一个节点外的所有节点的入度值均为 1 的有向连通图，这个节点称为根节点（root node）。如果有向树含有图内所有节点，则构成了图的一个有向生成树（directed spanning tree），即图内的所有节点通过有向路径都可以从根节点得到信息，如图 2.1(c) 所示。一个图内可以存在多条生成树，如图 2.1(b) 所示的强连通图内每个节点都可以当成根节点，并且存在至少一条有向生成树。基于以上不同类型图的介绍可以看出，含有生成树的有向图是连通图中比较弱的连通类型，更能符合实际多智能体系统之间的网络拓扑结构，其智能体网络可以只含有一个有向生成树，且根节点为领导者所在节点，因此在本书中主要针对此拓扑结构下的多智能体系统的协同跟踪问题进行研究。

2.1.2 图论的矩阵分析

在给出关于图的矩阵定义之前，首先给出奇异（非奇异）M-矩阵的定义及性质。

定义 2.1 [140] 对于矩阵 $E\in\mathbb{R}^{N\times N}$，若其所有非对角元素非正，且所有特征值具有非负（正）实部，则称其为奇异（非奇异）M-矩阵。

对于一个奇异 M-矩阵 $E\in\mathbb{R}^{N\times N}$，其具有以下性质：① 矩阵的所有特征值具有非负实部；② 矩阵的所有主子式均为非负；③ 存在非负对角矩阵 S 使矩阵 $ES+SE^{\mathrm{T}}$ 为半正定的。

对于一个非奇异 M-矩阵 $E\in\mathbb{R}^{N\times N}$，其具有以下性质：① 矩阵的所有特征值具有正实部；② 矩阵的所有主子式均为正；③ 存在正对角矩阵 S 使矩阵 $ES+SE^{\mathrm{T}}$ 为正定的。

在图 $\mathcal{G}=(\mathcal{V},\mathcal{E},\mathcal{A})$ 中，定义对角权值入度矩阵为 $D=\mathrm{diag}\{d_1,d_2,\cdots,d_N\}\in\mathbb{R}^{N\times N}$，其中 $d_i=\sum_{j=1}^{N}a_{ij}$ 为节点 v_i 的权值入度，即为邻接矩阵 $\mathcal{A}$ 的第 i 行行和。基于权值入度矩阵 D 和邻接矩阵 $\mathcal{A}$，定义图 $\mathcal{G}$ 的拉普拉斯矩阵（Laplacian matrix）$L=D-\mathcal{A}$。

存在一个领导者 v_0 的有向图 $\bar{\mathcal{G}}$，如图 2.1(c) 所示，称为原始图 $\mathcal{G}$ 的增广图，其包括领导者所在的节点与原始图 $\mathcal{G}$ 中的所有节点。定义 $G=\mathrm{diag}\{g_1,g_2,\cdots,g_N\}\in\mathbb{R}^{N\times N}$ 为邻接矩阵，表示节点 v_0 与原始图 $\mathcal{G}$ 中所有节点的边权值，其中 $g_i>0$ 表示 $\mathcal{G}$ 中节点 v_i 可以直接得到根节点 v_0 的信息，否则 $g_i=0$。

根据上述关于代数图论矩阵的定义可以分别得出图 2.1 中三种网络拓扑结构

的图论矩阵，对于图 2.1(a) 代表的无向图，其邻接矩阵 $\mathcal{A}_1$、权值入度矩阵 D_1、拉普拉斯矩阵 L_1 分别为

$$\mathcal{A}_1=\begin{bmatrix}0&1&1&0&0\\1&0&1&1&0\\1&1&0&1&1\\0&1&1&0&0\\0&0&1&0&0\end{bmatrix},\quad D_1=\begin{bmatrix}2&0&0&0&0\\0&3&0&0&0\\0&0&4&0&0\\0&0&0&2&0\\0&0&0&0&1\end{bmatrix}$$

$$L_1=\begin{bmatrix}2&-1&-1&0&0\\-1&3&-1&-1&0\\-1&-1&4&-1&-1\\0&-1&-1&2&0\\0&0&-1&0&1\end{bmatrix}$$

对于图 2.1(b) 代表的强连通图，其邻接矩阵 $\mathcal{A}_2$、权值入度矩阵 D_2、拉普拉斯矩阵 L_2 分别为

$$\mathcal{A}_2=\begin{bmatrix}0&0&1&0&0\\1&0&0&0&0\\0&1&0&1&1\\0&1&0&0&0\\0&0&1&0&0\end{bmatrix},\quad D_2=\begin{bmatrix}1&0&0&0&0\\0&1&0&0&0\\0&0&3&0&0\\0&0&0&1&0\\0&0&0&0&1\end{bmatrix}$$

$$L_2=\begin{bmatrix}1&0&-1&0&0\\-1&1&0&0&0\\0&-1&3&-1&-1\\0&-1&0&1&0\\0&0&-1&0&1\end{bmatrix}$$

对于图 2.1(c) 代表的含有生成树的有向图，可以看出节点 0 为根节点，其邻接矩阵 $\mathcal{A}_3$、权值入度矩阵 D_3、拉普拉斯矩阵 L_3、邻接矩阵 G_3 分别为

$$\mathcal{A}_3=\begin{bmatrix}0&0&0&0\\1&0&0&0\\1&1&0&0\\0&1&0&0\end{bmatrix},\quad D_3=\begin{bmatrix}0&0&0&0\\0&1&0&0\\0&0&2&0\\0&0&0&1\end{bmatrix}$$

$$L_3 = \begin{bmatrix} 0 & 0 & 0 & 0 \\ -1 & 1 & 0 & 0 \\ -1 & -1 & 2 & 0 \\ 0 & -1 & 0 & 1 \end{bmatrix}, \quad G_3 = \begin{bmatrix} 1 & 0 & 0 & 0 \\ 0 & 0 & 0 & 0 \\ 0 & 0 & 0 & 0 \\ 0 & 0 & 0 & 0 \end{bmatrix}$$

根据以上例子及拉普拉斯矩阵 L 的定义，可以很容易地得出矩阵 L 具有所有行的行和为零的特性，即 $L1_N = 0$，其中 $1_N = [1, 1, \cdots, 1]^{\mathrm{T}} \in \mathbb{R}^N$，即所有拓扑结构的图的拉普拉斯矩阵 L 都具有相同的特征值 0 及特征向量 1_N。定义拉普拉斯矩阵 L 的最大入度值为 $d_{\max}$，由 Gershgorin's 圆盘定理 [141] 可知，拉普拉斯矩阵 L 的非零特征值位于复平面中圆心为 $d_{\max}$、半径为 $d_{\max}$ 的圆盘内，可得矩阵的非零特征值均具有正实部，又由于拉普拉斯矩阵 L 具有非负对角元素，根据定义 2.1 可得拉普拉斯矩阵 L 为奇异 M-矩阵。

当且仅当有向图含有生成树时，拉普拉斯矩阵 L 的秩为 $N-1$，且特征值 0 是唯一的。如果有向图为强连通图，即图中包含生成树，那么其拉普拉斯矩阵 L 的秩仍是 $N-1$。基于以上结果，可以知道图的许多性质可以从拉普拉斯矩阵得到，并且拉普拉斯矩阵的性质在研究网络化的多智能体系统一致性问题中有着十分重要的作用。另外，作为奇异 M-矩阵的拉普拉斯矩阵 L 可以利用 M-矩阵的性质构造用来分析系统稳定性的 Lyapunov 函数。值得注意的是，对于多智能体系统，选取 Lyapunov 函数需要依赖于网络拓扑结构，即网络拓扑的拉普拉斯矩阵 L，这也说明多智能体系统的稳定性分析需要利用网络拓扑结构的连通性质。结合以上分析，下面给出后续章节需要应用的重要引理。

引理 2.1 [142]　如果无向增广图 $\bar{\mathcal{G}}$ 是连通的，且至少有一个节点可以得到领导者节点的信息，那么矩阵 $L+G$ 是正定的。

引理 2.2 [55]　如果有向增广图 $\bar{\mathcal{G}}$ 含有一个生成树，且其根节点可以得到领导者节点的信息，那么矩阵 $L+G$ 的所有特征值都有正实部。

引理 2.3 [143]　如果有向增广图 $\bar{\mathcal{G}}$ 含有一个生成树，且根节点为领导者节点，定义

$$\begin{aligned} p &= [p_1, p_2, \cdots, p_N]^{\mathrm{T}} = (L+G)^{-\mathrm{T}} 1_N \\ P &= \mathrm{diag}\{p_i\} \\ Q &= P(L+G) + (L+G)^{\mathrm{T}} P \end{aligned}$$

那么矩阵 P 和 Q 均为正定矩阵。

注 2.1　以上三个引理主要针对具有领导者的多智能体系统网络拓扑 $\bar{\mathcal{G}}$，可以看出若具有领导者的网络拓扑结构存在一个生成树，且领导者作为根节点，则

由图论矩阵可以构成非奇异 M-矩阵 $L+G$，因而可以利用非奇异 M-矩阵的性质构造系统稳定性分析的 Lyapunov 函数。

2.2 系统稳定性理论

本节主要介绍使用的系统稳定性理论——Lyapunov 稳定性理论，分别针对非自治系统和线性时不变系统给出相应系统稳定性的充分条件。如果所有始于平衡点附近的解始终保持在平衡点附近，那么该平衡点稳定，反之则平衡点不稳定；如果所有始于平衡点附近的解不仅保持在平衡点附近，而且随时间趋于无穷而趋向平衡点，则该平衡点是渐近稳定的 [140]。

2.2.1 非自治系统

对于一个非自治系统

$$\dot{x} = f(x,t) \tag{2.1}$$

其中，$f:[0,\infty)\times D \to \mathbb{R}^n$ 在 $[0,\infty)\times D$ 上是 t 的分段连续函数，且对于 x 是局部 Lipschitz 的，$D \in \mathbb{R}^n$ 是包含原点的定义域，$x \in \mathbb{R}^n$ 是状态向量。若 $f(0,t)=0$，$\forall t \geqslant t_0$，则 $x=0$ 是 $t=0$ 时方程 (2.1) 的一个平衡点。

定义 2.2 [140] 如果 $x=0$ 称为该系统的一个平衡点，那么 $x=0$ 是：

(1) 稳定的，如果对于任意的 $R>0$，存在一个正数 $r(R,t_0)$ 使得 $\|x(t_0)\|<r \Rightarrow \|x(t)\|<R$，$\forall t \geqslant t_0$。

(2) 一致稳定的，如果它是稳定的，并且 $r(R,t_0)=r(R)$。

(3) 渐近稳定的，如果它是稳定的，并且存在一个正数 $r(t_0)$ 使得 $\|x(t_0)\|<r(t_0) \Rightarrow \|x(t)\| \to 0$，$t \to \infty$。

(4) 一致渐近稳定的，如果它是渐近稳定的，并且 $r(t_0)=r$。

(5) 指数稳定的，如果存在两个正数 α 和 β，对充分小的 $x(t_0)$，使得 $\|x(t)\| \leqslant \alpha\|x(t_0)\|\mathrm{e}^{-\beta(t-t_0)}$，$\forall t \geqslant t_0$。

定义 2.3 [140] 系统 (2.1) 的解是：

(1) 一致有界的，如果存在一个与 t_0 无关的正常数 r，$t_0 \geqslant 0$，对于每个 $r' \in (0,r)$ ，存在与 t_0 无关的 $\beta=\beta(r')>0$，使得 $\|x(t_0)\|<r' \Rightarrow \|x(t)\|<\beta$，$\forall t \geqslant t_0$。

(2) 如果 (1) 中的条件对于任意大的 r' 都成立，那么系统的解是全局一致有界的。

(3) 一致最终有界的，且最终边界为 β，如果存在与 t_0 无关的正常数 β 和 r，$t_0 \geqslant 0$，对于每个 $r' \in (0,r)$，存在 $T=T(r',\beta) \geqslant 0$ 与 t_0 无关，使得 $\|x(t_0)\|<r' \Rightarrow \|x(t)\|<\beta$，$\forall t \geqslant t_0+T$。

对于非线性系统，通常难以求解其闭环形式的微分解，在此情况下，可以应用 Lyapunov 直接法分析系统的稳定性。

引理 2.4 [144] 设 $x=0$ 是系统 (2.1) 的平衡点，$D\in\mathbb{R}^n$ 是包含 $x=0$ 的定义域，$V:[0,\infty)\times D\to\mathbb{R}$ 是连续可微函数，且满足：

$$\begin{aligned}&W_1(x)\leqslant V(t,x)\leqslant W_2(x)\\&\dot V(t,x)=\frac{\partial V}{\partial t}+\frac{\partial V}{\partial x}f(t,x)\leqslant 0,\quad \forall t\geqslant 0,\quad \forall x\in D\end{aligned}\tag{2.2}$$

其中，$W_1(x)$ 和 $W_2(x)$ 都是 D 上的连续正定函数。那么，$x=0$ 是一致稳定的。如果 $V(t,x)$ 满足式 (2.2)，并且

$$\dot V(t,x)=\frac{\partial V}{\partial t}+\frac{\partial V}{\partial x}f(t,x)\leqslant -W_3(x),\quad \forall t\geqslant 0,\quad \forall x\in D$$

$W_3(x)$ 是 D 上的连续正定函数。那么，$x=0$ 是一致渐近稳定的。若 $D=\mathbb{R}^n$ 和 $W_1(x)$ 径向无界，则 $x=0$ 是全局一致渐近稳定的。

引理 2.5 [144] 设 $x=0$ 是系统 (2.1) 的平衡点，$D\in\mathbb{R}^n$ 是包含 $x=0$ 的定义域，$V:[0,\infty)\times D\to\mathbb{R}$ 是连续可微函数，且满足：

$$\begin{aligned}&k_1\|x\|^a\leqslant V(t,x)\leqslant k_2\|x\|^a\\&\dot V(t,x)=\frac{\partial V}{\partial t}+\frac{\partial V}{\partial x}f(t,x)\leqslant -k_3\|x\|^a,\quad \forall t\geqslant 0,\quad \forall x\in D\end{aligned}\tag{2.3}$$

其中，k_1、k_2、k_3 和 a 是正常数，那么 $x=0$ 是指数稳定的。如果上述假设全局成立，那么 $x=0$ 是全局指数稳定的。

引理 2.6 [77] 对于系统 (2.1)，$V(t,x)\geqslant 0$ 是连续可微有界函数，且满足：

$$\dot V(t,x)\leqslant -\alpha V(t,x)+\varepsilon,\quad \forall t\geqslant 0,\quad \forall x\in D\tag{2.4}$$

其中，α、$\varepsilon\in\mathbb{R}$ 为正常数，那么

$$V(t,x)\leqslant V(0,0)\mathrm{e}^{-\alpha t}+\frac{\varepsilon}{\alpha}(1-\mathrm{e}^{-\alpha t})\tag{2.5}$$

引理 2.7 [145] 假定 $V(x,t)$ 是定义在 $U\in\mathbb{R}^n$ 上的 C^1 光滑正定函数，若 $\forall\alpha\in(0,1)$ 和 $\lambda\in\mathbb{R}^+$，有 $\dot V(x,t)+\lambda V^\alpha(x,t)\leqslant 0$ 成立，则存在区域 $U_0\subset\mathbb{R}^n$，使 $\forall x(0)\in U_0$，$V(x,t)$ 都能在有限时间 T^* 内达到 $V(x,t)=0$，其中 $T^*\leqslant\dfrac{V(x(0))^{1-\alpha}}{\lambda(1-\alpha)}$。

引理 2.8 [146] 若存在正定 Lyapunov 函数 $V(x,t)$ 及参数 $\iota_1>0$、$\iota_2>0$ 和 $0<\mu<1$ 满足如下快速终端滑模形式：

$$\dot{V}(x,t)+\iota_1 V(x,t)+\iota_2 V^{\mu}(x,t)\leqslant 0$$

则系统状态能够在有限时间内稳定到原点，且稳定时间为

$$T^*\leqslant\frac{1}{\iota_1(1-\mu)}\ln\frac{\iota_1 V^{1-\mu}(x(0))+\iota_2}{\iota_2}$$

2.2.2 线性时不变系统

对于线性时不变系统：

$$\dot{x}=Ax \tag{2.6}$$

其中，A 为系统矩阵；$x\in\mathbb{R}^n$ 为状态向量。当且仅当 $\det(A)\neq 0$ 时，在原点处存在一个平衡点，且该平衡点是孤立的。矩阵 A 的零空间内每一点都是系统 (2.6) 的平衡点。原点稳定性质的特征由以下引理给出。

引理 2.9 [144] 当且仅当系统矩阵 A 的所有特征值都满足 $\mathrm{Re}\{\lambda_l\}\leqslant 0$，$\forall\lambda_l\in\mathrm{Spectrum}(A)$，且对于每个 $\mathrm{Re}\{\lambda_l\}=0$，代数重数 $q_l\geqslant 2$ 的特征值满足 $\mathrm{rank}(A-\lambda_l I)=n-q_l$，则系统 (2.6) 的平衡点 $x=0$ 是稳定的；当且仅当系统矩阵 A 的所有特征值都满足 $\mathrm{Re}\{\lambda_l\}<0$ 时，平衡点 $x=0$ 是全局渐近稳定的。

定义 2.4 矩阵 A 的所有特征值 $\mathrm{Re}\{\lambda_l\}<0$，$\forall\lambda_l\in\mathrm{Spectrum}(A)$，则称 A 为 Hurwitz 矩阵或稳定性矩阵。

基于引理 2.9 和定义 2.4，其原点的渐近稳定性也可以用 Lyapunov 法进行判定，如以下引理。

引理 2.10 [144] 当且仅当对于任意给定的正定对称矩阵 Q，存在一个正定对称矩阵 P 满足以下 Lyapunov 方程：

$$A^{\mathrm{T}}P+PA=-Q \tag{2.7}$$

那么，矩阵 A 为 Hurwitz 矩阵，即 A 的所有特征值都满足 $\mathrm{Re}\{\lambda_l\}<0$，$\forall\lambda_l\in\mathrm{Spectrum}(A)$。此外如果 A 为 Hurwitz 矩阵，那么正定对称矩阵 P 是式 (2.7) 的唯一解。

2.3 神经网络逼近理论

神经网络具有很多重要的性质，尤其是用于建模和识别未知非线性的强有力的工具，并且具有优良的全局近似性质 [147]。针对不确定或未知的平滑非线性函数

$f_i(x_i(t)) \in \mathbb{R}^n$，根据神经网络优良的全局近似性质，可知存在理想加权矩阵 $W_i \in \mathbb{R}^{\omega\times n}$，使神经网络在一紧集 Ω 内可以精确地近似平滑非线性函数 $f_i(x_i(t)) \in \mathbb{R}^n$，以式 (2.8) 表示：

$$f_i(x_i(t)) = W_i^{\mathrm{T}}\varphi_i(x_i(t)) + \varepsilon_i, \quad \forall x_i \in \Omega \tag{2.8}$$

其中，$W_i \in \mathbb{R}^{\omega\times n}$ 为神经网络的理想加权矩阵；$\varphi_i(x_i(t))\in \mathbb{R}^{\omega^i} : \mathbb{R}^n \to \mathbb{R}^{\omega^i}$ 为神经元的基函数向量，w_i 为神经元个数；$\varepsilon_i\in \mathbb{R}^n$ 为神经网络逼近误差向量；$x_i = [x_{i1}, x_{i2}, \cdots, x_{in}]\in \mathbb{R}^n$ 为系统状态输入；$\Omega \subset \mathbb{R}^n$ 为一紧集。在神经网络实际应用中，神经网络基函数 $\varphi_i(x_i(t))\in \mathbb{R}^{\omega^i} : \mathbb{R}^n \to \mathbb{R}^{\omega^i}$ 可以选取 Sigmoid 函数 [148,149]、径向基函数 [150] 等。

在工程应用中，一般用 W_i 的估计加权矩阵 $\hat{W}_i$ 进行非线性函数的近似，即非线性函数 $f_i(x_i(t)) \in \mathbb{R}^n$ 的估计 $\hat{f}_i(x_i(t)) \in \mathbb{R}^n$ 为

$$\hat{f}_i(x_i(t)) = \hat{W}_i^{\mathrm{T}}\varphi_i(x_i) \tag{2.9}$$

其中，$\hat{W}_i \in \mathbb{R}^{\omega\times n}$ 为理想加权矩阵 $W_i \in \mathbb{R}^{\omega\times n}$ 的估计值。

以下给出本书需要使用的关于神经网络控制的两个基本引理。

引理 2.11 [151,152] 如果非线性函数 $f_i(x_i(t)) \in \mathbb{R}^n$ 在紧集 $x_i \in \Omega \subset \mathbb{R}^n$ 平滑，那么存在一固定正常数 ε_{Mi}，使式 (2.8) 中的神经网络估计误差 ε_i 有界，即 $\|\varepsilon_i\| \leqslant \varepsilon_{Mi}$。

引理 2.12 [153] 存在一足够大的正整数 $\bar{w}$，对任意的 $w_i \geqslant \bar{w}$，总可以找到合适的理想加权矩阵 $W_i \in \mathbb{R}^{\omega\times n}$ 和基函数 $\varphi_i(x_i(t))\in \mathbb{R}^{\omega^i}$，使估计误差 ε_i 在紧集 $\Omega \subset \mathbb{R}^n$ 上一致趋于零，即 $\forall \xi > 0$，总存在 $w_i \geqslant \bar{w}$，使 $\sup\limits_{x_i\in\Omega} \|\varepsilon_i\| \leqslant \zeta$。

2.4 航天器姿态模型

2.4.1 常用参考坐标系

航天器控制系统常用的参考坐标系主要包括三个正交坐标系，即惯性坐标系、轨道坐标系和本体坐标系。

1) 惯性坐标系

惯性坐标系为 $O_ex_ey_ez_e$，其原点位于地球的中心，沿着地球赤道和黄道的交线即形成了坐标轴 O_ex_e，其方向是指向春分点的方向；指向北极 (即地球自转轴) 形成了坐标轴 O_ez_e；坐标轴 O_ey_e 在赤道平面内与另两轴构成右手直角坐标系。

2) 轨道坐标系

轨道坐标系为 $O_ox_oy_oz_o$，航天器的质心是轨道坐标系的原点，指向地球中心方向为坐标轴 O_oz_o 的方向，与坐标轴 O_oz_o 垂直即形成了 O_ox_o 轴，其方向为航天器飞行的方向，坐标轴 O_oy_o、O_oz_o 与 O_ox_o 形成右手坐标系。

3) 本体坐标系

本体坐标系为 $O_bx_by_bz_b$，航天器的质心是本体坐标系的原点，坐标轴 O_bx_b、O_by_b 以及 O_bz_b 都固定连在航天器上，分别称为滚动坐标轴、俯仰坐标轴以及偏航坐标轴。如果空间飞行器不旋转，那么本体坐标系和轨道坐标系重合。

2.4.2 航天器姿态表示

姿态描述为航天器运动学方程奠定了基础，航天器姿态根据本体坐标系以及某一个参考坐标系的相对角位置和角速度来确定。航天器系统常用的姿态描述方法有欧拉角姿态描述法、四元数姿态描述法、罗德里格斯参数 (Rodrigues parameter，RP) 姿态描述法和修正的罗德里格斯参数 (modified Rodrigues parameter，MRP) 姿态描述法。以上四种姿态描述方法具有各自的优缺点，如表 2.1 所示。下面主要对 RP 姿态描述法和 MRP 姿态描述法进行简单介绍。

表 2.1 姿态描述法的优缺点

参数名称	欧拉角	四元数
优点	三维向量；物理意义明确	避免奇异；不需计算三角函数
缺点	有奇异问题；计算大量三角函数	四维向量；物理意义不明确
参数名称	RP	MRP
优点	不需计算三角函数	三维向量；无奇异
缺点	180° 出现奇异；物理意义不明确	物理意义不明确

1) RP 姿态描述法

考虑在固定点 O 下的刚体运动，其沿着单位矢量 $\underline{e}$ 旋转，如图 2.2 所示，在刚体表面，矢量 r 绕单位矢量 $\underline{e}$ 旋转 θ 角到达 r'，则定义 RP 为

$$\Phi = \underline{e}\tan\frac{\theta}{2} \tag{2.10}$$

根据三重矢积公式，可将刚体定点转动表示如下：

$$r' = r + \frac{2}{1+\|\Phi\|^2}[\Phi\times r + \Phi\times(\Phi\times r)] \tag{2.11}$$

由式 (2.10) 不难看出，当等效旋转角 $\theta\to\pm180^\circ$ 时，$\Phi\to\infty$。所以，RP 姿态描述法只适宜描述等效转动角的变化范围小于 180° 的系统，当等效旋转角 $\theta\to\pm180^\circ$ 时，该描述法出现奇异现象。

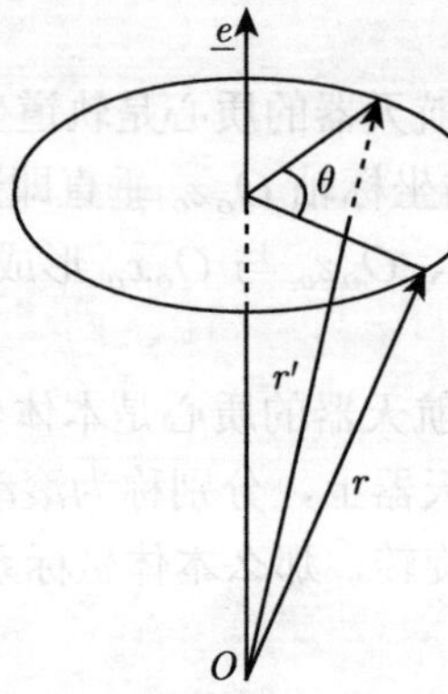

图 2.2　在固定点 O 下的刚体运动

2) MRP 姿态描述法

为了克服 RP 姿态描述法的奇异问题，文献 [154] 和 [155] 给出 MRP 姿态描述法，其定义为

$$q = \underline{e}\tan\frac{\theta}{4} \tag{2.12}$$

MRP 姿态描述法将其适用范围推广到了 360°，但当等效旋转角 $\theta \to \pm 360°$ 时，该描述法出现奇异现象。该奇异现象可以通过将原始的 MRP 向量 q 映射到其射影 $q^s = q/(q^{\mathrm{T}}q)$ 中来避免 [156]。当 $q^{\mathrm{T}}q > 1$ 时，通过将 MRP 切换到 q^s，MRP 向量保持在单位球面中有界，局部旋转就不会出现奇异问题，这样可以实现全局非奇异姿态描述。

2.4.3　航天器姿态运动学模型和动力学模型

1) 航天器姿态运动学模型

本节主要采用 MRP $q = [q_1, q_2, q_3]^{\mathrm{T}}$ 对航天器姿态运动学模型进行描述：

$$\dot{q} = T(q)\omega \tag{2.13}$$

其中，$\omega = [\omega_1, \omega_2, \omega_3]^{\mathrm{T}}$ 是本体坐标系相对于惯性坐标系的姿态角速度；q 是航天器本体坐标系相对惯性坐标系的修正罗德里格斯参数，$T(q) = \dfrac{1}{2}\left(q^{\times} + qq^{\mathrm{T}} + \dfrac{1-q^{\mathrm{T}}q}{2}I_3\right)\left(q^{\times} = \begin{bmatrix} 0 & -q_3 & q_2 \\ q_3 & 0 & -q_1 \\ -q_2 & q_1 & 0 \end{bmatrix}\right)$，并满足下列性质：

$$\begin{aligned} T^{-1}(q) &= \frac{16}{(1+q^{\mathrm{T}}q)^2}T^{\mathrm{T}}(q) \\ \|T(q)\| &= \frac{1+q^2}{4} \leqslant \frac{1}{2} \end{aligned} \tag{2.14}$$

2) 航天器姿态动力学模型

根据刚体动量矩原理，建立如下航天器系统的姿态动力学模型[157]：

$$J\dot{\omega} = -\omega^{\times} J\omega + u + d \tag{2.15}$$

其中，$J \in \mathbb{R}^{3\times 3}$ 是定义在本体坐标系上的转动惯量矩阵，为对称正定矩阵；$u \in \mathbb{R}^{3\times 3}$ 和 $d \in \mathbb{R}^{3\times 3}$ 分别是航天器的三轴控制输入向量和所受的外界干扰力矩。

2.5 符号说明及相关引理

$\mathbb{R}$、$\mathbb{R}^n$ 和 $\mathbb{R}^{n\times m}$ 分别表示实数、n 维实向量及 $n \times m$ 实矩阵集合；$\mathbb{N}$ 和 $\mathbb{N}^n$ 分别表示自然数集和正整数集；I_N 表示 $N \times N$ 的单位矩阵；$1_N(0_N)$ 表示各元素都为 1(0) 的 N 维列向量；$\mathrm{diag}\{\cdot\}$ 表示块对角矩阵；$\|\cdot\|$ 表示向量的欧氏范数；$\|\cdot\|_F$ 表示矩阵的 Frobenius 范数；$\bar{\sigma}(\cdot)$ 和 $\underline{\sigma}(\cdot)$ 分别表示矩阵的最大奇异值与最小奇异值；$\bar{\lambda}(\cdot)$ 和 $\underline{\lambda}(\cdot)$ 分别表示矩阵的最大特征值与最小特征值；实对称矩阵 $X > Y(X \geqslant Y、X < Y、X \leqslant Y)$ 表示其 $X - Y$ 正定（半正定、负定、半负定）。

引理 2.13[158] 定义矩阵 $A \in \mathbb{R}^{m\times n}$ 和矩阵 $B \in \mathbb{R}^{p\times q}$ 的克罗内克积为

$$A \otimes B = \begin{bmatrix} a_{11}B & \cdots & a_{1n}B \\ \vdots & & \vdots \\ a_{m1}B & \cdots & a_{mn}B \end{bmatrix}$$

其满足以下三个性质：

$$(A \otimes B)(C \otimes D) = (AC) \otimes (BD)$$

$$(A \otimes B)^{\mathrm{T}} = A^{\mathrm{T}} \otimes B^{\mathrm{T}}$$

$$A \otimes (B + C) = A \otimes B + A \otimes C$$

引理 2.14[159] 给定常对称矩阵

$$S = \begin{bmatrix} S_{11} & S_{12} \\ S_{12}^{\mathrm{T}} & S_{22} \end{bmatrix}$$

以下三个条件是等效的：

(1) $S < 0$；

(2) $S_{11} < 0$，$S_{22} - S_{12}^{\mathrm{T}} S_{11}^{-1} S_{12} < 0$；

(3) $S_{22} < 0$，$S_{11} - S_{12} S_{22}^{-1} S_{12}^{\mathrm{T}} < 0$。

引理 2.15 [160] 给定具有适当维数的实矩阵 M、N、Z 和正常数 $\varsigma>0$，其中 $Z=Z^{\mathrm{T}}>0$，那么有如下不等式成立：

$$2M^{\mathrm{T}}N\leqslant\varsigma M^{\mathrm{T}}ZM+\varsigma^{-1}N^{\mathrm{T}}Z^{-1}N \tag{2.16}$$

引理 2.16 [161] 对于 $x,y\in\mathbb{R}$，如果 $0<h=h_1/h_2\leqslant1$，h_1、h_2 是正奇数，那么 $|x^h-y^h|\leqslant2^{1-h}|x-y|^h$；如果 $h\geqslant1$，那么 $|x-y|^h\leqslant2^{h-1}|x^h-y^h|$。

引理 2.17 [14,162] 对任意 $x_i\in\mathbb{R}$，$i=1,2,\cdots,n$，有：

(1) 如果 $0<h\leqslant1$，那么 $\left(\sum\limits_{i=1}^{n}|x_i|\right)^h\leqslant\sum\limits_{i=1}^{n}|x_i|^h\leqslant n^{1-h}\left(\sum\limits_{i=1}^{n}|x_i|\right)^h$；

(2) 如果 $h>1$，那么 $\sum\limits_{i=1}^{n}|x_i|^h\leqslant\left(\sum\limits_{i=1}^{n}|x_i|\right)^h\leqslant n^{h-1}\sum\limits_{i=1}^{n}|x_i|^h$。

2.6 本 章 小 结

本章主要介绍了本书后续章节所用到的预备知识：首先给出了代数图论、系统稳定性理论、神经网络逼近理论的概念，为研究多智能体网络协同问题提供了理论基础；然后对航天器姿态运动学模型与动力学模型进行了简单介绍；最后对本书中常用的符号及相关引理进行了说明。

第 3 章　间断式通信下多智能体网络协同控制

在许多实际多智能体网络应用中，网络中智能体之间的信息交互往往存在通信数据丢包、传感器及声呐设备故障等问题，导致智能体之间存在间断式的通信交互，从而影响多智能体网络实现协同。因此，如何设计有效的分布式控制协议实现整个网络的协同控制引起了人们的关注。本章针对各智能体之间存在间断式通信的问题，首先研究有向拓扑结构下线性多智能体网络的协同控制方法，通过构建多 Lyapunov 函数并结合平均驻留时间方法，提出一种协同输出反馈控制方法，建立系统实现协同跟踪控制的判定条件。该方法仅利用当前与过去时刻的输出状态信息，无需系统全状态信息，并且控制器具有结构简单、无须引入观测器的特点。其次，进一步研究有向拓扑结构下非线性多智能体网络的协同控制方法，同时考虑各智能体之间存在间断通信以及拓扑结构发生变化的复杂约束条件，建立通信率、可变通信拓扑切换时间及系统稳定性之间的内在联系，实现非线性系统的协同跟踪控制。值得注意的是，本章所研究的线性和非线性系统模型具有一般性，可以包括一阶、二阶、高阶积分器等系统模型，因此所设计的协同控制方法可以直接应用于以上系统。

3.1　线性多智能体网络协同控制

3.1.1　问题描述

考虑具有一般线性动态的 N 个多智能体，其动态系统为

$$\begin{aligned} \dot{x}_i(t) &= Ax_i(t) + Bu_i(t) \\ y_i(t) &= Cx_i(t) \end{aligned} \tag{3.1}$$

其中，$i=1,2,\cdots,N$；$x_i(t)\in\mathbb{R}^n$、$u_i(t)\in\mathbb{R}^m$ 和 $y_i(t)\in\mathbb{R}^m$ 分别是智能体 i 的状态向量、控制输入向量和测量输出向量；$A\in\mathbb{R}^{n\times n}$、$B\in\mathbb{R}^{n\times m}$ 和 $C\in\mathbb{R}^{m\times n}$ 是常数矩阵，满足 $CB=0, \det(CAB)\neq 0$。假设系统矩阵 (A,B,C) 是可稳定的和可检测的。

考虑领导者节点（标号为 0）的动态系统为

$$\begin{aligned} \dot{x}_0(t) &= Ax_0(t) \\ y_0(t) &= Cx_0(t) \end{aligned} \tag{3.2}$$

其中，$x_0(t) \in \mathbb{R}^n$ 为系统状态；$y_0(t) \in \mathbb{R}^m$ 为测量输出。领导者的动态系统可被看成一个命令生成器，用于生成期望的目标轨迹。假设通信拓扑图 $\mathcal{G}$ 中领导者的状态只能被部分跟随者获得，并且领导者不接收跟随者的信息。

假设 3.1 通信拓扑图 $\bar{\mathcal{G}}$ 包含一个有向生成树，且领导者作为根节点。

本节考虑在有向网络拓扑结构条件下的线性多智能体网络协同跟踪控制问题，并且假设智能体之间存在间断式的通信，其通信模式如图 3.1 所示。不失一般性，假设在 $[t_0,\ t)$ 内存在 $k \in \mathbb{N}^+$ 个通信切换点，用 T_k 表示，其中灰色区域表示智能体之间可以进行通信传输，白色区域表示无通信传输。

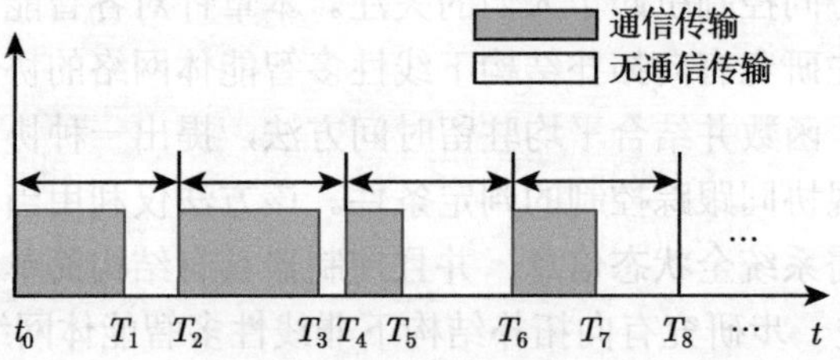

图 3.1 间断式通信示意图

基于图 3.1 所示的通信模式，本节的控制目标是定义 3.1。

定义 3.1 在系统拓扑结构为有向拓扑结构条件下，设计分布式控制器使得所有跟随者的状态协同跟踪到领导者的状态，即 $\lim\limits_{t\to\infty} x_i(t) - x_0(t) = 0,\ i = 1, 2, \cdots, N$。

针对多智能体网络 (3.1) 和 (3.2)，定义智能体 i 的邻域输出测量误差为 $e_i(t) = \sum\limits_{j=1}^{N}\left[a_{ij}(y_j(t) - y_i(t)) + g_i(y_0(t) - y_i(t))\right]$。为了实现控制目标，本节提出以下分布式控制器：

$$u_i(t) = c_1 e_i(t) - c_2 e_i(t-\tau) \tag{3.3}$$

其中，$i = 1, 2, \cdots, N$；c_1、c_2 为控制增益；$\tau > 0$ 为人工引入的时滞。定义 $u(t) = [u_1^{\mathrm{T}}(t), u_2^{\mathrm{T}}(t), \cdots, u_N^{\mathrm{T}}(t)]^{\mathrm{T}} \in \mathbb{R}^{mN}$，$y(t) = [y_1^{\mathrm{T}}(t), y_2^{\mathrm{T}}(t), \cdots, y_N^{\mathrm{T}}(t)]^{\mathrm{T}} \in \mathbb{R}^{mN}$，则式 (3.3) 可写为以下形式：

$$u(t) = -c_1(H \otimes I_m)(y(t) - \underline{y}_0(t)) + c_2(H \otimes I_m)(y(t-\tau) - \underline{y}_0(t-\tau)) \tag{3.4}$$

其中，$H = \mathcal{L} + G$；$\underline{y}_0(t) = 1_N \otimes y_0(t)$；$\underline{y}_0(t-\tau) = 1_N \otimes y_0(t-\tau)$。

定义 $x(t) = [x_1^{\mathrm{T}}(t), x_2^{\mathrm{T}}(t), \cdots, x_N^{\mathrm{T}}(t)]^{\mathrm{T}} \in \mathbb{R}^{nN}$，$\underline{x}_0(t) = 1_N \otimes x_0(t)$，则全局跟踪误差可表示为 $\delta(t) = x(t) - \underline{x}_0(t)$。基于多智能体网络 (3.1)、(3.2) 以及控制输

入 (3.4)，对全局跟踪误差进行求导可得

$$\dot{\delta}(t) = (I_N \otimes A - c_1 H \otimes BC)\delta(t) + c_2(H \otimes B)\tilde{y}(t-\tau) \tag{3.5}$$

其中，$\tilde{y}(t) = y(t) - \underline{y}_0(t)$。根据文献 [163]，对 $\tilde{y}(t-\tau)$ 进行泰勒级数展开可得

$$\begin{aligned} \tilde{y}(t-\tau) &= \tilde{y}(t) - \tau\dot{\tilde{y}}(t) + \varepsilon(t) \\ \varepsilon(t) &= \int_{t-\tau}^{t} (s-t+\tau)\ddot{\tilde{y}}(s)\mathrm{d}s \end{aligned} \tag{3.6}$$

然后，将式 (3.6) 和 $CB = 0$ 代入式 (3.5) 可进一步得

$$\dot{\delta}(t) = \big[I_N \otimes A - (c_1 - c_2)H \otimes BC - c_2\tau H \otimes BCA\big]\delta(t) + c_2(H \otimes B)\varepsilon(t) \tag{3.7}$$

注 3.1　假设 $\tau = 0$，$\lambda_i(i = 1, 2, \cdots, N)$ 是矩阵 $\mathcal{L}+G$ 的特征值，那么根据文献 [58] 中的引理 1，可以得出如果矩阵 $A - (c_1 - c_2)\lambda_i BC\ (i = 1, 2, \cdots, N)$ 都是 Hurwitz 矩阵，那么全局跟踪误差系统是渐近稳定的。需要注意的是，这个条件成立的假设是系统矩阵 (A, B, C) 满足输出反馈可镇定性[164]，而该假设比 (A, B) 具有可镇定性和 (A, C) 具有可检测性这一假设的要求更高。对于一些系统 (如积分器系统、倒立摆系统等)，不能通过静态输出反馈进行系统稳定，即对于任意控制增益 c_1、c_2，若 $\tau = 0$，则全局误差动态 (3.7) 不稳定。针对该问题，现有文献中常见的解决方案是在每个智能体动力学中引入观测器，该设计方法不可避免地导致增加额外的控制代价[55,58,165-167]。与观测器设计方法不同，本节通过在控制器设计中引入人工时滞实现了全局误差系统 (3.7) 的稳定性，而无须引入观测器。

3.1.2　主要结果

为了清晰地刻画人工引入的时滞对通信模式的影响，定义符号 $\sigma(t) : [0, +\infty) \to \{S_1, S_2, S_3\}$，分别用于表示 $\sigma(t) = S_1$ (当前状态和时滞状态信息同时丢失，即完全控制输入丢失)、$\sigma(t) = S_2$ (只有时滞状态信息丢失，即部分控制输入丢失)、$\sigma(t) = S_3$ (正常通信信息交互，即无控制输入丢失)。以上通信状态如图 3.2 所示，其中 T_k $(k \in \mathbb{N}^+)$ 为复杂通信的切换时刻。

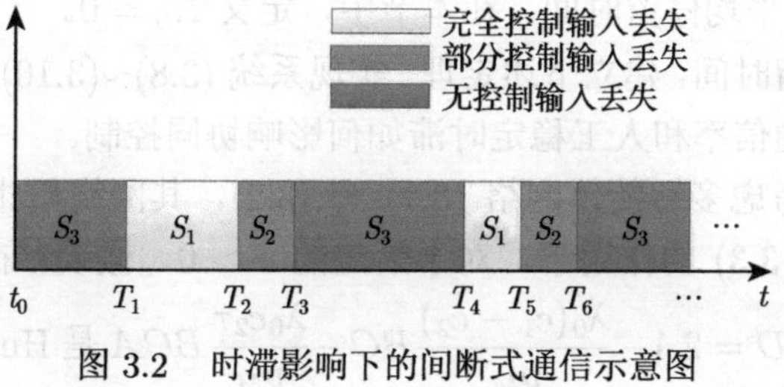

图 3.2　时滞影响下的间断式通信示意图

因此，基于如图 3.2 所示的通信模式，根据 S_1、S_2、S_3 条件下的信息交互，可得

$$\dot{x}_i(t) = \begin{cases} Ax_i(t), & \sigma(t) = S_1 \\ Ax_i(t) + c_1Be_i(t), & \sigma(t) = S_2 \\ Ax_i(t) + c_1Be_i(t) - c_2Be_i(t-\tau), & \sigma(t) = S_3 \end{cases}$$

进一步利用泰勒级数展开表示时滞项，可以得到如下全局跟踪误差动态系统：

$$\dot{\delta}(t) = \begin{cases} (I_N \otimes A)\delta(t), & \sigma(t) = S_1 \quad (3.8) \\ (I_N \otimes A - c_1H \otimes BC)\delta(t), & \sigma(t) = S_2 \quad (3.9) \\ [I_N \otimes A - (c_1 - c_2)H \otimes BC - c_2\tau H \otimes BCA]\delta(t) \\ \quad + c_2(H \otimes B)\varepsilon(t), & \sigma(t) = S_3 \quad (3.10) \end{cases}$$

注 3.2 从图 3.2 和系统动力学方程 (3.8)~(3.10) 中可以发现，$\sigma(t) = S_2$ 仅发生在通信模式从 $\sigma(t) = S_1$ 切换到 $\sigma(t) = S_3$ 的过程中。这主要是因为在 $\sigma(t) = S_2$ 期间由于通信的间断，时滞状态信息缺失。因此，在所考虑的通信模式中，最多存在三种信息交互模式，并说明系统 (3.8)~(3.10) 只能从 S_1 切换到 S_2、从 S_2 切换到 S_3，或从 S_3 切换到 S_1。

设 t_{S1}、t_{S2} 和 t_{S3} 分别表示 $\sigma(t) = S_1$、S_2 和 S_3 在区间 $[t_0, t)$ $(t_0 = 0)$ 内的发生时间，即 $t - t_0 = t_{S1} + t_{S2} + t_{S3}$。定义 $\theta_i = t_{Si}/(t - t_0), i = 1,2,3$，那么 $\theta_1 + \theta_2 + \theta_3 = 1$。在本节中，$\theta_1$ 表示完全控制输入丢失率，θ_2 表示部分控制输入丢失率，θ_3 表示通信率。假设系统矩阵 A 不是 Hurwitz 稳定的，则子系统 (3.8) 是不稳定的。另外，如注 3.1 所述，子系统 (3.9) 在没有时滞引入的情况下也是不稳定的，而子系统 (3.10) 在正常的通信交互下可以实现系统稳定性。基于上述分析，全局跟踪误差动力学系统可以看成一个包含两个不稳定系统和一个稳定系统的切换系统，因此为了保证系统 (3.8)~(3.10) 的指数稳定性，首先引入以下定义。

定义 3.2[168] 对于任意 $T_2 > T_1 \geqslant 0$，设 $N_\sigma(T_1, T_2)$ 表示 $\sigma(t)$ 在 (T_1, T_2) 内的切换次数。当存在 $T_a > 0, N_0 \geqslant 0$ 时，不等式 $N_\sigma(T_1, T_2) \leqslant N_0 + (T_2 - T_1)/T_a$ 成立，则称 T_a 为平均停留时间。在本节中，定义 $N_0 = 0$。

基于平均停留时间，建立下述定理，实现系统 (3.8)~(3.10) 的指数稳定性，并揭示网络结构、通信率和人工稳定时滞如何影响协同控制。

定理 3.1 考虑多智能体网络 (3.1) 和 (3.2)，其网络拓扑结构满足假设 3.1 并且在控制输入 (3.3) 的作用下。对于给定的 $\tau > 0$，假设存在控制增益 $c_1 > 0$，$c_2 > 0$，使得矩阵 $D = 2A - \dfrac{\lambda_0(c_1 - c_2)}{p_M}BC - \dfrac{\lambda_0 c_2 \tau}{p_M}BCA$ 是 Hurwitz 矩阵；对于给

定的 $\alpha_{S2}<\alpha_{S1}<0$、$\alpha_{S3}>0$ 和 $\kappa>1$，假设存在正定矩阵 $S_{Si}\in\mathbb{R}^{n\times n}$ 和 $R_{Si}\in\mathbb{R}^{m\times m}$ $(i=1,2,3)$，使 $0<S_{S1}\leqslant\kappa\mathrm{e}^{2(\alpha_{S3}-\alpha_{S1})\tau}S_{S3}$、$0<S_{S2}\leqslant\kappa\mathrm{e}^{2(\alpha_{S1}-\alpha_{S2})\tau}S_{S1}$、$0<S_{S3}\leqslant\kappa S_{S2}$、$0<R_{S1}\leqslant\kappa R_{S3}$、$0<R_{S2}\leqslant\kappa R_{S1}$、$0<R_{S3}\leqslant\kappa R_{S2}$ 和

$$\Theta_{\sigma(t)}=\begin{bmatrix}\Pi_{\sigma(t)} & c_2\varsigma_{\sigma(t)}\Gamma & \tau^2\Sigma_{\sigma(t)}^{\mathrm{T}}M^{\mathrm{T}}\bar{R}_{\sigma(t)}\\ * & -4\mathrm{e}^{-2\alpha_{\sigma(t)}\tau}\bar{R}_{\sigma(t)} & \tau^2\varsigma_{\sigma(t)}\Xi^{\mathrm{T}}M^{\mathrm{T}}\bar{R}_{\sigma(t)}\\ * & * & -\bar{R}_{\sigma(t)}\end{bmatrix}<0 \tag{3.11}$$

成立，其中，$\sigma(t)=S1,S2,S3$；$\Pi_{\sigma(t)}=P\otimes(2\alpha_{\sigma(t)}S_{\sigma(t)}+S_{\sigma(t)}\Psi_{\sigma(t)})$，$\Psi_{S1}=2A$，$\Psi_{S2}=2A-\dfrac{\lambda_0c_1}{p_M}BC$，$\Psi_{S3}=D$；$\varsigma_{S1}=\varsigma_{S2}=0$，$\varsigma_{S3}=1$；$\Sigma_{S1}=I_N\otimes A$，$\Sigma_{S2}=I_N\otimes A-c_1H\otimes BC$，$\Sigma_{S3}=\Sigma$，$\Sigma=I_N\otimes A-(c_1-c_2)H\otimes BC-c_2\tau H\otimes BCA$；$\bar{R}_{\sigma(t)}=I_N\otimes R_{\sigma(t)}$；$\Gamma=PH\otimes SB$；$M=I_N\otimes CA$；$\Xi=c_2H\otimes B$。那么，时滞 τ 满足：

$$\tau<\frac{T_a\alpha_{S3}-0.5\ln\kappa}{\alpha_{S1}+\alpha_{S3}-2\alpha_{S2}} \tag{3.12}$$

以及通信率满足：

$$\theta_3>\frac{[0.5\ln\kappa+(\alpha_{S1}+\alpha_{S3}-2\alpha_{S2})\tau]/T_a-\alpha_{S1}}{\alpha_{S3}-\alpha_{S1}} \tag{3.13}$$

可以实现跟随者 (3.1) 和领导者 (3.2) 的协同跟踪控制。此外，跟踪误差系统 (3.8)~(3.10) 的收敛速度为

$$\gamma=\alpha_{S3}\theta_3+(\theta_1+\theta_2)\alpha_{S1}-[0.5\ln\kappa+(\alpha_{S1}+\alpha_{S3}-2\alpha_{S2})\tau]/T_a \tag{3.14}$$

证明　构造如下多 Lyapunov-Krasovskii 函数：

$$V_{\sigma(t)}(t)=V_{\sigma(t)}^1(t)+V_{\sigma(t)}^2(t) \tag{3.15}$$

其中，$V_{\sigma(t)}^1(t)=\delta^{\mathrm{T}}(t)(P\otimes S_{\sigma(t)})\delta(t)$，$V_{\sigma(t)}^2(t)=\tau^2\int_{t-\tau}^{t}\mathrm{e}^{-2\alpha_{\sigma(t)}(t-s)}(s-t+\tau)^2\ddot{\tilde{y}}^{\mathrm{T}}(s)\bar{R}_{\sigma(t)}\ddot{\tilde{y}}(s)\mathrm{d}s$，$P$ 在引理 2.3 中定义。该定理的证明包括以下三个步骤。

步骤 1：当 $\sigma(t)=S_3$ 时，智能体之间具有正常的通信信息交互。首先利用式 (3.10) 对 $V_{S3}^1(t)$ 求导可得

$$\begin{aligned}\dot{V}_{S3}^1(t)=&\ \delta^{\mathrm{T}}(t)[P\otimes2S_{S3}A-Q\otimes(c_1-c_2)S_{S3}BC-Q\otimes c_2\tau S_{S3}BCA]\delta(t)\\&+2c_2\delta^{\mathrm{T}}(t)(PH\otimes S_{S3}B)\varepsilon(t)\end{aligned}$$

$$
\begin{aligned}
&\leqslant \delta^{\mathrm{T}}(t)[P\otimes 2S_{S3}A-\lambda_0 I_N\otimes (c_1-c_2)S_{S3}BC-\lambda_0 I_N\otimes c_2\tau SBCA]\delta(t)\\
&\quad +2c_2\delta^{\mathrm{T}}(t)(PH\otimes S_{S3}B)\varepsilon(t)\\
&\leqslant \delta^{\mathrm{T}}(t)\left\{P\otimes\left[2S_{S3}A-\frac{\lambda_0(c_1-c_2)}{p_M}S_{S3}BC-\frac{\lambda_0 c_2\tau}{p_M}SBCA\right]\right\}\delta(t)\\
&\quad +2c_2\delta^{\mathrm{T}}(t)(PH\otimes S_{S3}B)\varepsilon(t)\\
&=\delta^{\mathrm{T}}(t)(P\otimes S_{S3}D)\delta(t)+2c_2\delta^{\mathrm{T}}(t)(PH\otimes S_{S3}B)\varepsilon(t)
\end{aligned}
\tag{3.16}
$$

分别利用 $Q\geqslant\lambda_0 I_N$ 和 $p_M I_N\geqslant P$ 得到式 (3.16)。然后对 $V_{S3}^2(t)$ 求导可得

$$
\begin{aligned}
\dot{V}_{S3}^2(t)=&-2\alpha_{S3}V_{S3}^2(t)+\tau^4\ddot{\tilde{y}}^{\mathrm{T}}(t)\bar{R}_{S3}\ddot{\tilde{y}}(t)\\
&-2\tau^2\int_{t-\tau}^{t}\mathrm{e}^{-2\alpha_{S3}(t-s)}(s-t+\tau)\ddot{\tilde{y}}^{\mathrm{T}}(s)\bar{R}_{S3}\ddot{\tilde{y}}(s)\mathrm{d}s
\end{aligned}
\tag{3.17}
$$

由于 $\tilde{y}(t)=y(t)-\underline{y}_0(t)$ 和 $CB=0$，可得 $\ddot{\tilde{y}}(t)=(I_N\otimes CA)\dot{\delta}(t)$，那么式 (3.17) 中第二项可进一步推导得

$$
\tau^4\ddot{\tilde{y}}^{\mathrm{T}}(t)\bar{R}_{S3}\ddot{\tilde{y}}(t)=\tau^4\dot{\delta}^{\mathrm{T}}(t)M^{\mathrm{T}}\bar{R}_{S3}M\dot{\delta}(t)
\tag{3.18}
$$

通过利用琴生不等式，式 (3.17) 中第三项可进一步推导得

$$
\begin{aligned}
&-2\tau^2\int_{t-\tau}^{t}\mathrm{e}^{-2\alpha_{S3}(t-s)}(s-t+\tau)\ddot{\tilde{y}}^{\mathrm{T}}(s)\bar{R}_{S3}\ddot{\tilde{y}}(s)\mathrm{d}s\\
&\leqslant-\frac{2\tau^2\mathrm{e}^{-2\alpha_{S3}\tau}}{\displaystyle\int_{t-\tau}^{t}(s-t+\tau)\mathrm{d}s}\varepsilon^{\mathrm{T}}(t)\bar{R}_{S3}\varepsilon(t)\\
&\leqslant-4\mathrm{e}^{-2\alpha_{S3}\tau}\varepsilon^{\mathrm{T}}(t)\bar{R}_{S3}\varepsilon(t)
\end{aligned}
\tag{3.19}
$$

将式 (3.18) 和式 (3.19) 代入式 (3.17) 可得

$$
\dot{V}_{S3}^2(t)\leqslant-2\alpha_{S3}V_2(t)+\tau^4\dot{\delta}^{\mathrm{T}}(t)M^{\mathrm{T}}\bar{R}_{S3}M\dot{\delta}(t)-4\mathrm{e}^{-2\alpha_{S3}\tau}\varepsilon^{\mathrm{T}}(t)\bar{R}_{S3}\varepsilon(t)
\tag{3.20}
$$

结合式 (3.16) 和式 (3.20) 可得

$$
\dot{V}_{S1}(t)+2\alpha_{S1}V_{S1}(t)\leqslant\zeta^{\mathrm{T}}(t)\begin{bmatrix}\mathit{\Pi}_{S1} & c_2\mathit{\Gamma}\\ * & -4\mathrm{e}^{-2\alpha_{S1}\tau}\bar{R}_{S1}\end{bmatrix}\zeta(t)+\tau^4\dot{\delta}^{\mathrm{T}}(t)M^{\mathrm{T}}\bar{R}_{S1}M\dot{\delta}(t)
\tag{3.21}
$$

其中，$\zeta(t) = [\delta^{\mathrm{T}}(t), \varepsilon^{\mathrm{T}}(t)]^{\mathrm{T}}$。进一步利用式 (3.10) 以及应用矩阵舒尔补（Schur complement），可得如果 $\Theta_{\sigma(t)=S3} < 0$，则有 $\dot{V}_{S3}(t) + 2\alpha_{S3}V_{S3}(t) \leqslant 0$。

当 $\sigma(t) = S_1$ 时，系统不受控制输入的影响，则利用式 (3.8) 对式 (3.15) 求导可得

$$
\begin{aligned}
&\dot{V}_{S1}(t) + 2\alpha_{S1}V_{S1}(t) \\
&\leqslant \delta^{\mathrm{T}}(t)[P \otimes (2\alpha_{S1}S_{S1} + 2S_{S1}A)]\delta(t) \\
&\quad - 4\mathrm{e}^{-2\alpha_{S1}\tau}\varepsilon^{\mathrm{T}}(t)\bar{R}_{S1}\varepsilon(t) + \tau^4\dot{\delta}^{\mathrm{T}}(t)M^{\mathrm{T}}\bar{R}_{S1}M\dot{\delta}(t) \\
&= \zeta^{\mathrm{T}}(t)\begin{bmatrix} P \otimes (2\alpha_{S1}S_{S1} + S_{S1}\Psi_{S1}) & 0 \\ * & -4\mathrm{e}^{-2\alpha_{S1}\tau}\bar{R}_{S1} \end{bmatrix}\zeta(t) \\
&\quad + \tau^4\dot{\delta}^{\mathrm{T}}(t)M^{\mathrm{T}}\bar{R}_{S1}M\dot{\delta}(t)
\end{aligned} \tag{3.22}
$$

进一步利用式 (3.8) 以及应用矩阵舒尔补，可得如果 $\Theta_{\sigma(t)=S1} < 0$，则有 $\dot{V}_{S1}(t) + 2\alpha_{S1}V_{S1}(t) \leqslant 0$。

当 $\sigma(t) = S_2$ 时，只有当前的输出测量值应用于控制输入，则利用式 (3.9) 对式 (3.15) 求导可得

$$
\begin{aligned}
&\dot{V}_{S2}(t) + 2\alpha_{S2}V_{S2}(t) \\
&\leqslant \delta^{\mathrm{T}}(t)[P \otimes (2\alpha_{S2}S_{S2} + 2S_{S2}A)]\delta(t) - \delta^{\mathrm{T}}(t)(Q \otimes c_1S_{S2}BC)\delta(t) \\
&\quad - 4\mathrm{e}^{-2\alpha_{S2}\tau}\varepsilon^{\mathrm{T}}(t)\bar{R}_{S2}\varepsilon(t) + \tau^4\dot{\delta}^{\mathrm{T}}(t)M^{\mathrm{T}}\bar{R}_{S2}M\dot{\delta}(t) \\
&\leqslant \delta^{\mathrm{T}}(t)[P \otimes (2\alpha_{S2}S_{S2} + S_{S2}\Psi_{S2})]\delta(t) \\
&\quad - 4\mathrm{e}^{-2\alpha_{S2}\tau}\varepsilon^{\mathrm{T}}(t)\bar{R}_{S2}\varepsilon(t) + \tau^4\dot{\delta}^{\mathrm{T}}(t)M^{\mathrm{T}}\bar{R}_{S2}M\dot{\delta}(t) \\
&= \zeta^{\mathrm{T}}(t)\begin{bmatrix} P \otimes (2\alpha_{S2}S_{S2} + S_{S2}\Psi_{S2}) & 0 \\ * & -4\mathrm{e}^{-2\alpha_{S2}\tau}\bar{R}_{S2} \end{bmatrix}\zeta(t) \\
&\quad + \tau^4\dot{\delta}^{\mathrm{T}}(t)M^{\mathrm{T}}\bar{R}_{S2}M\dot{\delta}(t)
\end{aligned} \tag{3.23}
$$

进一步利用式 (3.9) 并应用矩阵舒尔补，可得如果 $\Theta_{\sigma(t)=S2} < 0$，则有 $\dot{V}_{S2}(t) + 2\alpha_{S2}V_{S2}(t) \leqslant 0$。

结合以上结果，可以得到

$$
V_{\sigma(t)}(t) \leqslant \mathrm{e}^{-2\alpha_{\sigma(t)}(t-t_0)}V_{\sigma(t)}(t_0), \quad t \geqslant t_0 \tag{3.24}
$$

步骤 2：由图 3.2 和注 3.2 可知误差系统 (3.8)~(3.10) 之间存在三种切换顺序，基于此，针对每个切换点 T_k $(k \in \mathbb{N}^+)$ 给出如下详细分析。

如果系统 (3.8)~(3.10) 在 T_k 时刻从 S_1 切换到 S_2，则由式 (3.15) 和 $0 < S_{S2} \leqslant \kappa \mathrm{e}^{2(\alpha_{S1}-\alpha_{S2})\tau} S_{S1}$, $0 < R_{S2} \leqslant \kappa R_{S1}$ 可得

$$\begin{aligned}
V_{S2}(T_k) &\leqslant \delta^{\mathrm{T}}(T_k)(P\otimes S_{S2})\delta(T_k) \\
&\quad + \mathrm{e}^{2(\alpha_{S1}-\alpha_{S2})\tau}\tau^2\int_{T_k-\tau}^{T_k}\mathrm{e}^{-2\alpha_{S1}(T_k-s)}(s-T_k+\tau)^2\ddot{\tilde{y}}^{\mathrm{T}}(s)\bar{R}_{S2}\ddot{\tilde{y}}(s)\mathrm{d}s \\
&\leqslant \kappa\mathrm{e}^{2(\alpha_{S1}-\alpha_{S2})\tau}\delta^{\mathrm{T}}(T_k^-)(P\otimes S_{S1})\delta(T_k^-) \\
&\quad + \kappa\mathrm{e}^{2(\alpha_{S1}-\alpha_{S2})\tau}\tau^2\int_{T_k^--\tau}^{T_k^-}\mathrm{e}^{-2\alpha_{S1}(T_k^--s)}(s-T_k^-+\tau)^2\ddot{\tilde{y}}^{\mathrm{T}}(s)\bar{R}_{S1}\ddot{\tilde{y}}(s)\mathrm{d}s \\
&= \kappa\mathrm{e}^{2(\alpha_{S1}-\alpha_{S2})\tau}V_{S1}(T_k^-)
\end{aligned} \tag{3.25}$$

其中，$T_k^- = \lim\limits_{t\to T_k} t$，且利用 $\alpha_{S2} < \alpha_{S1} < 0$ 时 $\mathrm{e}^{2(\alpha_{S1}-\alpha_{S2})(T_k-s)} \leqslant \mathrm{e}^{2(\alpha_{S1}-\alpha_{S2})\tau}$ 得到式 (3.25)。

如果误差系统 (3.8)~(3.10) 在时刻 T_k 从 S_2 切换到 S_3，则由式 (3.15) 和 $0 < S_{S3} \leqslant \kappa S_{S2}$, $0 < R_{S3} \leqslant \kappa R_{S2}$ 可得

$$\begin{aligned}
V_{S3}(T_k) &\leqslant \kappa\delta^{\mathrm{T}}(T_k^-)(P\otimes S_{S2})\delta(T_k^-) \\
&\quad + \kappa\tau^2\int_{T_k^--\tau}^{T_k^-}\mathrm{e}^{-2\alpha_{S2}(T_k^--s)}(s-T_k^-+\tau)^2\ddot{\tilde{y}}^{\mathrm{T}}(s)\bar{R}_{S2}\ddot{\tilde{y}}(s)\mathrm{d}s \\
&= \kappa V_{S2}(T_k^-)
\end{aligned} \tag{3.26}$$

利用 $\alpha_{S2} < 0, \alpha_{S3} > 0$ 时 $\mathrm{e}^{2(\alpha_{S2}-\alpha_{S3})(T_k-s)} \leqslant 1$，可得出式 (3.26)。

如果系统 (3.8)~(3.10) 在时刻 T_k 从 S_3 切换到 S_1，则由式 (3.15)和 $0 < S_{S1} \leqslant \kappa\mathrm{e}^{2(\alpha_{S3}-\alpha_{S1})\tau}S_{S3}$，$0 < R_{S1} \leqslant \kappa R_{S3}$ 可得

$$\begin{aligned}
V_{S1}(T_k) &\leqslant \kappa\mathrm{e}^{2(\alpha_{S3}-\alpha_{S1})\tau}\delta^{\mathrm{T}}(T_k^-)(P\otimes S_{S3})\delta(T_k^-) \\
&\quad + \kappa\mathrm{e}^{2(\alpha_{S3}-\alpha_{S1})\tau}\tau^2\int_{T_k^--\tau}^{T_k^-}\mathrm{e}^{-2\alpha_{S3}(T_k^--s)}(s-T_k^-+\tau)^2\ddot{\tilde{y}}^{\mathrm{T}}(s)\bar{R}_{S3}\ddot{\tilde{y}}(s)\mathrm{d}s \\
&= \kappa\mathrm{e}^{2(\alpha_{S3}-\alpha_{S1})\tau}V_{S3}(T_k^-)
\end{aligned} \tag{3.27}$$

利用 $\alpha_{S3}-\alpha_{S1} > 0$ 时 $\mathrm{e}^{2(\alpha_{S3}-\alpha_{S1})(T_k-s)} \leqslant \mathrm{e}^{2(\alpha_{S3}-\alpha_{S1})\tau}$ 可得出式 (3.27)。

因此，有

$$V_{\sigma(T_k)}(T_k) \leqslant \begin{cases} \kappa \mathrm{e}^{2(\alpha_{S1}-\alpha_{S2})\tau} V_{\sigma(T_k^-)}(T_k^-), & S_1 \to S_2 \\ \kappa V_{\sigma(T_k^-)}(T_k^-), & S_2 \to S_3 \\ \kappa \mathrm{e}^{2(\alpha_{S3}-\alpha_{S1})\tau} V_{\sigma(T_k^-)}(T_k^-), & S_3 \to S_1 \end{cases} \tag{3.28}$$

步骤 3: 证明误差系统 (3.8)~(3.10) 的指数稳定性。定义 $N_\sigma(t_0,t)$ 为 $[t_0,t)$ 时间段内的切换次数，注意到 S_2 是 S_1 和 S_3 之间的过渡环节，可以得出从 S_1 到 S_2 的切换次数等于从 S_2 到 S_3 的切换次数。不失一般性，定义 N_1、N_1 和 N_2 分别表示从 S_1 到 S_2、从 S_2 到 S_3 和从 S_3 到 S_1 的切换次数，那么 $N_\sigma(t_0,t)=2N_1+N_2$。

对于任意 $t>t_0$，利用式 (3.24)、式 (3.28) 以及 $N_\sigma(t_0,t)\leqslant (t-t_0)/T_a$ 可得

$$\begin{aligned} V_{\sigma(t)}(t) &\leqslant \kappa^{N_\sigma(t_0,t)} \mathrm{e}^{2(\alpha_{S1}-\alpha_{S2})\tau N_1} \mathrm{e}^{2(\alpha_{S3}-\alpha_{S1})\tau N_2} \\ &\quad \cdot \mathrm{e}^{-2\alpha_{S1} t_{S1}} \mathrm{e}^{-2\alpha_{S2} t_{S2}} \mathrm{e}^{-2\alpha_{S3} t_{S3}} V_{\sigma(t_0)}(t_0) \\ &\leqslant \kappa^{N_\sigma(t_0,t)} \mathrm{e}^{2(\alpha_{S3}-\alpha_{S2})\tau N_\sigma(t_0,t)} \mathrm{e}^{-2\alpha_{S1} t_{S1}} \mathrm{e}^{-2\alpha_{S2} t_{S2}} \mathrm{e}^{-2\alpha_{S3} t_{S3}} V_{\sigma(t_0)}(t_0) \\ &\leqslant \kappa^{(t-t_0)/T_a} \mathrm{e}^{2(\alpha_{S3}-\alpha_{S2})\tau (t-t_0)/T_a} \mathrm{e}^{-2\alpha_{S1}\theta_1 (t-t_0)} \\ &\quad \cdot \mathrm{e}^{-2\alpha_{S2}\theta_2(t-t_0)} \mathrm{e}^{-2\alpha_{S3}\theta_3(t-t_0)} V_{\sigma(t_0)}(t_0) \\ &= (\kappa^{1/T_a} \mathrm{e}^{2(\alpha_{S3}-\alpha_{S2})\tau/T_a} \mathrm{e}^{-2\alpha_{S1}} \mathrm{e}^{2(\alpha_{S1}-\alpha_{S2})\theta_2} \mathrm{e}^{2(\alpha_{S1}-\alpha_{S3})\theta_3})^{(t-t_0)} V_{\sigma(t_0)}(t_0) \end{aligned} \tag{3.29}$$

根据 $\theta_2=\tau N_1/(t-t_0)\leqslant \tau/T_a$，进一步可得

$$\begin{aligned} V_{\sigma(t)}(t) &\leqslant (\kappa^{1/T_a} \mathrm{e}^{2(\alpha_{S1}+\alpha_{S3}-2\alpha_{S2})\tau/T_a} \mathrm{e}^{-2\alpha_{S1}} \mathrm{e}^{2(\alpha_{S1}-\alpha_{S3})\theta_3})^{(t-t_0)} V_{\sigma(t_0)}(t_0) \\ &= \mathrm{e}^{-2\gamma(t-t_0)} V_{\sigma(t_0)}(t_0) \end{aligned} \tag{3.30}$$

其中，$\gamma=\alpha_{S3}\theta_3+(\theta_1+\theta_2)\alpha_{S1}-[0.5\ln\kappa+(\alpha_{S1}+\alpha_{S3}-2\alpha_{S2})\tau]/T_a$，并且利用条件 (3.13) 可保证 $\gamma>0$。由式 (3.15) 和式 (3.30) 可得

$$\begin{aligned} \underline{\sigma}(P)\underline{\sigma}(S_{S1})\|\delta(t)\|^2 &\leqslant V_{S1}(t) \leqslant \rho_1 \delta_m^2 \mathrm{e}^{-2\gamma(t-t_0)} \\ \underline{\sigma}(P)\underline{\sigma}(S_{S2})\|\delta(t)\|^2 &\leqslant V_{S2}(t) \leqslant \rho_2 \delta_m^2 \mathrm{e}^{-2\gamma(t-t_0)} \\ \underline{\sigma}(P)\underline{\sigma}(S_{S3})\|\delta(t)\|^2 &\leqslant V_{S3}(t) \leqslant \rho_3 \delta_m^2 \mathrm{e}^{-2\gamma(t-t_0)} \end{aligned} \tag{3.31}$$

其中，$\rho_i=\bar{\sigma}(P)\bar{\sigma}(S_{Si})+\tau^5\mathrm{e}^{-2\alpha_{Si}\tau}\bar{\sigma}^2(CA)\bar{\sigma}(R_{Si})$, $i=1,2,3$; $\delta_m=\max\{\|\delta(t_0)\|, \|\dot{\delta}(t_0)\|\}$。定义 $\rho=\max\{\rho_1,\rho_2,\rho_3\}$ 和 $\ell=\min\{\underline{\sigma}(P)\underline{\sigma}(S_{S1}),\underline{\sigma}(P)\underline{\sigma}(S_{S2}),\underline{\sigma}(P)\cdot\underline{\sigma}(S_{S3})\}$，可得

$$\|\delta(t)\| \leqslant \sqrt{\frac{\rho}{\ell}}\delta_m \mathrm{e}^{-\gamma(t-t_0)} \tag{3.32}$$

因此，根据式 (3.32) 可证得全局跟踪误差 $\delta(t)$ 以收敛速率 γ 指数收敛到零。证毕。

注 3.3 在定理 3.1 中，建立了人工时滞 τ 与通信率 θ_3 所需满足的充分条件 (3.12) 和 (3.13)，上述条件表明如果智能体网络所容许的通信率不小于一给定的参数，那么系统可实现协同跟踪控制，并且可以看出该参数与平均驻留时间 T_a，人工时滞 τ，设计参数 α_{S1}、α_{S2}、α_{S3} 有关。具体而言，对于给定的 α_{S1}、α_{S2}、α_{S3}、κ 和 T_a，通过减小 τ 的取值，不仅可以降低系统所需的通信率，还可以提高系统收敛速率。另外，对于给定的 α_{S1}、α_{S2}、α_{S3}、κ 和 τ，通过增加 T_a 的取值，也可以降低通信率并提高系统收敛速度。因此，在控制器参数选择时需综合考虑上述参数关系以满足任务需求。

注 3.4 由条件 (3.11)~(3.14) 可以看出，人工时滞 τ 在实现闭环系统 (3.8)~(3.10) 指数稳定性中起着关键作用，并且其取值与网络结构、通信率、收敛速率和其他控制器设计参数相关。具体来说，如果所选取的人工时滞值过大，可能导致无法满足条件 (3.12)，或导致线性矩阵不等式 (linear matrix inequality, LMI) (3.11) 无解，因此无法利用定理 3.1 选择相关控制器参数用于实现协同跟踪控制。此外，根据注 3.3 中参数之间的关系，可知引入较大的时滞不仅需要提高系统之间的通信率，而且还会导致系统收敛速度慢，上述关系也符合在实际系统中时滞通常会导致系统不稳定的结论。值得注意的是，根据定理 3.1，可以看出如果选取 $\tau=0$，系统仍无法实现一致性，这也表明本节所引入的时滞对系统稳定性具有积极影响。

注 3.5 根据上述分析，给出以下参数选择准则：首先，对于给定一个较小的值 α_{S3}，选择 c_1、c_2 和 τ，使得矩阵 D 是 Hurwitz 的并且 $\Theta_{\sigma(t)=S3}<0$ 成立；通过增加一个小的正常数值来增加 α_{S3}，直到 $\Theta_{\sigma(t)=S3}<0$ 不成立，并将最后一个值设为 α_{S3}。其次，对于给定的 $\tau>0$，选取较小的 α_{S1}、α_{S2} ($\alpha_{S2}<\alpha_{S1}<0$) 初值，使 $\Theta_{\sigma(t)=S1}<0$ 和 $\Theta_{\sigma(t)=S2}<0$ 成立；增加 α_{S1}、α_{S2}，直到 $\Theta_{\sigma(t)=S1}<0$ 和 $\Theta_{\sigma(t)=S2}<0$ 不成立，并将最后的值设为 α_{S1} 和 α_{S2}。再次，选取初始值 $\kappa>1$，使 $0<S_{S1}\leqslant \kappa \mathrm{e}^{2(\alpha_{S3}-\alpha_{S1})\tau}S_{S3}$、$0<S_{S2}\leqslant \kappa \mathrm{e}^{2(\alpha_{S1}-\alpha_{S2})\tau}S_{S1}$、$0<S_{S3}\leqslant \kappa S_{S2}$、$0<R_{S1}\leqslant \kappa R_{S3}$、$0<R_{S2}\leqslant \kappa R_{S1}$ 和 $0<R_{S3}\leqslant \kappa R_{S2}$ 成立；减小 κ，直到这些不等式不成立，并将最后一个值设为 κ。最后，选择一个合适的 T_a 来保证 τ 满足条件 (3.12)。按照上述参数选择准则，可以最终得到通信率 θ_3 和收敛速度 γ 的大小。

3.1.3 仿真结果与分析

本节针对定理 3.1 给出仿真实例来验证所提方法的有效性。考虑由 5 个跟随者和 1 个领导者组成的多智能体系网络，其网络拓扑结构如图 3.3 所示，满足假设 3.1。考虑每个智能体都由双质量弹簧系统[169] 进行建模，具体系统参数如下：

$$x_i(t) = \begin{bmatrix} x_{i1}(t) \\ x_{i2}(t) \\ x_{i3}(t) \\ x_{i4}(t) \end{bmatrix}, \quad A = \begin{bmatrix} 0 & 1 & 0 & 0 \\ \dfrac{-k_1 - k_2}{m_1} & 0 & \dfrac{k_2}{m_1} & 0 \\ 0 & 0 & 0 & 1 \\ \dfrac{k_2}{m_2} & 0 & -\dfrac{k_2}{m_2} & 0 \end{bmatrix}$$

$$B = \begin{bmatrix} 0 \\ \dfrac{1}{m_1} \\ 0 \\ 0 \end{bmatrix}, \quad C = \begin{bmatrix} 1 & 0 & 1 & 0 \end{bmatrix}$$

其中，$m_1 = m_2 = 10\text{g}$；$k_1 = 2\text{N/m}$；$k_2 = 1\text{N/m}$。

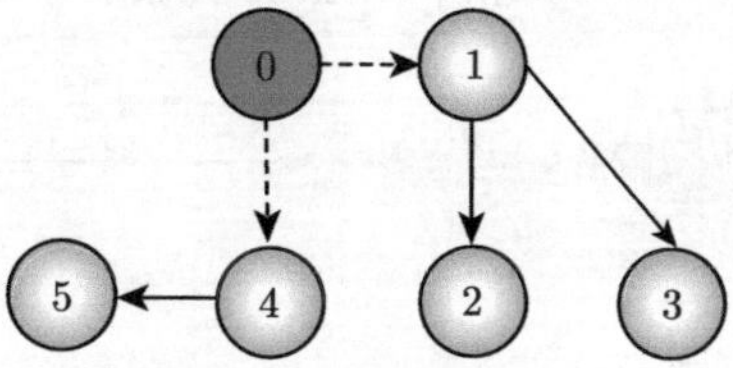

图 3.3　通信图拓扑 $\bar{\mathcal{G}}$

由于在实际环境中智能体之间可能出现不可靠的通信信道、通信设备故障或通信拥塞等问题，从而导致智能体之间存在间断式的通信条件。不失一般性，考虑如图 3.4 所示的通信模式，其由切换序列 $\sigma(t)$ 来控制三种通信模式的切换顺序。根据定理 3.1，首先选择控制增益 $c_1 = 11, c_2 = 10.6$，$\tau = 2 \times 10^{-3}\text{s}$，使得矩阵 D 为 Hurwitz 矩阵；然后选择 $\alpha_{S1} = -0.19, \alpha_{S2} = -0.2, \alpha_{S3} = 0.11, \kappa = 1.553$，使得 LMI (3.11) 具有可行解；其次选择平均驻留时间 $T_a > 2.0067$，使得条件 (3.12) 成立。基于上述参数选择，可进一步得当通信率 $\theta_3 > 87.86\%$ 时，所有跟随者的状态可以指数收敛到领导者的状态，并且其收敛速率为 $\gamma = 4.2191 \times 10^{-4}$。因此，选择通信率为 $\theta_3 = 88\%$。

图 3.5(a)~(d) 给出了在应用控制器 (3.3) 下的系统跟踪误差响应曲线，可以看出在选取人工时滞参数 $\tau = 2 \times 10^{-3}\text{s}$ 时，5 个跟随者在间断式的通信条件下可以实现协同跟踪控制。为了进一步验证所引入人工时滞对实现系统稳定性的作用，分别给出了两组对比仿真曲线，首先当 $\tau = 0\text{s}$ 时，图 3.6(a)~(d) 显示了系统跟踪误差响应曲线，其次当 $\tau = 6.52 \times 10^{-2}\text{s}$ 时，图 3.7(a)~(d) 显示了系统跟踪误差响应曲线。从以上仿真结果可以发现，在不引入人工时滞或者引入的时滞过大的情况下，误差系统都具有不稳定性，一方面表明人工时滞对实现协同控制具有积极作用，另一方面表明时滞过大会导致定理 3.1 中的充分条件无法满足，破

坏系统的稳定性，导致无法实现协同控制目标。

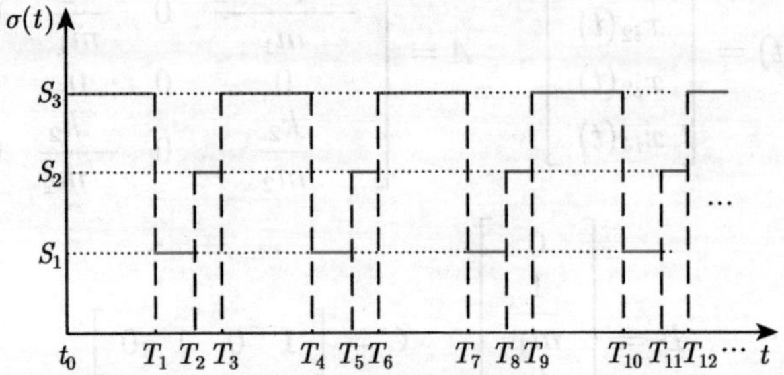

图 3.4　切换序列 $\sigma(t)$

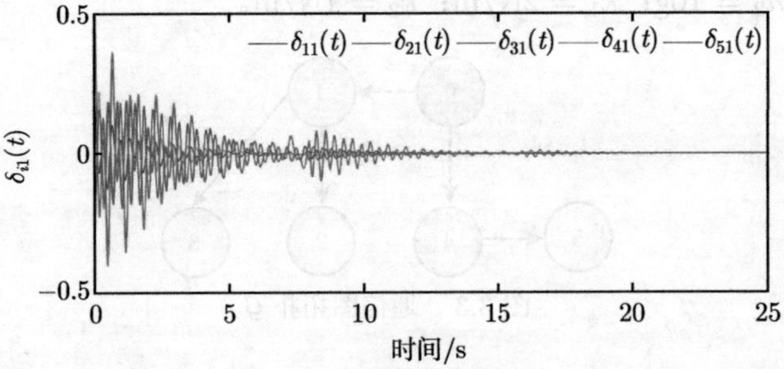

(a) $\delta_{i1}(t)$

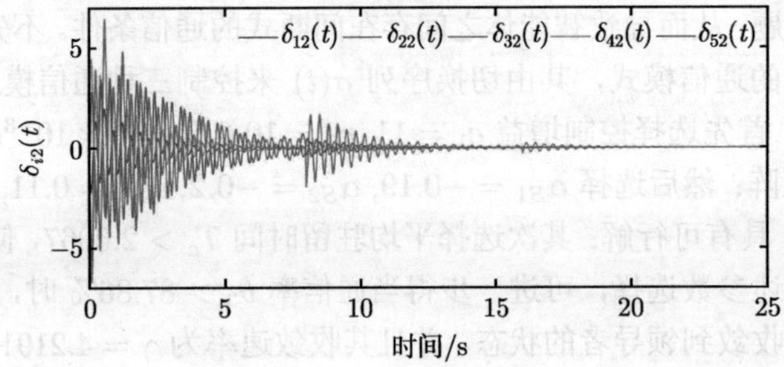

(b) $\delta_{i2}(t)$

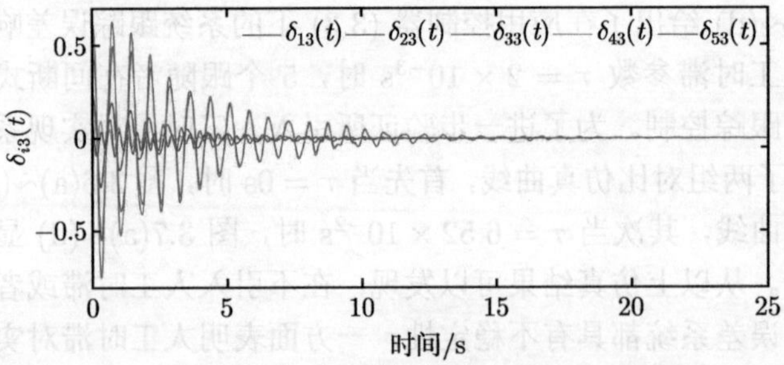

(c) $\delta_{i3}(t)$

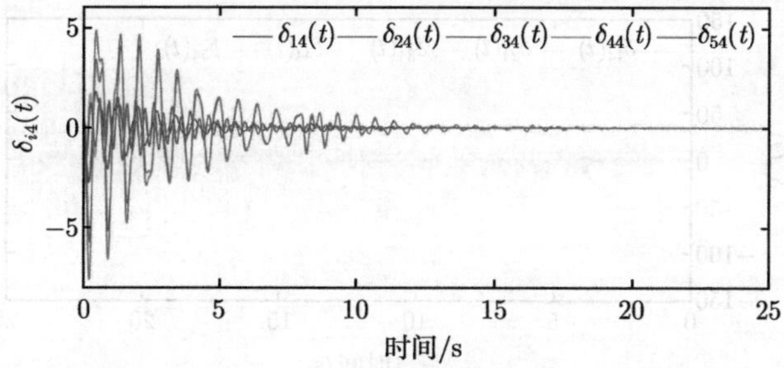

(d) $\delta_{i4}(t)$

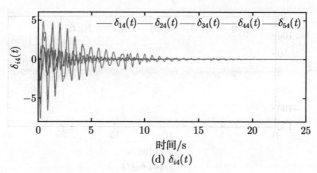

图 3.5　$\tau = 2 \times 10^{-3}$s 时跟踪误差 $\delta_{i1}(t)$、$\delta_{i2}(t)$、$\delta_{i3}(t)$、$\delta_{i4}(t)$ $(i = 1, 2, 3, 4, 5)$ 的轨迹图

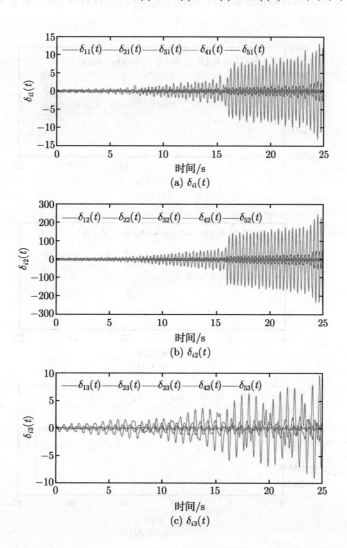

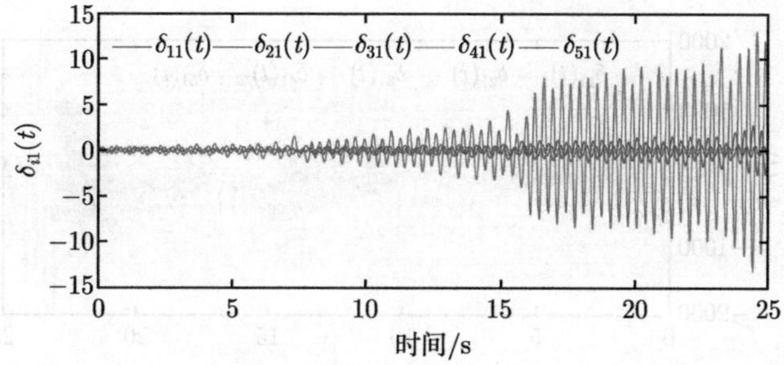

(a) $\delta_{i1}(t)$

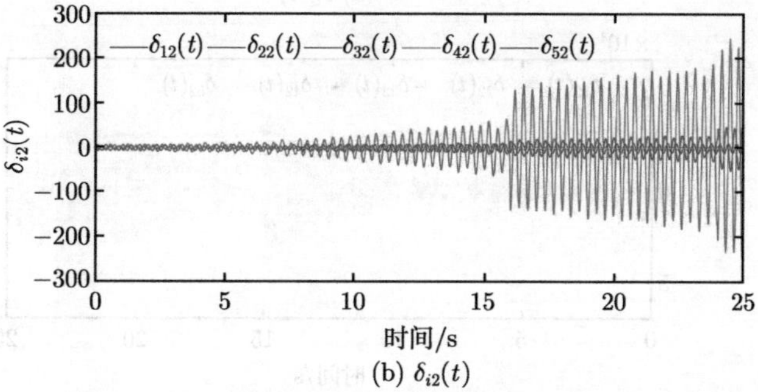

(b) $\delta_{i2}(t)$

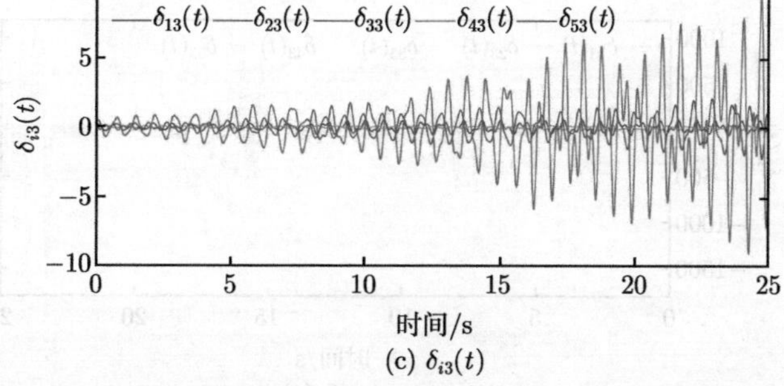

(c) $\delta_{i3}(t)$

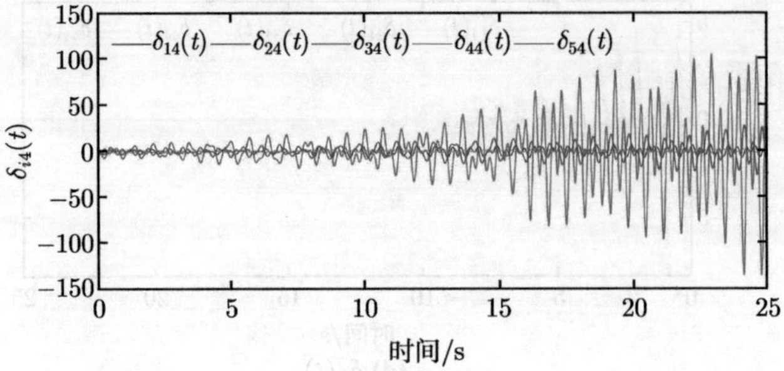

(d) $\delta_{i4}(t)$

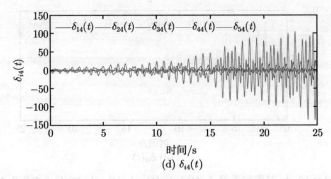

图 3.6 $\tau = 0\text{s}$ 时跟踪误差 $\delta_{i1}(t)$、$\delta_{i2}(t)$、$\delta_{i3}(t)$、$\delta_{i4}(t)$ $(i = 1, 2, 3, 4, 5)$ 的轨迹图

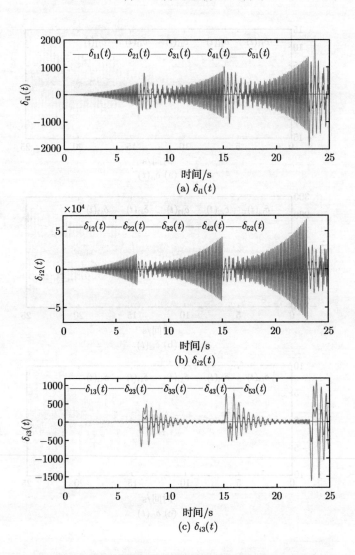

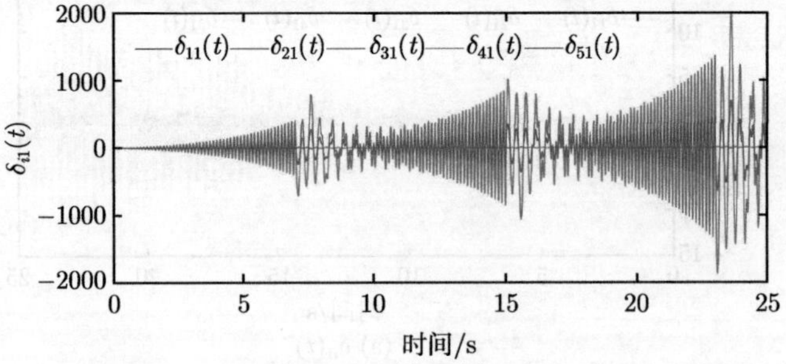

(a) $\delta_{i1}(t)$

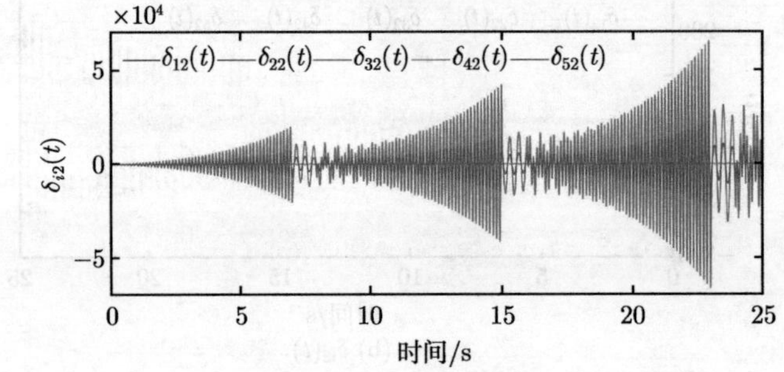

(b) $\delta_{i2}(t)$

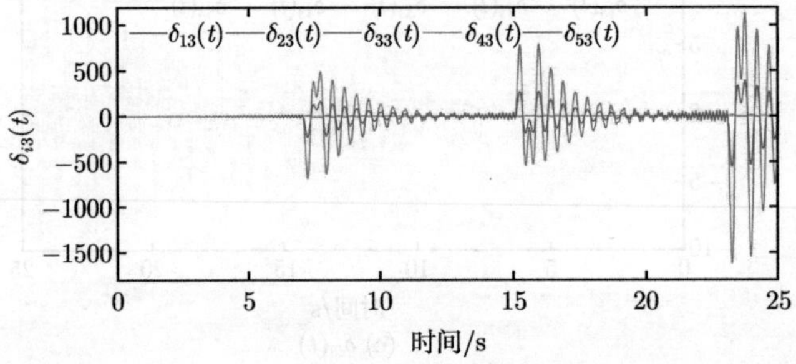

(c) $\delta_{i3}(t)$

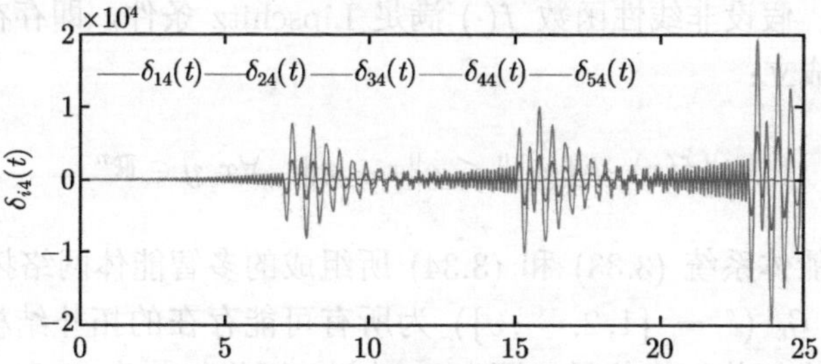

(d) $\delta_{i4}(t)$

图 3.7　$\tau = 6.52\times10^{-2}$s 时跟踪误差 $\delta_{i1}(t)$、$\delta_{i2}(t)$、$\delta_{i3}(t)$、$\delta_{i4}(t)$ $(i=1,2,3,4,5)$ 的轨迹图

3.2　非线性多智能体网络协同控制

3.2.1　问题描述

考虑具有一般非线性动态的 N 个多智能体，其动态系统为

$$\dot{x}_i(t) = Ax_i(t) + Bf(x_i(t)) + u_i(t) \tag{3.33}$$

其中，$i=1,2,\cdots,N$；$x_i(t)=[x_{i1}(t),x_{i2}(t),\cdots,x_{in}(t)]^{\mathrm{T}}\in\mathbb{R}^n$ 为第 i 个智能体的系统状态向量；$f(x_i(t))\in\mathbb{R}^m$ 为非线性动态函数；$A\in\mathbb{R}^{n\times n}$ 和 $B\in\mathbb{R}^{n\times n}$ 为系统常数矩阵；$u_i(t)\in\mathbb{R}^n$ 为控制输入，即待设计的一致性协议。式 (3.33) 所描述的动态系统具有一般性，可以包括不同类型的非线性系统，如 Lorenz 系统、Chen 系统、Chua 电路等。

考虑领导者节点（标号为 0）的动态系统为

$$\dot{x}_0(t) = Ax_0(t) + Bf(x_0(t)) \tag{3.34}$$

其中，$x_0(t)=[x_{01}(t),x_{02}(t),\cdots,x_{0n}(t)]^{\mathrm{T}}\in\mathbb{R}^n$ 和 $f(x_0(t))\in\mathbb{R}^m$ 分别为领导者状态向量和非线性动态函数。领导者节点 0 可以当成外系统或者命令控制器，产生所需要的动态轨迹，并且领导者不需要控制输入，即不会受到 N 个跟随者节点的影响。

令 $x(t)=[x_1^{\mathrm{T}}(t),x_2^{\mathrm{T}}(t),\cdots,x_N^{\mathrm{T}}(t)]\in\mathbb{R}^{nN}$，通过克罗内克积的定义，可给出全局跟随者动态方程为

$$\dot{x}(t) = (I_N\otimes A)x(t) + (I_N\otimes B)F(x(t)) + u(t) \tag{3.35}$$

其中，$F(x(t))=[f^{\mathrm{T}}(x_1(t)),f^{\mathrm{T}}(x_2(t)),\cdots,f^{\mathrm{T}}(x_N(t))]^{\mathrm{T}}\in\mathbb{R}^{mN}$；$u(t)=[u_1^{\mathrm{T}}(t),u_2^{\mathrm{T}}(t),\cdots,u_N^{\mathrm{T}}(t)]\in\mathbb{R}^{nN}$。

假设 3.2 假设非线性函数 $f(\cdot)$ 满足 Lipschitz 条件，即存在一个正常数 ρ 使得如下条件成立：

$$\|f(x)-f(y)\|\leqslant\rho\|x-y\|,\ \forall x,y\in\mathbb{R}^n \tag{3.36}$$

假设多智能体系统 (3.33) 和 (3.34) 所组成的多智能体网络拓扑结构随时间发生变化，记 $\mathcal{G}_\ell$ $(\ell=\{1,2,\cdots,v\})$ 为所有可能存在的拓扑结构。定义 $\iota(t)$: $[0,+\infty)\to\ell$ 为拓扑切换信号，即在 t 时刻，网络拓扑为 $\mathcal{G}_{\iota(t)}$。考虑无限有界不重叠的时间序列 $[t_k,t_{k+1})$, $k\in\mathbb{N}$，且令 $t_0=0$，$t_{k+1}-t_k\leqslant T$，T 为任意正数。假设可变拓扑在时间间隔 $[t_k,t_{k+1})$ 内是固定的，根据 2.1.2 节图论矩阵的分析，可记每段时间间隔 $[t_k,t_{k+1})$ 的邻接矩阵为 $\mathcal{A}_{\iota(t)}=[a_{ij}^{\iota(t)}]\in\mathbb{R}^{N\times N}$，权值入度矩阵为 $D_{\iota(t)}=\mathrm{diag}\{d_i^{\iota(t)}\}\in\mathbb{R}^{N\times N}$，以及 Laplacian 矩阵为 $L_{\iota(t)}=D_{\iota(t)}-\mathcal{A}_{\iota(t)}$。在某些实际情况下，由于通信信道出现不可靠问题、执行器为了保存能量临时停止工作等因素的影响，智能体之间信息交互存在不定时刻的间断。假设在每一时间间隔 $[t_k,t_{k+1})$，智能体之间的信息交互只发生在间隔 $[t_k,t_k^k)$, $0<t_k^k\leqslant t_{k+1}$，$k\in\mathbb{N}$，如图 3.8 所示。记每一时间间隔内的通信率为 $\gamma_k=\delta_k/\Delta_k$，其中 $\delta_k=t_k^k-t_k$，$\Delta_k=t_{k+1}-t_k$。因此，在每一时间间隔 $[t_k,t_{k+1})$ 内，智能体之间以 $\gamma_k=\delta_k/\Delta_k$ 的通信率进行信息交互。

注 3.6 图 3.8 给出了本节所考虑的通信条件，即同时包括了可变的通信网络拓扑和不可靠的通信交互两种通信约束条件。文献 [170] 研究了一种所有可能的拓扑结构发生不可靠通信的情况，其解决了线性多智能体系统的协同跟踪问题，与该文献不同，本节考虑了一种更加符合实际工程中遇到的通信条件，其每段拓扑间隔内都可能发生不可靠通信，并且解决了具有一般系统动态的非线性多智能体系统的协同跟踪问题。

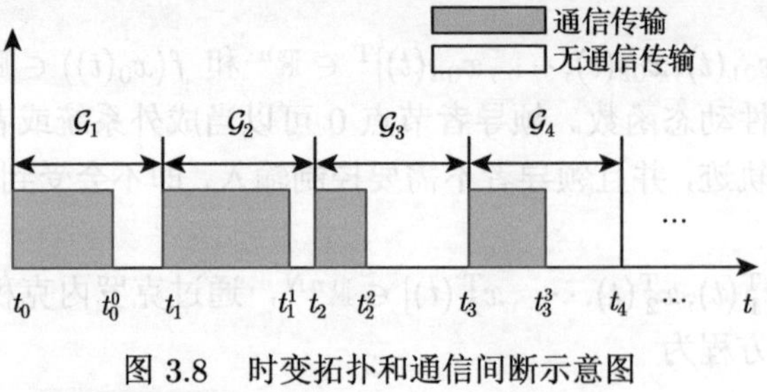

图 3.8 时变拓扑和通信间断示意图

定义智能体 i 的跟踪误差为 $e_i(t)=x_i(t)-x_0(t)$。令 $e(t)=[e_1^{\mathrm{T}}(t),e_2^{\mathrm{T}}(t),\cdots,e_N^{\mathrm{T}}(t)]^{\mathrm{T}}\in\mathbb{R}^{nN}$，根据式 (3.34) 和式 (3.35)，可得出全局跟踪误差 $e(t)$ 的动态方程为

$$
\begin{aligned}
\dot{e}(t) &= \dot{x}(t) - \underline{\dot{x}}_0(t) \\
&= (I_N \otimes A)(x(t) - \underline{x}_0(t)) + (I_N \otimes B)(F(x(t)) - \underline{f}(x_0(t))) + u(t) \\
&= (I_N \otimes A)e(t) + (I_N \otimes B)(F(x(t)) - \underline{f}(x_0(t))) + u(t)
\end{aligned} \tag{3.37}
$$

其中，$\underline{x}_0(t) = 1_N \otimes x_0(t)$；$\underline{f}(x_0(t)) = 1_N \otimes f(x_0(t))$。

基于图 3.8 所示的通信模式，本节的控制目标是定义 3.2。

定义 3.3　设计分布式控制协议使所有跟随者的状态信息最终渐近趋于领导者的状态信息，即 $\lim\limits_{t\to\infty}\|e_i(t)\| = 0$，$i = 1, 2, \cdots, N$。

为了实现本节的控制目标，提出以下分布式控制器：

$$
u_i(t) = \begin{cases} K\left[\sum\limits_{j=1}^{N} a_{ij}^{\iota(t)}(x_j(t) - x_i(t)) + g_i^{\iota(t)}(x_0(t) - x_i(t))\right], & t \in [t_k, t_k^k) \\ 0, & t \in [t_k^k, t_{k+1}), k \in \mathbb{N} \end{cases} \tag{3.38}
$$

其中，$K \in \mathbb{N}^{n\times n}$ 是待设计的反馈矩阵；$a_{ij}^{\iota(t)} \geqslant 0$ 表示智能体 i 到智能体 j 的连接权重，若智能体 i 可以获得智能体 j 的状态信息，则 $a_{ij}^{\iota(t)} > 0$，否则 $a_{ij}^{\iota(t)} = 0$；$g_i^{\iota(t)} \geqslant 0$ 是牵制增益，若智能体 i 可以获得领导者 0 的状态信息，则 $g_i^{\iota(t)} > 0$，否则 $g_i^{\iota(t)} = 0$。令 $G_{\iota(t)} = \mathrm{diag}\{g_i^{\iota(t)}\} \in \mathbb{N}^{N\times N}$，则控制输入 (3.38) 可写为以下全局形式：

$$
u(t) = \begin{cases} -[(L_{\iota(t)} + G_{\iota(t)}) \otimes K]e(t), & t \in [t_k, t_k^k) \\ 0, & t \in [t_k^k, t_{k+1}), k \in \mathbb{N} \end{cases} \tag{3.39}
$$

假设 3.3　假设时变的网络拓扑 $\mathcal{G}_\ell$ ($\ell = \{1, 2, \cdots, v\}$) 都是有向图，并且含有至少一条生成树，其领导者作为根节点。

引理 3.1　在满足假设 3.3 的条件下，对于每一个可能存在的拓扑 $\mathcal{G}_\ell$，可得 $L_{\iota(t)} + G_{\iota(t)}$ 是非奇异矩阵且其所有特征值都在坐标轴右半边。定义

$$
\begin{aligned}
p_{\iota(t)} &= [p_1^{\iota(t)}, p_2^{\iota(t)}, \cdots, p_N^{\iota(t)}]^{\mathrm{T}} = (L_{\iota(t)} + G_{\iota(t)})^{-T} 1_N \\
P_{\iota(t)} &= \mathrm{diag}\{p_i^{\iota(t)}\} \\
Q_{\iota(t)} &= P_{\iota(t)}(L_{\iota(t)} + G_{\iota(t)}) + (L_{\iota(t)} + G_{\iota(t)})^{\mathrm{T}} P_{\iota(t)}
\end{aligned} \tag{3.40}
$$

那么 $P_{\iota(t)} > 0$ 和 $Q_{\iota(t)} > 0$。

注 3.7　假设 3.3 考虑了一种仅含有生成树的有向网络拓扑结构，相对无向图、平衡图、强连通有向图等拓扑结构，更能表示实际系统间的网络拓扑结构。引理 3.1 适应于时变的网络拓扑结构，其结果拓展了基于固定拓扑结构的引理 2.3。

3.2.2 主要结果

定理 3.2 在满足假设 3.2 和假设 3.3 的条件下，并且存在常数 $\alpha>0$、$\beta>0$ 和反馈矩阵 $K>0$ 使得如下不等式成立：

$$A+A^{\mathrm{T}}+2\rho\bar{\sigma}(B)I_n-\frac{\lambda_0}{p_1}K+\alpha I_n<0 \tag{3.41}$$

$$A+A^{\mathrm{T}}+2\rho\bar{\sigma}(B)I_n-\beta I_n<0 \tag{3.42}$$

其中，$\lambda_0=\min\{\lambda_{\min}(Q_{\iota(t)})\}$；$p_1=\max\{p_i^{\iota(t)}\}$，$i\in\{1,2,\cdots,N\}$；$\iota(t)\in\ell$。那么，如果网络通信率满足以下条件：

$$\gamma_k=\frac{\delta_k}{\varDelta_k}>\frac{\beta\varDelta_k+\ln(p_1/p_0)}{(\alpha+\beta)\varDelta_k} \tag{3.43}$$

则分布式控制器 (3.38) 解决了非线性多智能体网络 (3.33) 和 (3.34) 的协同跟踪控制问题。其中，$k\in\mathbb{N}$；$p_0=\min\{p_i^{\iota(t)}\}$，$i\in\{1,2,\cdots,N\}$，$\iota(t)\in\ell$。

证明 构造如下形式的多 Lyapunov 函数：

$$V(t)=\begin{cases} e^{\mathrm{T}}(t)(P_{\iota(t)}\otimes I_n)e(t), & t\in[t_k,t_k^k) \\ e^{\mathrm{T}}(t)e(t), & t\in[t_k^k,t_{k+1}),k\in\mathbb{N}\end{cases} \tag{3.44}$$

当 $t\in[t_k,t_k^k)$ 时，$k\in\mathbb{N}$，对 $V(t)$ 求导，可得

$$\begin{aligned}\dot{V}(t)&=2e^{\mathrm{T}}(t)(P_{\iota(t)}\otimes I_n)\dot{e}(t)\\&=2e^{\mathrm{T}}(t)(P_{\iota(t)}\otimes A)e(t)+2e^{\mathrm{T}}(t)(P_{\iota(t)}\otimes B)(F(x(t))-\underline{f}(x_0(t)))\\&\quad+2e^{\mathrm{T}}(t)(P_{\iota(t)}\otimes I_n)u(t)\end{aligned} \tag{3.45}$$

根据假设 3.2，式 (3.45) 中的第二项可推导得

$$\begin{aligned}2e^{\mathrm{T}}(t)(P_{\iota(t)}\otimes B)(F(x(t))-\underline{f}(x_0(t)))&=2\sum_{i=1}^{N}p_i^{\iota(t)}e_i^{\mathrm{T}}(t)B(f(x_i(t))-f(x_0(t)))\\&\leqslant 2\sum_{i=1}^{N}p_i^{\iota(t)}\rho\bar{\sigma}(B)e_i^{\mathrm{T}}(t)e_i(t)\\&=2\rho\bar{\sigma}(B)e^{\mathrm{T}}(t)(P_{\iota(t)}\otimes I_n)e(t)\end{aligned} \tag{3.46}$$

将式 (3.46) 和式 (3.38) 代入式 (3.45)，可得

$$\dot{V}(t)\leqslant 2e^{\mathrm{T}}(t)(P_{\iota(t)}\otimes A)e(t)+2\rho\bar{\sigma}(B)e^{\mathrm{T}}(t)(P_{\iota(t)}\otimes I_n)e(t)$$

$$-2e^{\mathrm{T}}(t)(P_{\iota(t)}\otimes I_n)[(L_{\iota(t)}+G_{\iota(t)})\otimes K]e(t) \tag{3.47}$$

$$=e^{\mathrm{T}}(t)[P_{\iota(t)}\otimes(A+A^{\mathrm{T}}+2\rho\bar{\sigma}(B)I_n)]e(t)-e^{\mathrm{T}}(t)(Q_{\iota(t)}\otimes K)e(t)$$

由于 $\lambda_0=\min\{\lambda_{\min}(Q_{\iota(t)})\}$，$p_1=\max\{p_i^{\iota(t)}\}$，可得

$$\begin{aligned}\dot{V}(t)&\leqslant e^{\mathrm{T}}(t)[P_{\iota(t)}\otimes(A+A^{\mathrm{T}}+2\rho\bar{\sigma}(B)I_n)]e(t)-\lambda_0 e^{\mathrm{T}}(t)(I_N\otimes K)e(t)\\&\leqslant e^{\mathrm{T}}(t)[P_{\iota(t)}\otimes(A+A^{\mathrm{T}}+2\rho\bar{\sigma}(B)I_n)]e(t)-\frac{\lambda_0}{p_1}e^{\mathrm{T}}(t)(P_{\iota(t)}\otimes K)e(t)\\&=e^{\mathrm{T}}(t)\left[P_{\iota(t)}\otimes\left(A+A^{\mathrm{T}}+2\rho\bar{\sigma}(B)I_n-\frac{\lambda_0}{p_1}K\right)\right]e(t)\end{aligned} \tag{3.48}$$

利用定理 3.2 中的条件 (3.41)，可得

$$\dot{V}(t)\leqslant-\alpha e^{\mathrm{T}}(t)(P_{\iota(t)}\otimes I_n)e(t) \tag{3.49}$$

当 $t\in[t_k^k,t_{k+1})$ 时，$k\in\mathbb{N}$，注意到系统在此时间段内没有控制输入，对 $V(t)$ 求导可得

$$\begin{aligned}\dot{V}(t)&=2e^{\mathrm{T}}(t)\dot{e}(t)\\&=2e^{\mathrm{T}}(t)(I_N\otimes A)e(t)+2e^{\mathrm{T}}(t)(I_N\otimes B)(F(x(t))-\underline{f}(x_0(t)))\end{aligned} \tag{3.50}$$

基于以上的分析和假设 3.2，可得

$$\begin{aligned}\dot{V}(t)&\leqslant 2e^{\mathrm{T}}(t)(I_N\otimes A)e(t)+2\rho\bar{\sigma}(B)e^{\mathrm{T}}(t)e(t)\\&=e^{\mathrm{T}}(t)\left[I_N\otimes(A+A^{\mathrm{T}}+2\rho\bar{\sigma}(B)I_n)\right]e(t)\end{aligned} \tag{3.51}$$

利用定理 3.2 中的条件 (3.42)，可得

$$\dot{V}(t)\leqslant\beta e^{\mathrm{T}}(t)e(t) \tag{3.52}$$

对于 $t\in[t_0,t_1)$，整个系统 (3.33) 在 $t=t_0^0$ 时刻发生第一次切换，即在该时刻各智能体之间通信间断，则利用式 (3.49)，可得

$$V(t_0^{0-})<\mathrm{e}^{-\alpha(t_0^0-t_0)}V(t_0)=\mathrm{e}^{-\alpha\delta_0}V(t_0) \tag{3.53}$$

根据式 (3.44) 和式 (3.53)，可得

$$V(t_0^0)<\frac{1}{p_0}V(t_0^{0-})<\frac{1}{p_0}\mathrm{e}^{-\alpha\delta_0}V(t_0) \tag{3.54}$$

如图 3.8 所示，系统的网络拓扑结构在 $t=t_1$ 时刻发生第一次切换，可得

$$\begin{aligned}
V(t_1) &< p_1 V(t_1^-) \\
&< p_1 \mathrm{e}^{\beta(t_1-t_0^0)} V(t_0^0) \\
&< p_1 \mathrm{e}^{\beta(t_1-t_0^0)} \frac{1}{p_0} \mathrm{e}^{-\alpha\delta_0} V(t_0) \\
&= \frac{p_1}{p_0} \mathrm{e}^{\beta(\Delta_0-\delta_0)} \mathrm{e}^{-\alpha\delta_0} V(t_0) \\
&= \mathrm{e}^{-\theta_0} V(t_0)
\end{aligned} \tag{3.55}$$

式中，$\theta_0=(\beta+\alpha)\delta_0-\beta\Delta_0-\ln(p_1/p_0)$，利用定理 3.2 中关于通信率的条件 (3.43) 可以保证 $\theta_0>0$。因此，通过迭代推导，对于任意 $k\in\mathbb{N}$，可得

$$V(t_k) < \mathrm{e}^{-\sum\limits_{i=0}^{k-1}\theta_i} V(0) \tag{3.56}$$

其中，$\theta_i=(\beta+\alpha)\delta_i-\beta\Delta_i-\ln(p_1/p_0)>0$。

对于任意 $t\in[t_k,t_{k+1})$，$k>1$，当 $t_k\leqslant t<t_k^k$ 时，根据式 (3.49) 和式 (3.56)，可得

$$\begin{aligned}
V(t) &< \mathrm{e}^{-\alpha(t-t_k)} V(t_k) \\
&< \mathrm{e}^{-\alpha(t-t_k)} \mathrm{e}^{-\sum\limits_{i=0}^{k-1}\theta_i} V(0) \\
&< \mathrm{e}^{-\sum\limits_{i=0}^{k-1}\theta_i} V(0)
\end{aligned} \tag{3.57}$$

令 $\theta=\min\{\theta_k\}$，对于任意 $k\in\mathbb{N}$，根据 $t_{k+1}-t_k\leqslant T$，由此可得

$$V(t) < \mathrm{e}^{-k\theta} V(0) < \mathrm{e}^{-\frac{k\theta}{(k+1)T}t} V(0) < \mathrm{e}^{-\frac{\theta}{2T}t} V(0) \tag{3.58}$$

当 $t=t_k^k$ 时，根据式 (3.44) 和式 (3.58)，可得

$$V(t) = V(t_k^k) < \frac{1}{p_0} V(t_k^{k-}) < \frac{1}{p_0} \mathrm{e}^{-\frac{\theta}{2T}t} V(0) \tag{3.59}$$

当 $t_k^k<t<t_{k+1}$ 时，根据式 (3.52) 和式 (3.59)，可得

$$V(t) < \mathrm{e}^{\beta(t-t_k^k)} V(t_k^k) < \frac{1}{p_0} \mathrm{e}^{\beta T} \mathrm{e}^{-\frac{\theta}{2T}t} V(0) \tag{3.60}$$

由式 (3.58) ~ 式 (3.60)，可以看出当 $t\to+\infty$，$e(t)\to 0$ 时，各个跟随者智能体的状态以 $\theta/(2T)$ 的指数收敛速率趋近于领导者的状态。证毕。

注 3.8　本节同时考虑了可变的网络拓扑结构及间断的通信交互两种通信约束条件，使具有领导者的非线性多智能体网络协同跟踪问题更加复杂，即在构造 Lyapunov 函数时需要同时考虑以上两种通信情况；另外，根据 Lyapunov 函数 (3.44) 可以推导出定理 3.2 中的通信率和分布式控制协议。

注 3.9　由定理 3.2 可以看出本节所实现的协同跟踪问题取决于线性矩阵不等式 (3.41) 和 (3.42) 的求解及通信率 (3.43) 的大小。一方面，线性矩阵不等式 (3.41) 和 (3.42) 的参数可行解可利用线性矩阵不等式工具箱求得，并且通过调整反馈增益矩阵 K，可以实现对参数 α 的调整。另一方面，由式 (3.43) 可知，系统容忍的最小通信率的大小与网络拓扑结构和参数 α、β 有关，具体来说，对于各个时间间隔，α 取值越大，β 取值越小，可以得到较小的通信率。在实际应用中，这些参数关系可以给设计者提供指导准则。

3.2.3　仿真结果与分析

本节针对定理 3.2 给出仿真实例来验证所提方法的有效性。考虑由 5 个跟随者和 1 个领导者组成的多智能体网络，其每个智能体都由经典的 Chua 电路系统进行建模，每个智能体的动态方程可以用式 (3.33) 进行表示，其中

$$x_i(t) = [x_{i1}(t), x_{i2}(t), x_{i3}(t)]^{\mathrm{T}}$$

$$f(x_i(t)) = bx_{i1}(t) + 0.5(a-b)(|x_{i1}(t)+1| - |x_{i1}(t)-1|)$$

$$a = -1.31, \quad b = -0.75, \quad i = 0, 1, \cdots, 5$$

$$A = \begin{bmatrix} -9.78 & 9.78 & 0 \\ 1 & -1 & 1 \\ 0 & -14.97 & 0 \end{bmatrix}, \quad B = \begin{bmatrix} -9.78 \\ 0 \\ 0 \end{bmatrix}$$

根据文献 [171]、[172] 和假设 3.2，可以得到 $\rho = 1.31$。假设多智能体网络的拓扑结构在 $\mathcal{G}_1$ 和 $\mathcal{G}_2$ 之间切换，如图 3.9 所示，可以看出网络拓扑 $\mathcal{G}_1$ 和 $\mathcal{G}_2$ 都满足假设 3.3 的条件，即都含有一个生成树且领导者为根节点。领导者的三维动态轨迹如图 3.10 所示，可以看出领导者动态轨迹具有明显的混沌特性。假设当 $t \in [t_k, t_k + 0.25)$ 时，$\mathcal{G}_{\iota(t)} = \mathcal{G}_1$；当 $t \in [t_k + 0.25, t_{k+1})$ 时，$\mathcal{G}_{\iota(t)} = \mathcal{G}_2$。通过计算不等式 (3.41) 和 (3.42)，可得 $\alpha = 40.31$，$\beta = 17.01$，$K = 148I_3$。基于以上所求参数，根据式 (3.43)，可设置容许的最小通信率为 80%。基于以上参数，将所设计的控制协议 (3.38) 代入跟随者动态系统中，图 3.11 ~ 图 3.13 表示 5 个跟随者跟随领导者的状态轨迹曲线，图 3.14 ~ 图 3.16 给出跟踪误差 $e_{i1}(t)$、$e_{i2}(t)$、$e_{i3}(t)$ 的曲线。从仿真图中可以看出，在具有拓扑切换及间断式通信条件下，本节所提分布式控制器仍能使各智能体的状态快速跟踪到领导者的状态，实现智能体

网络与领导者保持同步并展现其混沌性。

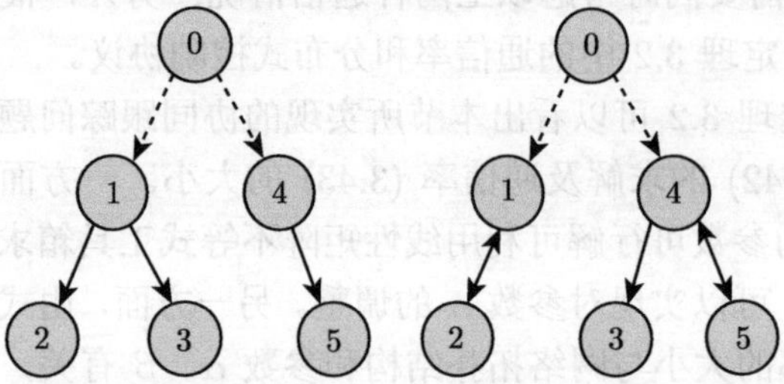

(a) $\mathcal{G}_1$　　(b) $\mathcal{G}_2$

图 3.9　通信拓扑结构 $\mathcal{G}_1$ 和 $\mathcal{G}_2$

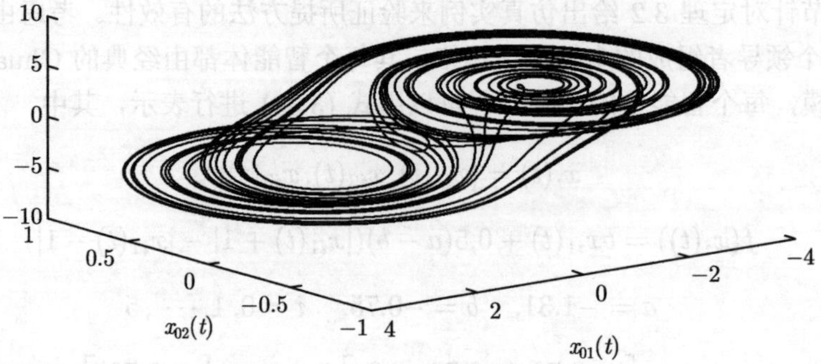

图 3.10　领导者的三维动态轨迹

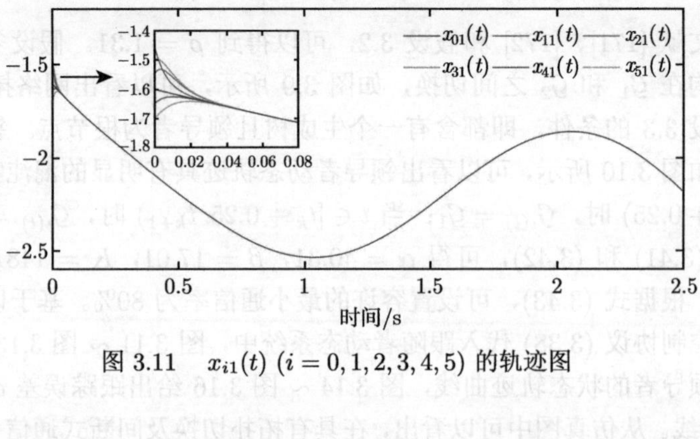

图 3.11　$x_{i1}(t)$ $(i=0,1,2,3,4,5)$ 的轨迹图

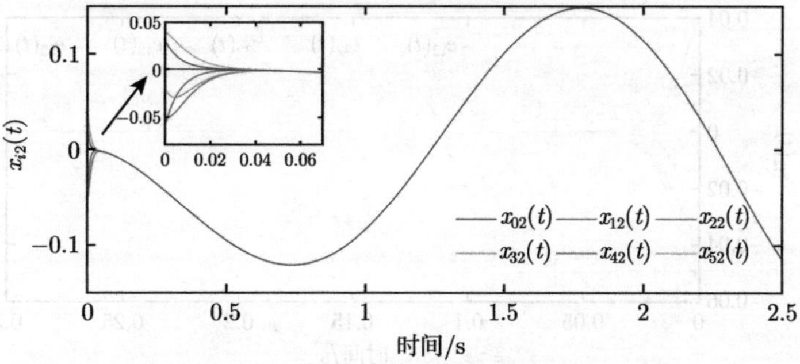

图 3.12　$x_{i2}(t)$ $(i = 0, 1, 2, 3, 4, 5)$ 的轨迹图

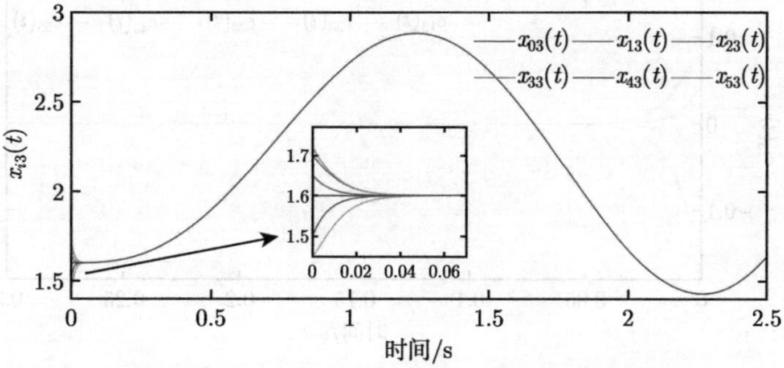

图 3.13　$x_{i3}(t)$ $(i = 0, 1, 2, 3, 4, 5)$ 的轨迹图

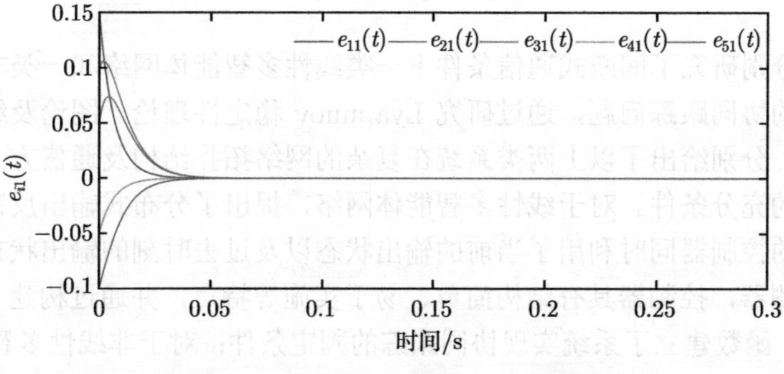

图 3.14　$e_{i1}(t)$ $(i = 1, 2, 3, 4, 5)$ 的轨迹图

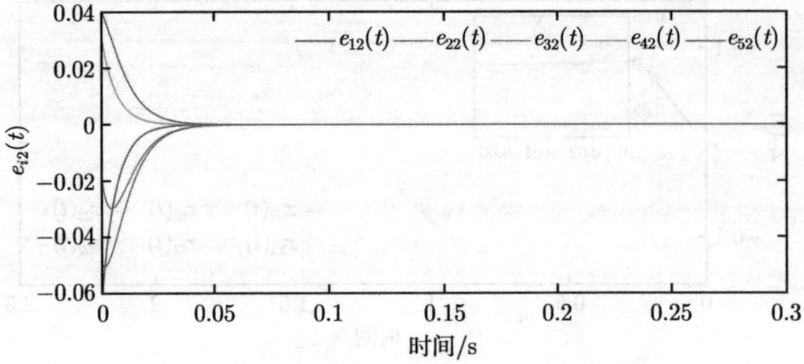

图 3.15 $e_{i2}(t)$ $(i = 1, 2, 3, 4, 5)$ 的轨迹图

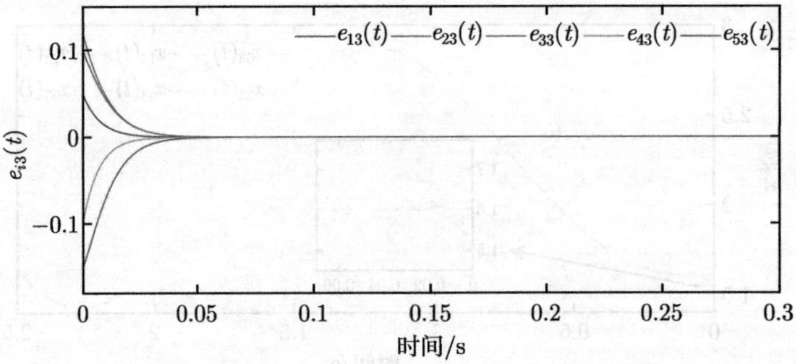

图 3.16 $e_{i3}(t)$ $(i = 1, 2, 3, 4, 5)$ 的轨迹图

3.3 本章小结

本章分别研究了间断式通信条件下一类线性多智能体网络和一类非线性多智能体网络的协同跟踪问题，通过研究 Lyapunov 稳定性理论、图论及线性矩阵不等式理论，分别给出了以上两类系统在复杂的网络拓扑结构及通信方式下实现跟踪一致性的充分条件。对于线性多智能体网络，提出了分布式输出反馈协同控制器，设计的控制器同时利用了当前的输出状态以及过去时刻的输出状态，从而无须引入观测器，控制器具有结构简单、易于实施等特点，并通过构建 Lyapunov-Krasovskii 函数建立了系统实现协同跟踪的判定条件；对于非线性多智能体网络，通过对时变的拓扑结构和间断式通信条件进行统一建模，基于多 Lyapunov 函数的系统稳定性分析,实现了协同跟踪控制。本章所建立的人工时滞、通信率、拓扑切换时间及控制增益等参数的相互关系及结果将为相关应用提供坚实的理论基础。

第 4 章　时滞非线性多智能体网络协同控制

时滞在实际系统中是不可避免的，并且往往会导致系统振荡和失稳，影响整个多智能体网络的稳定性，这使得研究具有时变时滞的非线性多智能体网络的协同控制问题更具有挑战性。在第 3 章考虑了通信间断条件，本章进一步研究时滞非线性多智能体网络的协同控制问题，分别针对无领导者和有领导者的网络拓扑结构，提出相应的分布式协同控制方法，并结合 Lyapunov 稳定性理论和图论，给出闭环系统实现指数收敛的充分条件，建立未知系统时滞、通信率以及时变拓扑持续时间之间的内在联系。值得注意的是，本章所提出的控制方法可以同时适应有/无领导者的网络拓扑结构，并且所研究的非线性系统模型具有一般性，可以包括目前文献中很多简单的系统模型。

4.1　问 题 描 述

考虑如下具有时变时滞的非线性多智能体系统：

$$\dot{x}_i(t) = -Cx_i(t) + Af(x_i(t)) + Bf(x_i(t-\tau(t))) + u_i(t) \tag{4.1}$$

其中，$i = 1, 2, \cdots, N$；$x_i(t) = [x_{i1}(t), x_{i2}(t), \cdots, x_{in}(t)]^{\mathrm{T}} \in \mathbb{R}^n$ 为第 i 个智能体系统状态向量；$C \in \mathbb{R}^{n\times n}$、$A \in \mathbb{R}^{n\times n}$ 和 $B \in \mathbb{R}^{n\times n}$ 为已知系统常数矩阵；$\tau(t)$ 为未知时变时滞；$u_i(t) \in \mathbb{R}^n$ 为控制输入；$f(x_i(t)) \in \mathbb{R}^n$ 为系统存在的非线性函数，且满足假设 3.2 中的 Lipschitz 条件。

假设 4.1　假设系统 (4.1) 中存在的未知时变时滞 $\tau(t)$ 具有有界性，即存在已知非负常数 τ_m 满足 $0 < \tau(t) < \tau_m$。

注 4.1　本章所针对的动态系统 (4.1) 可以代表一类具有一般系统动态的非线性系统，并且包括时滞非线性动态。该系统可以代表不同类型的混沌系统，如 Hopfield 时滞神经网络、细胞延时神经网络和双向联想记忆神经网络。通常来说，目前大部分存在的神经网络模型都可以写成系统 (4.1) 的形式，系统常数矩阵 $C \in \mathbb{R}^{n\times n}$、$A \in \mathbb{R}^{n\times n}$ 和 $B \in \mathbb{R}^{n\times n}$ 的不同选择还可代表现有文献中使用的其他简单模型。如果不考虑时滞非线性动态，动态系统 (4.1) 可以转化为动态系统 (3.33)，因此还可以代表很多非时滞的一般非线性系统，如 Lorenz 系统、Chen 系统、Chua 电路等。

针对 N 个智能体组成的多智能体网络，假设多智能体网络的拓扑结构和系统之间的通信模式如图 3.8 所示，即多智能体网络同时存在时变的拓扑切换以及间断式的通信条件。在上述复杂的拓扑和通信条件下，本章的控制目标是面向无领导者的多智能体网络和有领导者的多智能体网络，分别设计分布式控制方法，使网络中智能体的状态均实现一致性。

为了实现本章的控制目标，首先给出以下相关引理。

引理 4.1 [173] 对于一非负函数 $V(t)$，$t \in [-\tau, \infty)$，其导数满足：

$$\dot{V}(t) \leqslant -\alpha V(t) + \beta \tilde{V}(t), \quad t \geqslant t_0$$

其中，$0 \leqslant \beta < \alpha$ 为任意正常数；$\tilde{V}(t) := \sup\limits_{\phi \in [t-\tau, t]} V(\phi)$，则：

$$V(t) \leqslant \tilde{V}(t_0) \mathrm{e}^{-\gamma(t-t_0)}, \quad t \geqslant t_0$$

其中，$\gamma > 0$ 为式 $\gamma = \alpha - \beta \mathrm{e}^{\gamma\tau}$ 的唯一解。

引理 4.2 [174] 对于一非负函数 $V(t)$，$t \in [-\tau, \infty)$，其导数满足：

$$\dot{V}(t) \leqslant \alpha V(t) + \beta \tilde{V}(t), \quad t \geqslant t_0$$

其中，α、β 为任意正常数；$\tilde{V}(t) := \sup\limits_{\phi \in [t-\tau, t]} V(\phi)$，则：

$$V(t) \leqslant \tilde{V}(t_0) \mathrm{e}^{(\alpha+\beta)(t-t_0)}, \quad t \geqslant t_0$$

4.2 无领导者拓扑结构下非线性多智能体网络协同控制

在时变切换拓扑和间断式通信条件下，本节研究无领导者拓扑结构下非线性多智能体网络的协同控制问题。

假设 4.2 假设所有可能存在的拓扑 $\mathcal{G}_\ell$ $(\ell = \{1, 2, \cdots, \nu\})$ 均为强连通、平衡的有向图。

引理 4.3 在假设 4.2 成立的条件下，对于 $\forall \iota(t) \in \{1, 2, \cdots, \nu\}$，$s = \dfrac{1}{N} 1_N$ 是 $L_{\iota(t)}$ 的正左特征向量，且与零特征值相关，即 $s^{\mathrm{T}} L_{\iota(t)} = 0$。定义 $L_{\iota(t)}$ 的广义代数连通性为

$$a(L_{\iota(t)}) = \min_{s^{\mathrm{T}} x = 0, x \neq 0} \frac{x^{\mathrm{T}} R_{\iota(t)} x}{2 x^{\mathrm{T}} S x}$$

其中，$S = \dfrac{1}{N} I_N$；$R_{\iota(t)} = S L_{\iota(t)} + L_{\iota(t)}^{\mathrm{T}} S$。可得，$R_{\iota(t)} \geqslant 0$ 且

$$a(L_{\iota(t)}) = \lambda_2 \left(\frac{L_{\iota(t)} + L_{\iota(t)}^{\mathrm{T}}}{2} \right) > 0$$

定义 4.1 在同时考虑如图 3.8 所示的切换拓扑和间断式通信条件，并且所存在的拓扑结构满足假设 4.2 时，设计只依赖于局部信息的分布式控制方法，使得每个智能体系统 (4.1) 的状态满足：

$$\lim_{t\to\infty}\|x_i(t)-x_j(t)\|=0,\quad \forall i,j=1,2,\cdots,N$$

定义 $x(t)=[x_1^{\mathrm{T}}(t),x_2^{\mathrm{T}}(t),\cdots,x_N^{\mathrm{T}}(t)]^{\mathrm{T}}\in\mathbb{R}^{nN}$，则式 (4.1) 可写成全局形式：

$$\dot{x}(t)=-(I_N\otimes C)x(t)+(I_N\otimes A)f(x(t))+(I_N\otimes B)f(x(t-\tau(t)))+u(t) \quad (4.2)$$

其中，$f(x(t))=[f^{\mathrm{T}}(x_1(t)),f^{\mathrm{T}}(x_2(t)),\cdots,f^{\mathrm{T}}(x_N(t))]^{\mathrm{T}}\in\mathbb{R}^{nN}$；$u(t)=[u_1^{\mathrm{T}}(t),u_2^{\mathrm{T}}(t),\cdots,u_N^{\mathrm{T}}(t)]^{\mathrm{T}}\in\mathbb{R}^{nN}$。为了实现控制目标，定义状态误差变量为

$$e_i(t)=x_i(t)-\frac{1}{N}\sum_{k=1}^{N}x_k(t) \quad (4.3)$$

定义 $s=\dfrac{1}{N}1_N$, $e(t)=[e_1^{\mathrm{T}}(t),e_2^{\mathrm{T}}(t),\cdots,e_N^{\mathrm{T}}(t)]^{\mathrm{T}}\in\mathbb{R}^{nN}$, 则式 (4.3) 可以重新写为

$$e(t)=[(I_N-1_Ns^{\mathrm{T}})\otimes I_n]x(t) \quad (4.4)$$

引理 4.4 对于所有可能存在的拓扑 $\mathcal{G}_\ell(\ell\in\{1,2,\cdots,\nu\})$ 以及式 (4.3) 的误差变量 $e_i(t)$，如果存在

$$e_i(t)\to 0,\quad t\to\infty$$

则有

$$x_1(t)=x_2(t)=\cdots=x_N(t),\quad t\to\infty$$

需要注意的是，通过引入误差变量 (4.4)，可将求解定义 4.1 中的协同控制问题转化为证明误差变量 (4.4) 的渐近稳定性问题。为了实现误差变量具有渐近收敛性，提出以下分布式控制方法：

$$u_i(t)=\begin{cases} c\displaystyle\sum_{j=1}^{N}a_{ij}^{\iota(t)}(x_j(t)-x_i(t)), & t\in[t_k,t_k^k) \\ 0, & t\in[t_k^k,t_{k+1}),k\in\mathbb{N}\end{cases} \quad (4.5)$$

其全局形式可写为

$$u(t)=\begin{cases} -c(L_{\iota(t)}\otimes I_n)x(t), & t\in[t_k,t_k^k) \\ 0, & t\in[t_k^k,t_{k+1}),k\in\mathbb{N}\end{cases} \quad (4.6)$$

其中，$c>0$ 为控制增益。

对于 $t\in[t_k,t_k^k),k\in\mathbb{N}$，通过使用控制输入 (4.5)，对误差变量 $e_i(t)$ 求导可得

$$\begin{aligned}\dot{e}_i(t)&=\dot{x}_i(t)-\frac{1}{N}\sum_{k=1}^{N}\dot{x}_k(t)\\&=-Cx_i(t)+Af(x_i(t))+Bf(x_i(t-\tau(t)))-c\sum_{j=1}^{N}l_{ij}^{\iota(t)}x_j(t)\\&\quad-\frac{1}{N}\sum_{k=1}^{N}\left(-Cx_k(t)+Af(x_k(t))+Bf(x_k(t-\tau(t)))-c\sum_{j=1}^{N}l_{kj}^{\iota(t)}x_j(t)\right)\\&=-Ce_i(t)+Af(x_i(t))+Bf(x_i(t-\tau(t)))-c\sum_{j=1}^{N}l_{ij}^{\iota(t)}e_j(t)\\&\quad-\frac{1}{N}\sum_{k=1}^{N}(Af(x_k(t))+Bf(x_k(t-\tau(t))))\end{aligned}\tag{4.7}$$

其全局形式可写为

$$\begin{aligned}\dot{e}(t)=&-(I_N\otimes C)e(t)+(I_N\otimes A)F(x(t))\\&+(I_N\otimes B)F(x(t-\tau(t)))-c(L_{\iota(t)}\otimes I_n)e(t)\end{aligned}\tag{4.8}$$

其中，$F(x(t))=[(I_N-1_Ns^{\mathrm{T}})\otimes I_n]f(x(t))$。

对于 $t\in[t_k^k,t_{k+1}),k\in\mathbb{N}$，注意系统不受控制输入的影响，对误差变量 $e_i(t)$ 求导可得

$$\begin{aligned}\dot{e}_i(t)=&-Ce_i(t)+Af(x_i(t))+Bf(x_i(t-\tau(t)))\\&-\frac{1}{N}\sum_{k=1}^{N}(Af(x_k(t))+Bf(x_k(t-\tau(t))))\end{aligned}\tag{4.9}$$

其全局形式可写为

$$\dot{e}(t)=-(I_N\otimes C)e(t)+(I_N\otimes A)F(x(t))+(I_N\otimes B)F(x(t-\tau(t)))\tag{4.10}$$

定理 4.1 考虑时滞非线性多智能体系统 (4.1)，且智能体之间的网络拓扑结构满足假设 4.2。采用分布式控制器 (4.5)，选择控制增益 $c>0$ 和设计参数 $\eta_1>0$、$\eta_2>0$，使下述不等式成立：

$$ca_0>\rho\left(2\bar{\sigma}(A)+\frac{\bar{\sigma}(B)}{\eta_1}+\eta_1\bar{\sigma}(B)\right)-\lambda_{\min}(C+C^{\mathrm{T}})\tag{4.11}$$

$$\eta_2 > \frac{\lambda_{\min}(C+C^{\mathrm{T}}) - 2\rho\bar{\sigma}(A)}{\rho\bar{\sigma}(B)} \tag{4.12}$$

其中，$a_0 = \min\limits_{\iota(t)\in\{1,2,\cdots,\nu\}} \left\{ \lambda_2 \left(\frac{L_{\iota(t)} + L_{\iota(t)}^{\mathrm{T}}}{2} \right) \right\} > 0$；$\rho$ 为 Lipschitz 常数，并且选择系统时滞 $\tau(t)$ 的上界 τ_m 满足以下条件：

$$0 < \tau_m < \min\left\{ \delta_k, \frac{\varphi_k(\mu_3 + l_3) - l_3}{\mu_3} T_k \right\}, \quad \forall k \in \mathbb{N} \tag{4.13}$$

其中，$l_3 = l_1 + l_2$，$l_1 = \rho(2\bar{\sigma}(A) + \eta_2\bar{\sigma}(B)) - \lambda_{\min}(C + C^{\mathrm{T}})$，$l_2 = \dfrac{\rho\bar{\sigma}(B)}{\eta_2}$；$\mu_3$ 为 $\mu_3 = \mu_1 - \mu_2 \mathrm{e}^{\mu_3\tau_m}$ 的唯一解，$\mu_1 = ca_0 + \lambda_{\min}(C + C^{\mathrm{T}}) - \rho(2\bar{\sigma}(A) + \eta_1\bar{\sigma}(B))$，$\mu_2 = \dfrac{\rho\bar{\sigma}(B)}{\eta_1}$，则可保证多智能体网络实现控制目标，即网络中的所有智能体状态趋于一致。

证明　构造如下 Lyapunov 函数：

$$V(t) = \frac{1}{2} e^{\mathrm{T}}(t)(S \otimes I_n)e(t) \tag{4.14}$$

其中，S 为一正定矩阵，其定义在引理 4.3 中给出。

对于 $t \in [t_k, t_k^k)$，根据式 (4.8)，对 $V(t)$ 求导可得

$$\begin{aligned}
\dot{V}(t) &= e^{\mathrm{T}}(t)(S \otimes I_n)\dot{e}(t) \\
&= -e^{\mathrm{T}}(t)(S \otimes C)e(t) + e^{\mathrm{T}}(t)(S \otimes A)F(x(t)) \\
&\quad + e^{\mathrm{T}}(t)(S \otimes B)F(x(t-\tau(t))) - ce^{\mathrm{T}}(t)(SL_{\iota(t)} \otimes I_n)e(t)
\end{aligned} \tag{4.15}$$

定义 $\bar{x}(t) = \dfrac{1}{N}\displaystyle\sum_{k=1}^{N} x_k(t)$，那么式 (4.15) 中的第二项可进一步推导得

$$\begin{aligned}
& e^{\mathrm{T}}(t)(S \otimes A)F(x(t)) \\
&= e^{\mathrm{T}}(t)(S \otimes A)[(I_N - 1_N s^{\mathrm{T}}) \otimes I_n]f(x(t)) \\
&= e^{\mathrm{T}}(t)(S \otimes A)f(x(t)) - e^{\mathrm{T}}(t)(S \otimes A)(1_N s^{\mathrm{T}} \otimes I_n)f(x(t)) \\
&= e^{\mathrm{T}}(t)(S \otimes A)(f(x(t)) - 1_N \otimes f(\bar{x}(t))) + e^{\mathrm{T}}(t)(S \otimes A)(1_N \otimes f(\bar{x}(t))) \\
&\quad - e^{\mathrm{T}}(t)(S \otimes A)(1_N s^{\mathrm{T}} \otimes I_n)f(x(t))
\end{aligned} \tag{4.16}$$

根据 $e(t)=[(I_N-1_N s^{\mathrm{T}})\otimes I_n]x$ 和 $s^{\mathrm{T}}1_N=1$，可得

$$\begin{aligned}
&e^{\mathrm{T}}(t)(S\otimes A)(1_N\otimes f(\bar{x}(t)))-e^{\mathrm{T}}(t)(S\otimes A)(1_N s^{\mathrm{T}}\otimes I_n)f(x(t))\\
=&(1_N^{\mathrm{T}}\otimes f^{\mathrm{T}}(\bar{x}(t)))(S\otimes A^{\mathrm{T}})e(t)-f^{\mathrm{T}}(x(t))(s1_N^{\mathrm{T}}\otimes I_n)(S\otimes A^{\mathrm{T}})e(t)\\
=&(1_N^{\mathrm{T}}\otimes f^{\mathrm{T}}(\bar{x}(t)))(S\otimes A^{\mathrm{T}})[(I_N-1_N s^{\mathrm{T}})\otimes I_n]x(t)\\
&-f^{\mathrm{T}}(x(t))(s1_N^{\mathrm{T}}\otimes I_n)(S\otimes A^{\mathrm{T}})[(I_N-1_N s^{\mathrm{T}})\otimes I_n]x(t)\\
=&[s^{\mathrm{T}}(I_N-1_N s^{\mathrm{T}})\otimes (f^{\mathrm{T}}(\bar{x}(t))A^{\mathrm{T}})]x(t)-f^{\mathrm{T}}(x(t))\{[ss^{\mathrm{T}}(I_N-1_N s^{\mathrm{T}})]\otimes A^{\mathrm{T}}\}x(t)\\
=&0
\end{aligned}\tag{4.17}$$

利用式 (4.17)，式 (4.16) 可进一步推导得

$$e^{\mathrm{T}}(t)(S\otimes A)F(x(t))=e^{\mathrm{T}}(t)(S\otimes A)[f(x(t))-1_N\otimes f(\bar{x}(t))]\tag{4.18}$$

基于上述类似的推导，式 (4.15) 中的第三项可得

$$e^{\mathrm{T}}(t)(S\otimes B)F(x(t-\tau(t)))=e^{\mathrm{T}}(t)(S\otimes B)[f(x(t-\tau(t))-1_N\otimes f(\bar{x}(t-\tau(t)))]\tag{4.19}$$

将式 (4.18) 和式 (4.19) 代入式 (4.15)，可得

$$\begin{aligned}
\dot{V}(t)=&e^{\mathrm{T}}(t)(S\otimes I_n)\dot{e}(t)\\
=&-e^{\mathrm{T}}(t)(S\otimes C)e(t)+e^{\mathrm{T}}(t)(S\otimes A)[f(x(t))-1_N\otimes f(\bar{x}(t))]\\
&+e^{\mathrm{T}}(t)(S\otimes B)[f(x(t-\tau(t)))-1_N\otimes f(\bar{x}(t-\tau(t)))]\\
&-ce^{\mathrm{T}}(t)(SL_{\iota(t)}\otimes I_n)e(t)
\end{aligned}\tag{4.20}$$

根据引理 2.15 和 Lipschitz 条件 (3.36)，可得

$$\begin{aligned}
&e^{\mathrm{T}}(t)(S\otimes A)[f(x(t))-1_N\otimes f(\bar{x}(t))]\\
=&\sum_{i=1}^{N}s_i e_i^{\mathrm{T}}(t)A(f(x_i(t))-f(\bar{x}(t)))\\
\leqslant&\sum_{i=1}^{N}s_i(\rho\bar{\sigma}(A)\|e_i(t)\|\,\|e_i(t)\|)\\
\leqslant&\rho\bar{\sigma}(A)\sum_{i=1}^{N}s_i e_i^{\mathrm{T}}(t)e_i(t)
\end{aligned}\tag{4.21}$$

和

$$
\begin{aligned}
&e^{\mathrm{T}}(t)(S\otimes B)[f(x(t-\tau(t)))-1_N\otimes f(\bar{x}(t-\tau(t)))]\\
&=\sum_{i=1}^{N}s_ie_i^{\mathrm{T}}(t)B[f(x_i(t-\tau(t)))-f(\bar{x}(t-\tau(t)))]\\
&\leqslant \rho\bar{\sigma}(B)\sum_{i=1}^{N}s_i\|e_i(t)\|\;\|e_i(t-\tau(t))\|\\
&\leqslant \rho\bar{\sigma}(B)\sum_{i=1}^{N}s_i\left((\eta_1/2)e_i^{\mathrm{T}}(t)e_i(t)+1/(2\eta_1)e_i^{\mathrm{T}}(t-\tau(t))e_i(t-\tau(t))\right)
\end{aligned}
\tag{4.22}
$$

其中，$\eta_1>0$ 为待设计参数。

根据式 (4.21) 和式 (4.22)，式 (4.20) 可进一步推导得

$$
\begin{aligned}
\dot{V}(t)\leqslant&-\left[\frac{1}{2}\lambda_{\min}(C+C^{\mathrm{T}})-\rho\bar{\sigma}(A)-\frac{\eta_1}{2}\rho\bar{\sigma}(B)\right]\sum_{i=1}^{N}s_ie_i^{\mathrm{T}}(t)e_i(t)\\
&+\frac{\rho\bar{\sigma}(B)}{2\eta_1}\sum_{i=1}^{N}s_i(e_i^{\mathrm{T}}(t-\tau(t))e_i(t-\tau(t)))\\
&-\frac{1}{2}ce^{\mathrm{T}}(t)\left[(SL_{\iota(t)}+L_{\iota(t)}^{\mathrm{T}}S)\otimes I_n\right]e(t)
\end{aligned}
\tag{4.23}
$$

注意到 $(s^{\mathrm{T}}\otimes I_n)e(t)=(s^{\mathrm{T}}\otimes I_n)[(I_N-1_Ns^{\mathrm{T}})\otimes I_n]x=[(s^{\mathrm{T}}-s^{\mathrm{T}}1_Ns^{\mathrm{T}})\otimes I_n]x=0$，则根据引理 4.3，可得

$$
e^{\mathrm{T}}(t)\left[(SL_{\iota(t)}+L_{\iota(t)}^{\mathrm{T}}S)\otimes I_n\right]e(t)\geqslant a(L_{\iota(t)})e^{\mathrm{T}}(t)(S\otimes I_n)e(t)\geqslant a_0e^{\mathrm{T}}(t)(S\otimes I_n)e(t)
$$

其中，$a_0=\min\limits_{\iota(t)\in\{1,2,\cdots,\nu\}}\{a(L_{\iota(t)})\}>0$。利用上述不等式，式 (4.23) 可进一步推导得

$$
\begin{aligned}
\dot{V}(t)&\leqslant-\frac{\mu_1}{2}\sum_{i=1}^{N}s_i(e_i^{\mathrm{T}}(t)e_i(t))+\frac{\mu_2}{2}\sum_{i=1}^{N}s_i(e_i^{\mathrm{T}}(t-\tau(t))e_i(t-\tau(t)))\\
&=-\mu_1V(t)+\mu_2V(t-\tau(t))\\
&\leqslant-\mu_1V(t)+\mu_2\tilde{V}(t)
\end{aligned}
$$

其中，$\tilde{V}(t):=\sup\limits_{t-\tau_m\leqslant\phi\leqslant t}V(\phi)$。根据条件 (4.11)，可以得到 $\mu_1>\mu_2>0$，因此通过引理 4.1 可得

$$
V(t)\leqslant\tilde{V}(t_k)\mathrm{e}^{-\mu_3(t-t_k)}
\tag{4.24}
$$

其中，μ_3 是 $\mu_3=\mu_1-\mu_2 \mathrm{e}^{\mu_3\tau_m}$ 的唯一解。

对于 $t\in[t_k^k,t_{k+1})$，根据式 (4.10)，对 $V(t)$ 求导可得

$$\begin{aligned}\dot{V}(t)&=e^{\mathrm{T}}(t)(S\otimes I_n)\dot{e}(t)\\&=-e^{\mathrm{T}}(t)(S\otimes C)e(t)+e^{\mathrm{T}}(t)(S\otimes A)F(x(t))+e^{\mathrm{T}}(t)(S\otimes B)F(x(t-\tau(t)))\end{aligned}$$

根据式 (4.21) 和式 (4.22)，可进一步推导得

$$\begin{aligned}\dot{V}(t)&\leqslant\frac{l_1}{2}\sum_{i=1}^{N}s_i(e_i^{\mathrm{T}}(t)e_i(t))+\frac{l_2}{2}\sum_{i=1}^{N}s_i\left(e_i^{\mathrm{T}}(t-\tau(t))e_i(t-\tau(t))\right)\\&=l_1V(t)+l_2V(t-\tau(t))\\&\leqslant l_1V(t)+l_2\tilde{V}(t)\end{aligned}\tag{4.25}$$

根据条件 (4.12) 可保证 $l_1>0, l_2>0$。根据引理 4.2，式 (4.25) 可进一步推导得

$$V(t)\leqslant\tilde{V}(t_k^k)\mathrm{e}^{l_3(t-t_k^k)}\tag{4.26}$$

其中，$l_3=l_1+l_2>0$。

综合以上分析，对于 $t\in[t_k,t_k^k)$ 和 $t\in[t_k^k,t_{k+1})$ 有

$$V(t)\leqslant\begin{cases}\tilde{V}(t_k)\mathrm{e}^{-\mu_3(t-t_k)}, & t\in[t_k,t_k^k),\\ \tilde{V}(t_k^k)\mathrm{e}^{l_3(t-t_k^k)}, & t\in[t_k^k,t_{k+1}),k\in\mathbb{N}\end{cases}\tag{4.27}$$

由图 3.8 可以看出智能体系统之间的通信在 $t=t_0^0$ 时发生第一次通信间断，则根据式 (4.24) 可得

$$V(t_0^0)\leqslant\mathrm{e}^{-\mu_3(t_0^0-t_0)}\tilde{V}(t_0)\tag{4.28}$$

又由于智能体之间的网络拓扑结构在 $t=t_1$ 时发生切换，根据式 (4.26) 和式 (4.28) 可得

$$V(t_1)\leqslant\mathrm{e}^{l_3(t_1-t_0^0)}\tilde{V}(t_0^0)\tag{4.29}$$

利用式 (4.13) 中 $0<\tau_m<\delta_k$ 的关系，可得

$$\begin{aligned}\tilde{V}(t_0^0)&:=\sup_{\phi\in[t_0^0-\tau_m,t_0^0]}V(\phi)\\&=\max\left\{\sup_{\phi\in[t_0^0-\tau_m,t_0^0)}V(\phi)\right\}\\&\leqslant\max\{\mathrm{e}^{-\mu_3(t_0^0-\tau_m-t_0)}\tilde{V}(t_0),\mathrm{e}^{-\mu_3(t_0^0-t_0)}\tilde{V}(t_0)\}\\&=\mathrm{e}^{\mu_3\tau_m-\mu_3(t_0^0-t_0)}\tilde{V}(t_0)\end{aligned}\tag{4.30}$$

同时，根据 $\delta_k = t_k^k - t_k$ 和 $T_k = t_{k+1} - t_k$，式 (4.29) 可进一步推导得

$$V(t_1) \leqslant \mathrm{e}^{\mu_3\tau_m + l_3(t_1 - t_0^0) - \mu_3(t_0^0 - t_0)}\tilde{V}(t_0) = \mathrm{e}^{-\theta_0}\tilde{V}(t_0) \tag{4.31}$$

其中，$\theta_0 = (\mu_3 + l_3)\delta_0 - l_3 T_0 - \mu_3\tau_m$。

对于 $t = t_1^1$ 时，根据式 (4.24) 和式 (4.31)，可得

$$\begin{aligned} V(t_1^1) &\leqslant \mathrm{e}^{-\mu_3(t_1^1 - t_1)}\tilde{V}(t_1) \\ &= \mathrm{e}^{-\mu_3(t_1^1 - t_1)} \sup_{\phi \in [t_1 - \tau_m, t_1]} V(\phi) \\ &= \mathrm{e}^{-\mu_3(t_1^1 - t_1)} \max\left\{ \sup_{\phi \in [t_1 - \tau_m, t_1)} V(\phi), \mathrm{e}^{-\theta_0}\tilde{V}(t_0) \right\} \end{aligned} \tag{4.32}$$

由于未知时滞上界 τ_m 仅需满足 $0 < \tau_m < \delta_k$，则以下分为两种情况进行讨论。

(1) 当 $t_0^0 \leqslant t_1 - \tau_m$ 时，根据式 (4.26) 和式 (4.30)，可以推出：

$$\begin{aligned} \tilde{V}(t_1) = &\sup_{\phi \in [t_1 - \tau_m, t_1)} V(\phi) \\ &\leqslant \mathrm{e}^{l_3(t_1 - t_0^0)}\tilde{V}(t_0^0) \\ &\leqslant \mathrm{e}^{\mu_3\tau_m - \mu_3(t_0^0 - t_0) + l_3(t_1 - t_0^0)}\tilde{V}(t_0) \end{aligned} \tag{4.33}$$

(2) 当 $t_0 < t_1 - \tau_m < t_0^0$ 时，可以推出：

$$\begin{aligned} \sup_{\phi \in [t_1 - \tau_m, t_1)} V(\phi) &= \max\left\{ \sup_{\phi \in [t_1 - \tau_m, t_0^0)} V(\phi), \sup_{\phi \in [t_0^0, t_1)} V(\phi) \right\} \\ &\leqslant \max\{\mathrm{e}^{-\mu_3(t_1 - \tau_m - t_0)}\tilde{V}(t_0), \mathrm{e}^{l_3(t_1 - t_0^0)}\tilde{V}(t_0^0)\} \\ &\leqslant \max\{\mathrm{e}^{\mu_3\tau_m - \mu_3(t_1 - t_0)}\tilde{V}(t_0), \mathrm{e}^{\mu_3\tau_m - \mu_3(t_0^0 - t_0) + l_3(t_1 - t_0^0)}\tilde{V}(t_0)\} \end{aligned}$$

根据 $\mathrm{e}^{\mu_3\tau_m - \mu_3(t_1 - t_0)} \leqslant \mathrm{e}^{\mu_3\tau_m - \mu_3(t_0^0 - t_0)} \leqslant \mathrm{e}^{\mu_3\tau_m - \mu_3(t_0^0 - t_0) + l_3(t_1 - t_0^0)}$，可得

$$\begin{aligned} \tilde{V}(t_1) = &\sup_{\phi \in [t_1 - \tau_m, t_1)} V(\phi) \\ &\leqslant \mathrm{e}^{\mu_3\tau_m - \mu_3(t_0^0 - t_0) + l_3(t_1 - t_0^0)}\tilde{V}(t_0) \end{aligned} \tag{4.34}$$

综合上述两种情况，可以得出

$$V(t_1^1) \leqslant \mathrm{e}^{-\mu_3(t_1^1 - t_1) - \theta_0}\tilde{V}(t_0) \tag{4.35}$$

类似于上述的分析，当 $t=t_2$ 时，可得

$$\begin{aligned}
V(t_2) &\leqslant \mathrm{e}^{l_3(t_2-t_1^1)}\tilde{V}(t_1^1) \\
&= \mathrm{e}^{l_3(t_2-t_1^1)} \sup_{\phi\in[t_1^1-\tau_m,t_1^1]} V(\phi) \\
&\leqslant \mathrm{e}^{l_3(t_2-t_1^1)} \max\{\mathrm{e}^{-\mu_3(t_1^1-\tau_m-t_1)}\tilde{V}(t_1), V(t_1^1)\} \\
&\leqslant \mathrm{e}^{l_3(t_2-t_1^1)} \max\{\mathrm{e}^{-\mu_3(t_1^1-\tau_m-t_1)^{-\theta_0}}\tilde{V}(t_0), \mathrm{e}^{-\mu_3(t_1^1-t_1)^{-\theta_0}}\tilde{V}(t_0)\} \\
&= \mathrm{e}^{-\theta_0-\theta_1}\tilde{V}(t_0)
\end{aligned}$$

其中，$\theta_1=(\mu_3+l_3)\delta_1-l_3T_1-\mu_3\tau_m$，并且根据条件 (4.13) 可以保证 $\theta_0>0$ 和 $\theta_1>0$。通过迭代，对于任意 $k\in\mathbb{N}$，可得

$$V(t_k) \leqslant \mathrm{e}^{-\sum\limits_{i=0}^{k-1}\theta_i}\tilde{V}(t_0) \tag{4.36}$$

其中，$\theta_i=(\mu_3+l_3)\delta_i-l_3T_i-\mu_3\tau_m>0$，$i=0,1,\cdots,k-1$。类似地，有

$$\tilde{V}(t_k) \leqslant \mathrm{e}^{-\sum\limits_{i=0}^{k-1}\theta_i}\tilde{V}(t_0) \tag{4.37}$$

注意到 $t_{k+1}-t_k\leqslant T$，从而对于任意 $t\in[t_k,t_{k+1})$，可知 $t\leqslant(k+1)T$。设 $\varTheta=\min\{\theta_k\}$，$k\in\mathbb{N}$，对于 $t\in[t_k,t_k^k)$，可得

$$\begin{aligned}
V(t) &\leqslant \mathrm{e}^{-\mu_3(t-t_k)}\tilde{V}(t_k) \leqslant \mathrm{e}^{-\sum\limits_{i=0}^{k-1}\theta_i}\tilde{V}(t_0) \leqslant \mathrm{e}^{-k\varTheta}\tilde{V}(t_0) \\
&\leqslant \mathrm{e}^{-\frac{k\varTheta}{(k+1)T}t}\tilde{V}(t_0) \leqslant \mathrm{e}^{-\frac{\varTheta}{2T}t}\tilde{V}(t_0)
\end{aligned} \tag{4.38}$$

对于 $t\in[t_k^k,t_{k+1})$，可得

$$\begin{aligned}
V(t) &\leqslant \mathrm{e}^{l_3(t-t_k^k)}\tilde{V}(t_k^k) \\
&\leqslant \mathrm{e}^{l_3T}\max\left\{\sup_{\phi\in[t_k^k-\tau_m,t_k^k)} V(\phi)\right\} \\
&= \mathrm{e}^{l_3T}\mathrm{e}^{-\frac{\varDelta}{2T}t}\tilde{V}(t_0)
\end{aligned} \tag{4.39}$$

因此，结合式 (4.38) 和式 (4.39) 可得

$$V(t) \leqslant \varDelta\mathrm{e}^{-\frac{\varTheta}{2T}t}\tilde{V}(t_0), \quad \forall t>0$$

其中，$\varDelta=\mathrm{e}^{l_3T}$。由上式可知误差变量 (4.4) 可以指数收敛于零，且其指数率为 $\varTheta/(2T)$，从而可以证明所有智能体系统的状态可以实现指数一致收敛。证毕。

注 4.2　条件 (4.11) 表明控制增益 c 的选取与网络拓扑结构参数 a_0 和系统参数有关，并且计算 a_0 需要利用网络拓扑结构的全局信息。为了避免利用该全局信息，一种简单的设计策略是选择较大的控制增益用于满足条件 (4.11)。此外，对于条件 (4.12)，η_2 可以任意给定，因此可以直接给出满足该条件的 η_2。

注 4.3　在定理 4.1 中，条件 (4.13) 揭示了未知时延 $\tau(t)$ 的上界 τ_m 与智能体之间的通信率 φ_k 和切换拓扑的时间间隔 T_k 有关，这表明对于给定的 T_k，较大的通信率 φ_k 可以容忍较大的 τ_m。另外，对于给定的通信率 φ_k, T_k 越大，τ_m 也越大，这意味着拓扑切换越慢，允许的时滞上界就越大。此外，值得注意的是，在式 (4.24) 和 $\mu_3 = \mu_1 - \mu_2 e^{\mu_3 \tau_m}$ 中，通过减小 τ_m 的取值可以得到较大的 μ_3，即说明可以提高系统的指数收敛速度。以上参数之间的关系为时滞非线性多智能体系统的协同控制设计提供了参数选取的指导。

4.3　有领导者拓扑结构下非线性多智能体网络协同控制

本节进一步考虑具有领导者的时滞非线性多智能体网络的协同控制问题，其领导者（智能体 0）的动态系统为

$$\dot{x}_0(t) = -Cx_0(t) + Af(x_0(t)) + Bf(x_0(t-\tau(t))) \tag{4.40}$$

其中，$x_0(t) = [x_{01}(t), x_{02}(t), \cdots, x_{0n}(t)]^{\mathrm{T}} \in \mathbb{R}^n$ 为领导者的状态向量。领导者节点 0 可以当成外系统或者命令控制器，可以产生所需要的动态轨迹，并假设领导者不需要控制输入，即不会受到 N 个跟随者节点的影响。其中，具有领导者的网络拓扑结构满足以下假设。

假设 4.3　假设时变的网络拓扑 $\mathcal{G}_\ell$ ($\ell = \{1, 2, \cdots, v\}$) 都是有向图，并且含有至少一条生成树，其领导者作为根节点。

定义 4.2　在同时考虑如图 3.8 所示的切换拓扑和间断式通信条件，并且所存在的拓扑结构满足假设 4.3 时，设计只依赖于局部信息的分布式控制方法，使得每个智能体系统 (4.1) 的状态满足：

$$\lim_{t\to\infty} \|x_i(t) - x_0(t)\| = 0, \quad \forall i = 1, 2, \cdots, N$$

定义智能体 i 的跟踪误差为 $e_i(t) = x_i(t) - x_0(t)$。令 $e(t) = [e_1^{\mathrm{T}}(t), e_2^{\mathrm{T}}(t), \cdots, e_N^{\mathrm{T}}(t)]^{\mathrm{T}} \in \mathbb{R}^{nN}$，$x(t) = [x_1^{\mathrm{T}}(t), x_2^{\mathrm{T}}(t), \cdots, x_N^{\mathrm{T}}(t)]^{\mathrm{T}} \in \mathbb{R}^{nN}$，$u(t) = [u_1^{\mathrm{T}}(t), u_2^{\mathrm{T}}(t), \cdots, u_N^{\mathrm{T}}(t)]^{\mathrm{T}} \in \mathbb{R}^{nN}$，根据式 (4.24) 和式 (4.25)，可得出全局跟踪误差 $e(t)$ 的动态方程为

$$\begin{aligned}\dot{e}(t) &= \dot{x}(t) - \dot{\underline{x}}_0(t) \\ &= -(I_N \otimes C)(x(t) - \underline{x}_0(t)) + (I_N \otimes A)(f(x(t)) - \underline{f}(x_0(t)))\end{aligned}$$

$$
\begin{aligned}
&+(I_N\otimes B)(f(x(t-\tau(t)))-\underline{f}(x_0(t-\tau(t))))+u(t) \\
=&-(I_N\otimes C)e(t)+(I_N\otimes A)(f(x(t))-\underline{f}(x_0(t))) \\
&+(I_N\otimes B)(f(x(t-\tau(t)))-\underline{f}(x_0(t-\tau(t))))+u(t)
\end{aligned} \tag{4.41}
$$

其中，$f(x(t))=[f^{\mathrm{T}}(x_1(t)),f^{\mathrm{T}}(x_2(t)),\cdots,f^{\mathrm{T}}(x_N(t))]^{\mathrm{T}}\in\mathbb{R}^{nN}$；$\underline{x}_0(t)=1_N\otimes x_0(t)$；$\underline{f}(x_0(t))=1_N\otimes f(x_0(t))$。

为了实现本节一致性的控制目的，提出以下分布式控制器：

$$
u_i(t)=\begin{cases}\kappa\left(\sum\limits_{j=1}^{N}a_{ij}^{\iota(t)}(x_j(t)-x_i(t))+g_i^{\iota(t)}(x_0(t)-x_i(t))\right), & t\in[t_k,t_k^k) \\ 0, & t\in[t_k^k,t_{k+1}),k\in\mathbb{N}\end{cases} \tag{4.42}
$$

其全局形式可写为

$$
u(t)=\begin{cases}-\kappa[(L_{\iota(t)}+G_{\iota(t)})\otimes I_n]e(t), & t\in[t_k,t_k^k) \\ 0, & t\in[t_k^k,t_{k+1}),k\in\mathbb{N}\end{cases} \tag{4.43}
$$

其中，$\kappa>0$ 为控制增益；$a_{ij}^{\iota(t)}\geqslant 0$ 为智能体 i 到智能体 j 的连接权重，若智能体 i 可以获得智能体 j 的状态信息，则 $a_{ij}^{\iota(t)}>0$，否则 $a_{ij}^{\iota(t)}=0$；$g_i^{\iota(t)}\geqslant 0$ 为牵制增益，若智能体 i 可以获得领导者 0 的状态信息，则 $g_i^{\iota(t)}>0$，否则 $g_i^{\iota(t)}=0$；$G_{\iota(t)}=\mathrm{diag}\{g_i^{\iota(t)}\}\in\mathbb{R}^{N\times N}$。

在给出本节的主要结果之前，首先提出一致性算法用于选取控制器 (4.43) 中的控制参数。

算法 4.1

步骤 1：选择合适的设计参数 $\beta>0$、$\eta_1>0$、$\eta_2>0$ 使以下不等式成立：

$$
\beta>\rho\left(2\bar{\sigma}(A)+\eta_1\bar{\sigma}(B)+\frac{\bar{\sigma}(B)}{\eta_1}\right)-2\underline{\sigma}(C) \tag{4.44}
$$

$$
\eta_2>\frac{\underline{\sigma}(C)-2\rho\bar{\sigma}(A)}{\rho\bar{\sigma}(B)} \tag{4.45}
$$

其中，ρ 为 Lipschitz 常数。

步骤 2：选择控制增益 $\kappa>\dfrac{\beta p_1}{\lambda_0}$，$p_1=\max\{p_i^{\iota(t)}\}$，$\lambda_0=\min\{\lambda_{\min}(Q_{\iota(t)})\}$，$i\in\{1,2,\cdots,N\}$，$\iota(t)\in\ell$，$Q_{\iota(t)}$ 定义于引理 3.1。

定理 4.2　如果假设 3.2 和假设 4.3 成立，采用分布式控制器 (4.42)，选择由算法 4.1 求出的控制增益 κ，且选择未知时滞 $\tau(t)$ 的上界 τ_m 满足以下条件：

$$0<\tau_m<\min\left\{\delta_k,\frac{\varphi_k(\mu_3+l_3)-l_3}{\mu_3}T_k\right\},\quad \forall k\in\mathbb{N} \tag{4.46}$$

其中，$l_3=l_1+l_2$，$l_1=\rho(2\bar{\sigma}(A)+\eta_2\bar{\sigma}(B))-2\underline{\sigma}(C)$，$l_2=\dfrac{\rho\bar{\sigma}(B)}{\eta_2}$；$\mu_3$ 为 $\mu_3=\mu_1-\mu_2\mathrm{e}^{\mu_3\tau_m}$ 的唯一解，$\mu_1=\beta+2\underline{\sigma}(C)-\rho(2\bar{\sigma}(A)+\eta_1\bar{\sigma}(B))$，$\mu_2=\dfrac{\rho\bar{\sigma}(B)}{\eta_1}$，则可保证多智能体网络实现控制目标，即网络中所有智能体状态趋于领导者的状态。

证明　考虑如下形式的 Lyapunov 函数：

$$V(t)=\frac{1}{2}e^{\mathrm{T}}(t)(P_{\iota(t)}\otimes I_n)e(t) \tag{4.47}$$

对于 $t\in[t_k,t_k^k)$，$k\in\mathbb{N}$，沿误差系统 (4.41) 对 $V(t)$ 求导可得

$$\begin{aligned}\dot{V}(t)&=e^{\mathrm{T}}(t)(P_{\iota(t)}\otimes I_n)\dot{e}(t)\\&=-e^{\mathrm{T}}(t)(P_{\iota(t)}\otimes C)e(t)+e^{\mathrm{T}}(t)(P_{\iota(t)}\otimes A)(f(x(t))-\underline{f}(x_0(t)))\\&\quad+e^{\mathrm{T}}(t)(P_{\iota(t)}\otimes B)(f(x(t-\tau(t)))-\underline{f}(x_0(t-\tau(t))))\\&\quad+e^{\mathrm{T}}(t)(P_{\iota(t)}\otimes I_n)u(t)\end{aligned} \tag{4.48}$$

根据假设 3.2，式 (4.48) 中第二项可得

$$\begin{aligned}&e^{\mathrm{T}}(t)(P_{\iota(t)}\otimes A)(f(x(t))-\underline{f}(x_0(t)))\\&=\sum_{i=1}^{N}p_i^{\iota(t)}e_i^{\mathrm{T}}(t)A(f(x_i(t))-f(x_0(t)))\\&\leqslant\sum_{i=1}^{N}p_i^{\iota(t)}\rho\bar{\sigma}(A)\|e_i(t)\|\,\|e_i(t)\|\\&=\rho\bar{\sigma}(A)\sum_{i=1}^{N}p_i^{\iota(t)}e_i^{\mathrm{T}}(t)e_i(t)\end{aligned} \tag{4.49}$$

类似地，式 (4.48) 中第三项可得

$$
\begin{aligned}
& e^{\mathrm{T}}(t)(P_{\iota(t)} \otimes B)(f(x(t-\tau(t))) - \underline{f}(x_0(t-\tau(t)))) \\
&\quad = \sum_{i=1}^{N} p_i^{\iota(t)} e_i^{\mathrm{T}}(t) B(f(x_i(t-\tau(t))) - f(x_0(t-\tau(t)))) \\
&\quad \leqslant \sum_{i=1}^{N} p_i^{\iota(t)} \rho\bar{\sigma}(B) \|e_i(t)\| \, \|e_i(t-\tau(t))\| \\
&\quad \leqslant \sum_{i=1}^{N} p_i^{\iota(t)} \rho\bar{\sigma}(B) \left(\frac{\eta_1}{2} e_i^{\mathrm{T}}(t) e_i(t) + \frac{1}{2\eta_1} e_i^{\mathrm{T}}(t-\tau(t)) e_i(t-\tau(t)) \right)
\end{aligned} \tag{4.50}
$$

其中，$\eta_1 > 0$ 为待设计参数，由算法 4.1 中步骤 1 求出。

将提出的分布式控制器 (4.43) 及式 (4.49) 和式 (4.50) 一并代入式 (4.48)，可得

$$
\begin{aligned}
\dot{V}(t) &= -e^{\mathrm{T}}(t)(P_{\iota(t)} \otimes C)e(t) + \rho\bar{\sigma}(A) \sum_{i=1}^{N} p_i^{\iota(t)} e_i^{\mathrm{T}}(t) e_i(t) \\
&\quad + \sum_{i=1}^{N} p_i^{\iota(t)} \rho\bar{\sigma}(B) \left(\frac{\eta_1}{2} e_i^{\mathrm{T}}(t) e_i(t) + \frac{1}{2\eta_1} e_i^{\mathrm{T}}(t-\tau(t)) e_i(t-\tau(t)) \right) \\
&\quad - \kappa e^{\mathrm{T}}(t) \left[P_{\iota(t)}(L_{\iota(t)} + G_{\iota(t)}) \otimes I_n \right] e(t) \\
&\leqslant -\Big(\underline{\sigma}(C) - \rho\bar{\sigma}(A) - \frac{\eta_1}{2} \rho\bar{\sigma}(B) \Big) \sum_{i=1}^{N} p_i^{\iota(t)} e_i^{\mathrm{T}}(t) e_i(t) \\
&\quad + \frac{\rho\bar{\sigma}(B)}{2\eta_1} \sum_{i=1}^{N} p_i^{\iota(t)} e_i^{\mathrm{T}}(t-\tau(t)) e_i(t-\tau(t)) \\
&\quad - \kappa e^{\mathrm{T}}(t) \left[P_{\iota(t)}(L_{\iota(t)} + G_{\iota(t)}) \otimes I_n \right] e(t)
\end{aligned} \tag{4.51}
$$

根据算法 4.1 中 $\kappa > \dfrac{\beta p_1}{\lambda_0}$ 和引理 3.1 可得

$$
\begin{aligned}
& - \kappa e^{\mathrm{T}}(t) \left[P_{\iota(t)}(L_{\iota(t)} + G_{\iota(t)}) \otimes I_n \right] e(t) \\
&\quad = -\frac{\kappa}{2} e^{\mathrm{T}}(t)(Q_{\iota(t)} \otimes I_n) e(t) \\
&\quad \leqslant -\frac{\kappa\lambda_0}{2p_1} e^{\mathrm{T}}(t)(P_{\iota(t)} \otimes I_n) e(t) \\
&\quad \leqslant -\frac{\beta}{2} e^{\mathrm{T}}(t)(P_{\iota(t)} \otimes I_n) e(t)
\end{aligned} \tag{4.52}
$$

利用 $Q_{\iota(t)} \geqslant \lambda_0 I_N$ 和 $p_1 I_N \geqslant P_{\iota(t)}$ 推导得出式 (4.52) 中第一个不等式。

因此，式 (4.51) 可进一步推导为

$$
\begin{aligned}
\dot{V}(t) &\leqslant -\frac{\mu_1}{2}\sum_{i=1}^{N} p_i^{\iota(t)} e_i^{\mathrm{T}}(t)e_i(t) + \frac{\mu_2}{2}\sum_{i=1}^{N} p_i^{\iota(t)} e_i^{\mathrm{T}}(t-\tau(t))e_i(t-\tau(t)) \\
&= -\mu_1 V(t) + \mu_2 V(t-\tau(t)) \\
&\leqslant -\mu_1 V(t) + \mu_2 \tilde{V}(t)
\end{aligned} \tag{4.53}
$$

其中，$\tilde{V}(t) := \sup\limits_{t-\tau_m \leqslant \phi \leqslant t} V(\phi)$，$\mu_1 > \mu_2 > 0$ 可由条件 (4.44) 保证。由引理 4.1 可得

$$
V(t) \leqslant \tilde{V}(t_k)\mathrm{e}^{-\mu_3(t-t_k)} \tag{4.54}
$$

对于 $t \in [t_k^k, t_{k+1})$，注意到系统不会受到控制输入的影响，沿误差系统 (4.41) 对 $V(t)$ 求导可得

$$
\begin{aligned}
\dot{V}(t) &= e^{\mathrm{T}}(t)(P_{\iota(t)} \otimes I_n)\dot{e}(t) \\
&= -e^{\mathrm{T}}(t)(P_{\iota(t)} \otimes C)e(t) + e^{\mathrm{T}}(t)(P_{\iota(t)} \otimes A)(f(x(t)) - \underline{f}(x_0(t))) \\
&\quad + e^{\mathrm{T}}(t)(P_{\iota(t)} \otimes B)(f(x(t-\tau(t))) - \underline{f}(x_0(t-\tau(t))))
\end{aligned} \tag{4.55}
$$

通过与式 (4.49) 和式 (4.50) 类似的推导，可进一步得

$$
\begin{aligned}
\dot{V}(t) &= -e^{\mathrm{T}}(t)(P_{\iota(t)} \otimes C)e(t) + \rho\bar{\sigma}(A)\sum_{i=1}^{N} p_i^{\iota(t)} e_i^{\mathrm{T}}(t)e_i(t) \\
&\quad + \rho\bar{\sigma}(B)\sum_{i=1}^{N} p_i^{\iota(t)} \left(\frac{\eta_2}{2} e_i^{\mathrm{T}}(t)e_i(t) + \frac{1}{2\eta_2} e_i^{\mathrm{T}}(t-\tau(t))e_i(t-\tau(t))\right) \\
&\leqslant \frac{l_1}{2}\sum_{i=1}^{N} p_i^{\iota(t)} e_i^{\mathrm{T}}(t)e_i(t) + \frac{l_2}{2}\sum_{i=1}^{N} p_i^{\iota(t)} e_i^{\mathrm{T}}(t-\tau(t))e_i(t-\tau(t)) \\
&= l_1 V(t) + l_2 V(t-\tau(t)) \\
&\leqslant l_1 V(t) + l_2 \tilde{V}(t)
\end{aligned} \tag{4.56}
$$

其中，$\eta_2 > 0$ 为待设计参数，条件 (4.45) 可保证 $l_1 > 0$，$l_2 > 0$。利用引理 4.2 可得

$$
V(t) \leqslant \tilde{V}(t_k^k)\mathrm{e}^{l_3(t-t_k^k)} \tag{4.57}
$$

其中，$l_3 = l_1 + l_2$。

综合以上对 $t \in [t_k, t_k^k)$ 和 $t \in [t_k^k, t_{k+1})$ 的分析可得

$$V(t) \leqslant \begin{cases} \tilde{V}(t_k)\mathrm{e}^{-\mu_3(t-t_k)}, & t \in [t_k, t_k^k), \\ \tilde{V}(t_k^k)\mathrm{e}^{l_3(t-t_k^k)}, & t \in [t_k^k, t_{k+1}), k \in \mathbb{N} \end{cases}$$

由图 3.8 可以看出，系统之间第一次通信间断发生在 $t = t_0^0$ 时刻，则由式 (4.54) 可得

$$V(t_0^0) \leqslant \mathrm{e}^{-\mu_3(t_0^0-t_0)}\tilde{V}(t_0) \tag{4.58}$$

又由于系统的网络拓扑在 $t = t_1$ 时刻发生第一次切换,则由式 (4.57) 和式 (4.58)可得

$$V(t_1) \leqslant \mathrm{e}^{l_3(t_1-t_0^0)}\tilde{V}(t_0^0) \tag{4.59}$$

根据条件 (4.46) 中 $0 < \tau_m < \delta_k$ 的关系，可进一步推导得

$$\begin{aligned} \tilde{V}(t_0^0) :&= \sup_{\phi\in[t_0^0-\tau_m,t_0^0]} V(\phi) \\ &= \max\left\{\sup_{\phi\in[t_0^0-\tau_m,t_0^0)} V(\phi), V(t_0^0)\right\} \\ &\leqslant \max\{\mathrm{e}^{-\mu_3(t_0^0-\tau_m-t_0)}\tilde{V}(t_0), \mathrm{e}^{-\mu_3(t_0^0-t_0)}\tilde{V}(t_0)\} \\ &= \mathrm{e}^{\mu_3\tau_m-\mu_3(t_0^0-t_0)}\tilde{V}(t_0) \end{aligned} \tag{4.60}$$

因为 $\delta_k = t_k^k - t_k$ 且 $T_k = t_{k+1} - t_k$，式 (4.59) 可得

$$V(t_1) \leqslant \mathrm{e}^{\mu_3\tau_m+l_3(t_1-t_0^0)-\mu_3(t_0^0-t_0)}\tilde{V}(t_0) = \mathrm{e}^{-\theta_0}\tilde{V}(t_0) \tag{4.61}$$

其中，$\theta_0 = (\mu_3 + l_3)\delta_0 - l_3T_0 - \mu_3\tau_m$。

当 $t = t_1^1$ 时，通过利用式 (4.54) 和式 (4.61)，可得

$$\begin{aligned} V(t_1^1) &\leqslant \mathrm{e}^{-\mu_3(t_1^1-t_1)}\tilde{V}(t_1) \\ &= \mathrm{e}^{-\mu_3(t_1^1-t_1)} \sup_{\phi\in[t_1-\tau_m,t_1]} V(\phi) \\ &= \mathrm{e}^{-\mu_3(t_1^1-t_1)} \max\left\{\sup_{\phi\in[t_1-\tau_m,t_1)} V(\phi), \mathrm{e}^{-\theta_0}\tilde{V}(t_0)\right\} \end{aligned} \tag{4.62}$$

若 $t_0^0 \leqslant t_1 - \tau_m$，则

$$\begin{aligned}\tilde{V}(t_1) = & \sup_{\phi\in[t_1-\tau_m,t_1)} V(\phi) \\ & \leqslant \mathrm{e}^{l_3(t_1-t_0^0)}\tilde{V}(t_0^0) \\ & \leqslant \mathrm{e}^{\mu_3\tau_m-\mu_3(t_0^0-t_0)+l_3(t_1-t_0^0)}\tilde{V}(t_0)\end{aligned} \tag{4.63}$$

若 $t_0 < t_1 - \tau_m < t_0^0$，则

$$\begin{aligned}\tilde{V}(t_1) = & \sup_{\phi\in[t_1-\tau_m,t_1)} V(\phi) \\ = & \max\left\{\sup_{\phi\in[t_1-\tau_m,t_0^0)} V(\phi), \sup_{\phi\in[t_0^0,t_1)} V(\phi)\right\} \\ \leqslant & \max\{\mathrm{e}^{-\mu_3(t_1-\tau_m-t_0)}\tilde{V}(t_0), \mathrm{e}^{l_3(t_1-t_0^0)}\tilde{V}(t_0^0)\} \\ \leqslant & \max\{\mathrm{e}^{\mu_3\tau_m-\mu_3(t_1-t_0)}\tilde{V}(t_0), \mathrm{e}^{\mu_3\tau_m-\mu_3(t_0^0-t_0)+l_3(t_1-t_0^0)}\tilde{V}(t_0)\} \\ \leqslant & \mathrm{e}^{\mu_3\tau_m-\mu_3(t_0^0-t_0)+l_3(t_1-t_0^0)}\tilde{V}(t_0)\end{aligned} \tag{4.64}$$

因此，结合式 (4.63) 和式 (4.64)，式 (4.62) 可转换为

$$V(t_1^1) \leqslant \mathrm{e}^{-\mu_3(t_1^1-t_1)^{-\theta_0}}\tilde{V}(t_0) \tag{4.65}$$

当 $t = t_2$ 时，基于之前的分析，可以得到

$$\begin{aligned}V(t_2) \leqslant & \mathrm{e}^{l_3(t_2-t_1^1)}\tilde{V}(t_1^1) \\ = & \mathrm{e}^{l_3(t_2-t_1^1)}\sup_{\phi\in[t_1^1-\tau_m,t_1^1]} V(\phi) \\ \leqslant & \mathrm{e}^{l_3(t_2-t_1^1)}\max\{\mathrm{e}^{-\mu_3(t_1^1-\tau_m-t_1)}\tilde{V}(t_1), V(t_1^1)\} \\ \leqslant & \mathrm{e}^{l_3(t_2-t_1^1)}\max\{\mathrm{e}^{-\mu_3(t_1^1-\tau_m-t_1)^{-\theta_0}}\tilde{V}(t_0), \mathrm{e}^{-\mu_3(t_1^1-t_1)^{-\theta_0}}\tilde{V}(t_0)\} \\ = & \mathrm{e}^{-\theta_0-\theta_1}\tilde{V}(t_0)\end{aligned} \tag{4.66}$$

其中，$\theta_1 = (\mu_3 + l_3)\delta_1 - l_3T_1 - \mu_3\tau_m$，并且条件 (4.46) 可以保证 $\theta_0 > 0$ 和 $\theta_1 > 0$。

通过迭代，对于任意 $k \in \mathbb{N}$，可以进一步得出

$$V(t_k) \leqslant \mathrm{e}^{-\sum\limits_{i=0}^{k-1}\theta_i}\tilde{V}(t_0) \tag{4.67}$$

其中，$\theta_i=(\mu_3+l_3)\delta_i-l_3T_i-\mu_3\tau_m>0\ (i=0,1,\cdots,k-1)$。类似地，可以推导得

$$\tilde{V}(t_k)\leqslant \mathrm{e}^{-\sum\limits_{i=0}^{k-1}\theta_i}\tilde{V}(t_0) \tag{4.68}$$

由于 $t_{k+1}-t_k\leqslant T$，所以对于任意时刻 $t\in[t_k,t_{k+1})$，可知 $t\leqslant(k+1)T$。令 $\varTheta=\min\{\theta_k\}$，$k\in\mathbb{N}$，则当 $t\in[t_k,t_k^k)$ 时，可得

$$\begin{aligned}V(t)&\leqslant \mathrm{e}^{-\mu_3(t-t_k)}\tilde{V}(t_k)\leqslant \mathrm{e}^{-\sum\limits_{i=0}^{k-1}\theta_i}\tilde{V}(t_0)\leqslant \mathrm{e}^{-k\varTheta}\tilde{V}(t_0)\\&\leqslant \mathrm{e}^{-\frac{k\varTheta}{(k+1)T}t}\tilde{V}(t_0)\leqslant \mathrm{e}^{-\frac{\varTheta}{2T}t}\tilde{V}(t_0)\end{aligned}$$

当 $t\in[t_k^k,t_{k+1})$ 时，可得

$$\begin{aligned}V(t)&\leqslant \mathrm{e}^{l_3(t-t_k^k)}\tilde{V}(t_k^k)\\&\leqslant \mathrm{e}^{l_3T}\max\left\{\sup_{\phi\in[t_k^k-\tau_m,t_k^k)}V(\phi),V(t_k^k)\right\}\\&=\mathrm{e}^{l_3T}\mathrm{e}^{-\frac{\varDelta}{2T}t}\tilde{V}(t_0)\end{aligned} \tag{4.69}$$

根据以上两式可得

$$V(t)\leqslant \varDelta\mathrm{e}^{-\frac{\varTheta}{2T}t}\tilde{V}(t_0),\quad \forall t>0$$

其中，$\varDelta=\mathrm{e}^{l_3T}$。因此，从上式可以得出随着 $t\to\infty$，跟踪误差 $e_i(t)=x_i(t)-x_0(t)$ 以指数收敛速度趋近于零，即跟随者的状态最终趋近于领导者的状态，完成一致性跟踪。证毕。

注 4.4　定理 4.2 和算法 4.1 实现了具有领导者的时滞非线性多智能体网络协同控制，进一步拓展了定理 4.1 的理论结果。值得注意的是，在注 4.3 中所建立的时滞上界、通信率以及时变拓扑持续时间之间的明确关系仍然适应于有领导者的多智能体网络。此外，根据条件 (4.46) 和 $\mu_6=\mu_4-\mu_5\mathrm{e}^{\mu_6\tau_m}$ 可以看出时滞上界不仅影响系统的稳定性，而且对闭环系统的收敛速度也起到重要作用。

注 4.5　算法 4.1 提供了所设计分布式控制器的参数选择方法，从步骤 1 可以很直接地得到参数 β、η_1 和 η_2 来满足条件 (4.44) 和 (4.45)，然后可以根据步骤 2 求得控制增益 κ。需要注意的是，κ 的取值依赖于 $p_1=\max\{p_i^{\iota(t)}\}$，$\lambda_0=\min\{\lambda_{\min}(Q_{\iota(t)})\}$，即不可避免地需要网络拓扑的全局信息。但在一实际网络化的多智能体系统中，各个节点之间的网络拓扑结构是有限的，因此可以在离线状态去求解这些需要全局信息的特定参数值，有效避免对全局信息的使用，实现分布式控制。

4.4　仿真结果与分析

在本节中考虑以下两个例子来验证所提方法的有效性与可行性。在两个仿真中，每个智能体的动态系统由 Hopfield 时滞神经网络模型进行建模，其系统模型可写成式 (4.1) 的形式，其中

$$C=\begin{bmatrix}1 & 0\\ 0 & 1\end{bmatrix},\quad A=\begin{bmatrix}2.0 & -0.1\\ -5.0 & 3.0\end{bmatrix},\quad B=\begin{bmatrix}-1.5 & -0.1\\ -0.2 & -2.5\end{bmatrix}$$

$$x_i(t)=[x_{i1}(t),x_{i2}(t)]^{\mathrm{T}},\quad \tau(t)=10^{-2}\tanh(t)$$

$$f(x_i(t))=\tanh(x_i(t)),\quad i=0,1,\cdots,5$$

根据假设 3.2 的 Lipschiz 条件可得 $\rho=1$。

4.4.1　无领导者拓扑结构下非线性多智能体网络协同控制

考虑由 5 个 Hopfield 时滞神经网络组成的多智能体系统，其网络拓扑在 $\mathcal{G}_1$ 和 $\mathcal{G}_2$ 之间进行切换，如图 4.1 所示，可以看出网络拓扑满足假设 4.2。不失一般性，设置每个拓扑持续时间为 0.02s，即当 $t\in[t_k,t_k+0.02)$ 时，$\mathcal{G}_{\sigma(t)}=\mathcal{G}_1$；当 $t\in[t_k+0.02,t_{k+1})$ 时，$\mathcal{G}_{\sigma(t)}=\mathcal{G}_2$。

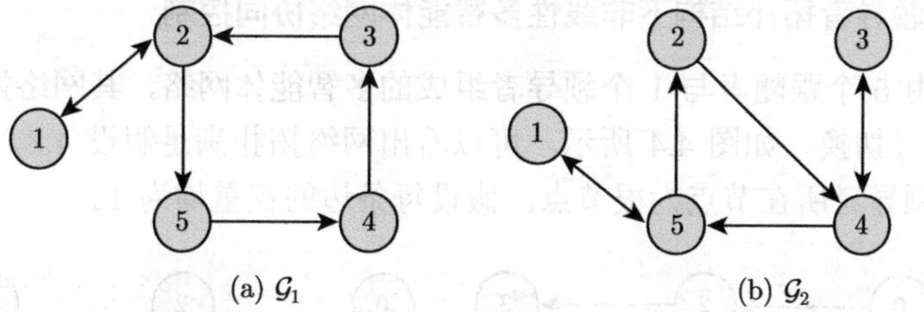

图 4.1　通信拓扑 $\mathcal{G}_1$ 和 $\mathcal{G}_2$ (无领导者)

根据定理 4.2 选择参数 $c=35$，$\eta_1=1.30$，$\eta_2=1.0$，$\mu_3=2.02$，$l_3=15.24$。对于给定通信率 $\varphi_k=95\%$，当未知时延 $\tau(t)$ 的上界 τ_m 小于 1.15×10^{-2}s 时，所设计控制器可以实现无领导者的一致性控制。图 4.2 和图 4.3 为 5 个智能体的状态轨迹图，可以看出在切换拓扑和间断式通信条件下，5 个智能体系统在所设计的分布式控制器下实现了状态一致性。

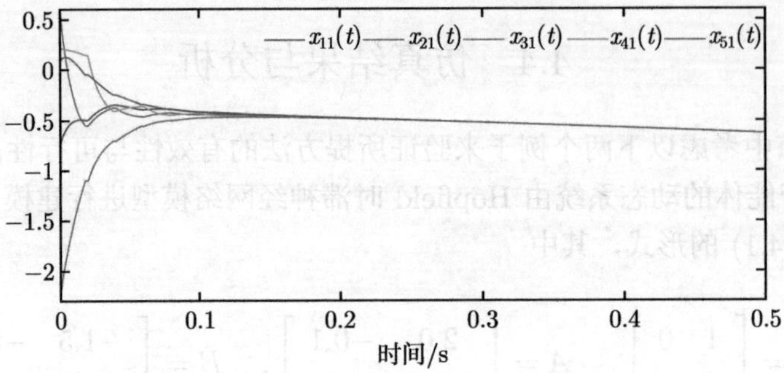

图 4.2 $x_{i1}(t)$ $(i = 1, 2, 3, 4, 5)$ 的轨迹图

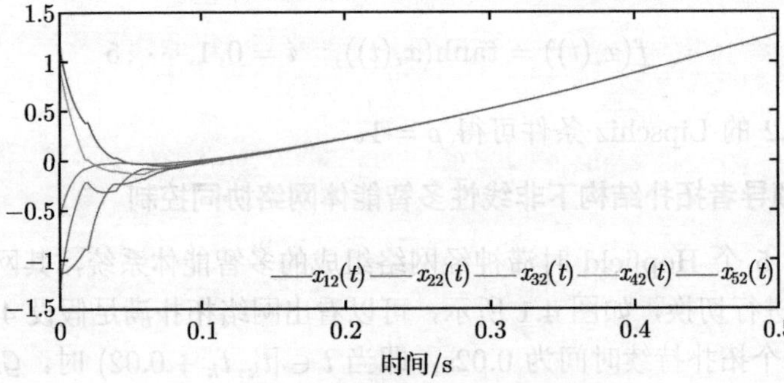

图 4.3 $x_{i2}(t)$ $(i = 1, 2, 3, 4, 5)$ 的轨迹图

4.4.2 有领导者拓扑结构下非线性多智能体网络协同控制

考虑由 5 个跟随者与 1 个领导者组成的多智能体网络，其网络拓扑在 $\mathcal{G}_1$ 和 $\mathcal{G}_2$ 之间进行切换，如图 4.4 所示，可以看出网络拓扑满足假设 4.3，即含有一条生成树且领导者所在节点为根节点。假设每条边的权重均为 1。

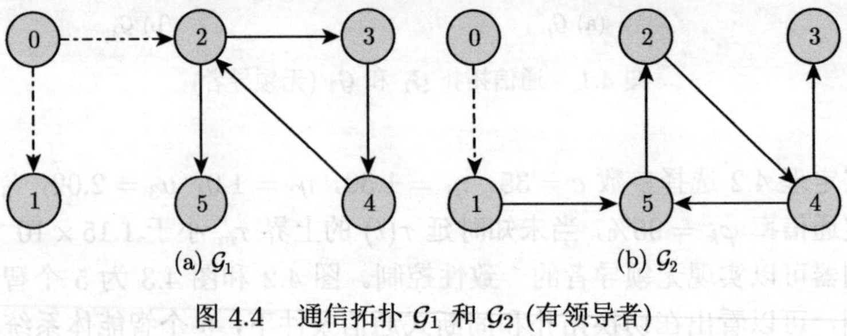

图 4.4 通信拓扑 $\mathcal{G}_1$ 和 $\mathcal{G}_2$ (有领导者)

首先选择参数 $\beta = 18$，$\eta_1 = 1.30$，$\eta_1 = 1.0$，同时满足条件 (4.44) 和 (4.45)。然后根据算法 4.1 中的步骤 2 取 $\kappa = 90 > \dfrac{\beta p_1}{\lambda_0}$。不失一般性，设定每个拓扑持续

时间为 0.05s，各系统之间的通信率为 90%。根据定理 4.2 可知，如果未知时滞的上界 τ_m 小于 0.0148s，利用本节所提出的分布式控制器 (4.42)，可以解决协同跟踪问题；并且，系统时滞为 $\tau(t)=10^{-2}\tanh(t)$ 可以满足条件 (4.46)。图 4.5 和图 4.6 为 5 个跟随者智能体与领导者的跟踪误差 $e_{i1}(t)$、$e_{i2}(t)$ $(i=1,2,3,4,5)$ 轨迹图。从以上结果可以看出系统仅在 0.3s 时就实现了一致性，说明所提控制策略能够保证所有跟随者快速跟踪到领导者。

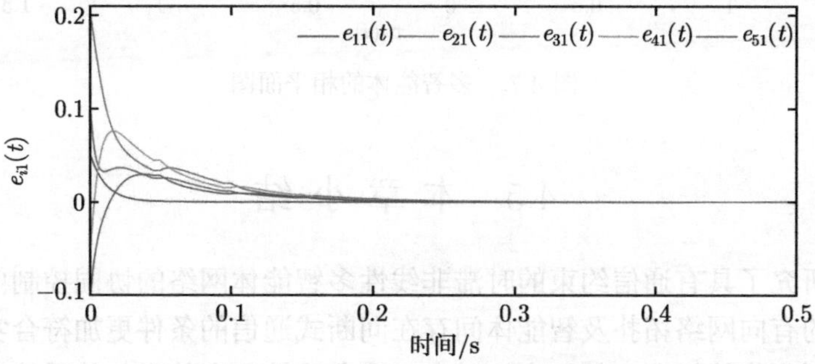

图 4.5　$e_{i1}(t)$ $(i=1,2,3,4,5)$ 的轨迹图

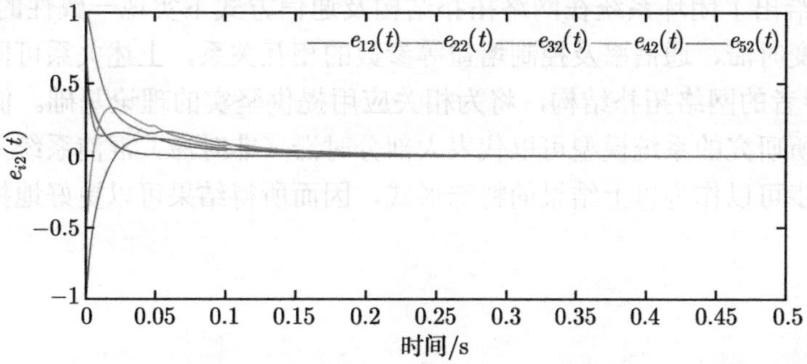

图 4.6　$e_{i2}(t)$ $(i=1,2,3,4,5)$ 的轨迹图

注 4.6　需要注意的是，典型的时滞非线性神经网络需要选取 $\tau(t)=\tanh(t)$ 或者 $\tau(t)=\mathrm{e}^t/(1+\mathrm{e}^t)$ 实现其混沌特性，在这种情况下，根据定理 4.2，仍可以选择合适的参数使系统实现一致性，即选择参数 $T_k=3$、$\varphi_k=94\%$、$\beta=25$ 同时满足条件 (4.44) 和 (4.46)，进一步可以计算出 $\tau_m<1.02$。如果选取 $\tau(t)=\tanh(t)$ 或者 $\tau(t)=\mathrm{e}^t/(1+\mathrm{e}^t)$，根据定理 4.2 及所设计的分布式控制器，跟随者仍可以协同跟踪到领导者的状态。图 4.7 为包括 5 个跟随者和 1 个领导者的多智能体网络相平面图，可以看出所有跟随者都可以快速趋近于领导者的轨迹，并且同领导者一样表现出其混沌特性。

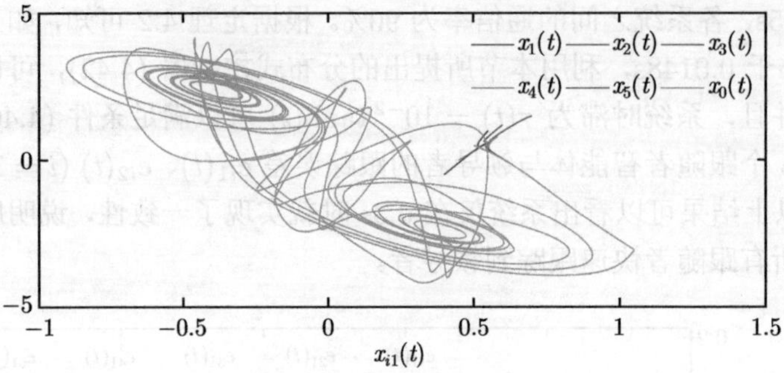

图 4.7　多智能体的相平面图

4.5　本章小结

本章研究了具有通信约束的时滞非线性多智能体网络的协同控制问题。同时考虑可变的有向网络拓扑及智能体间存在间断式通信的条件更加符合实际工程中各智能体所面临的问题，并且未知时变时滞非线性动态的引入使系统模型更具一般性及复杂性。本章通过 Lyapunov 稳定性理论、图论及线性矩阵不等式理论，分别研究并给出了闭环系统在网络拓扑结构及通信方式下实现一致性的充分条件，建立了时变时滞、通信率及控制增益等参数的相互关系，上述关系可同时适应于有/无领导者的网络拓扑结构，将为相关应用提供坚实的理论基础。值得注意的是，本章所研究的系统模型可以代表大部分时滞（非时滞）混沌系统，混沌系统的主从同步可以作为以上结果的特殊形式，因而所得结果可以更好地拓展实际应用前景。

第 5 章　具有未知非线性动态的多智能体网络协同控制

在很多工程应用中，智能体由于外界环境存在未知扰动以及系统本身参数不确定性等因素的影响，不可避免地具有未知且复杂的非线性动态，此外，智能体系统部件 (如传感器、执行器等) 往往会遇到不可预知的故障，这些故障发生的时间及严重程度都是不确定及未知的。以上存在的问题都会导致设计的控制系统无法正常运行，甚至影响整个智能体网络实现一致性任务。因此，本章首先研究未知非线性多智能体网络的协同跟踪问题，考虑每个智能体的动态模型为一个具有未知时变时滞、非线性动态和外界干扰的一般非线性系统，网络拓扑结构仅为一个含有生成树的有向图，提出分布式协同控制方法，实现所有跟随者的状态最终趋近于领导者的状态，并通过 Lyapunov 稳定性理论，证明出最终的误差上界取决于未知时滞、网络拓扑及智能体动态，通过选择合适的控制参数消除未知系统时滞对系统稳定性的影响。然后，进一步研究执行器故障下非线性多智能体网络的协同跟踪问题，其考虑的执行器故障模型同时存在两种错误 (执行器加性故障及部分损失故障)，在有向网络拓扑结构下提出系统达成跟踪一致性的自适应容错控制方案，可以有效地消除未知非线性动态、外界扰动及执行器故障对跟踪一致性的影响，并且在有/无执行器故障的情况都能实现一致性结果。

5.1　非线性多智能体网络协同跟踪控制

5.1.1　问题描述

考虑如下 N 个具有未知非线性动态的多智能体网络：

$$\dot{x}_i(t) = -Cx_i(t) + Af_i(x_i(t)) + Bf_i(x_i(t-\tau_i(t))) + u_i(t) + w_i(t) \tag{5.1}$$

其中，$i=1,2,\cdots,N$；$x_i(t)\in\mathbb{R}^n$ 和 $u_i(t)\in\mathbb{R}^n$ 分别为系统的状态向量和控制输入向量；$f_i(x_i(t))\in\mathbb{R}^n$ 为系统未知连续非线性函数；$\tau_i(t)>0$ 为未知系统时滞；$w_i(t)\in\mathbb{R}^n$ 为未知外界扰动向量；$C=\operatorname{diag}\{c_1,c_2,\cdots,c_n\}\in\mathbb{R}^{n\times n}$ $(c_i>0)$、$A\in\mathbb{R}^{n\times n}$ 和 $B\in\mathbb{R}^{n\times n}$ 为已知系统矩阵。需要指出的是，与第 4 章系统模型不同的是，本节考虑的各智能体具有不同的非线性函数 $f_i(x_i(t))$ 和时滞 $\tau_i(t)$，因此多智能体网络 (5.1) 具有异构的系统动态模型。这些系统动态模型可以包括不同

类型的混沌系统，且通过选择不同的系统矩阵 A、B、C 还可以代表现有文献中许多简单模型。

令全局状态向量 $x(t)=[x_1^{\mathrm{T}}(t),x_2^{\mathrm{T}}(t),\cdots,x_N^{\mathrm{T}}(t)]^{\mathrm{T}}\in\mathbb{R}^{nN}$，那么式 (5.1) 的全局系统动态函数可写为

$$\begin{aligned}\dot{x}(t)=&-(I_N\otimes C)x(t)+(I_N\otimes A)f(x(t))\\&+(I_N\otimes B)f(x(t-\tau(t)))+u(t)+w(t)\end{aligned}\tag{5.2}$$

其中，$f(x(t))=[f_1^{\mathrm{T}}(x_1(t)),f_2^{\mathrm{T}}(x_2(t)),\cdots,f_N^{\mathrm{T}}(x_N(t))]^{\mathrm{T}}\in\mathbb{R}^{nN}$；$u(t)=[u_1^{\mathrm{T}}(t),u_2^{\mathrm{T}}(t),\cdots,u_N^{\mathrm{T}}(t)]^{\mathrm{T}}\in\mathbb{R}^{nN}$；$f(x(t-\tau(t)))=[f_1^{\mathrm{T}}(x_1(t-\tau_1(t))),f_2^{\mathrm{T}}(x_2(t-\tau_2(t))),\cdots,f_N^{\mathrm{T}}(x_N(t-\tau_N(t)))]^{\mathrm{T}}\in\mathbb{R}^{nN}$；$w(t)=[w_1^{\mathrm{T}}(t),w_2^{\mathrm{T}}(t),\cdots,w_N^{\mathrm{T}}(t)]^{\mathrm{T}}\in\mathbb{R}^{nN}$。

领导者 (智能体 0) 的动态系统为

$$\dot{x}_0(t)=-Cx_0(t)+Af_0(x_0(t))+Bf_0(x_0(t-\tau_0(t)))\tag{5.3}$$

其中，$x_0(t)$、$f_0(x_0(t))$、$\tau_0(t)$ 分别为领导者的状态向量、非线性函数向量和时变系统时滞。同样领导者节点 0 当成外参考系统或者命令控制器，可以产生所需要的动态轨迹，并假设领导者不需要控制输入，即不会受到 N 个跟随者节点的影响。

在本节中，由于多智能体之间只可获得邻居信息，定义如下邻居一致误差：

$$e_i(t)=\sum_{j=1}^{N}a_{ij}(x_j(t)-x_i(t))+g_i(x_0(t)-x_i(t))\tag{5.4}$$

其中，$a_{ij}\geqslant 0$ 为智能体 i 与智能体 j 的连接权重，当智能体 i 可以获得智能体 j 的状态信息时，$a_{ij}>0$，否则 $a_{ij}=0$；$g_i\geqslant 0$ 为牵制增益，当智能体 i 可以直接获得领导者 0 的信息时，$g_i>0$，否则 $g_i=0$。定义全局跟踪误差向量 $\delta(t)=x(t)-\underline{x}_0(t)\in\mathbb{R}^{nN}$，$\underline{x}_0(t)=1_N\otimes x_0(t)\in\mathbb{R}^{nN}$。令 $G=\mathrm{diag}\{g_i\}\in\mathbb{R}^{N\times N}$，$e(t)=[e_1^{\mathrm{T}}(t),e_2^{\mathrm{T}}(t),\cdots,e_N^{\mathrm{T}}(t)]^{\mathrm{T}}\in\mathbb{R}^{nN}$，基于图论，全局一致误差向量 $e(t)$ 可写为如下形式：

$$e(t)=-\left[(L+G)\otimes I_n\right](x(t)-\underline{x}_0(t))=-\left[(L+G)\otimes I_n\right]\delta(t)\tag{5.5}$$

结合式 (5.2) 和式 (5.3)，可得到全局一致误差动态方程，即

$$\begin{aligned}\dot{e}(t)=&-(L+G)\otimes I_n(\dot{x}(t)-\dot{\underline{x}}_0(t))\\=&-(L+G)\otimes I_n[-(I_N\otimes C)\delta(t)+(I_N\otimes A)f(x(t))\\&+(I_N\otimes B)f(x(t-\tau(t)))+w(t)\\&+u(t)-(I_N\otimes A)\underline{f}(x_0(t))-(I_N\otimes B)\underline{f}(x_0(t-\tau_0(t)))]\end{aligned}\tag{5.6}$$

其中，$\underline{f}(x_0(t)) = 1_N \otimes f(x_0(t))$；$\underline{f}(x_0(t-\tau_0(t))) = 1_N \otimes f(x_0(t-\tau_0(t)))$。根据式 (5.5)，可进一步得

$$
\begin{aligned}
\dot{e}(t) = & -(I_N \otimes C)e(t) - (L+G) \otimes I_n[u(t) + w(t) + (I_N \otimes A)(f(x(t)) - \underline{f}(x_0(t))) \\
& + (I_N \otimes B)(f(x(t-\tau(t))) - \underline{f}(x_0(t-\tau_0(t))))]
\end{aligned}
\tag{5.7}
$$

本节的控制目的是为各跟随者系统 (5.1) 设计分布式控制器 $u_i(t)$，控制各跟随者的状态最终趋近于领导者的状态，具体定义如下。

定义 5.1　存在一紧集 $\Omega \subset \mathbb{R}^{nN}$ 使 $\forall \delta(t_0) \in \Omega$，且存在一有限上界 $H > 0$ 和时间 $T(H, \delta(t_0))$ 使 $\|\delta(t)\| \leqslant H$，$\forall t \geqslant t_0 + T$，那么全局跟踪误差 $\delta(t)$ 协同一致最终有界。

为实现本节的控制目的，需要以下假设和引理。

假设 5.1　定义有向增广图 $\overline{\mathcal{G}}$ 包括 N 个跟随者所在的有向图 $\mathcal{G}$ 和领导者 0，假设增广图 $\overline{\mathcal{G}}$ 具有一个有向生成树且领导者 0 作为其生成树的根节点。

注 5.1　该增广图所描述的多智能体系统网络结构具有一般性，若没有领导者所在的节点，则该网络可以是不连通的；若具有领导者，则网络存在一个有向生成树。因此，该网络拓扑比通常存在一个有向生成树的网络拓扑更具有一般性。

假设 5.2　对于领导者的动态系统 (5.3)：

(1) 存在一上界 $X_M > 0$ 使 $\|x_0(t)\| \leqslant X_M$，$\forall t \geqslant t_0$。

(2) 存在一连续非线性函数 $g(\cdot): \mathbb{R}^n \to \mathbb{R}^n$ 使 $\|f_0(x_0(t))\| \leqslant \|g(x_0)\|$。

对于跟随者 i $(i = 1, 2, \cdots, N)$ 的动态系统 (5.1)：

(3) 外界扰动 $w_i(t)$ 有界，因此全局向量 $w(t)$ 也有界，即存在一上界 $w_M > 0$ 使 $\|w(t)\| \leqslant w_M$。

假设 5.3　系统时滞 $\tau_i(t)$ 未知有界，存在已知常数 τ_{im} 使 $\tau_i(t) \leqslant \tau_{im}$ $(i = 1, 2, \cdots, N)$。

注 5.2　在许多实际应用中，领导者一般作为命令控制器，因此领导者的系统结构信息可以很容易知道，所以假设 5.2 中 (1) 和 (2) 都具有合理性。假设 5.2 中 (2) 表明 $f_0(x_0(t))$ 存在上界 $F_M > 0$ 使 $\|f_0(x_0(t))\| \leqslant F_M$，$\forall t \geqslant t_0$。需要注意的是，设计者并不需要获得假设 5.2 中存在的上界 X_M、F_M 和 w_M 信息，即这些上界信息并不用于控制器设计，只是用于后续主要定理稳定性的分析中。

注 5.3　在实际控制系统中，系统存在的时滞一般无法精确已知，并且该时滞可能为常值，或者为一个时变函数。假设 5.3 表明各跟随者只需要知道它自身未知时滞的上界，因此假设 5.3 具有合理性。此外，假设 5.3 表明每个跟随者并不需要知道整个系统的全局时滞信息，与文献 [85] 中需要已知系统的全局时滞信息相比，该假设更加符合实际工程的需要。

引理 5.1 在假设 5.1 成立的条件下，可以推导出如下关系：

$$\|\delta(t)\| \leqslant \|e(t)\|/\underline{\sigma}(L+G)$$

证明 在假设 5.1 成立的条件下，根据引理 2.2，可得 $L+G$ 为非奇异矩阵，又根据式 (5.5) 可得 $\delta(t) = -(L+G)^{-1} \otimes I_n e(t)$，因此 $\|\delta\| = \|(L+G)^{-1} \otimes I_n e(t)\| \leqslant \|e(t)\|/\underline{\sigma}(L+G)$。证毕。

5.1.2 主要结果

系统 (5.1) 存在未知的非线性函数 $f_i(x_i(t))$，因此本节利用 2.3 节的神经网络逼近理论对非线性函数进行近似。根据神经网络逼近理论，未知非线性函数 $f_i(x_i(t))$ 可以由式 (5.8) 表示：

$$f_i(x_i(t)) = W_i^{\mathrm{T}} \varphi_i(x_i(t)) + \varepsilon_i(t) \tag{5.8}$$

其全局形式为

$$f(x(t)) = W^{\mathrm{T}} \varphi(x(t)) + \varepsilon(t) \tag{5.9}$$

其中，$i = 1, 2, \cdots, N$; $W = \operatorname{diag}\{W_1, W_2, \cdots, W_N\}$, $W_i \in \mathbb{R}^{\omega_i \times n}$ 为未知理想神经网络加权常数矩阵；$\varphi(x(t)) = [\varphi_1^{\mathrm{T}}(x_1(t)), \varphi_2^{\mathrm{T}}(x_2(t)), \cdots, \varphi_N^{\mathrm{T}}(x_N(t))]^{\mathrm{T}}$, $\varphi_i(x_i(t)) \in \mathbb{R}^{\omega_i} : \mathbb{R}^n \to \mathbb{R}^{\omega_i}$ 为待选择的激活函数向量，ω_i 为智能体 i 所使用的神经元个数；$\varepsilon(t) = \operatorname{diag}\{\varepsilon_1(t), \varepsilon_2(t), \cdots, \varepsilon_N(t)\}$ 为神经网络近似误差。

假设 5.4 (1) 神经网络激活函数 $\varphi_i(x_i(t))$ $(i = 1, 2, \cdots, N)$ 存在上界，即满足 $\|\varphi(x(t))\| \leqslant \phi_M$；

(2) 未知理想神经网络加权矩阵 W 和近似误差 $\varepsilon(t)$ 均在一紧集中有界，即 $\|W\|_F \leqslant W_M$，$\|\varepsilon(t)\| \leqslant \varepsilon_M$。

注 5.4 根据 2.3 节中的神经网络逼近理论，可知其激活函数可以选择多个已知基函数，如 Sigmoid 函数、径向基高斯函数等，因此假设 5.4(1) 成立。

为了近似未知非线性函数 $f_i(x_i(t))$，各智能体结合各自的神经网络在线估计未知非线性。各智能体的未知非线性函数可近似为

$$\hat{f}_i(x_i(t)) = \hat{W}_i^{\mathrm{T}}(t) \varphi_i(x_i(t)) \tag{5.10}$$

其全局形式为

$$\hat{f}(x(t)) = \hat{W}^{\mathrm{T}}(t) \varphi(x(t)) \tag{5.11}$$

其中，$\hat{W}(t) = \operatorname{diag}\{\hat{W}_1(t), \hat{W}_2(t), \cdots, \hat{W}_N(t)\} \in \mathbb{R}^{\omega_i N \times nN}$ 为当前时刻神经网络加权矩阵 W 的估计值。

结合神经网络控制策略，为了实现定义 5.1 所描述的控制目标，提出以下分布式控制器及神经网络权重自适应更新律：

$$u_i(t) = cKe_i(t) - A\hat{W}_i^{\mathrm{T}}(t)\varphi_i(x_i(t)) - B\hat{W}_i^{\mathrm{T}}(t-\tau_{im})\varphi_i(x_i(t-\tau_{im})) \tag{5.12}$$

$$\dot{\hat{W}}_i(t) = -F_i\varphi_i(x_i(t))e_i^{\mathrm{T}}(t)p_i(d_i+g_i)S^{-1}A - \kappa F_i\hat{W}_i(t) \tag{5.13}$$

其中，$c>0$、$K\in\mathbb{R}^{n\times n}$ 分别为待定控制增益矩阵及反馈增益矩阵；τ_{im} 为未知时滞 $\tau_i(t)$ 的上界；$F_i\in\mathbb{R}^{\omega_i\times\omega_i}$ 为任意正定矩阵；$\kappa>0$ 为待定自适应律增益；$S\in\mathbb{R}^{n\times n}$ 为待定正定矩阵。令

$$\hat{W}_{\tau_m} = \mathrm{diag}\{\hat{W}_1(t-\tau_{1m}), \hat{W}_2(t-\tau_{2m}), \cdots, \hat{W}_N(t-\tau_{Nm})\}$$

$$\varphi(x_{\tau_m}) = [\varphi_1^{\mathrm{T}}(x(t-\tau_{1m})), \varphi_2^{\mathrm{T}}(x(t-\tau_{2m})), \cdots, \varphi_N^{\mathrm{T}}(x(t-\tau_{Nm}))]^{\mathrm{T}}$$

那么，分布式控制协议可写成以下全局形式：

$$u(t) = I_N\otimes cKe(t) - (I_N\otimes A)\hat{W}^{\mathrm{T}}(t)\varphi(x(t)) - (I_N\otimes B)\hat{W}_{\tau_m}\varphi(x_{\tau_m}) \tag{5.14}$$

定义 $\tilde{W}(t) = W - \hat{W}(t)$ 为神经网络加权矩阵估计误差，因为 W 为常矩阵，进一步可得 $\dot{\tilde{W}}(t) = -\dot{\hat{W}}(t)$。

分布式控制器 (5.12) 及神经网络权重自适应更新律 (5.13) 中的待定参数 c、K 和 S 由以下一致性算法给出。

算法 5.1

步骤 1：选择合适的设计参数 S、$\alpha>0$ 和 $\beta>0$ 使以下线性矩阵不等式成立：

$$-CS - SC^{\mathrm{T}} - \frac{\alpha}{p_0}I_n + \beta S < 0 \tag{5.15}$$

其中，$p_0 = \max\{p_1, p_2, \cdots, p_N\}$，$p_i$ 定义于引理 2.3。

步骤 2：选择控制增益 $c > \dfrac{2\alpha}{\lambda_0}$，反馈增益矩阵 $K = \dfrac{1}{2}S^{-1}$，$\lambda_0 = \lambda_{\min}(Q)$，矩阵 Q 定义于引理 2.3。

注 5.5　由文献 [170] 可知，由于 $(-C, I_n)$ 是可稳定对，线性矩阵不等式 (5.15) 总存在可行解。因此，对于任意 $\beta>0$，总存在参数 S 和 $\alpha>0$ 使线性矩阵不等式 (5.15) 成立。

定理 5.1　考虑由 N 个跟随者和一个领导者组成的多智能体网络，其网络拓扑满足假设 5.1，且假设 5.2 ~ 假设 5.4 成立。当跟随者系统 (5.1) 采用分布式控制器 (5.12) 和神经网络权重自适应更新律 (5.13) 时，根据算法 5.1 选择合适的控

制参数 c、K 和 S，以及选取式 (5.13) 中的 κ 和式 (5.15) 中的 β 分别满足以下条件：

$$\kappa > \frac{1}{2}\phi_M^2 \tag{5.16}$$

$$\beta > \frac{h^2}{\mu\left(\kappa - \dfrac{1}{2}\phi_M^2\right)} + \frac{\gamma^2}{2\mu} \tag{5.17}$$

其中，$\mu = \dfrac{1}{2}\underline{\sigma}(P)\underline{\sigma}(S^{-1})$；$\gamma = \bar{\sigma}(P)\bar{\sigma}(L+G)\bar{\sigma}(S^{-1})\bar{\sigma}(B)$；$h = \dfrac{1}{2}\phi_M\bar{\sigma}(P)\bar{\sigma}(\mathcal{A})\cdot \bar{\sigma}(S^{-1})\bar{\sigma}(A)$。那么可得以下结论：

(1) 全局跟踪误差 $\delta(t) = x(t) - \underline{x}_0(t)$ 协同一致最终有界，即所有跟随者最终都能在有界的误差范围内趋近于领导者；

(2) 最终的一致跟踪误差上限与未知的系统时滞有关；

(3) 对于 $\forall t \geqslant t_0$，跟随者的状态 $x_i(t)(i = 1, 2, \cdots, N)$ 一直保持有界。

证明 在如下证明过程中所有与时间 t 和时滞 $\tau(t)$ 有关的变量用以下简洁的符号表示：$x \doteq x(t)$，$x_\tau \doteq x(t-\tau(t))$，$\tilde{W} \doteq \tilde{W}(t)$，$\tilde{W}_\tau \doteq \tilde{W}(t-\tau(t))$，$\varphi(x) \doteq \varphi(x(t))$，$\varphi(x_\tau) \doteq \varphi(x(t-\tau(t)))$。为了证明结论 (1) 和 (2)，构造如下形式的 Lyapunov 函数：

$$V = V_1 + V_2 + V_3 \tag{5.18}$$

其中，$V_1 = \dfrac{1}{2}e^{\mathrm{T}}P \otimes S^{-1}e$；$V_2 = \dfrac{1}{2}\mathrm{tr}(\tilde{W}^{\mathrm{T}}F^{-1}\tilde{W})$；$V_3 = \dfrac{1}{2}\sum\limits_{i=1}^{N}\int_{t-\tau_{im}}^{t}(\tilde{W}_i^{\mathrm{T}}\varphi_i(x_i))^{\mathrm{T}}\tilde{W}_i^{\mathrm{T}}\cdot \varphi_i(x_i)\mathrm{d}\lambda$。

V_1 沿着系统 (5.7) 轨迹求导可得

$$\begin{aligned}
\dot{V}_1 &= e^{\mathrm{T}}P \otimes S^{-1}\dot{e} \\
&= e^{\mathrm{T}}P \otimes S^{-1}\Big\{ -(I_N \otimes C)e - (L+G) \otimes I_n\Big[u + w + (I_N \otimes A)(f(x) - \underline{f}(x_0)) \\
&\quad + (I_N \otimes B)(f(x_\tau) - \underline{f}(x_{0\tau_0}))\Big]\Big\} \\
&= -\frac{1}{2}e^{\mathrm{T}}P \otimes (S^{-1}C + C^{\mathrm{T}}S^{-1})e - \frac{1}{2}e^{\mathrm{T}}\left[P(L+G) + (L+G)^{\mathrm{T}}P\right] \otimes S^{-1} \\
&\quad \times \left[u + w + (I_N \otimes A)(f(x) - \underline{f}(x_0)) + (I_N \otimes B)(f(x_\tau) - \underline{f}(x_{0\tau_0}))\right]
\end{aligned} \tag{5.19}$$

由引理 2.3 可得

$$
\begin{aligned}
\dot{V}_1 = &-\frac{1}{2}e^{\mathrm{T}}P\otimes(S^{-1}C+C^{\mathrm{T}}S^{-1})e \\
&-\frac{1}{2}e^{\mathrm{T}}Q\otimes S^{-1}[u+w+(I_N\otimes A)(f(x)-\underline{f}(x_0)) \\
&+(I_N\otimes B)(f(x_\tau)-\underline{f}(x_{0\tau_0}))]
\end{aligned}
\tag{5.20}
$$

定义 $\varphi(x_\tau)=[\varphi_1^{\mathrm{T}}(x(t-\tau_1)),\varphi_2^{\mathrm{T}}(x(t-\tau_2)),\cdots,\varphi_N^{\mathrm{T}}(x(t-\tau_N))]^{\mathrm{T}}$，将控制输入 (5.14) 代入式 (5.20) 中，可得

$$
\begin{aligned}
\dot{V}_1 = &-\frac{1}{2}e^{\mathrm{T}}P\otimes(S^{-1}C+C^{\mathrm{T}}S^{-1})e \\
&-\frac{1}{2}e^{\mathrm{T}}Q\otimes S^{-1}\Big[I_N\otimes cKe+(I_N\otimes A)(f(x)-\hat{W}^{\mathrm{T}}\varphi(x)-\underline{f}(x_0)) \\
&+(I_N\otimes B)(f(x_\tau)-\hat{W}_{\tau_m}^{\mathrm{T}}\varphi(x_{\tau_m})-\underline{f}(x_{0\tau_0}))+w\Big] \\
= &-\frac{1}{2}e^{\mathrm{T}}\left[P\otimes(S^{-1}C+C^{\mathrm{T}}S^{-1})+cQ\otimes S^{-1}K\right]e \\
&-e^{\mathrm{T}}P(L+G)\otimes S^{-1}\Big\{(I_N\otimes A)(\tilde{W}^{\mathrm{T}}\varphi(x)+\varepsilon-\underline{f}(x_0)) \\
&+(I_N\otimes B)\Big[W(\varphi(x_\tau)-\varphi(x_{\tau_m}))+\tilde{W}_{\tau_m}^{\mathrm{T}}\varphi(x_{\tau_m})+\varepsilon_\tau-\underline{f}(x_{0\tau_0})\Big]+w\Big\}
\end{aligned}
\tag{5.21}
$$

令 $\zeta(t)=[\zeta_1^{\mathrm{T}}(t),\zeta_2^{\mathrm{T}}(t),\cdots,\zeta_N^{\mathrm{T}}(t)]^{\mathrm{T}}$ 且满足 $e(t)=(I_N\otimes S)\zeta(t)$，根据算法 5.1 选取 $\lambda_0=\lambda_{\min}(Q)$，$p_0=\max\{p_1,p_2,\cdots,p_N\}$，$c>\dfrac{2\alpha}{\lambda_0}$，$K=\dfrac{1}{2}S^{-1}$，则式 (5.21) 中第一个式子可进一步推导为

$$
\begin{aligned}
&-\frac{1}{2}e^{\mathrm{T}}\left[P\otimes(S^{-1}C+C^{\mathrm{T}}S^{-1})+\frac{c}{2}Q\otimes S^{-1}S^{-1}\right]e \\
&=-\frac{1}{2}\zeta^{\mathrm{T}}\left[P\otimes(CS+SC^{\mathrm{T}})+\frac{c}{2}Q\otimes I_n\right]\zeta \\
&\leqslant-\frac{1}{2}\zeta^{\mathrm{T}}\left[P\otimes(CS+SC^{\mathrm{T}})+\frac{c}{2}\lambda_0 I_N\otimes I_n\right]\zeta \\
&\leqslant-\frac{1}{2}\zeta^{\mathrm{T}}\left[P\otimes(CS+SC^{\mathrm{T}})+I_N\otimes\alpha I_n\right]\zeta \\
&\leqslant-\frac{1}{2}\zeta^{\mathrm{T}}\left[P\otimes\left(CS+SC^{\mathrm{T}}+\frac{\alpha}{p_0}I_n\right)\right]\zeta
\end{aligned}
\tag{5.22}
$$

将式 (5.22) 代入式 (5.21) 可得

$$
\begin{aligned}
\dot{V}_1 \leqslant & -\frac{1}{2}\zeta^{\mathrm{T}}\left[P\otimes\left(CS+SC^{\mathrm{T}}+\frac{\alpha}{p_0}I_n\right)\right]\zeta \\
& -e^{\mathrm{T}}P(L+G)\otimes S^{-1}\Big\{(I_N\otimes A)(\tilde{W}^{\mathrm{T}}\varphi(x)+\varepsilon-\underline{f}(x_0)) \\
& +(I_N\otimes B)\left[W(\varphi(x_\tau)-\varphi(x_{\tau_m}))+\tilde{W}_{\tau_m}^{\mathrm{T}}\varphi(x_{\tau_m})+\varepsilon_\tau-\underline{f}(x_{0\tau_0})\right]+w\Big\}
\end{aligned} \tag{5.23}
$$

根据算法 5.1 中条件 (5.15)，可得

$$
\begin{aligned}
\dot{V}_1 \leqslant & -\frac{1}{2}\beta\zeta^{\mathrm{T}}(P\otimes S)\zeta-e^{\mathrm{T}}P(L+G)\otimes S^{-1}\Big\{(I_N\otimes A)(\tilde{W}^{\mathrm{T}}\varphi(x)+\varepsilon-\underline{f}(x_0)) \\
& +(I_N\otimes B)\left[W(\varphi(x_\tau)-\varphi(x_{\tau_m}))+\tilde{W}_{\tau_m}^{\mathrm{T}}\varphi(x_{\tau_m})+\varepsilon_\tau-\underline{f}(x_{0\tau_0})\right]+w\Big\} \\
= & -\frac{1}{2}\beta\zeta^{\mathrm{T}}(P\otimes S)\zeta-e^{\mathrm{T}}P(L+G)\otimes S^{-1}A(\tilde{W}^{\mathrm{T}}\varphi(x)+\varepsilon-\underline{f}(x_0)) \\
& -e^{\mathrm{T}}P(L+G)\otimes S^{-1}B(\tilde{W}_{\tau_m}^{\mathrm{T}}\varphi(x_{\tau_m})+\varepsilon_\tau-\underline{f}(x_{0\tau_0})) \\
& -e^{\mathrm{T}}P(L+G)\otimes S^{-1}B\left[W(\varphi(x_\tau)-\varphi(x_{\tau_m}))\right]-e^{\mathrm{T}}P(L+G)\otimes S^{-1}w
\end{aligned} \tag{5.24}
$$

根据引理 2.15 可得

$$
\begin{aligned}
& -e^{\mathrm{T}}P(L+G)\otimes S^{-1}B\tilde{W}_{\tau_m}^{\mathrm{T}}\varphi(x_{\tau_m}) \\
& \leqslant\frac{1}{2}e^{\mathrm{T}}\left[P(L+G)\otimes S^{-1}B\right]\left[P(L+G)\otimes S^{-1}B\right]^{\mathrm{T}}e \\
& \quad +\frac{1}{2}\Big(\tilde{W}_{\tau_m}^{\mathrm{T}}\varphi(x_{\tau_m})\Big)^{\mathrm{T}}\tilde{W}_{\tau_m}^{\mathrm{T}}\varphi(x_{\tau_m})
\end{aligned} \tag{5.25}
$$

将式 (5.25) 代入式 (5.24)，并利用 $e(t)=(I_N\otimes S)\zeta(t)$，可得

$$
\begin{aligned}
\dot{V}_1 \leqslant & -\frac{1}{2}\beta e^{\mathrm{T}}(P\otimes S^{-1})e-\mathrm{tr}(\tilde{W}^{\mathrm{T}}\varphi(x)e^{\mathrm{T}}P(D+G)\otimes S^{-1}A) \\
& +\mathrm{tr}(\tilde{W}^{\mathrm{T}}\varphi(x)e^{\mathrm{T}}P\mathcal{A}\otimes S^{-1}A) \\
& +\frac{1}{2}e^{\mathrm{T}}\left[P(L+G)\otimes S^{-1}B\right]\left[P(L+G)\otimes S^{-1}B\right]^{\mathrm{T}}e \\
& +\frac{1}{2}(\tilde{W}_{\tau_m}^{\mathrm{T}}\varphi(x_{\tau_m}))^{\mathrm{T}}\tilde{W}_{\tau_m}^{\mathrm{T}}\varphi(x_{\tau_m})-e^{\mathrm{T}}P(L+G)\otimes S^{-1}A(\varepsilon-\underline{f}(x_0)) \\
& -e^{\mathrm{T}}P(L+G)\otimes S^{-1}B\left[W(\varphi(x_\tau)-\varphi(x_{\tau_m}))+\varepsilon_\tau-\underline{f}(x_{0\tau})\right] \\
& -e^{\mathrm{T}}P(L+G)\otimes S^{-1}w
\end{aligned} \tag{5.26}
$$

利用所提出的神经网络权重自适应更新律 (5.13) 和 $\tilde{W}=W-\hat{W}$，对 V_2 求导可得

$$\begin{aligned}\dot{V}_2&=\mathrm{tr}(\tilde{W}^{\mathrm{T}}F^{-1}\dot{\tilde{W}})\\&=\mathrm{tr}(\tilde{W}^{\mathrm{T}}\varphi(x)e^{\mathrm{T}}P(D+G)\otimes S^{-1}A+\kappa\tilde{W}^{\mathrm{T}}\hat{W})\end{aligned}\tag{5.27}$$

以及对 V_3 求导可得

$$\dot{V}_3=\frac{1}{2}(\tilde{W}^{\mathrm{T}}\varphi(x))^{\mathrm{T}}\tilde{W}^{\mathrm{T}}\varphi(x)-\frac{1}{2}(\tilde{W}_{\tau_m}^{\mathrm{T}}\varphi(x_{\tau_m}))^{\mathrm{T}}\tilde{W}_{\tau_m}^{\mathrm{T}}\varphi(x_{\tau_m})\tag{5.28}$$

因此，结合式 (5.26)、式 (5.27) 和式 (5.28) 可得

$$\begin{aligned}\dot{V}_1+\dot{V}_2+\dot{V}_3\leqslant&-\frac{1}{2}\beta e^{\mathrm{T}}(P\otimes S^{-1})e+\mathrm{tr}(\tilde{W}^{\mathrm{T}}\varphi(x)e^{\mathrm{T}}P\mathcal{A}\otimes S^{-1}A)\\&+\frac{1}{2}e^{\mathrm{T}}\left[P(L+G)\otimes S^{-1}B\right]\left[P(L+G)\otimes S^{-1}B\right]^{\mathrm{T}}e\\&-e^{\mathrm{T}}P(L+G)\otimes S^{-1}A(\varepsilon-\underline{f}(x_0))\\&-e^{\mathrm{T}}P(L+G)\otimes S^{-1}B\left[W(\varphi(x_\tau)-\varphi(x_{\tau_m}))+\varepsilon_\tau-\underline{f}(x_{0\tau})\right]\\&-e^{\mathrm{T}}P(L+G)\otimes S^{-1}w+\mathrm{tr}(\kappa\tilde{W}^{\mathrm{T}}\hat{W})+\frac{1}{2}(\tilde{W}^{\mathrm{T}}\varphi(x))^{\mathrm{T}}\tilde{W}^{\mathrm{T}}\varphi(x)\end{aligned}\tag{5.29}$$

因为 $\|\tilde{W}\|_F^2=\mathrm{tr}(\tilde{W}^{\mathrm{T}}\tilde{W})$，结合范数的性质，可进一步推导得

$$\begin{aligned}\dot{V}&=\dot{V}_1+\dot{V}_2+\dot{V}_3\\&\leqslant-\frac{1}{2}\beta\underline{\sigma}(P)\underline{\sigma}(S^{-1})\|e\|^2+\frac{1}{2}\bar{\sigma}^2(P)\bar{\sigma}^2(L+G)\bar{\sigma}^2(S^{-1})\bar{\sigma}^2(B)\|e\|^2\\&\quad+\|\tilde{W}\|_F\|e\|\phi_M\bar{\sigma}(P)\bar{\sigma}(\mathcal{A})\bar{\sigma}(S^{-1})\bar{\sigma}(A)\\&\quad+\|e\|\bar{\sigma}(P)\bar{\sigma}(L+G)\bar{\sigma}(S^{-1})[(\bar{\sigma}(A)+\bar{\sigma}(B))(\varepsilon_M+F_M)\\&\quad+2\bar{\sigma}(B)W_M\phi_M+w_M]\\&\quad+\kappa W_M\|\tilde{W}\|_F-\kappa\|\tilde{W}\|_F^2+\frac{1}{2}\|\tilde{W}\|_F^2\phi_M^2\end{aligned}\tag{5.30}$$

式 (5.30) 进一步可写成以下形式：

$$\dot{V}\leqslant-\begin{bmatrix}\|e\|\\\|\tilde{W}\|_F\end{bmatrix}^{\mathrm{T}}\begin{bmatrix}\beta\mu-\dfrac{1}{2}\gamma^2&-h\\-h&\kappa-\dfrac{1}{2}\phi_M^2\end{bmatrix}\begin{bmatrix}\|e\|\\\|\tilde{W}\|_F\end{bmatrix}$$

$$+\begin{bmatrix} \eta B_M & \kappa W_M \end{bmatrix}\begin{bmatrix} \|e\| \\ \|\tilde{W}\|_F \end{bmatrix} \tag{5.31}$$

$$\leqslant -z^{\mathrm{T}}Rz + r^{\mathrm{T}}z$$

其中，$\eta = \bar{\sigma}(P)\bar{\sigma}(L+G)\bar{\sigma}(S^{-1})$；$B_M = (\bar{\sigma}(A)+\bar{\sigma}(B))(\varepsilon_M+F_M)+2\bar{\sigma}(B)W_M\phi_M+w_M$。

由式 (5.31) 可以看出，如果 $\dot{V}$ 满足条件 ① R 是正定矩阵和 ② $\|z\| > \dfrac{\|r\|}{\underline{\sigma}(R)}$，那么 $\dot{V} \leqslant 0$。

对于条件 ①，根据 Sylvester 判据，可得如果

$$\begin{aligned} &\beta\mu - \frac{1}{2}\gamma^2 > 0 \\ &\left(\beta\mu - \frac{1}{2}\gamma^2\right)\left(\kappa - \frac{1}{2}\phi_M^2\right) - h^2 > 0 \end{aligned} \tag{5.32}$$

则条件 ① 成立。根据定理 5.1 中条件 (5.16) 和 (5.17) 可保证条件 ① 成立。

对于条件 ②，根据 $\|r\|_1 > \|r\|$，可得如果 $\|z\| \geqslant Bd$，且

$$Bd = \frac{\|r\|_1}{\underline{\sigma}(R)} = \frac{\eta B_M + \kappa W_M}{\underline{\sigma}(R)} \tag{5.33}$$

那么条件 ② 成立。

因此，在条件 ① 和 ② 成立的条件下，可得

$$\dot{V} \leqslant 0, \quad \forall \|z\| \geqslant Bd$$

由 Lyapunov 函数 (5.18) 可给出以下关系：

$$\frac{1}{2}\underline{\sigma}(P)\underline{\sigma}(S^{-1})\|e\|^2 \leqslant V_1 \leqslant \frac{1}{2}\bar{\sigma}(P)\bar{\sigma}(S^{-1})\|e\|^2 \tag{5.34}$$

$$\frac{1}{2}\underline{\sigma}(F^{-1})\|\tilde{W}\|_F^2 \leqslant V_2 \leqslant \frac{1}{2}\bar{\sigma}(F^{-1})\|\tilde{W}\|_F^2 \tag{5.35}$$

$$0 < V_3 \leqslant \frac{1}{2}\phi_M^2 \sum_{i=1}^{N} \int_{t-\tau_{im}}^{t} \|\tilde{W}_i(\lambda)\|_F^2 \mathrm{d}\lambda \leqslant \frac{1}{2}\phi_M^2 \xi \tag{5.36}$$

其中，$\xi = \displaystyle\int_{t-\tau_M}^{t} \|\tilde{W}(\lambda)\|_F^2 \mathrm{d}\lambda$。通过泰勒级数展开，$\xi$ 可进一步表示为

$$\xi \cong \tau_M \|\tilde{W}\|_F^2 + \tau_M^2 \|\tilde{W}\|_F \|\dot{\tilde{W}}\|_F \tag{5.37}$$

其中，$\tau_M=\max\{\tau_{1m},\tau_{2m},\cdots,\tau_{Nm}\}$。又由于 $\dot{\tilde{W}}=-\dot{\hat{W}}$，则有

$$\|\dot{\tilde{W}}\|_F=\|\dot{\hat{W}}\|_F\leqslant\bar{\sigma}(F)\bar{\sigma}(P)\bar{\sigma}(D+G)\bar{\sigma}(S^{-1})\bar{\sigma}(A)\phi_M\|e\|+\kappa\bar{\sigma}(F)(W_M+\|\tilde{W}\|_F)$$

由式 (5.37) 可得

$$\xi\leqslant(\tau_M+\tau_M^2\kappa\bar{\sigma}(F))\|\tilde{W}\|_F^2+\tau_M^2\iota\phi_M\|e\|\ \|\tilde{W}\|_F+\tau_M^2\kappa W_M\bar{\sigma}(F)\|\tilde{W}\|_F$$

其中，$\iota=\bar{\sigma}(F)\bar{\sigma}(P)\bar{\sigma}(D+G)\bar{\sigma}(S^{-1})\bar{\sigma}(A)$。基于上述关系，式 (5.36) 可进一步写为

$$\begin{aligned}0<V_3\leqslant&\frac{1}{2}\phi_M^2(\tau_M+\tau_M^2\kappa\bar{\sigma}(F))\|\tilde{W}\|_F^2+\tau_M^2\iota\phi_M\|e\|\ \|\tilde{W}\|_F\\&+\tau_M^2\kappa W_M\bar{\sigma}(F)\|\tilde{W}\|_F\end{aligned}\tag{5.38}$$

结合式 (5.34)、式 (5.35) 及式 (5.38) 可得

$$\frac{1}{2}\underline{\sigma}(\varGamma)\|z\|^2\leqslant V\leqslant\frac{1}{2}\bar{\sigma}(\varPi)\|z\|^2+\tau_M^2\|s\|\|z\|\tag{5.39}$$

其中，$s=[0\quad\kappa W_M\bar{\sigma}(F)]$；$\varPi=\begin{bmatrix}\bar{\sigma}(P)\bar{\sigma}(S^{-1}) & \frac{1}{2}\tau_M^2\phi_M^3\iota\\ \frac{1}{2}\tau_M^2\phi_M^3\iota & \bar{\sigma}(F^{-1})+\phi_M^2(\tau_M+\tau_M^2\kappa\bar{\sigma}(F))\end{bmatrix}$；
$\varGamma=\begin{bmatrix}\underline{\sigma}(P)\underline{\sigma}(S^{-1}) & 0\\ 0 & \underline{\sigma}(F^{-1})\end{bmatrix}$。

又根据式 (5.31)，可得

$$\dot{V}\leqslant-z^{\mathrm{T}}Rz+r^{\mathrm{T}}z\leqslant-\underline{\sigma}(R)\|z\|^2+\|r\|\ \|z\|\tag{5.40}$$

由式 (5.39) 和式 (5.40) 可推导得

$$\begin{aligned}&\dot{V}\leqslant-\frac{2\underline{\sigma}(R)}{\bar{\sigma}(\varPi)}V+\left(\frac{2\tau_M^2\underline{\sigma}(R)\|s\|}{\bar{\sigma}(\varPi)}+\|r\|\right)\frac{\sqrt{2}}{\sqrt{\underline{\sigma}(\varGamma)}}\sqrt{V}\\&\frac{\mathrm{d}}{\mathrm{d}t}(\sqrt{V})\leqslant-\frac{2\underline{\sigma}(R)}{\bar{\sigma}(\varPi)}\sqrt{V}+\left(\frac{2\tau_M^2\underline{\sigma}(R)\|s\|}{\bar{\sigma}(\varPi)}+\|r\|\right)\frac{\sqrt{2}}{\sqrt{\underline{\sigma}(\varGamma)}}\end{aligned}\tag{5.41}$$

根据引理 2.6，可得

$$\begin{aligned}\sqrt{V}&\leqslant\sqrt{V(0)}\mathrm{e}^{-\theta t}+\rho(1-\mathrm{e}^{-\theta t})\\&=\left(\sqrt{V(0)}-\rho\right)\mathrm{e}^{-\theta t}+\rho\\&\leqslant\sqrt{V(0)}\mathrm{e}^{-\theta t}+\rho\end{aligned}\tag{5.42}$$

其中，$\theta=\dfrac{2\underline{\sigma}(R)}{\bar{\sigma}(\Pi)}$；$\rho=\left(\tau_M^2\|s\|+\dfrac{\bar{\sigma}(\Pi)\|r\|}{2\underline{\sigma}(R)}\right)\dfrac{\sqrt{2}}{\sqrt{\underline{\sigma}(\Gamma)}}$。

由式 (5.18)、式 (5.34) 和式 (5.42) 可得

$$\begin{aligned}
&\frac{1}{\sqrt{2}}\sqrt{\underline{\sigma}(P)\underline{\sigma}(S^{-1})}\|e\|\leqslant\sqrt{V_1}\leqslant\sqrt{V}\leqslant\sqrt{V(0)}\mathrm{e}^{-\theta t}+\rho\\
&\|e\|\leqslant\frac{\sqrt{2V(0)}}{\sqrt{\underline{\sigma}(P)\underline{\sigma}(S^{-1})}}\mathrm{e}^{-\theta t}+\frac{\sqrt{2}}{\sqrt{\underline{\sigma}(P)\underline{\sigma}(S^{-1})}}\rho
\end{aligned}\tag{5.43}$$

因此，存在时间 $T>0$ 使

$$\|e\|\leqslant\Upsilon,\quad\forall t>t_0+T\tag{5.44}$$

其中，$\Upsilon=\dfrac{2\tau_M^2\|s\|+\bar{\sigma}\,(\Pi)\,Bd}{\sqrt{\underline{\sigma}(P)\underline{\sigma}(S^{-1})\underline{\sigma}(\Gamma)}}+\varsigma$，$\varsigma>0$。

因此，根据式 (5.44) 可以证出 $e(t)$ 一致最终有界，通过引理 5.1 进一步可证全局跟踪误差 $\delta(t)$ 协同最终一致有界，即所有跟随者的状态都最终趋近于领导者的状态 $x_0(t)$。

最后给出结论 (3) 的证明，根据式 (5.5) 可得 $\|x\|\leqslant\sqrt{N}\|x_0\|+\dfrac{1}{\underline{\sigma}(L+G)}\|e(t)\|$。又基于以上的分析及假设 5.2 可证 $e(t)$ 和 x_0 对于 $\forall t>t_0$ 都存在上界，因此 $x_i(t)(i=1,2,\cdots,N)$ 一致有界，也可以说跟随者的状态在 $\forall t>t_0$ 都存在一紧集 Ω_0 中。证毕。

注 5.6 本节构造了一种新颖的 Lyapunov-Krasovskii 函数 V_3，利用 V_3 可以有效地弥补未知时滞带来的不确定性，并且成功解决有向网络拓扑结构下具有时滞非线性动态的多智能体系统协同跟踪问题。与现有文献 [85] 相比，所设计控制方法不需要时滞非线性存在已知上界的严格假设。需要注意的是，在本节中所有智能体还可具有各自不同的时滞函数 $\tau_i(t)$，并且所有未知时滞的全局上限也不需要已知，因此更符合实际工程的应用条件。

注 5.7 根据注 5.5 得到可以选取合适的参数 S、α 和 β 满足不等式 (5.15) 和 (5.17)。神经网络控制的基函数已知，因此也可直接得到 ϕ_M，从而选择合适的 κ 满足条件 (5.16)。另外，参数 μ、γ、h、η 都取决于网络拓扑结构及智能体系统参数，因此跟踪误差的上界 (5.44) 与网络拓扑结构和智能体的系统动态均有关系。误差上界 (5.44) 还表明最终的误差上界与未知时滞上限 τ_M 有关。尽管得出的误差上界具有一定的保守性，但也为具有未知时滞的实际非线性多智能体系统的一致性问题提供了理论及设计指导。

注 5.8 对于神经网络权重自适应更新律 (5.13)，由于 $p=[p_1,p_2,\cdots,p_N]^{\mathrm{T}}=(L+G)^{-\mathrm{T}}1_N$，可以看出对于 p_i 的求解需要利用网络拓扑结构的全局信息，但由

于任意控制参数 F_i 的存在，可以任意选择 p_iF_i 避免使用全局信息 p_i；另外，对于分布式控制器 (5.12)，控制增益 c 的选取也依赖于网络拓扑结构的全局信息 $\lambda_{\min}(Q)$，可利用文献 [175] 所提出的自适应增益方案避免使用全局信息。

5.1.3　仿真结果与分析

在本节中考虑由多个时滞混沌系统组成的多智能体网络来验证所提方法的有效性与可行性。

在仿真试验中，考虑 5 个跟随者与 1 个领导者组成的系统网络，如图 5.1 所示。由图可以看出，如果没有领导者 0，整个通信拓扑并不存在生成树，即满足假设 5.1，不失一般性，假设每条边的权重及牵制增益均为 1。每个智能体分别用以下系统参数进行建模，即 $C=\begin{bmatrix}1&0\\0&1\end{bmatrix}$, $A=\begin{bmatrix}2.0&-0.1\\-5.0&3.0\end{bmatrix}$, $B=\begin{bmatrix}-1.5&-0.1\\-0.2&-2.5\end{bmatrix}$, $f_i(x_{ij})=(|x_{ij}+1|-|x_{ij}-1|)/2\ (i=1,5;\ j=1,2)$, $f_i(x_i)=\tanh(x_i)\ (i=2,3,4)$, $f_0(x_0)=\tanh(x_0)$，其系统参数选取于文献 [176]~[179] 。基于以上系统参数的选择，领导者具有明显的混沌特性，并且包括典型的 Hopfield 时滞神经网络。取随机且满足 $\|w_i\|<1$ 作为系统动态中的外界干扰。未知的系统时滞为 $\tau_i(t)=\tanh(t)\leqslant\tau_{im}=1$，该时滞参数只是用来产生系统轨迹，并不需设计者已知，其每个智能体只需知道各自未知时滞上限 τ_{im}。

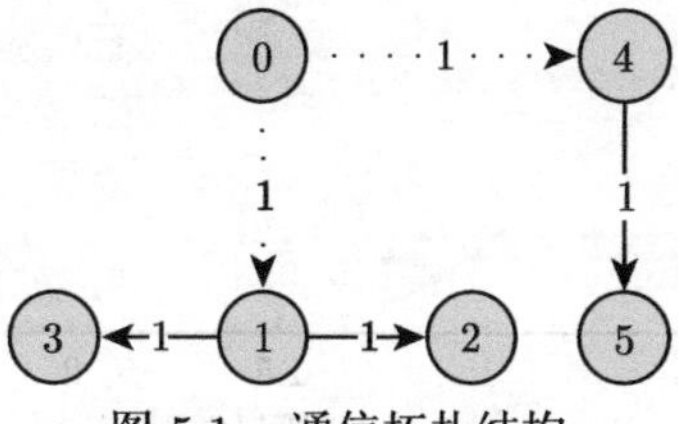

图 5.1　通信拓扑结构

每个跟随者都具有各自的神经网络并对未知非线性函数进行逼近，不失一般性，每个神经网络都使用 3 个神经元，并且神经网络加权权重初始值设为 0，选择 Sigmoid 基函数作为神经网络的激活函数；选择自适应更新律增益 $\kappa=1$ 满足条件 (5.16)；由于参数 F 为任意值，选择 $F=9I_3$、$S=15I_2$、$\alpha=720$、$\beta=17.3$ 使条件 (5.15) 及 (5.17) 成立，通过算法 5.1 可计算出反馈矩阵为 $K=0.033I_2$。图 5.2 和图 5.3 为 5 个跟随者与领导者的状态 $x_{i1}(t)$、$x_{i2}(t)$ $(i=0,1,\cdots,5)$ 轨迹图，可以看出所有跟随者的状态都以很快的速度收敛到领导者的状态。

定义全局跟踪误差为 $\text{Error}(t)=\sqrt{\dfrac{1}{5}\sum\limits_{i=1}^{5}\|x_i(t)-x_0(t)\|^2}$。为了显示本节所提控制协议对外界干扰的抑制效果，图 5.4 给出了系统在有/无干扰情况下的全局

跟踪误差轨迹图，可以看出本节所提控制器对外界干扰具有一定的鲁棒性。最后给出所有智能体系统的相平面图，如图 5.5 所示，表明所有跟随者的状态最终趋近于领导者的状态，并展现出领导者的混沌特性，使多智能体系统网络实现同步特性。综合以上分析，在本节控制方案下，可以实现多智能体网络的一致跟踪控制目标。

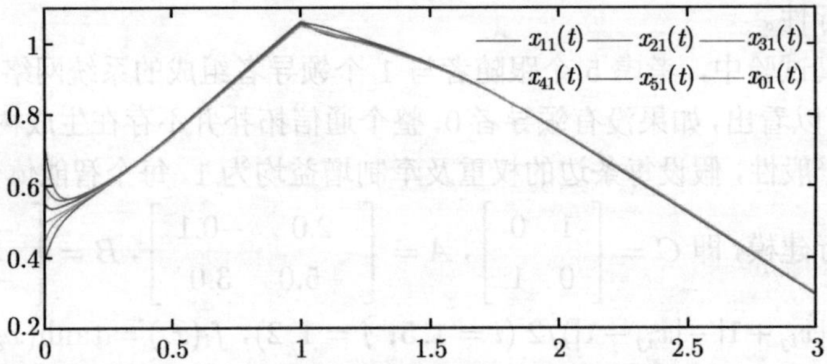

图 5.2 $x_{i1}(t)$ $(i=0,1,\cdots,5)$ 的轨迹图

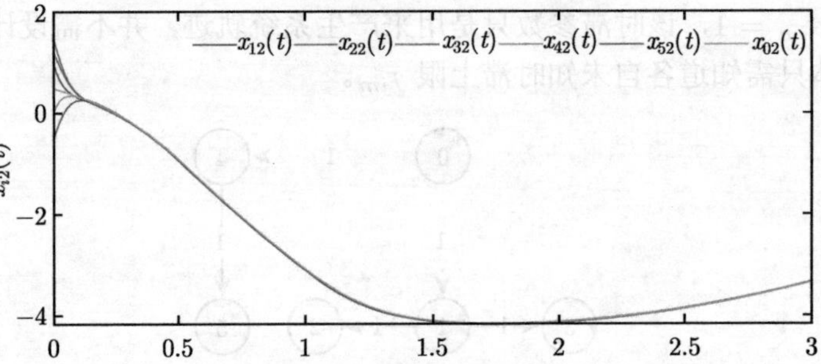

图 5.3 $x_{i2}(t)$ $(i=0,1,\cdots,5)$ 的轨迹图

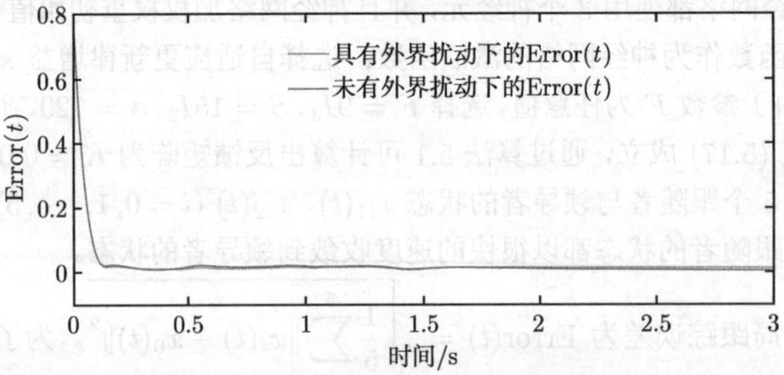

图 5.4 跟踪误差 Error(t) 的轨迹图

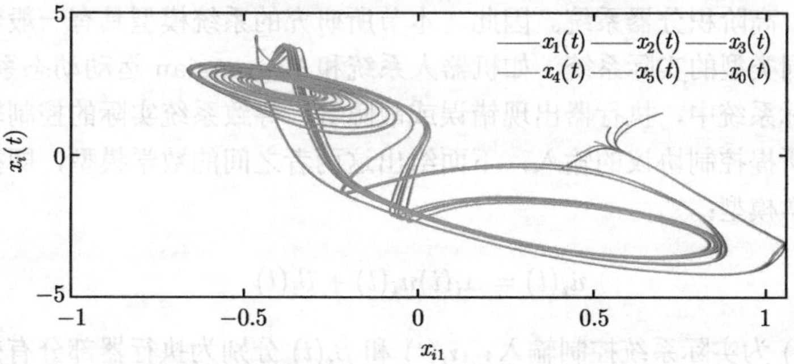

图 5.5　$x_i(t)$ $(i=0,1,\cdots,5)$ 的相平面图

5.2　非线性多智能体网络协同跟踪容错控制

5.2.1　问题描述

考虑如下非线性多智能体网络：

$$\dot{x}_i(t) = Ax_i(t) + b[u_i(t) + f_i(x_i(t),t) + d_i(x_i(t),t)] \tag{5.45}$$

其中，$i=1,2,\cdots,N$ 是 N 个跟随者智能体；$x_i(t)\in\mathbb{R}^n$ 和 $u_i(t)\in\mathbb{R}$ 分别是系统的状态向量和控制输入；$f_i(x_i(t),t)\in\mathbb{R}$ 是系统未知连续非线性函数；$d_i(x_i(t),t)\in\mathbb{R}$ 是未知外界扰动；$A\in\mathbb{R}^{n\times n}$ 和 $b\in\mathbb{R}^n$ 是已知系统参数，且 (A,b) 为可稳定对。

领导者 (智能体 0) 的动态系统为

$$\dot{x}_0(t) = Ax_0(t) + bf_0(x_0(t),t) \tag{5.46}$$

其中，$x_0(t)\in\mathbb{R}^n$、$f_0(x_0(t),t)\in\mathbb{R}$ 分别为领导者的状态向量和非线性函数。同样领导者节点 0 可以当成外系统或者命令控制器，产生所需要的动态轨迹，并且不需要控制输入，即不会受到 N 个跟随者节点的影响。

注 5.9　本节所研究的系统动态方程 (5.45) 可以包含很多简单系统，如包含一阶[78,180]、二阶[79]、高阶[88,92] 积分器型非线性多智能体系统作为该系统模型的特殊形式。具体来说，当 $A=0$ 时，$b=1$；当 $A=\begin{bmatrix}0&1\\0&0\end{bmatrix}$ 时，$b=\begin{bmatrix}0\\1\end{bmatrix}$；当

$A=\begin{bmatrix}0&1&\cdots&0&0\\\vdots&\vdots&&\vdots&\vdots\\0&0&\cdots&0&1\\0&0&\cdots&0&0\end{bmatrix}$ 时，$b=\begin{bmatrix}0\\\vdots\\0\\1\end{bmatrix}$，系统动态方程 (5.45) 可以分别表示一

阶、二阶、高阶积分器系统。因此，本节所研究的系统模型具有一般性，可以代表很多不同类型的实际系统，如机器人系统和 Lagrangian 运动动态系统。

在实际系统中，执行器出现错误或故障等，导致系统实际的控制输入并不等于设计者所提控制协议的输入，下面给出这两者之间的数学模型，即执行器故障的一般数学模型：

$$\bar{u}_i(t) = \alpha_i(t)u_i(t) + \beta_i(t) \tag{5.47}$$

其中，$\bar{u}_i(t)$ 为实际系统控制输入；$\alpha_i(t)$ 和 $\beta_i(t)$ 分别为执行器部分有效性损失故障和执行器加性故障，其都是未知连续时变函数。

基于执行器故障模型，系统动态方程可写为

$$\dot{x}_i(t) = Ax_i(t) + b[\alpha_i(t)u_i(t) + \beta_i(t) + f_i(x_i(t),t) + d_i(x_i(t),t)] \tag{5.48}$$

定义智能体 i 的跟踪误差为 $\delta_i = x_i - x_0, i = 1,2,\cdots,N$。令 $x = [x_1^{\mathrm{T}}, x_2^{\mathrm{T}}, \cdots, x_N^{\mathrm{T}}]^{\mathrm{T}} \in \mathbb{R}^{nN}$，$\underline{x}_0 = 1_N \otimes x_0 \in \mathbb{R}^{nN}$，$\delta = [\delta_1^{\mathrm{T}}, \delta_2^{\mathrm{T}}, \cdots, \delta_N^{\mathrm{T}}] \in \mathbb{R}^{nN}$，那么 $\delta = x - \underline{x}_0 \in \mathbb{R}^{nN}$。本节的控制目的是为跟随者动态系统 (5.45) 设计分布式控制器 $u_i(t)$ 使所有跟随者的状态趋近于领导者的状态，具体定义如下。

定义 5.2 [88]　如果存在一紧集 $\Omega \subset \mathbb{R}^{nN}$ 使 $\forall \delta(t_0) \in \Omega$，并且存在一有限界 $U > 0$ 和时间 $T(U, \delta(t_0))$ 使 $\|\delta(t)\| \leqslant U, \forall t \geqslant t_0 + T$，那么全局跟踪误差 $\delta \in \mathbb{R}^{nN}$ 协同一致最终有界。

定义有向多智能体网络 $\bar{\mathcal{G}}$ 包括 N 个跟随者所在的有向图 $\mathcal{G}$ 和领导者 0，为实现本章的控制目的，需要以下假设和引理。

假设 5.5　有向图 $\bar{\mathcal{G}}$ 含有一个有向生成树且领导者 0 作为其生成树的根节点。

假设 5.6　存在一紧集 $\Omega \subset \mathbb{R}^n$，未知的非线性函数 $f_i(x_i(t),t)$ 可以用神经网络近似为

$$f_i(x_i(t),t) = W_i^{\mathrm{T}} \varphi_i(x_i) + \varepsilon_i, \quad \forall x_i \in \Omega \tag{5.49}$$

其中，$i = 1,2,\cdots,N$；$W_i \in \mathbb{R}^{v_i \times n}$ 是未知的理想神经网络加权常数矩阵；$\varphi_i(x_i) \in \mathbb{R}^{v_i} : \mathbb{R}^n \to \mathbb{R}^{v_i}$ 是待选择的激活函数向量，且满足 $\|\varphi_i(x_i)\| \leqslant \psi_M$，$v_i$ 是智能体 i 所使用的神经元个数；$\varepsilon_i \in \mathbb{R}$ 是神经网络近似误差，且满足 $|\varepsilon_i| \leqslant \varepsilon_{Mi}$。

假设 5.7　假设外界扰动 $d_i(x_i(t),t)$ 存在未知上界，即存在未知常数 d_{Mi} 满足 $|d_i(x_i(t),t)| \leqslant d_{Mi}$，$i = 1,2,\cdots,N$。

假设 5.8　领导者的状态 $x_0(t)$ 存在一上界 $X_M > 0$ 使 $\|x_0(t)\| \leqslant X_M$，$\forall t \geqslant t_0$，且非线性函数 $f_0(x_0(t))$ 存在上界 $F_M > 0$ 使 $|f_0(x_0(t))| \leqslant F_M$。

假设 5.9　未知时变函数 $\alpha_i(t)$ 和 $\beta_i(t)$ 都是有界函数，且存在未知正常数 α_{0i} 和 β_{Mi} 满足 $0 < \alpha_{0i} \leqslant \alpha_i(t) \leqslant 1$，$|\beta_i(t)| \leqslant \beta_{Mi}$，$i = 1,2,\cdots,N$。

注 5.10　虽然上述假设中 ε_{Mi}、d_{Mi}、α_{0i}、$\beta_{Mi}(i=1,2,\cdots,N)$ 和 F_M 均假设存在，但这些上界值并不需要设计者已知，即这些参数不会用于控制器设计中，而只用于后续系统稳定性分析。假设 5.9 给出了执行器故障模型需要满足的参数关系，在实际应用中，总可以找到 α_{0i} 的鲁棒下界，即 $0<\alpha_0<\alpha_{0i}(i=1,2,\cdots,N)$。需要注意的是，当 $\alpha_i(t)=1$ 和 $\beta_i(t)=0$ 时，表明系统执行器处于正常状态，没有故障产生；当 $\alpha_i(t)=0$ 和 $|\beta_i(t)|<\infty$ 时，表明系统执行器完全失效，此时控制输入对系统没有任何影响。

5.2.2　主要结果

对于智能体 i，定义邻居一致误差：

$$e_i(t)=\sum_{j=1}^{N}a_{ij}(x_i(t)-x_j(t))+g_i(x_i(t)-x_0(t))$$

以及定义全局跟踪误差 $\delta(t)=x(t)-\underline{x}_0(t)\in\mathbb{R}^{nN}$，$\underline{x}_0(t)=1_N\otimes x_0(t)\in\mathbb{R}^{nN}$。令 $G=\operatorname{diag}\{g_i\}\in\mathbb{R}^{N\times N}$，$e(t)=[e_1^{\mathrm{T}}(t),e_2^{\mathrm{T}}(t),\cdots,e_N^{\mathrm{T}}(t)]^{\mathrm{T}}\in\mathbb{R}^{nN}$，根据 Laplacian 矩阵的定义，可得到全局一致误差为 $e(t)=(L+G)\otimes I_n(x(t)-\underline{x}_0(t))=-(L+G)\otimes I_n\delta(t)$。

针对无执行器故障下的智能体动态系统 (5.45) 和 (5.46)，其全局一致误差动态函数为

$$\begin{aligned}\dot{e}&=(L+G)\otimes I_n(\dot{x}-\dot{\underline{x}}_0)\\&=(L+G)\otimes I_n\big[(I_N\otimes A)x+(I_N\otimes b)(u(t)+f(x)+d)\\&\quad-(I_N\otimes A)\underline{x}_0-(I_N\otimes b)\underline{f}_0\big]\\&=(L+G)\otimes I_n\Big[(I_N\otimes A)\delta+(I_N\otimes b)(u(t)+f(x)+d-\underline{f}_0)\Big]\\&=(I_N\otimes A)e+(L+G)\otimes b(u(t)+f(x)+d-\underline{f}_0)\end{aligned}\tag{5.50}$$

其中，$u(t)=[u_1(t),u_2(t),\cdots,u_N(t)]^{\mathrm{T}}\in\mathbb{R}^N$；$d=[d_1(x_1(t),t),d_2(x_2(t),t),\cdots,d_N(x_N(t),t)]^{\mathrm{T}}\in\mathbb{R}^N$；$\underline{f}_0=1_N\otimes f_0(x_0(t),t)\in\mathbb{R}^N$。

同样，针对执行器故障下的智能体动态系统 (5.46) 和 (5.48)，其全局一致误差动态函数为

$$\dot{e}=(I_N\otimes A)e+(L+G)\otimes b(\alpha u(t)+\beta+f(x)+d-\underline{f}_0)\tag{5.51}$$

其中，$\alpha=\operatorname{diag}\{\alpha_1(t),\alpha_2(t),\cdots,\alpha_N(t)\}\in\mathbb{R}^{N\times N}$；$\beta=[\beta_1(t),\beta_2(t),\cdots,\beta_N(t)]^{\mathrm{T}}\in\mathbb{R}^N$。

为了实现本节的控制目标，提出以下分布式容错控制器：

$$u_i(t) = -cKe_i(t) - \hat{W}_i\varphi(x_i) - u_{ri} \tag{5.52}$$

其中，$i = 1, 2, \cdots, N$；$c > 0$、$K \in \mathbb{R}^{1\times n}$ 分别为待定控制增益和反馈增益矩阵；$\hat{W}_i \in \mathbb{R}^{v_i}$ 为当前时刻神经网络加权矩阵 W_i 的估计值；u_{ri} 为提出的鲁棒补偿控制项，设计为

$$u_{ri} = \frac{e_i^{\mathrm{T}}\theta_i Sb}{|e_i^{\mathrm{T}}\theta_i Sb| + \omega}\hat{B}_{Mi} \tag{5.53}$$

其中，$\theta_i = d_i + g_i$；$\hat{B}_{Mi}$ 为 $B_{Mi} = \beta_{Mi} + d_{Mi} + \varepsilon_{Mi} + F_M$ 的在线估计值；ω 为控制跟踪精度的任意正常数；$S \in \mathbb{R}^{n\times n}$ 为待定正定矩阵。

$\hat{W}_i$ 和 $\hat{B}_{Mi}$ 的自适应更新律分别设计为

$$\dot{\hat{W}}_i = \varGamma_i(\varphi_i(x)e_i^{\mathrm{T}}p_i\theta_i Sb - \kappa\hat{W}_i) \tag{5.54}$$

$$\dot{\hat{B}}_{Mi} = \varPi_i\left(\frac{p_i|e_i^{\mathrm{T}}\theta_i Sb|^2}{|e_i^{\mathrm{T}}\theta_i Sb| + \omega} - \kappa\hat{B}_{Mi}\right) \tag{5.55}$$

其中，$\varGamma_i = \varGamma_i^{\mathrm{T}} > 0 \in \mathbb{R}^{v_i\times v_i}$ 和 $\varPi_i > 0 \in \mathbb{R}$ 为任意设计参数；$\kappa > 0$ 为待定自适应增益。令 $\hat{W} = \mathrm{diag}\left\{\hat{W}_1, \hat{W}_2, \cdots, \hat{W}_N\right\}$，$u_r = [u_{r1}, u_{r2}, \cdots, u_{rN}]^{\mathrm{T}}$，$\varLambda = \mathrm{diag}\left\{\frac{e_1^{\mathrm{T}}\theta_1 Sb}{|e_1^{\mathrm{T}}\theta_1 Sb| + \omega}, \frac{e_2^{\mathrm{T}}\theta_2 Sb}{|e_2^{\mathrm{T}}\theta_2 Sb| + \omega}, \cdots, \frac{e_N^{\mathrm{T}}\theta_N Sb}{|e_N^{\mathrm{T}}\theta_N Sb| + \omega}\right\}$ 和 $\hat{B}_M = [\hat{B}_{M1}, \hat{B}_{M2}, \cdots, \hat{B}_{MN}]^{\mathrm{T}}$，那么控制器 (5.52) 和 (5.53) 的全局形式可写为

$$u(t) = I_N \otimes cKe(t) - \hat{W}^{\mathrm{T}}\varphi(x) - u_r \tag{5.56}$$

$$u_r = \varLambda\hat{B}_M \tag{5.57}$$

在给出本节主要定理之前，首先提出基于优化设计的一致性算法，用于选择控制器 (5.52)~(5.55) 中的控制参数。

算法 5.2 选择反馈增益矩阵：

$$K = r^{-1}b^{\mathrm{T}}S \tag{5.58}$$

其中，$r > 0$ 为任意正常数；S 为以下代数 Riccati 方程的唯一正定解：

$$0 = A^{\mathrm{T}}S + SA + T - Sbr^{-1}b^{\mathrm{T}}S \tag{5.59}$$

其中，$T \in \mathbb{R}^{n\times n}$ 为一正定矩阵且满足：

$$\underline{\sigma}(T) > \frac{4\varsigma\bar{\sigma}^2(P)\bar{\sigma}^2(\mathcal{A})\bar{\sigma}^2(Sb)}{\underline{\sigma}(P)} \tag{5.60}$$

其中，矩阵 P 定义于引理 2.3；$\varsigma > 0$ 为待定正常数。然后选择控制增益 c 满足以下关系：

$$c \geqslant \frac{p_M}{\alpha_0\lambda_0} \tag{5.61}$$

其中，α_0 定义于注 5.10；$p_M = \max\{p_1, p_2, \cdots, p_N\}$；$\lambda_0 = \lambda_{\min}(Q)$；$p_i$ 和 Q 定义于引理 2.3。

定理 5.2　考虑由 N 个跟随者和一个领导者组成的多智能体网络，网络拓扑结构满足假设 5.5，并且执行器故障模型满足假设 5.9。当跟随者系统 (5.45) 采用分布式控制器 (5.52)，以及自适应更新律 (5.54) 和 (5.55) 时，在假设 5.6 ~ 假设 5.8 成立下，选择算法 5.2 中控制参数 c、K，以及选择自适应律增益 κ 满足以下条件：

$$\kappa > \max\left\{\frac{\psi_M^2}{\varsigma}, \frac{1}{\varsigma}\right\} \tag{5.62}$$

其中，$\varsigma > 0$ 为待定正常数，可得出以下结论：

(1) 全局跟踪误差 $\delta = x - \underline{x}_0$ 协同一致最终有界，即所有跟随者最终都能在有界的误差范围内趋近于领导者；

(2) 对于 $\forall t \geqslant t_0$，跟随者系统中所有状态有界。

证明　(1) 令参数估计误差 $\tilde{W} = W - \alpha\hat{W}$，$\tilde{B}_M = B_M - \alpha\hat{B}_M$，$\bar{\Gamma} = \mathrm{diag}\{\alpha_i\Gamma_i\}$，$\bar{\Pi} = \mathrm{diag}\{\alpha_i\Pi_i\}$，构造如下形式的 Lyapunov 函数：

$$V = V_1 + V_2 + V_3 \tag{5.63}$$

其中，$V_1 = \dfrac{1}{2}e^{\mathrm{T}}(P\otimes S)e$；$V_2 = \dfrac{1}{2}\mathrm{tr}(\tilde{W}^{\mathrm{T}}\Gamma^{-1}\tilde{W})$；$V_3 = \dfrac{1}{2}\bar{\Pi}^{-1}\tilde{B}_M^{\mathrm{T}}\tilde{B}_M$。

V_1 沿着系统 (5.51) 轨迹求导可得

$$\begin{aligned}
\dot{V}_1 &= e^{\mathrm{T}}(P\otimes S)\dot{e}\\
&= e^{\mathrm{T}}(P\otimes S)[(I_N\otimes A)e + (L+G)\otimes b(\alpha u(t) + \beta + f(x) + d - \underline{f}_0)]\\
&= e^{\mathrm{T}}(P\otimes SA)e + e^{\mathrm{T}}P(L+G)\otimes Sb(\alpha u(t) + f(x) + \beta + d - \underline{f}_0)
\end{aligned} \tag{5.64}$$

根据引理 2.3，将控制输入 (5.56) 代入式 (5.64) 可得

$$\begin{aligned}\dot{V}_1 &= e^{\mathrm{T}}(P\otimes SA)e + e^{\mathrm{T}}P(L+G)\otimes Sb\left[-(\alpha\otimes cK)e\right] \\ &\quad + e^{\mathrm{T}}P(L+G)\otimes Sb(-\alpha\hat{W}^{\mathrm{T}}\varphi(x) - \alpha u_r + f(x) + \beta + d - \underline{f}_0) \\ &= \frac{1}{2}e^{\mathrm{T}}\left[P\otimes(SA+A^{\mathrm{T}}S) - \alpha Q\otimes cSbK\right]e \\ &\quad + e^{\mathrm{T}}P(L+G)\otimes Sb(\tilde{W}^{\mathrm{T}}\varphi(x) + \varepsilon - \alpha u_r + \beta + d - \underline{f}_0)\end{aligned} \tag{5.65}$$

基于算法 5.2 中的参数设计方法，式 (5.65) 中第一项可写为

$$\begin{aligned}&\frac{1}{2}e^{\mathrm{T}}\left[P\otimes(SA+A^{\mathrm{T}}S) - \alpha Q\otimes cSbK\right]e \\ &= \frac{1}{2}e^{\mathrm{T}}\left[P\otimes(SA+A^{\mathrm{T}}S) - c\alpha Q\otimes Sbr^{-1}b^{\mathrm{T}}S\right]e \\ &\leqslant \frac{1}{2}e^{\mathrm{T}}\left[P\otimes(SA+A^{\mathrm{T}}S) - c\alpha_0\lambda_0 I_N\otimes Sbr^{-1}b^{\mathrm{T}}S\right]e \\ &\leqslant \frac{1}{2}e^{\mathrm{T}}\left[P\otimes(SA+A^{\mathrm{T}}S) - \frac{c\alpha_0\lambda_0}{p_M}P\otimes Sbr^{-1}b^{\mathrm{T}}S\right]e \\ &\leqslant \frac{1}{2}e^{\mathrm{T}}P\otimes(SA+A^{\mathrm{T}}S - Sbr^{-1}b^{\mathrm{T}}S)e \\ &= -\frac{1}{2}e^{\mathrm{T}}(P\otimes T)e\end{aligned} \tag{5.66}$$

其中，利用 $Q\geqslant\lambda_0 I_N$、$\alpha\geqslant\alpha_0 I_N$ 和 $p_M I_N\geqslant P$ 分别得到上述第一个和第二个不等式。将式 (5.66) 代入式 (5.65) 可得

$$\begin{aligned}\dot{V}_1 &\leqslant -\frac{1}{2}e^{\mathrm{T}}(P\otimes T)e + e^{\mathrm{T}}P(L+G)\otimes Sb(\tilde{W}^{\mathrm{T}}\varphi(x) + \varepsilon - \alpha u_r + \beta + d - \underline{f}_0) \\ &= -\frac{1}{2}e^{\mathrm{T}}(P\otimes T)e - e^{\mathrm{T}}P\mathcal{A}\otimes Sb(\tilde{W}^{\mathrm{T}}\varphi(x) - \alpha u_r + \varepsilon + \beta + d - \underline{f}_0) \\ &\quad + e^{\mathrm{T}}P(D+G)\otimes Sb\tilde{W}^{\mathrm{T}}\varphi(x) + e^{\mathrm{T}}P(D+G)\otimes Sb(-\alpha u_r + \varepsilon + \beta + d - \underline{f}_0) \\ &= -\frac{1}{2}e^{\mathrm{T}}(P\otimes T)e - e^{\mathrm{T}}P\mathcal{A}\otimes Sb(\tilde{W}^{\mathrm{T}}\varphi(x) - \alpha u_r + \varepsilon + \beta + d - \underline{f}_0) \\ &\quad + \sum_{i=1}^{N} e_i^{\mathrm{T}}p_i\theta_i Sb\tilde{W}_i^{\mathrm{T}}\varphi_i(x_i) + \sum_{i=1}^{N} e_i^{\mathrm{T}}p_i\theta_i Sb(-\alpha_i u_{ri} + \varepsilon_i + \beta_i + d_i - f_0)\end{aligned} \tag{5.67}$$

将所设计的鲁棒补偿项 (5.53) 代入式 (5.67) 中，则式 (5.67) 最后一项可写为

$$
\begin{aligned}
&\sum_{i=1}^{N} e_i^{\mathrm{T}} p_i \theta_i Sb(-\alpha_i u_{ri} + \varepsilon_i + \beta_i + d_i - f_0) \\
&= \sum_{i=1}^{N} e_i^{\mathrm{T}} p_i \theta_i Sb \left(-\frac{\alpha_i e_i^{\mathrm{T}} \theta_i Sb}{|e_i^{\mathrm{T}} \theta_i Sb| + \omega} \hat{B}_{Mi} + \varepsilon_i + \beta_i + d_i - f_0 \right) \\
&\leqslant \sum_{i=1}^{N} p_i \left(-\frac{\alpha_i |e_i^{\mathrm{T}} \theta_i Sb|^2}{|e_i^{\mathrm{T}} \theta_i Sb| + \omega} \hat{B}_{Mi} + |e_i^{\mathrm{T}} \theta_i Sb| B_{Mi} \right) \\
&= \sum_{i=1}^{N} p_i \left(-\frac{\alpha_i |e_i^{\mathrm{T}} \theta_i Sb|^2}{|e_i^{\mathrm{T}} \theta_i Sb| + \omega} \hat{B}_{Mi} + \frac{|e_i^{\mathrm{T}} \theta_i Sb|^2 B_{Mi} + |e_i^{\mathrm{T}} \theta_i Sb| \omega B_{Mi}}{|e_i^{\mathrm{T}} \theta_i Sb| + \omega} \right) \\
&\leqslant \sum_{i=1}^{N} p_i \left(\frac{|e_i^{\mathrm{T}} \theta_i Sb|^2}{|e_i^{\mathrm{T}} \theta_i Sb| + \omega} \tilde{B}_{Mi} + \omega B_{Mi} \right)
\end{aligned}
\tag{5.68}
$$

其中，根据 $|e_i^{\mathrm{T}} \theta_i Sb| < |e_i^{\mathrm{T}} \theta_i Sb| + \omega$ 可得式 (5.68) 中第二个不等式。

式 (5.67) 可进一步得

$$
\begin{aligned}
\dot{V}_1 \leqslant & -\frac{1}{2} e^{\mathrm{T}} P \otimes T e - e^{\mathrm{T}} P \mathcal{A} \otimes Sb (\tilde{W}^{\mathrm{T}} \varphi(x) - \alpha \Lambda \hat{B}_M + B_M) \\
& + \sum_{i=1}^{N} \mathrm{tr}(\tilde{W}_i^{\mathrm{T}} \varphi_i(x_i) e_i^{\mathrm{T}} p_i \theta_i Sb) + \sum_{i=1}^{N} \tilde{B}_{Mi} \frac{p_i |e_i^{\mathrm{T}} \theta_i Sb|^2}{|e_i^{\mathrm{T}} \theta_i Sb| + \omega} + \sum_{i=1}^{N} \omega p_i B_{Mi}
\end{aligned}
\tag{5.69}
$$

根据引理 2.15 和 $\Lambda \leqslant I_N$，可以得出以下不等式关系：

$$
\begin{aligned}
& -e^{\mathrm{T}} (P \mathcal{A} \otimes Sb) \tilde{W}^{\mathrm{T}} \varphi(x) \\
& \leqslant \frac{1}{2} \varsigma e^{\mathrm{T}} (P \mathcal{A} \otimes Sb)(P \mathcal{A} \otimes Sb)^{\mathrm{T}} e + \frac{1}{2\varsigma} (\tilde{W}^{\mathrm{T}} \varphi(x))^{\mathrm{T}} \tilde{W}^{\mathrm{T}} \varphi(x) \\
& \leqslant \frac{1}{2} \varsigma \bar{\sigma}^2(P) \bar{\sigma}^2(\mathcal{A}) \bar{\sigma}^2(Sb) e^{\mathrm{T}} e + \frac{1}{2\varsigma} \psi_M^2 \|\tilde{W}\|_F^2
\end{aligned}
\tag{5.70}
$$

$$
\begin{aligned}
& e^{\mathrm{T}} (P \mathcal{A} \otimes Sb) \alpha \Lambda \hat{B}_M \\
& = e^{\mathrm{T}} (P \mathcal{A} \otimes Sb) \Lambda (B_M - \tilde{B}_M) \\
& \leqslant \varsigma e^{\mathrm{T}} (P \mathcal{A} \otimes Sb) \Lambda [(P \mathcal{A} \otimes Sb) \Lambda]^{\mathrm{T}} e + \frac{1}{2\varsigma} B_M^{\mathrm{T}} B_M + \frac{1}{2\varsigma} \tilde{B}_M^{\mathrm{T}} \tilde{B}_M \\
& \leqslant \varsigma \bar{\sigma}^2(P) \bar{\sigma}^2(\mathcal{A}) \bar{\sigma}^2(Sb) e^{\mathrm{T}} e + \frac{1}{2\varsigma} B_M^{\mathrm{T}} B_M + \frac{1}{2\varsigma} \tilde{B}_M^{\mathrm{T}} \tilde{B}_M
\end{aligned}
\tag{5.71}
$$

$$
\begin{aligned}
-e^{\mathrm{T}}(P\mathcal{A}\otimes Sb)B_M &\leqslant \frac{1}{2}\varsigma e^{\mathrm{T}}(P\mathcal{A}\otimes Sb)(P\mathcal{A}\otimes Sb)^{\mathrm{T}}e+\frac{1}{2\varsigma}B_M^{\mathrm{T}}B_M \\
&\leqslant \frac{1}{2}\varsigma\bar{\sigma}^2(P)\bar{\sigma}^2(\mathcal{A})\bar{\sigma}^2(Sb)e^{\mathrm{T}}e+\frac{1}{2\varsigma}B_M^{\mathrm{T}}B_M
\end{aligned} \tag{5.72}
$$

将以上不等式代入式 (5.69) 可得

$$
\begin{aligned}
\dot{V}_1 \leqslant& -\frac{1}{2}\underline{\sigma}(P)\underline{\sigma}(T)e^{\mathrm{T}}e+2\varsigma\bar{\sigma}^2(P)\bar{\sigma}^2(\mathcal{A})\bar{\sigma}^2(Sb)e^{\mathrm{T}}e \\
&+\sum_{i=1}^{N}\mathrm{tr}(\tilde{W}_i^{\mathrm{T}}\varphi_i(x_i)e_i^{\mathrm{T}}p_i\theta_i Sb) \\
&+\sum_{i=1}^{N}\tilde{B}_{Mi}\frac{p_i\left|e_i^{\mathrm{T}}\theta_i Sb\right|^2}{|e_i^{\mathrm{T}}\theta_i Sb|+\omega}+\frac{1}{2\varsigma}\psi_M^2\|\tilde{W}\|_F^2 \\
&+\frac{1}{2\varsigma}\tilde{B}_M^{\mathrm{T}}\tilde{B}_M+\frac{1}{\varsigma}B_M^{\mathrm{T}}B_M+\sum_{i=1}^{N}\omega p_i B_{Mi}
\end{aligned} \tag{5.73}
$$

$$
\begin{aligned}
\leqslant& -\frac{1}{2}\gamma_1 e^{\mathrm{T}}e+\sum_{i=1}^{N}\mathrm{tr}(\tilde{W}_i^{\mathrm{T}}\varphi_i(x_i)e_i^{\mathrm{T}}p_i\theta_i Sb) \\
&+\sum_{i=1}^{N}\tilde{B}_{Mi}\frac{p_i\left|e_i^{\mathrm{T}}\theta_i Sb\right|^2}{|e_i^{\mathrm{T}}\theta_i Sb|+\omega}+\frac{1}{2\varsigma}\psi_M^2\|\tilde{W}\|_F^2 \\
&+\frac{1}{2\varsigma}\tilde{B}_M^{\mathrm{T}}\tilde{B}_M+\frac{1}{\varsigma}B_M^{\mathrm{T}}B_M+\sum_{i=1}^{N}\omega p_i B_{Mi}
\end{aligned}
$$

其中，$\gamma_1=\underline{\sigma}(P)\underline{\sigma}(T)-4\varsigma\bar{\sigma}^2(P)\bar{\sigma}^2(\mathcal{A})\bar{\sigma}^2(Sb)>0$。

利用自适应更新律 (5.54)、(5.55) 以及 $\tilde{W}_i=W_i-\alpha_i\hat{W}_i$, $\tilde{B}_{Mi}=B_{Mi}-\alpha_i\hat{B}_{Mi}$，对 V_2+V_3 求导可得

$$
\begin{aligned}
\dot{V}_2+\dot{V}_3 &= \sum_{i=1}^{N}\mathrm{tr}(\tilde{W}_i^{\mathrm{T}}\alpha_i^{-1}\mathit{\Gamma}_i^{-1}\dot{\tilde{W}}_i)+\sum_{i=1}^{N}\alpha_i^{-1}\mathit{\Pi}_i^{-1}\tilde{B}_{Mi}\dot{\tilde{B}}_{Mi} \\
&= -\sum_{i=1}^{N}\mathrm{tr}(\tilde{W}_i^{\mathrm{T}}\mathit{\Gamma}_i^{-1}\dot{\hat{W}}_i)-\sum_{i=1}^{N}\mathit{\Pi}_i^{-1}\tilde{B}_{Mi}\dot{\hat{B}}_{Mi} \\
&= -\sum_{i=1}^{N}\mathrm{tr}(\tilde{W}_i^{\mathrm{T}}(\varphi_i(x_i)e_i^{\mathrm{T}}p_i\theta_i Sb-\kappa\hat{W}_i)) \\
&\quad -\sum_{i=1}^{N}\tilde{B}_{Mi}\left(\frac{p_i\left|e_i^{\mathrm{T}}\theta_i Sb\right|^2}{|e_i^{\mathrm{T}}\theta_i Sb|+\omega}-\kappa\hat{B}_{Mi}\right)
\end{aligned} \tag{5.74}
$$

结合式 (5.73) 和式 (5.74) 可得

$$\dot{V} \leqslant -\frac{1}{2}\gamma_1 e^{\mathrm{T}} e + \sum_{i=1}^{N} \mathrm{tr}(\kappa \tilde{W}_i^{\mathrm{T}} \hat{W}_i) + \sum_{i=1}^{N} \kappa \tilde{B}_{Mi} \hat{B}_{Mi} + \frac{1}{2\varsigma}\psi_M^2 \|\tilde{W}\|_F^2$$
$$+ \frac{1}{2\varsigma}\tilde{B}_M^{\mathrm{T}} \tilde{B}_M + \frac{1}{\varsigma} B_M^{\mathrm{T}} B_M + \sum_{i=1}^{N} \omega p_i B_{Mi}$$

又由于 $\tilde{W}_i^{\mathrm{T}} \hat{W}_i = \frac{1}{2}(W_i^{\mathrm{T}} W_i - \tilde{W}_i^{\mathrm{T}} \tilde{W}_i - \hat{W}_i^{\mathrm{T}} \hat{W}_i)$，$\tilde{B}_{Mi}\hat{B}_{Mi} = \frac{1}{2}(B_{Mi}^2 - \tilde{B}_{Mi}^2 - \hat{B}_{Mi}^2)$，$i = 1, 2, \cdots, N$，进一步可得

$$\begin{aligned}
\dot{V} \leqslant & -\frac{1}{2}\gamma_1 e^{\mathrm{T}} e - \frac{1}{2}\sum_{i=1}^{N} \mathrm{tr}(\kappa \tilde{W}_i^{\mathrm{T}} \tilde{W}_i) - \frac{1}{2}\sum_{i=1}^{N} \kappa \tilde{B}_{Mi}^2 \\
& + \frac{1}{2}\kappa \left(\sum_{i=1}^{N} \mathrm{tr}(W_i^{\mathrm{T}} W_i) + \sum_{i=1}^{N} B_{Mi}^2 \right) \\
& + \frac{1}{2\varsigma}\psi_M^2 \|\tilde{W}\|_F^2 + \frac{1}{2\varsigma}\tilde{B}_M^{\mathrm{T}} \tilde{B}_M + \frac{1}{\varsigma} B_M^{\mathrm{T}} B_M + \sum_{i=1}^{N} \omega p_i B_{Mi} \\
= & -\frac{1}{2}\gamma_1 e^{\mathrm{T}} e - \frac{1}{2}\gamma_2 \mathrm{tr}(\tilde{W}^{\mathrm{T}} \tilde{W}) - \frac{1}{2}\gamma_3 \tilde{B}_M^{\mathrm{T}} \tilde{B}_M \\
& + \frac{1}{2}\kappa \mathrm{tr}(W^{\mathrm{T}} W) + \frac{1}{2}\left(\kappa + \frac{2}{\varsigma}\right) B_M^{\mathrm{T}} B_M + \sum_{i=1}^{N} \omega p_i B_{Mi}
\end{aligned} \tag{5.75}$$

其中，$\gamma_2 = \kappa - \frac{\psi_M^2}{\varsigma}$；$\gamma_3 = \kappa - \frac{1}{\varsigma}$。根据条件 (5.61) 可得 $\gamma_2 > 0$ 和 $\gamma_3 > 0$。定义

$$\mu = \min\left\{ \frac{\gamma_1}{\bar{\sigma}(P)\bar{\sigma}(S)}, \frac{\gamma_2}{\bar{\sigma}(\bar{\Gamma}^{-1})}, \frac{\gamma_3}{\bar{\sigma}(\bar{\Pi}^{-1})} \right\} > 0$$

和

$$l = \frac{1}{2}\kappa \mathrm{tr}(W^{\mathrm{T}} W) + \frac{1}{2}\left(\kappa + \frac{2}{\varsigma}\right) B_M^{\mathrm{T}} B_M + \sum_{i=1}^{N} \omega p_i B_{Mi}$$

则式 (5.75) 可写为如下形式：

$$\dot{V} \leqslant -\mu V + l \tag{5.76}$$

由引理 2.6 可得

$$V \leqslant \left(V(0) - \frac{l}{\mu} \right) \mathrm{e}^{-\mu t} + \frac{l}{\mu} \leqslant V(0)\mathrm{e}^{-\mu t} + \frac{l}{\mu} \tag{5.77}$$

由式 (5.63) 可进一步得

$$\frac{1}{2}\underline{\sigma}(P)\underline{\sigma}(S)\|e\|^2 \leqslant V \leqslant V(0)\mathrm{e}^{-\mu t} + \frac{l}{\mu}$$

那么存在时间 $T > 0$，使

$$\|e\| \leqslant \Delta/\sqrt{\underline{\sigma}(P)\underline{\sigma}(S)}, \quad \forall t > T \tag{5.78}$$

其中，$\Delta = \rho + \sqrt{2l/\mu}$，$\rho > 0$ 为任意正常数。因此，可以证明 $e(t)$ 一致最终有界，并且根据引理 5.1，可进一步证明 $\delta_i(t)$ $(i = 1, 2, \cdots, N)$ 一致最终有界，即所有智能体的状态最终能够趋近于领导者的状态。

(2) 闭环系统内部状态有界性证明。通过与式 (5.77) 和式 (5.78) 类似的推导，可得 $\|\tilde{W}\|_F \leqslant \Delta/\sqrt{\underline{\sigma}(\varGamma)}$，$\|\tilde{B}_M\| \leqslant \Delta/\sqrt{\underline{\sigma}(\varPi)}$，$\forall t > T$。因此，对于任意时间 $t > T$，系统内所有状态都在如下紧集内 $\varOmega_1 = \{(e(t), \tilde{W}(t), \tilde{B}_M(t)) \big| \|e\| \leqslant \Delta/\sqrt{\underline{\sigma}(P)\underline{\sigma}(S)}, \|\tilde{W}\|_F \leqslant \Delta/\sqrt{\underline{\sigma}(\varGamma)}, \|\tilde{B}_M\| \leqslant \Delta/\sqrt{\underline{\sigma}(\varPi)}\}$，可得状态 $\hat{B}_M$ 和 $\hat{W}$ 也有界，同样也可得出控制输入 $u(t)$ 也是有界的。又由于 $e = (L+G)\otimes I_n(x - \underline{x}_0)$，那么 $\|x\| \leqslant \sqrt{N}\|x_0\| + \|e\|/\underline{\sigma}(L+G)$，根据信号 $e(t)$ 和 $x_0(t)$ 的有界性可得出 $x(t)$ 也是有界的。综上所述，系统内所有状态都能保证有界性。证毕。

如果系统执行器处于正常状态，即 $\alpha_i(t) = 1$、$\beta_i(t) = 0$ 为定理 5.2 中考虑的执行器故障模型（$0 < \alpha_{0i} \leqslant \alpha_i(t) \leqslant 1$，$|\beta_i(t)| \leqslant \beta_{Mi}$）的特殊形式，因此也可以得出在无执行器故障下实现多智能体网络协同跟踪一致的推论。

推论 5.1 考虑由 N 个跟随者和一个领导者组成的多智能体网络满足假设 5.5。当跟随者系统 (5.45) 采用分布式控制器 (5.52)，且采用自适应更新律 (5.54) 和 (5.55) 时，在假设 5.6 ~ 假设 5.8 成立的条件下，通过算法 5.2 选择控制参数 K，以及选择自适应律增益 κ 满足条件 (5.62)，若控制增益 c 满足以下条件：

$$c \geqslant \frac{p_M}{\lambda_0} \tag{5.79}$$

则可得出以下结论：

(1) 全局跟踪误差 $\delta = x - \underline{x}_0$ 协同一致最终有界，即所有跟随者最终都能在有界的误差范围内趋近于领导者；

(2) 对于 $\forall t \geqslant t_0$，跟随者闭环系统内状态一直有界。

证明 令 $\varGamma = \mathrm{diag}\{\varGamma_i\}$，$\varPi = \mathrm{diag}\{\varPi_i\}$，构造如下形式的 Lyapunov 函数：

$$V(t) = \frac{1}{2}e^{\mathrm{T}}(P \otimes S)e + \frac{1}{2}\mathrm{tr}(\tilde{W}^{\mathrm{T}}\varGamma^{-1}\tilde{W}) + \frac{1}{2}\varPi^{-1}\tilde{B}_M^{\mathrm{T}}\tilde{B}_M \tag{5.80}$$

通过使用参数估计误差 $\tilde{W} = W - \hat{W}$，$\tilde{B}_M = B_M - \hat{B}_M$ 及误差动态函数 (5.50)，参考定理 5.2 的证明，可以得出以上结果，具体证明过程省略。

注 5.11　本节中考虑的系统模型及执行器故障模型都具有一般性。首先，系统动态模型可以包括一阶[78,180]、二阶[79] 甚至高阶[88,92] 积分器型系统作为其特殊形式，并且本章所提的控制协议可以直接应用到这些系统中，并实现容错跟踪一致性，反之则不可行，上述扩展并不是简单扩展，因为考虑的系统动态模型并不能转化成现有文献所使用的滑模误差动态；其次考虑的执行器故障模型同时包含执行器部分损失故障及加性故障，更能符合实际系统中所面临的故障类型。

注 5.12　需要注意的是，神经网络的全局近似性质只有在一定的紧集内实现，因此在很多关于神经网络控制的文献中，假设 5.6 中紧集 $\Omega\subset\mathbb{R}^n$，一般假设具有足够大，可以满足实际应用，并且并不需要设计者已知。另外，根据定理 5.2 中的结论，可以得出 $\|x\|\leqslant\sqrt{N}\|x_0\|+\Delta/\sqrt{\underline{\sigma}(P)\underline{\sigma}(S)\underline{\sigma}^2(L+G)}$，又因为假设 5.8 中领导者状态 x_0 满足 $\|x_0(t)\|\leqslant X_M$，则 $\|x\|\leqslant\sqrt{N}X_M+\Delta/\sqrt{\underline{\sigma}(P)\underline{\sigma}(S)\underline{\sigma}^2(L+G)}$。因此，可设置该紧集为

$$\Omega=\left\{x\middle|\|x\|\leqslant\sqrt{N}X_M+\Delta/\sqrt{\underline{\sigma}(P)\underline{\sigma}(S)\underline{\sigma}^2(L+G)}\right\}$$

注 5.13　根据定理 5.2 和推论 5.1，如果选取控制增益

$$c\geqslant\max\left\{\frac{p_M}{\lambda_0},\frac{p_M}{\alpha_0\lambda_0}\right\}$$

那么本节所提控制框架可以同时适应于有/无执行器故障的多智能体系统。这表明本节所提控制框架在有/无执行器故障的条件下都可以实施，通过采用在线自适应控制策略，可以有效弥补未知的非线性动态、时变外界扰动及执行器故障对一致性的影响，并且整个过程无须故障检测及隔离处理等操作，因此具有更广泛的实际应用。

注 5.14　与文献 [87] 不同的是，本节提出了适应于有向图的鲁棒控制项 u_{ri}，可以有效消除未知神经网络估计误差、外界扰动及执行器故障对一致性的影响。针对有向图，文献 [92] 也提出了一种鲁棒控制策略，相比之下，本节定理 5.2 提出的控制策略既可以避免系统不连续控制导致的抖动问题，还可以避免使用网络的全局信息 p_i。除此之外，针对所提自适应更新律 (5.54) 和 (5.55)，可以任意选取控制参数 Γ_i 和 Π_i 避免使用全局信息 p_i，具有分布式控制的特点。

注 5.15　由式 (5.78) 可以看出一致最终误差的上界取决于控制参数 κ、ω、ς 和 Γ_i、Π_i、S。通过减小自适应更新律增益 κ 和参数 ω，以及增大参数 ς、Γ_i、Π_i，则可减小一致最终误差，得到较好的一致性控制性能。同时，也可以看出误差上界还与系统动态有关，即调整矩阵 S 的取值。注意到系统参数 (A,b) 是可稳定对，因此对于任意 $r>0$ 和 $T>0$，都能得到合适的矩阵 S。另外，根据式 (5.60)、式 (5.62) 和式 (5.78)，设计参数 ς 可以调整 $\underline{\sigma}(T)$ 和误差上界的关系，而矩阵 T 的选择可以影响 Riccati 方程的可行解 S，因而设计参数 ς 可以更好地平衡控制代

价及控制效果之间的关系。以上确定的参数关系为实际工程中异构非线性多智能体网络一致性问题的参数选择提供了理论及设计指导。

5.2.3 仿真结果与分析

在本节中考虑如下例子来验证所提方法的有效性与可行性。

考虑由 5 个跟随者与 1 个领导者组成的智能体网络，其网络拓扑结构如图 5.6 所示。不失一般性，令所有边权值及牵制增益为 1。根据文献 [88] 和 [92]，跟随者及领导者的系统动态分别由三阶非线性系统进行建模，具体系统参数如下：

$$x_i(t) = [x_{i1}(t), x_{i2}(t), x_{i3}(t)]^{\mathrm{T}}, \quad i = 0, 1, \cdots, 5$$

$$A = \begin{bmatrix} 0 & 1 & 0 \\ 0 & 0 & 1 \\ 0 & 0 & 0 \end{bmatrix}, \quad b = \begin{bmatrix} 0 \\ 0 \\ 1 \end{bmatrix}$$

$$f_1(x_1) = x_{12}\sin(x_{11}) + \cos^2(x_{13}), \quad f_2(x_2) = -x_{21}x_{22} + 0.01x_{21} - 0.01x_{21}^3$$

$$\begin{aligned} f_3(x_3) = & -3(x_{31} + x_{32} - 1)^2(x_{31} + x_{32} + x_{33} - 1) \\ & - x_{32} - x_{33} + 0.5\sin(2t) + \cos(2t) \end{aligned}$$

$$f_4(x_4) = \cos(x_{41}), \quad f_5(x_5) = x_{52} + \sin(x_{53})$$

$$\begin{aligned} f_0(x_0) = & -x_{02} - 2x_{03} + 1 + 3\sin(2t) + 6\cos(2t) \\ & - \frac{1}{3}(x_{01} + x_{02} - 1)^2(x_{01} + 4x_{02} + 3x_{03} - 1) \end{aligned}$$

选择随机信号建模系统动态中的外界扰动，并且满足 $|d_i(x_i(t), t)| < 1$。

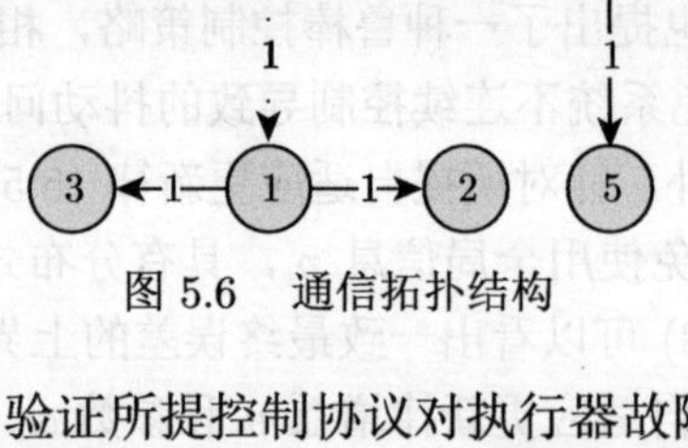

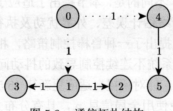

图 5.6 通信拓扑结构

在仿真试验中，为了验证所提控制协议对执行器故障处理的有效性，同时考虑执行器处于正常及故障条件下的两种情况，具体建模如下。

对于智能体 1 和 4，执行器在 $t = 0\mathrm{s}$ 发生故障，其 $\alpha_1(t) = 0.6 + 0.1\sin(\pi t/4)$，$\beta_1(t) = 0.1\sin(0.1t)$，$\alpha_4(t) = 0.3 + 0.2\sin(\pi t)$，$\beta_4(t) = 0.2\cos(0.4t)$。

对于智能体 2 和 3，执行器在 $t = 5\mathrm{s}$ 发生故障，其 $\alpha_2(t) = 0.6 + 0.1\sin(\pi t/2)$，$\beta_2(t) = 0.1\sin(0.2t)$，$\alpha_3(t) = 0.3 + 0.2\sin(3\pi t/4)$，$\beta_3(t) = 0.2\cos(0.3t)$。

对于智能体 5，$\alpha_5(t)=1$，$\beta_5(t)=0$，即执行器一直处于正常状态。

基于以上所描述的系统模型及故障模型，选取以下设计参数：

(1) 神经网络初始化，每个智能体均使用 3 个神经元，且神经网络加权权重初始值设为 0，选择 Sigmoid 基函数作为神经网络的激活函数。

(2) 通过定理 5.2 及算法 5.2 选择控制参数，令 $T=10I_3$，$r=10^{-4}$，求解 Riccati 方程 (5.59)，可得 $S=\begin{bmatrix} 17.3521 & 10.0547 & 0.0316 \\ 10.0527 & 17.4154 & 0.0549 \\ 0.0316 & 0.0549 & 0.0318 \end{bmatrix}$，因此可得 $K=\begin{bmatrix} 316.2278 & 548.7207 & 317.9582 \end{bmatrix}$，$c=30$，然后选择参数 $\varsigma=15$ 和 $\kappa=0.07$ 分别满足式 (5.60) 和式 (5.62)，最后选择参数 $\Gamma_i=100I_3$，$\Pi_i=100$，$i=1,2,\cdots,5$。

图 5.7 ~ 图 5.9 给出了在所提控制协议下 5 个跟随者与领导者的状态 $x_{i1}(t)$、$x_{i2}(t)$、$x_{i3}(t)$ $(i=0,1,\cdots,5)$ 轨迹图，其相应跟踪误差的仿真曲线分别如图 5.10 ~ 图 5.12 所示。注意到不管是否有执行器故障，本节所提控制框架都可以使跟随者的轨迹趋近于领导者的轨迹，并且鲁棒补偿控制项 (5.53) 及 (5.55) 可以针对执行器错误进行快速反应及消除。

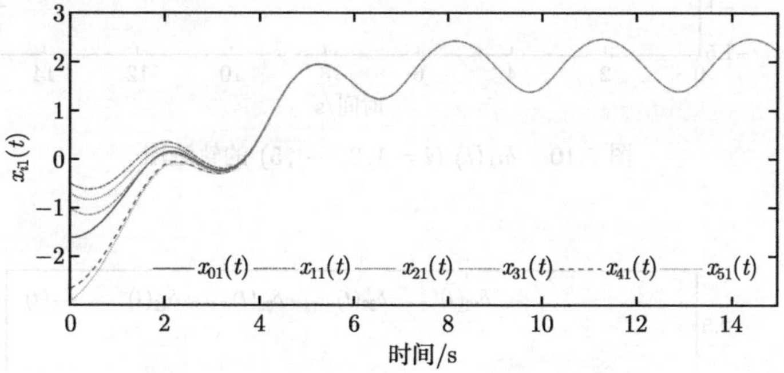

图 5.7　$x_{i1}(t)$ $(i=0,1,\cdots,5)$ 的轨迹图

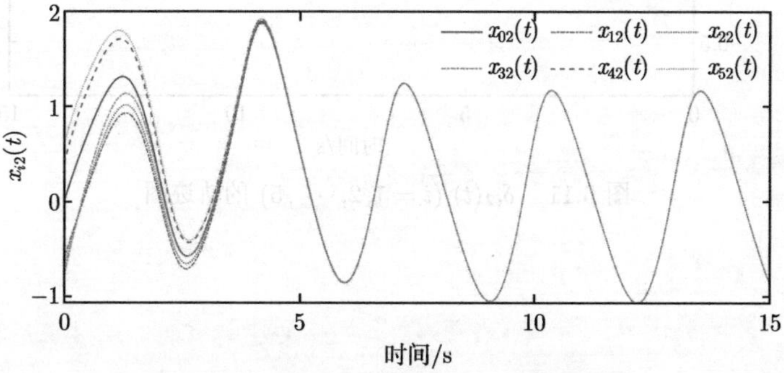

图 5.8　$x_{i2}(t)$ $(i=0,1,\cdots,5)$ 的轨迹图

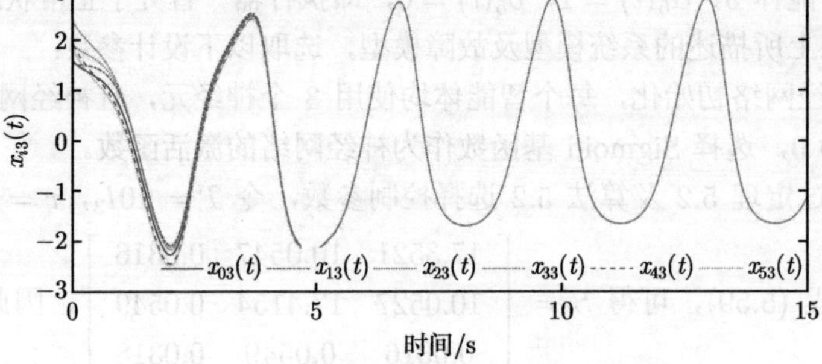

图 5.9 $x_{i3}(t)$ $(i=0,1,\cdots,5)$ 的轨迹图

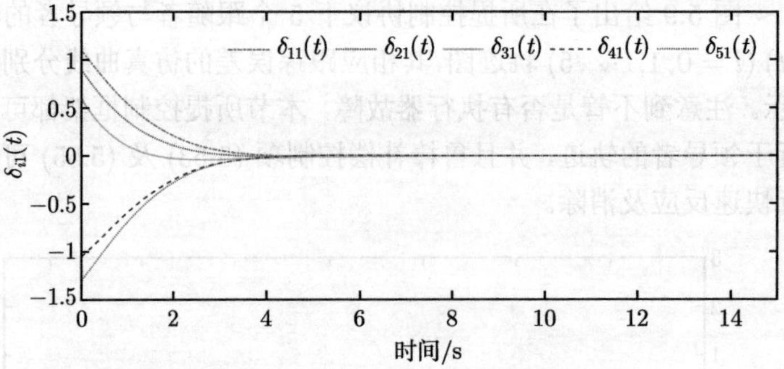

图 5.10 $\delta_{i1}(t)$ $(i=1,2,\cdots,5)$ 的轨迹图

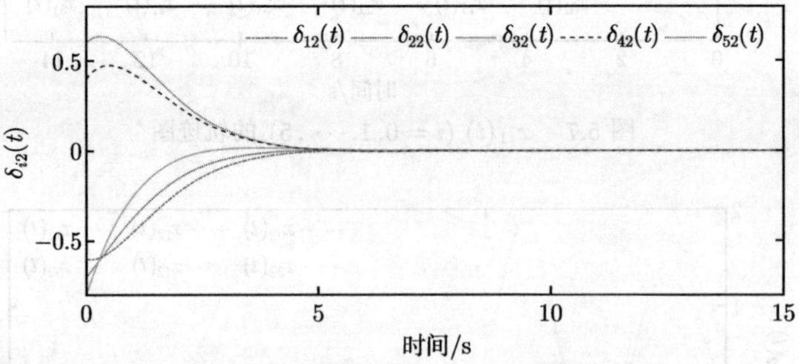

图 5.11 $\delta_{i2}(t)$ $(i=1,2,\cdots,5)$ 的轨迹图

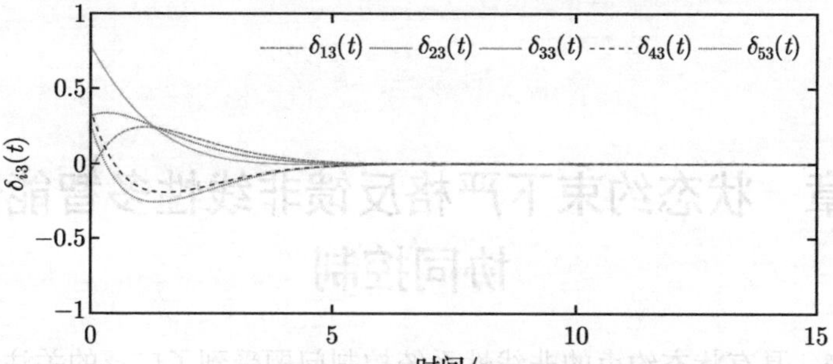

图 5.12　$\delta_{i3}(t)$ $(i = 1, 2, \cdots, 5)$ 的轨迹图

5.3 本章小结

本章成功解决了有向网络拓扑结构下具有未知非线性动态的多智能体网络的协同跟踪控制问题。首先，利用神经网络针对非线性函数良好的逼近性质，提出了分布式自适应神经网络控制协议。同时通过构造一种新颖的 Lyapunov-Krasovskii 函数，有效弥补未知系统时滞带来的不确定性，并给出了系统实现协同跟踪的充分条件。仿真结果表明，所提控制方案不仅可以有效处理未知甚至异构的非线性动态和系统时滞，而且还对外界扰动具有很好的鲁棒性。其次，针对可变的执行器故障、外界扰动及神经网络逼近误差，设计具有在线自适应的控制补偿项，并结合神经网络自适应控制及状态误差反馈控制的共同作用实现容错一致性。需要特别注意的是，所设计的控制方案能够同时适应于有/无执行器故障的两种情况，并且无须进行复杂及耗时的故障检测及隔离等操作。通过使用基于优化设计的线性二次型调节器及 Lyapunov 稳定性理论证明，给出了系统实现一致性的充分条件及最终跟踪误差上界，能有效地调节设计参数降低其最终误差上界，提高一致性性能。最后仿真结果验证了所提控制方案的有效性及可行性。

第 6 章　状态约束下严格反馈非线性多智能体网络协同控制

近年来，具有状态约束的非线性系统控制问题受到了广泛的关注，这是由于系统中状态在违反状态约束情况下可能会使系统性能退化甚至不稳定。为了解决状态约束问题，一些处理状态约束的方法相继被提出，如模型预测控制 (model predictive control，MPC)[181,182]、参考调节器 (reference governor，RG)[183] 和障碍李雅普诺夫函数 (barrier Lyapunov function，BLF)[184-186]。在上述方法中，MPC 和 RG 需要强大的在线计算能力来保证系统状态不违反约束，这也一定程度上限制了这两类方法在工程中的应用，而基于 BLF 的方法控制器简单，无需大量的在线计算能力，因此被广泛应用于受约束的非线性系统中。

基于此，本章在状态约束下研究一类严格反馈非线性多智能体网络的有限时间协同控制问题，提出一种有限时间自适应 C^1 光滑控制框架，所设计控制器不仅可以有效避免奇异性，而且为引入动态面控制 (dynamic surface control, DSC) 技术提供了可能性。应用自适应神经网络控制技术、BLF 以及一阶滤波器，保证闭环系统的有限时间快速收敛，同时实现状态一直处在合理约束条件下。此外，本章分别给出输出约束和全状态约束下实现严格反馈非线性多智能体网络有限时间跟踪控制的严格证明，并具体展示所有误差信号在有限时间内收敛到零附近的任意小区域。

6.1 问题描述

考虑一组由 1 个领导者和 N 个跟随者组成的多智能体网络，其跟随者动态系统为

$$
\begin{aligned}
&\dot{x}_{i,m}(t) = g_{i,m}(\bar{x}_{i,m})x_{i,m+1}(t) + f_{i,m}(\bar{x}_{i,m}) + d_{i,m}(\bar{x}_{i,m}), \quad m = 1,2,\cdots,n-1 \\
&\dot{x}_{i,n}(t) = g_{i,n}(\bar{x}_{i,n})u_i(t) + f_{i,n}(\bar{x}_{i,n}) + d_{i,n}(\bar{x}_{i,n}), \quad i = 1,2,\cdots,N \\
&y_i(t) = x_{i,1}(t)
\end{aligned} \tag{6.1}
$$

其中，$m = 1,2,\cdots,n$，$\bar{x}_{i,m} = [x_{i,1}(t), x_{i,2}(t), \cdots, x_{i,m}(t)]^{\mathrm{T}} \in \mathbb{R}^m$ 为第 i 个智能体的状态向量；$g_{i,m}(\bar{x}_{i,m}) \in \mathbb{R}$；$f_{i,m}(\bar{x}_{i,m}) \in \mathbb{R}$ 为未知光滑非线性函数；$d_{i,m}(\bar{x}_{i,m}) \in \mathbb{R}$ 为未知扰动；$u_i(t) \in \mathbb{R}$ 和 $y_i(t) \in \mathbb{R}$ 分别为控制输入和输出。输出 y_i 需要保持在集合 $\Omega_{y_i} = \{y_i : |y_i| < k_{ci1}\}$ 中，其中 $k_c > 0$ 是一个常数。

对智能体 $i(i=1,2,\cdots,N)$ 定义一致性误差为

$$e_{i,1}(t)=\sum_{j=0}^{N}a_{ij}(y_i(t)-y_j(t))=\sum_{j=1}^{N}a_{ij}(x_{i,1}(t)-x_{j,1}(t))+b_i(x_{i,1}(t)-y_0(t)) \tag{6.2}$$

其中，$a_{ij}\geqslant 0$ 为智能体 i 到智能体 j 的连接权重，当智能体 i 可以获得智能体 j 的状态信息时，$a_{ij}>0$，否则 $a_{ij}=0$；$b_i>0$ 代表跟随者 i 可以直接得到领导者状态信息，否则 $b_i=0$；$y_0(t)$ 为领导者输出状态。

本章的控制目标是为跟随者系统 (6.1) 设计分布式跟踪控制器 $u_i(i=1,2,\cdots,N)$ 使得误差 $e_{i,1}(t)$ 在有限时间内收敛到可任意调节的小域内，同时不违反状态约束。为了实现控制目标，介绍以下假设和引理。

假设 6.1 $g_{i,m}(\bar{x}_{i,m})$ 的符号是确定的，并且存在未知的正常数 $b_{i,m}$ 和 $a_{i,m}$，使得 $0<b_{i,m}\leqslant|g_{i,m}(\bar{x}_{i,m})|\leqslant a_{i,m}<\infty$ 成立。

假设 6.2 对于外部干扰 $d_{i,m}(\bar{x}_{i,m})$，存在未知的正常数 $d_{i,m}^M$，使得 $|d_{i,m}(\bar{x}_{i,m})|\leqslant d_{i,m}^M$ 成立。

假设 6.3 领导者的状态 y_0、$\dot{y}_0$、$\ddot{y}_0$ 都在一个有界区域 Ω_d 内，并且存在已知的正常数 A_0，使得 $|y_0|\leqslant A_0<k_c$ 成立。

假设 6.4 定义有向增广图 $\overline{\mathcal{G}}$ 包括 N 个跟随者所在的有向图 $\mathcal{G}$ 和领导者 0，假设增广图 $\overline{\mathcal{G}}$ 具有一个有向生成树且领导者 0 作为其生成树的根节点。

注 6.1 不失一般性，假设 $\mathrm{sign}(g_{i,m}(\bar{x}_{i,m}))=+1$。在假设 6.1 和假设 6.2 中存在的上界 $b_{i,m}$、$a_{i,m}$ 和 $d_{i,m}^M$ 不需要用于控制器的设计中，而仅用于后续闭环系统稳定性分析中。对于状态约束系统，选择合适的有界领导者轨迹 $y_0(t)$ 进行跟踪至关重要，因此假设 6.3 是合理的，总可以找到领导者轨迹的上界信息。

引理 6.1[187] 对于 $x,y\in\mathbb{R}$，如果 $0<h=h_2/h_1<1$，其中 h_1、h_2 是正奇数，则有

$$xy^h\leqslant-\xi x^{1+h}+\varsigma(x+y)^{1+h} \tag{6.3}$$

其中 $\xi=\left(\dfrac{1}{1+h}\right)(2^{h-1}-2^{(h-1)(h+1)})$；$\varsigma=\left(\dfrac{1}{1+h}\right)\{[1+2h/(1+h)]+(2^{-(h-1)^2(h+1)})/(1+h)-2^{h-1}\}$。

引理 6.2 针对以下动态系统：

$$\dot{\phi}(t)=-\ell_1\phi(t)-\ell_2\phi^h(t)+\varrho(t) \tag{6.4}$$

其中，$\phi(t)\in\mathbb{R}$；$0<h=h_2/h_1<1$（h_1 和 h_2 是正奇数）；ℓ_1 和 ℓ_2 是正常数；$\varrho(t)$ 是一个正函数。那么，对于任何给定的有界初始条件 $\phi(0)\geqslant 0$，当 $t\geqslant 0$ 时，总有 $\phi(t)\geqslant 0$ 成立。

证明 对于任何给定的有界初始条件 $\phi(0) \geqslant 0$，当 $\dot{\phi}(0) \geqslant 0$ 时，函数 $\phi(t) \geqslant 0$。注意到 ℓ_1 和 ℓ_2 是正常数，总存在时间 t^*，对于 $t \geqslant t^*$，$\dot{\phi}(t) < 0$，从而引起函数 $\phi(t)$ 减小，直到 $\phi(t) = 0$。此外，$\varrho(t)$ 是一个正函数，则当 $\phi(t) = 0$ 时，可得 $\dot{\phi}(0) > 0$，从而导致函数 $\phi(t)$ 将从零开始增加。基于上述分析，可得 $\phi(t) \geqslant 0$ 对于 $t \geqslant 0$ 都是成立的。因此，对于任何初始条件 $\phi(0) \geqslant 0$，当 $t \geqslant 0$ 时，$\phi(t) \geqslant 0$ 都成立。证毕。

引理 6.3 [184] 对于任意正常数 k_b，以及任意 $e \in \mathbb{R}$ 满足 $|e| \leqslant k_b$，以下不等式成立：$\ln(k_b^2/(k_b^2-e^2)) \leqslant e^2/(k_b^2-e^2)$。

6.2 输出约束下非线性多智能体网络协同控制

本节研究输出约束下非线性多智能体网络的协同控制问题，高阶严格反馈非线性系统相比于低阶系统具有更加复杂的系统动力学模型，因此本节采用反步法逐步设计虚拟控制器，同时利用动态面控制技术，避免传统反步法导致的微分爆炸问题。

首先给出控制器设计过程。为了实现控制器设计，包含 n 步的递归设计过程如下所示。在步骤 1 到步骤 $n-1$ 中给出虚拟控制输入 $\alpha_{i,m}(m = 1, 2, \cdots, n-1)$，最后在第 n 步推导出实际控制律 u_i。

步骤 1: 基于式 (6.2) 构造以下障碍李雅普诺夫函数：

$$V_1 = \frac{1}{2}\sum_{i=1}^{N} \ln\left(\frac{k_{bi1}^2}{k_{bi1}^2 - e_{i,1}^2}\right) \tag{6.5}$$

其中，$k_{bi1} > 0$ 为设计参数；V_1 在集合 $|e_{i,1}| < k_{bi1}$ 中是正定且连续可微的。对 V_1 求导且代入式 (6.1) 可得

$$\begin{aligned}\dot{V}_1 = \sum_{i=1}^{N}\Bigg\{ e_{i,1}\Bigg[&(d_i + b_i)g_{i,1}(x_{i,1})x_{i,2} + F_{i,1}(Z_{i,1}) \\ &+ (d_i + b_i)d_{i,1}(x_{i,1}) - \sum_{j=1}^{N} a_{ij}d_{j,1}(x_{j,1})\Bigg]\Bigg\} \Big/ (k_{bi1}^2 - e_{i,1}^2)\end{aligned} \tag{6.6}$$

其中，$Z_{i,1} = [x_{i,1}, a_{ij}\bar{x}_{j,2}^{\mathrm{T}}, b_i\dot{y}_0]^{\mathrm{T}}$；$F_{i,1}(Z_{i,1}) = (d_i + b_i)f_{i,1}(x_{i,1}) - \sum_{j=1}^{N} a_{ij}(g_{j,1}(x_{j,1})$ $x_{j,2} + f_{j,1}(x_{j,1})) - b_i\dot{y}_0$。

通过采用第 2 章介绍的神经网络逼近理论来近似未知的非线性函数 $F_{i,1}(Z_{i,1})$，可以得到

$$
\begin{aligned}
\dot{V}_1 = & \sum_{i=1}^{N}\left\{e_{i,1}\left[(d_i+b_i)g_{i,1}(x_{i,1})x_{i,2}+W_{i,1}^{*\mathrm{T}}\varphi_{i,1}(Z_{i,1})\right.\right.\\
& \left.\left.+\varepsilon_{i,1}(Z_{i,1})+(d_i+b_i)d_{i,1}(x_{i,1})-\sum_{j=1}^{N}a_{ij}d_{j,1}(x_{j,1})\right]\right\}\Big/(k_{bi1}^2-e_{i,1}^2)\\
\leqslant & \sum_{i=1}^{N}\left\{\frac{(d_i+b_i)g_{i,1}(x_{i,1})e_{i,1}x_{i,2}}{k_{bi1}^2-e_{i,1}^2}+\frac{e_{i,1}^2\theta_{i,1}\varphi_{i,1}^{\mathrm{T}}(Z_{i,1})\varphi_{i,1}(Z_{i,1})}{2l_{i,1}(k_{bi1}^2-e_{i,1}^2)^2}+\frac{l_{i,1}}{2}\right.\\
& \left.+\frac{e_{i,1}\varepsilon_{i,1}(Z_{i,1})}{k_{bi1}^2-e_{i,1}^2}+\frac{e_{i,1}\left[(d_i+b_i)d_{i,1}(x_{i,1})-\sum\limits_{j=1}^{N}a_{ij}d_{j,1}(x_{j,1})\right]}{k_{bi1}^2-e_{i,1}^2}\right\}
\end{aligned}
\tag{6.7}
$$

其中，$\theta_{i,1}=\|W_{i,1}^{*}\|^2$；$l_{i,1}$ 为正设计常数。

接下来，引入以下坐标变换：

$$
\begin{aligned}
e_{i,m} &= x_{i,m}-\alpha_{i,mf}, \quad i=1,2,\cdots,N\\
\eta_{i,m} &= \alpha_{i,mf}-\alpha_{i,m-1}, \quad m=2,3,\cdots,n
\end{aligned}
\tag{6.8}
$$

其中，$e_{i,m}$、$\alpha_{i,m-1}$ 和 $\eta_{i,m}$ 分别为跟踪误差、虚拟控制输入和边界层误差；$\alpha_{i,mf}$ 为以下一阶滤波器的输出状态信息：

$$
\dot{\alpha}_{i,mf}=-\tau_{i,m}\eta_{i,m}-\nu_{i,m}\eta_{i,m}^{h}
\tag{6.9}
$$

其中，$\tau_{i,m}$ 和 $\nu_{i,m}$ 为正设计常数；$0<h=p/q<1$，p 和 q 为正奇数。值得注意的是，当 $\tau_{i,m}=0$ 时，所提出的一阶滤波器 (6.9) 即文献 [188] 中提出的分数阶滤波器，当 $\nu_{i,m}=0$ 时，即文献 [189]~[191] 中广泛使用的线性滤波器。通过将线性项和分数项同时纳入滤波器，可以保证闭环系统的快速有限时间稳定性。

构造有限时间 C^1 光滑虚拟控制输入 $\alpha_{i,1}$ 为

$$
\alpha_{i,1}=-\frac{c_{i,1}e_{i,1}}{d_i+b_i}-\mu_{i,1}\frac{e_{i,1}}{k_{bi1}^2-e_{i,1}^2}-\frac{e_{i,1}\hat{\theta}_{i,1}\varphi_{i,1}^{\mathrm{T}}(Z_{i,1})\varphi_{i,1}(Z_{i,1})}{2(d_i+b_i)l_{i,1}(k_{bi1}^2-e_{i,1}^2)}-\frac{\kappa_{i,1}\beta_{i,1}(e_{i,1})}{d_i+b_i}
\tag{6.10}
$$

其中，$c_{i,1}$、$\mu_{i,1}$、$\kappa_{i,1}$ 为正设计常数；$\hat{\theta}_{i,1}$ 为 $\theta_{i,1}$ 的估计值；$\beta_{i,1}(e_{i,1})$ 定义为

$$
\beta_{i,1}(e_{i,1})=\begin{cases} e_{i,1}^{h}(k_{bi1}^2-e_{i,1}^2)^{\frac{1-h}{2}}, & |e_{i,1}|\geqslant\tau_{i,1}\\ \iota_{i,1}e_{i,1}+o_{i,1}e_{i,1}^3, & |e_{i,1}|<\tau_{i,1}\end{cases}
\tag{6.11}
$$

其中，$\iota_{i,1}=\tau_{i,1}^{h-1}(k_{bi1}^2-\tau_{i,1}^2)^{\frac{1-h}{2}}-o_{i,1}\tau_{i,1}^2$；$o_{i,1}=\dfrac{1}{2\tau_{i,1}^3}(h-1)\tau_{i,1}^h\Big[(k_{bi1}^2-\tau_{i,1}^2)^{\frac{1-h}{2}}+\tau_{i,1}^2(k_{bi1}^2-\tau_{i,1}^2)^{-\frac{1+h}{2}}\Big]$ 且 $\tau_{i,1}<k_{bi1}$ 是一个小的正常数。估计值 $\hat{\theta}_{i,1}$ 由以下自适应控制律决定：

$$\dot{\hat{\theta}}_{i,1}=\rho_{i,1}\left(-\sigma_{i,1}\hat{\theta}_{i,1}-\varrho_{i,1}\hat{\theta}_{i,1}^h+\frac{e_{i,1}^2\varphi_{i,1}^{\mathrm{T}}(Z_{i,1})\varphi_{i,1}(Z_{i,1})}{2l_{i,1}(k_{bi1}^2-e_{i,1}^2)^2}\right) \tag{6.12}$$

其中，$\rho_{i,1}>0$、$\sigma_{i,1}>0$ 和 $\varrho_{i,1}>0$ 为待设计常数。根据引理 6.2 可得当选择 $\hat{\theta}_{i,1}(0)\geqslant 0$ 时，对于 $\forall t>0$ 都有 $\hat{\theta}_{i,1}\geqslant 0$ 成立。

注 6.2 通过合理设计 $\iota_{i,1}$ 和 $o_{i,1}$，可实现虚拟控制输入 $\alpha_{i,1}$ 及其导数 $\dot{\alpha}_{i,1}$ 在集合 Ω_{y_i} 中都具有连续性。具体地说，由式 (6.10) 可知，当 $e_{i,1}\in(-\tau_{i,1},\tau_{i,1})$ 或 $|e_{i,1}|\in(\tau_{i,1},\ k_{bi1})$ 时，$\beta_{i,1}(e_{i,1})$ 及其导数 $\dot{\beta}_{i,1}(e_{i,1})$ 是连续的。此外，选择式 (6.11) 中的 $\iota_{i,1}$ 和 $o_{i,1}$，可以得到当 $e_{i,1}=\tau_{i,1}$ 时，$\beta_{i,1}(\tau_{i,1}^+)=\beta_{i,1}(\tau_{i,1}^-)=\tau_{i,1}^h(k_{bi1}^2-\tau_{i,1}^2)^{\frac{1-h}{2}}$，$\dot{\beta}_{i,1}(\tau_{i,1}^+)=\dot{\beta}_{i,1}(\tau_{i,1}^-)=\Big[h\tau_{i,1}^{h-1}(k_{bi1}^2-\tau_{i,1}^2)^{\frac{1-h}{2}}-(1-h)\tau_{i,1}^{h+1}(k_{bi1}^2-\tau_{i,1}^2)^{\frac{-1-h}{2}}\Big]\cdot\dot{e}_{i,1}|_{e_{i,1}=\tau_{i,1}}$。类似地，当 $e_{i,1}=-\tau_{i,1}$ 时，也可证明 $\beta_{i,1}(e_{i,1})$ 和 $\dot{\beta}_{i,1}(e_{i,1})$ 具有连续性。因此，所设计的虚拟控制输入 $\alpha_{i,1}$ 在集合 Ω_{y_i} 中是 C^1 连续的。此外，所提出的控制方法通过分数型和三次型状态反馈的切换还可以有效地避免奇异性。

在假设 6.1 下，将 $x_{i,2}=e_{i,2}+\eta_{i,2}+\alpha_{i,1}$ 和虚拟控制器 (6.10) 代入式 (6.7) 可得

$$\begin{aligned}\dot{V}_1\leqslant\sum_{i=1}^N\Bigg\{&-c_{i,1}b_{i,1}\frac{e_{i,1}^2}{k_{bi1}^2-e_{i,1}^2}-\kappa_{i,1}g_{i,1}(x_{i,1})\frac{e_{i,1}\beta_{i,1}(e_{i,1})}{k_{bi1}^2-e_{i,1}^2}\\&+\frac{g_{i,1}(x_{i,1})(d_i+b_i)e_{i,1}e_{i,2}}{k_{bi1}^2-e_{i,1}^2}+\frac{e_{i,1}^2\tilde{\theta}_{i,1}\varphi_{i,1}^{\mathrm{T}}(Z_{i,1})\varphi_{i,1}(Z_{i,1})}{2l_{i,1}(k_{bi1}^2-e_{i,1}^2)^2}\\&+\frac{(b_i+d_i)^2a_{i,1}^2\eta_{i,2}^2}{2\mu_{i,1}b_{i,1}}+\frac{l_{i,1}}{2}-\frac{\mu_{i,1}b_{i,1}e_{i,1}^2}{2(k_{bi1}^2-e_{i,1}^2)^2}\\&+\frac{e_{i,1}\varepsilon_{i,1}(Z_{i,1})}{k_{bi1}^2-e_{i,1}^2}+\frac{e_{i,1}\left[(d_i+b_i)d_{i,1}(x_{i,1})-\sum\limits_{j=1}^N a_{ij}d_{j,1}(x_{j,1})\right]}{k_{bi1}^2-e_{i,1}^2}\Bigg\}\end{aligned} \tag{6.13}$$

其中，$\tilde{\theta}_{i,1}=\theta_{i,1}-b_{i,1}\hat{\theta}_{i,1}$，$\hat{\theta}_{i,1}\geqslant 0$。利用 Cauchy 不等式和 Young 不等式可得以下不等式：

$$-\frac{\mu_{i,1}b_{i,1}e_{i,1}^2}{4(k_{bi1}^2-e_{i,1}^2)^2}+\frac{e_{i,1}\varepsilon_{i,1}(Z_{i,1})}{k_{bi1}^2-e_{i,1}^2}\leqslant\frac{\varepsilon_{i,1}^2(Z_{i,1})}{\mu_{i,1}b_{i,1}}\leqslant\frac{\varepsilon_{Mi1}^2}{\mu_{i,1}b_{i,1}}$$

$$-\frac{\mu_{i,1}b_{i,1}e_{i,1}^2}{4(k_{bi1}^2-e_{i,1}^2)^2}+\frac{e_{i,1}\left[(d_i+b_i)d_{i,1}(x_{i,1})-\sum_{j=1}^{N}a_{ij}d_{j,1}(x_{j,1})\right]}{k_{bi1}^2-e_{i,1}^2}\leqslant\frac{d_{Mi1}^2}{\mu_{i,1}b_{i,1}} \tag{6.14}$$

其中，$d_{Mi1}=(d_i+b_i)d_{i,1}^M+\sum_{j=1}^{N}a_{ij}d_{j,1}^M$。因此，进一步可得

$$\begin{aligned}\dot{V}_1\leqslant\sum_{i=1}^{N}\Bigg[&\frac{c_{i,1}b_{i,1}e_{i,1}^2}{k_{bi1}^2-e_{i,1}^2}-\frac{\kappa_{i,1}g_{i,1}(x_{i,1})e_{i,1}\beta_{i,1}(e_{i,1})}{k_{bi1}^2-e_{i,1}^2}+\frac{g_{i,1}(x_{i,1})(b_i+d_i)e_{i,1}e_{i,2}}{k_{bi1}^2-e_{i,1}^2}\\&+\frac{e_{i,1}^2\tilde{\theta}_{i,1}\varphi_{i,1}^{\mathrm{T}}(Z_{i,1})\varphi_{i,1}(Z_{i,1})}{2l_{i,1}(k_{bi1}^2-e_{i,1}^2)^2}+\frac{(b_i+d_i)^2a_{i,1}^2\eta_{i,2}^2}{2\mu_{i,1}b_{i,1}}+\frac{l_{i,1}}{2}+\frac{\varepsilon_{Mi1}^2}{\mu_{i,1}b_{i,1}}+\frac{d_{Mi1}^2}{\mu_{i,1}b_{i,1}}\Bigg]\end{aligned} \tag{6.15}$$

注 6.2 表明通过在集合 Ω_{y_i} 中选择合适的 $\iota_{i,1}$ 和 $o_{i,1}$，可以保证 $\alpha_{i,1}$ 和 $\dot{\alpha}_{i,1}$ 都具有连续性。因此，由式 (6.8)、式 (6.9) 和 $\dot{\alpha}_{i,1}$ 的连续性可得

$$\dot{\eta}_{i,2}\leqslant-\tau_{i,2}\eta_{i,2}-\nu_{i,2}\eta_{i,2}^h+\lambda_{i,2}(e_{i,1},e_{i,2},\hat{\theta}_{i,1},\eta_{i,2},x_{j,2},\dot{x}_{j,2}) \tag{6.16}$$

其中，$\lambda_{i,2}(e_{i,1},e_{i,2},\hat{\theta}_{i,1},\eta_{i,2},x_{j,2},\dot{x}_{j,2})$ 为一个连续函数。

步骤 2: 利用式 (6.1) 和式 (6.8) 可以求出 $e_{i,2}$ 的导数为

$$\dot{e}_{i,2}=g_{i,2}(\bar{x}_{i,2})(e_{i,3}+\eta_{i,3}+\alpha_{i,2})-\frac{g_{i,1}(x_{i,1})(d_i+b_i)e_{i,1}}{k_{bi1}^2-e_{i,1}^2}+F_{i,2}(Z_{i,2})+d_{i,2}(\bar{x}_{i,2}) \tag{6.17}$$

其中，$F_{i,2}(Z_{i,2})=\frac{g_{i,1}(x_{i,1})(d_i+b_i)e_{i,1}}{k_{bi1}^2-e_{i,1}^2}+f_{i,2}(\bar{x}_{i,2})-\dot{\alpha}_{i,2f}$ 且 $Z_{i,2}=[\bar{x}_{i,2}^{\mathrm{T}},e_{i,1},\dot{\alpha}_{i,2f}]^{\mathrm{T}}$。

类似地，通过采用神经网络来近似 $F_{i,2}(Z_{i,2})$，并对 Lyapunov 函数 $V_2=\frac{1}{2}\sum_{i=1}^{N}e_{i,2}^2$ 求导可得

$$\begin{aligned}\dot{V}_2\leqslant&\sum_{i=1}^{N}\Bigg[e_{i,2}g_{i,2}(\bar{x}_{i,2})(e_{i,3}+\eta_{i,3}+\alpha_{i,2})-\frac{g_{i,1}(x_{i,1})(d_i+b_i)e_{i,1}e_{i,2}}{k_{bi1}^2-e_{i,1}^2}+\frac{l_{i,2}}{2}\\&+\frac{1}{2l_{i,2}}e_{i,2}^2\theta_{i,2}\varphi_{i,2}^{\mathrm{T}}(Z_{i,2})\varphi_{i,2}(Z_{i,2})+e_{i,2}(\varepsilon_{i,2}(Z_{i,2})+d_{i,2}(\bar{x}_{i,2}))\Bigg]\\\leqslant&\sum_{i=1}^{N}\Bigg[g_{i,2}(\bar{x}_{i,2})e_{i,2}e_{i,3}+\frac{\mu_{i,2}b_{i,2}e_{i,2}^2}{2}+\frac{a_{i,2}^2\eta_{i,3}^2}{2\mu_{i,2}b_{i,2}}+g_{i,2}(\bar{x}_{i,2})e_{i,2}\alpha_{i,2}\end{aligned} \tag{6.18}$$

$$-\frac{g_{i,1}(x_{i,1})(d_i+b_i)e_{i,1}e_{i,2}}{k_{bi1}^2-e_{i,1}^2}+\frac{1}{2l_{i,2}}e_{i,2}^2\theta_{i,2}\varphi_{i,2}^{\mathrm{T}}(Z_{i,2})\varphi_{i,2}(Z_{i,2})+\frac{l_{i,2}}{2}$$

$$\left.+e_{i,2}\varepsilon_{i,2}(Z_{i,2})+e_{i,2}d_{i,2}(\bar{x}_{i,2})\right]$$

其中，$\theta_{i,2}=\|W_{i,2}^*\|^2$；$\mu_{i,2}$ 和 $l_{i,2}$ 为正设计常数。

构造有限时间 C^1 光滑虚拟控制输入 $\alpha_{i,2}$ 为

$$\alpha_{i,2}=-(c_{i,2}+\mu_{i,2})e_{i,2}-\frac{1}{2l_{i,2}}e_{i,2}\hat{\theta}_{i,2}\varphi_{i,2}^{\mathrm{T}}(Z_{i,2})\varphi_{i,2}(Z_{i,2})-\kappa_{i,2}\beta_{i,2}(e_{i,2}) \tag{6.19}$$

其中，$c_{i,2}$、$\kappa_{i,2}$ 为正设计常数；$\hat{\theta}_{i,2}$ 为 $\theta_{i,2}$ 的估计值；$\beta_{i,2}(e_{i,2})$ 定义为

$$\beta_{i,2}(e_{i,2})=\begin{cases}e_{i,2}^h, & |e_{i,2}|\geqslant\tau_{i,2}\\ \iota_{i,2}e_{i,2}+o_{i,2}e_{i,2}^3, & |e_{i,2}|<\tau_{i,2}\end{cases} \tag{6.20}$$

其中，$\iota_{i,2}=\dfrac{1}{2}(3-h)\tau_{i,2}^{h-1}$；$o_{i,2}=\dfrac{1}{2}(h-1)\tau_{i,2}^{h-3}$；$\tau_{i,2}$ 是一个小的正常数。估计值 $\hat{\theta}_{i,2}$ 由以下自适应控制律确定：

$$\dot{\hat{\theta}}_{i,2}=\rho_{i,2}\left(-\sigma_{i,2}\hat{\theta}_{i,2}-\varrho_{i,2}\hat{\theta}_{i,2}^h+\frac{1}{2l_{i,2}}e_{i,2}^2\varphi_{i,2}^{\mathrm{T}}(Z_{i,2})\varphi_{i,2}(Z_{i,2})\right) \tag{6.21}$$

其中，$\hat{\theta}_{i,2}(0)\geqslant 0$、$\rho_{i,2}>0$、$\sigma_{i,2}>0$、$\varrho_{i,2}>0$ 为待设计常数。然后，通过与式 (6.13) ~ 式 (6.15) 类似的分析，有

$$\begin{aligned}\dot{V}_2\leqslant{}& g_{i,2}(\bar{x}_{i,2})e_{i,2}e_{i,3}-\frac{g_{i,1}(x_{i,1})(d_i+b_i)e_{i,1}e_{i,2}}{k_{bi1}^2-e_{i,1}^2}\\ &-c_{i,2}b_{i,2}e_{i,2}^2-\kappa_{i,2}g_{i,2}(\bar{x}_{i,2})e_{i,2}\beta_{i,2}(e_{i,2})\\ &+\frac{1}{2l_{i,2}}e_{i,2}^2\tilde{\theta}_{i,2}\varphi_{i,2}^{\mathrm{T}}(Z_{i,2})\varphi_{i,2}(Z_{i,2})+\frac{a_{i,2}^2\eta_{i,3}^2}{2\mu_{i,2}b_{i,2}}+\frac{l_{i,2}}{2}+\frac{\varepsilon_{Mi2}^2}{\mu_{i,2}b_{i,2}}+\frac{d_{Mi2}^2}{\mu_{i,2}b_{i,2}}\end{aligned} \tag{6.22}$$

其中，$\tilde{\theta}_{i,2}=\theta_{i,2}-b_{i,2}\hat{\theta}_{i,2}$；$d_{Mi2}=d_{i,2}^M$。根据与注 6.2 中类似的分析可以得到，通过选择合适的 $\iota_{i,2}$ 和 $o_{i,2}$，$\alpha_{i,2}$ 及其导数 $\dot{\alpha}_{i,2}$ 都具有连续性。因此，根据式 (6.8) 和式 (6.9)，以及 $\dot{\alpha}_{i,2}$ 的连续性，可得

$$\dot{\eta}_{i,3}\leqslant-\tau_{i,3}\eta_{i,3}-\nu_{i,2}\eta_{i,3}^h+\lambda_{i,3}(\bar{e}_{i,3},\bar{\hat{\theta}}_{i,2},\eta_{i,2},\eta_{i,3},x_{j,2},\dot{x}_{j,2},\ddot{x}_{j,2}) \tag{6.23}$$

其中，$\lambda_{i,3}(\bar{e}_{i,3},\bar{\hat{\theta}}_{i,2},\eta_{i,2},\eta_{i,3},x_{j,2},\dot{x}_{j,2},\ddot{x}_{j,2})$ 是一个连续函数。

步骤 $m(3 \leqslant m \leqslant n-1)$: 构造 Lyapunov 函数:

$$V_m = \frac{1}{2}\sum_{i=1}^{N} e_{i,m}^2 \tag{6.24}$$

利用式 (6.1) 和式 (6.8) 可求 $V_m(t)$ 的导数为

$$\begin{aligned}\dot{V}_m =& e_{i,m}[g_{i,m}(\bar{x}_{i,m})(e_{i,m+1}+\eta_{i,m+1}+\alpha_{i,m}) - g_{i,m-1}(\bar{x}_{i,m-1})e_{i,m-1} \\ &+ F_{i,m}(Z_{i,m}) + d_{i,m}(\bar{x}_{i,m})] \\ \leqslant& e_{i,m}g_{i,m}(\bar{x}_{i,m})(e_{i,m+1}+\eta_{i,m+1}+\alpha_{i,m}) - g_{i,m-1}(\bar{x}_{i,m-1})e_{i,m-1}e_{i,m} \\ &+ \frac{1}{2l_{i,m}}e_{i,m}^2\theta_{i,m}\varphi_{i,m}^{\mathrm{T}}(Z_{i,m})\varphi_{i,m}(Z_{i,m}) \\ &+ \frac{l_{i,m}}{2} + e_{i,m}\varepsilon_{i,m}(Z_{i,m}) + e_{i,m}d_{i,m}(\bar{x}_{i,m})\end{aligned} \tag{6.25}$$

其中，$F_{i,m}(Z_{i,m}) = g_{i,m-1}(\bar{x}_{i,m-1})e_{i,m-1} + f_{i,m}(\bar{x}_{i,m}) - \dot{\alpha}_{i,mf} = W_{i,m}^{*\mathrm{T}}\varphi_{i,m}(Z_{i,m}) + \varepsilon_{i,m}(Z_{i,m})$；$Z_{i,m} = [\bar{x}_{i,m}^{\mathrm{T}}, \alpha_{i,(m-1)f}, \dot{\alpha}_{i,mf}]^{\mathrm{T}}$；$\theta_{i,m} = \|W_{i,m}^*\|^2$；$l_{i,m}$ 为正设计常数。

对于 $m = 3, 4, \cdots, n-1$，设计与式 (6.19) ~ 式 (6.21) 相同的 C^1 光滑虚拟控制器 $\alpha_{i,m}$ 和自适应律 $\hat{\theta}_{i,m}$，并使用与步骤 2 类似的步骤，可推导得

$$\begin{aligned}\dot{V}_m \leqslant& g_{i,m}(\bar{x}_{i,m})e_{i,m}e_{i,m+1} - g_{i,m-1}(\bar{x}_{i,m-1})e_{i,m-1}e_{i,m} \\ &- c_{i,m}b_{i,m}e_{i,m}^2 - \kappa_{i,m}g_{i,m}(\bar{x}_{i,m})e_{i,m}\beta_{i,m}(e_{i,m}) \\ &+ \frac{1}{2l_{i,m}}e_{i,m}^2\tilde{\theta}_{i,m}\varphi_{i,m}^{\mathrm{T}}(Z_{i,m})\varphi_{i,m}(Z_{i,m}) \\ &+ \frac{a_{i,m}^2\eta_{i,m+1}^2}{2\mu_{i,m}b_{i,m}} + \frac{l_{i,m}}{2} + \frac{\varepsilon_{Mim}^2}{\mu_{i,m}b_{i,m}} + \frac{d_{Mim}^2}{\mu_{i,m}b_{i,m}}\end{aligned} \tag{6.26}$$

和

$$\begin{aligned}\dot{\eta}_{i,m+1} \leqslant& -\tau_{i,m+1}\eta_{i,m+1} - \nu_{i,m+1}\eta_{i,m+1}^h \\ &+ \lambda_{i,m+1}(\bar{e}_{i,m+1}, \bar{\hat{\theta}}_{i,m}, \eta_{i,2}, \eta_{i,3}, \cdots, \eta_{i,m+1}, x_{j,2}, \dot{x}_{j,2}, \ddot{x}_{j,2})\end{aligned} \tag{6.27}$$

其中，$d_{Mim} = d_{i,m}^M$；$\tilde{\theta}_{i,m} = \theta_{i,m} - b_{i,m}\hat{\theta}_{i,m}$ 为神经网络权重估计误差；$\lambda_{i,m+1}$ 为未知连续函数。

步骤 n: 设计实际控制律 u_i。利用 $e_{i,n} = x_{i,n} - \alpha_{i,nf}$ 和式 (6.1) 可求 $e_{i,n}$ 的导数为

$$\dot{e}_{i,n} = g_{i,n}(\bar{x}_{i,n})u_i - g_{i,n-1}(\bar{x}_{i,n-1})e_{i,n-1} + F_{i,n}(Z_{i,n}) + d_{i,n}(\bar{x}_{i,n}) \tag{6.28}$$

其中，$F_{i,n}(Z_{i,n}) = g_{i,n-1}(\bar{x}_{i,n-1})e_{i,n-1} + f_{i,n}(\bar{x}_{i,n}) - \dot{\alpha}_{i,nf}$；$Z_{i,n} = [\bar{x}_{i,n}, \alpha_{i,(n-1)f}, \dot{\alpha}_{i,nf}] \in \mathbb{R}^{n+2}$。然后, 选择 Lyapunov 函数 $V_n = \dfrac{1}{2}\sum_{i=1}^{N} e_{i,n}^2$。与第 m 步的推导相似，V_n 的导数为

$$\begin{aligned}\dot{V}_n \leqslant\, & g_{i,n}(\bar{x}_{i,n})e_{i,n}u_i - g_{i,n-1}(\bar{x}_{i,n-1})e_{i,n-1}e_{i,n} \\ & + \frac{1}{2l_{i,n}}e_{i,n}^2\theta_{i,n}\varphi_{i,n}^{\mathrm{T}}(Z_{i,n})\varphi_{i,n}(Z_{i,n}) + \frac{l_{i,n}}{2} \\ & + e_{i,n}\varepsilon_{i,n}(Z_{i,n}) + e_{i,n}d_{i,n}(\bar{x}_{i,n})\end{aligned} \tag{6.29}$$

其中，$\theta_{i,n} = \|W_{i,n}^*\|^2$；$l_{i,n} > 0$ 为待设计常数。

构造有限时间 C^1 光滑实际控制输入 u_i 为

$$u_i = -\left(c_{i,n} + \frac{\mu_{i,n}}{2}\right)e_{i,n} - \frac{1}{2l_{i,n}}e_{i,n}^2\hat{\theta}_{i,n}\varphi_{i,n}^{\mathrm{T}}(Z_{i,n})\varphi_{i,n}(Z_{i,n}) - \kappa_{i,n}\beta_{i,n}(e_{i,n}) \tag{6.30}$$

其中，$c_{i,n}$、$\mu_{i,n}$、$\kappa_{i,n}$ 为待设计的正常数。在给定正的参数 $\tau_{i,n}$、$\sigma_{i,n}$、$\nu_{i,n}$ 下，$\beta_{i,n}(e_{i,n})$ 和 $\hat{\theta}_{i,n}$ 的具体形式分别与式 (6.20) 和式 (6.21) 相同。

将式 (6.30) 代入式 (6.29) 可得

$$\begin{aligned}\dot{V}_n \leqslant & -g_{i,n-1}(\bar{x}_{i,n-1})e_{i,n-1}e_{i,n} - c_{i,n}b_{i,n}e_{i,n}^2 - \kappa_{i,n}g_{i,n}(\bar{x}_{i,n})e_{i,n}\beta_{i,n}(e_{i,n}) \\ & + \frac{1}{2l_{i,n}}e_{i,n}^2\tilde{\theta}_{i,n}\varphi_{i,n}^{\mathrm{T}}(Z_{i,n})\varphi_{i,n}(Z_{i,n}) + \frac{l_{i,n}}{2} + \frac{\varepsilon_{Min}^2}{\mu_{i,n}b_{i,n}} + \frac{d_{Min}^2}{\mu_{i,n}b_{i,n}}\end{aligned} \tag{6.31}$$

其中，$d_{Min} = d_{i,n}^M$；$\tilde{\theta}_{i,n} = \theta_{i,n} - b_{i,n}\hat{\theta}_{i,n}$。

基于以上推导，可给出本节的主要定理。

定理 6.1 针对高阶非线性多智能体网络 (6.1)，在假设 6.1~6.4 成立的条件下，应用实际控制输入 (6.30)，虚拟控制输入 (6.10)、(6.19)，以及神经网络自适应控制律 (6.12)、(6.21)，当初始条件满足 $|e_{i,1}(0)| < k_{bi1}$ 和 $V_o(0) \leqslant \varDelta$ ($\varDelta > k_{bi1}$ 为任意正常数)，控制参数满足 $c_{i,1} > 0$、$\mu_{i,1} > 0$、$\kappa_{i,1} > 0$、$\sigma_{i,1} > 0$、$\varrho_{i,1} > 0$ 时，可得出以下结果:

(1) 闭环系统中所有状态 $e_{i,m}$、$\tilde{\theta}_{i,m}$、$\eta_{i,m+1}$ 都为半全局一致最终有界的，并在有限时间内收敛到任意小的区域;

(2) 输出 $y_i(i = 1, 2, \cdots, N)$ 将保持在集合 $\varOmega_{y_i}$ 中，即不会违反输出约束。

证明 构造 Lyapunov 函数:

$$V_o = V_e + V_\theta + V_\eta \tag{6.32}$$

其中，$V_e=\sum_{m=1}^{n}V_m$；$V_\theta=\sum_{i=1}^{N}\sum_{m=1}^{n}\frac{1}{2\rho_{i,m}b_{i,m}}\tilde{\theta}_{i,m}^2$；$V_\eta=\sum_{i=1}^{N}\sum_{m=1}^{n-1}\frac{a_{i,m}^2}{2b_{i,m}}\eta_{i,m+1}^2$。

利用式 (6.15)、式 (6.22)、式 (6.26) 与式 (6.29)，可得 V_e 的导数为

$$\begin{aligned}\dot{V}_e\leqslant\sum_{i=1}^{N}\bigg[&-\frac{c_{i,1}b_{i,1}e_{i,1}^2}{k_{bi1}^2-e_{i,1}^2}-\sum_{m=2}^{n}c_{i,m}b_{i,m}e_{i,m}^2-\frac{\kappa_{i,1}g_{i,1}(x_{i,1})e_{i,1}\beta_{i,1}(e_{i,1})}{k_{bi1}^2-e_{i,1}^2}\\&-\sum_{m=2}^{n}\kappa_{i,m}g_{i,m}(\bar{x}_{i,m})e_{i,m}\beta_{i,m}(e_{i,m})+\frac{e_{i,1}^2\tilde{\theta}_{i,1}\varphi_{i,1}^{\mathrm{T}}(Z_{i,1})\varphi_{i,1}(Z_{i,1})}{2l_{i,1}(k_{bi}^2-e_{i,1}^2)^2}\\&+\sum_{m=2}^{n}\frac{1}{2l_{i,m}}e_{i,m}^2\tilde{\theta}_{i,m}\varphi_{i,m}^{\mathrm{T}}(Z_{i,m})\varphi_{i,m}(Z_{i,m})+\sum_{m=2}^{n-1}\frac{a_{i,m}^2\eta_{i,m+1}^2}{2\mu_{i,m}b_{i,m}}\\&+\frac{(d_i+b_i)^2a_{i,1}^2\eta_{i,2}^2}{2\mu_{i,1}b_{i,1}}+\sum_{m=1}^{n}\left(\frac{l_{i,m}}{2}+\frac{\varepsilon_{Mim}^2}{\mu_{i,m}b_{i,m}}+\frac{d_{Mim}^2}{\mu_{i,m}b_{i,m}}\right)\bigg]\end{aligned}\tag{6.33}$$

由于 $\dot{\tilde{\theta}}_{i,m}=\dot{\theta}_{i,m}-b_{i,m}\dot{\hat{\theta}}_{i,m}=-b_{i,m}\dot{\hat{\theta}}_{i,m}$，利用式 (6.12) 和式 (6.21)，则有

$$\begin{aligned}&\dot{V}_e+\dot{V}_\theta\\&\leqslant\sum_{i=1}^{N}\bigg[-\frac{c_{i,1}b_{i,1}e_{i,1}^2}{k_{bi1}^2-e_{i,1}^2}-\sum_{m=2}^{n}c_{i,m}b_{i,m}e_{i,m}^2-\frac{\kappa_{i,1}g_{i,1}(x_{i,1})e_{i,1}\beta_{i,1}(e_{i,1})}{k_{bi1}^2-e_{i,1}^2}\\&\quad-\sum_{m=2}^{n}\kappa_{i,m}g_{i,m}(\bar{x}_{i,m})e_{i,m}\beta_{i,m}(e_{i,m})+\sum_{m=1}^{n}(\sigma_{i,m}\tilde{\theta}_{i,m}\hat{\theta}_{i,m}+\varrho_{i,m}\tilde{\theta}_{i,m}\hat{\theta}_{i,m}^h)\\&\quad+\sum_{m=2}^{n-1}\frac{a_{i,m}^2\eta_{i,m+1}^2}{2\mu_{i,m}b_{i,m}}+\frac{(d_i+b_i)^2a_{i,1}^2\eta_{i,2}^2}{2\mu_{i,1}b_{i,1}}+\sum_{m=1}^{n}\left(\frac{l_{i,m}}{2}+\frac{\varepsilon_{Mim}^2}{\mu_{i,m}b_{i,m}}+\frac{d_{Mim}^2}{\mu_{i,m}b_{i,m}}\right)\bigg]\end{aligned}\tag{6.34}$$

通过 $2\tilde{\theta}_{i,m}\hat{\theta}_{i,m}\leqslant\theta_{i,m}^2-\tilde{\theta}_{i,m}^2$ 与引理 6.1 可进一步得

$$\begin{aligned}\dot{V}_e+\dot{V}_\theta\leqslant\sum_{i=1}^{N}\bigg[&-\frac{c_{i,1}b_{i,1}e_{i,1}^2}{k_{bi1}^2-e_{i,1}^2}-\sum_{m=2}^{n}c_{i,m}b_{i,m}e_{i,m}^2-\frac{\kappa_{i,1}g_{i,1}(x_{i,1})e_{i,1}\beta_{i,1}(e_{i,1})}{k_{bi1}^2-e_{i,1}^2}\\&-\sum_{m=2}^{n}\kappa_{i,m}g_{i,m}(\bar{x}_{i,m})e_{i,m}\beta_{i,m}(e_{i,m})-\sum_{m=1}^{n}\frac{\sigma_{i,m}}{2}\tilde{\theta}_{i,m}^2\\&-\sum_{m=1}^{n}\varrho_{i,m}\xi\tilde{\theta}_{i,m}^{1+h}+\sum_{m=2}^{n-1}\frac{a_{i,m}^2\eta_{i,m+1}^2}{2\mu_{i,m}b_{i,m}}+\frac{(d_i+b_i)^2a_{i,1}^2\eta_{i,2}^2}{2\mu_{i,1}b_{i,1}}\\&+\sum_{m=1}^{n}\left(\frac{l_{i,m}}{2}+\frac{\varepsilon_{Mim}^2}{\mu_{i,m}b_{i,m}}+\frac{d_{Mim}^2}{\mu_{i,m}b_{i,m}}+\frac{\sigma_{i,m}}{2}\theta_{i,m}^2+\varrho_{i,m}\zeta\theta_{i,m}^{1+h}\right)\bigg]\end{aligned}\tag{6.35}$$

其中，ξ 和 ζ 定义于引理 6.1 中。

利用式 (6.16)、式 (6.23) 和式 (6.27) 可求 V_η 的导数为

$$\dot{V}_\eta \leqslant \sum_{i=1}^{N}\left[-\sum_{m=1}^{n-1}\frac{a_{i,m}^2}{b_{i,m}}(\tau_{i,m+1}\eta_{i,m+1}^2+\nu_{i,m+1}\eta_{i,m+1}^{1+h})+\sum_{m=1}^{n-1}\frac{a_{i,m}^2}{b_{i,m}}\eta_{i,m+1}\lambda_{i,m+1}\right] \tag{6.36}$$

定义紧集 $\Omega_{i,n}=\{(\bar{e}_{i,n},\bar{\tilde{\theta}}_{i,n},\eta_{i,2},\eta_{i,3},\cdots,\eta_{i,n})|V_o\leqslant\Delta\}$，其中 Δ 为正常数。那么，基于 DSC 技术，当 $V_o\leqslant\Delta$ 时，结合假设 6.3 和式 (6.36)，可得总存在一个正常数 $\Lambda_{i,m+1}(m=1,2,\cdots,n-1)$，使得在紧集 $\Omega_{i,n}\times\Omega_d$ 上 $\lambda_{i,m+1}(\cdot)\leqslant\Lambda_{i,m+1}$。那么应用 Young 不等式，式 (6.36) 进一步可得

$$\begin{aligned}\dot{V}_\eta \leqslant \sum_{i=1}^{N}\Bigg[&-\sum_{m=1}^{n-1}\frac{a_{i,m}^2}{b_{i,m}}\left(\tau_{i,m+1}-\frac{1}{2\chi_{i,m+1}}\right)\eta_{i,m+1}^2-\sum_{m=1}^{n-1}\frac{a_{i,m}^2}{b_{i,m}}\nu_{i,m+1}\eta_{i,m+1}^{1+h}\\&+\sum_{m=1}^{n-1}\frac{\chi_{i,m+1}a_{i,m}^2\Lambda_{i,m+1}^2}{2b_{i,m}}\Bigg]\end{aligned} \tag{6.37}$$

其中，$\chi_{i,m+1}(m=1,2,\cdots,n-1)$ 为待设计正常数。

因此，综合上述推导可得

$$\begin{aligned}\dot{V}_o \leqslant \sum_{i=1}^{N}\Bigg[&-\frac{c_{i,1}b_{i,1}e_{i,1}^2}{k_{bi1}^2-e_{i,1}^2}-\sum_{m=2}^{n}c_{i,m}b_{i,m}e_{i,m}^2-\frac{\kappa_{i,1}g_{i,1}(x_{i,1})e_{i,1}\beta_{i,1}(e_{i,1})}{k_{bi1}^2-e_{i,1}^2}\\&-\sum_{m=2}^{n}\kappa_{i,m}g_{i,m}(\bar{x}_{i,m})e_{i,m}\beta_{i,m}(e_{i,m})-\sum_{m=1}^{n}\frac{\sigma_{i,m}}{2}\tilde{\theta}_{i,m}^2-\sum_{m=1}^{n}\sigma_{i,m}\xi\tilde{\theta}_{i,m}^{1+h}\\&-\sum_{m=1}^{n-1}\widehat{\tau}_{i,m+1}\eta_{i,m+1}^2-\sum_{m=1}^{n-1}\frac{a_{i,m}^2}{b_{i,m}}\nu_{i,m+1}\eta_{i,m+1}^{1+h}+D_i\Bigg]\end{aligned} \tag{6.38}$$

其中

$$\widehat{\tau}_{i,2}=\frac{a_{i,1}^2}{b_{i,1}}\left[\tau_{i,2}-\frac{(d_i+b_i)^2}{2\mu_{i,1}}-\frac{1}{2\chi_{i,2}}\right]$$

$$\widehat{\tau}_{i,m+1}=\frac{a_{i,m}^2}{b_{i,m}}\left(\tau_{i,m+1}-\frac{1}{2\mu_{i,m}}-\frac{1}{2\chi_{i,m+1}}\right),\quad m=2,3,\cdots,n-1$$

$$\begin{aligned}D_i=&\sum_{m=1}^{n}\left(\frac{l_{i,m}}{2}+\frac{\varepsilon_{Mim}^2}{\mu_{i,m}b_{i,m}}+\frac{d_{Mim}^2}{\mu_{i,m}b_{i,m}}+\frac{\sigma_{i,m}}{2}\theta_{i,m}^2+\varrho_{i,m}\zeta\theta_{i,m}^{1+h}\right)\\&+\sum_{m=1}^{n-1}\frac{\chi_{i,m+1}a_{i,m}^2\Lambda_{i,m+1}^2}{2b_{i,m}}\end{aligned}$$

其中，通过选择 $\tau_{i,2}>\dfrac{(d_i+b_i)^2}{2\mu_{i,1}}+\dfrac{1}{2\chi_{i,2}}$，$\tau_{i,m+1}>\dfrac{1}{2\mu_{i,m}}+\dfrac{1}{2\chi_{i,m+1}}$ 可得 $\widehat{\tau}_{i,m+1}>0$。

根据式 (6.11) 和式 (6.20) 中 $\beta_{i,m}(e_{i,m})(m=1,2,\cdots,n)$ 的定义，考虑以下两种情况。

情况 1: 当 $|e_{i,m}|<\tau_{i,m}(m=1,2,\cdots,n)$ 时，将 $\beta_{i,m}(e_{i,m})=\iota_{i,m}e_{i,m}+o_{i,m}e_{i,m}^3$ 代入式 (6.38) 有

$$\begin{aligned}\dot{V}_o\leqslant\sum_{i=1}^{N}\Bigg[&-(c_{i,1}+\kappa_{i,1}\iota_{i,1})b_{i,1}\frac{e_{i,1}^2}{k_{bi1}^2-e_{i,1}^2}-\sum_{m=2}^{n}(c_{i,m}+\kappa_{i,m}\iota_{i,m})b_{i,m}e_{i,m}^2\\&-\sum_{m=1}^{n}\frac{\sigma_{i,m}}{2}\tilde{\theta}_{i,m}^2-\sum_{m=1}^{n-1}\widehat{\tau}_{i,m+1}\eta_{i,m+1}^2+D_i\Bigg]\end{aligned}\tag{6.39}$$

由式 (6.42)，可得

$$\dot{V}_o\leqslant-\frac{\gamma_{i,1}}{\delta}V_o+\sum_{i=1}^{N}D_i\tag{6.40}$$

其中

$$\begin{aligned}\gamma_{i,1}=\min\Big\{&(c_{i,1}+\kappa_{i,1}\iota_{i,1})b_{i,1},(c_{i,2}+\kappa_{i,2}\iota_{i,2})b_{i,2},\cdots,\\&(c_{i,n}+\kappa_{i,n}\iota_{i,n})b_{i,n},\frac{\sigma_{i,1}}{2},\frac{\sigma_{i,2}}{2},\cdots,\frac{\sigma_{i,n}}{2},\widehat{\tau}_{i,2},\widehat{\tau}_{i,3},\cdots,\widehat{\tau}_{i,n}\Big\}\end{aligned}$$

$$\delta=\max\left\{\frac{1}{2},\frac{1}{2\rho_{i,1}b_{i,1}},\frac{1}{2\rho_{i,2}b_{i,2}},\cdots,\frac{1}{2\rho_{i,n}b_{i,n}},\frac{a_{i,1}^2}{2b_{i,1}},\frac{a_{i,2}^2}{2b_{i,2}},\cdots,\frac{a_{i,n-1}^2}{2b_{i,n-1}}\right\}$$

进一步表明闭环系统的内部状态都是一致最终有界的。

情况 2: 当 $|e_{i,m}|\geqslant\tau_{i,m}(m=1,2,\cdots,n)$ 时，可得

$$\begin{aligned}\dot{V}_o\leqslant\sum_{i=1}^{N}\Bigg[&-\frac{c_{i,1}b_{i,1}e_{i,1}^2}{k_{bi1}^2-e_{i,1}^2}-\sum_{m=2}^{n}c_{i,m}b_{i,m}e_{i,m}^2-\kappa_{i,1}b_{i,1}\left(\frac{e_{i,1}^2}{k_{bi1}^2-e_{i,1}^2}\right)^{\frac{1+h}{2}}\\&-\sum_{m=2}^{n}\kappa_{i,m}b_{i,m}e_{i,m}^{1+h}-\sum_{m=1}^{n}\frac{\sigma_{i,m}}{2}\tilde{\theta}_{i,m}^2-\sum_{m=1}^{n}\varrho_{i,m}\xi\tilde{\theta}_{i,m}^{1+h}\\&-\sum_{m=1}^{n-1}\widehat{\tau}_{i,m+1}\eta_{i,m+1}^2-\sum_{m=1}^{n-1}\frac{a_{i,m}^2}{b_{i,m}}\nu_{i,m+1}\eta_{i,m+1}^{1+h}+D\Bigg]\end{aligned}\tag{6.41}$$

$$\leqslant\sum_{i=1}^{N}\left\{-\gamma\left(\frac{e_{i,1}^2}{k_{bi1}^2-e_{i,1}^2}+\sum_{m=2}^{n}e_{i,m}^2+\sum_{m=1}^{n}\tilde{\theta}_{i,m}^2+\sum_{m=1}^{n-1}\eta_{i,m+1}^2\right)\right.$$

$$
-\omega\left[\left(\frac{e_{i,1}^2}{k_{bi1}^2-e_{i,1}^2}\right)^{\frac{1+h}{2}}+\sum_{m=2}^{n}e_{i,m}^{1+h}+\sum_{m=1}^{n}\tilde{\theta}_{i,m}^{1+h}+\sum_{m=1}^{n-1}\eta_{i,m+1}^{1+h}\right]+D_i\Bigg\}
$$

其中

$$
\gamma=\min\left\{c_{i,1}b_{i,1},c_{i,2}b_{i,2},\cdots,c_{i,n}b_{i,n},\frac{\sigma_{i,1}}{2},\frac{\sigma_{i,2}}{2},\cdots,\frac{\sigma_{i,n}}{2},\widehat{\tau}_{i,2},\widehat{\tau}_{i,3},\cdots,\widehat{\tau}_{i,n}\right\}
$$

$$
\omega=\min\left\{\kappa_{i,1}b_{i,1},\kappa_{i,2}b_{i,2},\cdots,\kappa_{i,n}b_{i,n},\varrho_{i,1}\xi,\varrho_{i,2}\xi,\cdots,\varrho_{i,n}\xi,\frac{a_{i,1}^2}{b_{i,1}}\nu_{i,2},\right.
$$

$$
\left.\frac{a_{i,2}^2}{b_{i,2}}\nu_{i,3},\cdots,\frac{a_{i,n-1}^2}{b_{i,n-1}}\nu_{i,n}\right\}
$$

根据式 (6.32)、式 (6.41) 和引理 6.3 可以得出

$$
\dot{V}_o\leqslant -h_1V_o-h_2V_o^{\frac{1+h}{2}}+D \tag{6.42}
$$

其中，$h_1=\dfrac{\gamma}{\delta}$；$h_2=\dfrac{\omega}{\delta^{\frac{1+h}{2}}}$；$D=\displaystyle\sum_{i=1}^{N}D_i$。由文献 [192] 中定理 5.2 可知，若存在 t_o^* 对于所有 $t\in[0,t_o^*]$，使得 $V_o\geqslant\left(\dfrac{2D}{h_2}\right)^{\frac{2}{1+h}}$，则对于所有 $t\in[0,t_o^*]$，有 $\dot{V}_o\leqslant -h_1V_o-\dfrac{h_2}{2}V_o^{\frac{1+h}{2}}$。那么，根据引理 2.8，可得闭环系统可实现快速有限时间稳定性，其有限时间为 $T_o^*\leqslant\dfrac{2}{h_1(1-h)}\ln\left(\dfrac{2h_1V_o^{\frac{1-h}{2}}(0)+h_2}{h_2}\right)(T_o^*>t_o^*)$。因此，对于 $\forall t>T_o^*$，$V_o\leqslant\left(\dfrac{2D}{h_2}\right)^{\frac{2}{1+h}}$，从而闭环系统的内部状态信号将在有限时间 T_o^* 内收敛到以下紧集:

$$
\begin{aligned}
&|e_{i,1}|\leqslant k_{bi1}\left(1-\mathrm{e}^{-2\left(\frac{2D}{h_2}\right)^{\frac{2}{1+h}}}\right)^{\frac{1}{2}}\\
&|e_{i,m}|\leqslant 2^{\frac{1}{2}}\left(\frac{2D}{h_2}\right)^{\frac{1}{1+h}},\quad m=2,3,\cdots,n\\
&|\tilde{\theta}_{i,m}|\leqslant(2\rho_{i,m}b_{i,m})^{\frac{1}{2}}\left(\frac{2D}{h_2}\right)^{\frac{1}{1+h}},\quad i=1,2,\cdots,n\\
&|\eta_{i,m+1}|\leqslant\left(\frac{2b_{i,m}}{a_{i,m}^2}\right)^{\frac{1}{2}}\left(\frac{2D}{h_2}\right)^{\frac{1}{1+h}},\quad m=1,2,\cdots,n-1
\end{aligned}
\tag{6.43}
$$

注 6.3　由式 (6.40) 可以看出，当 $\beta_{i,m}(e_{i,m}) = \iota_{i,m}e_{i,m} + o_{i,m}e_{i,m}^3(m = 1, 2, \cdots, n)$ 时，跟踪误差 $e_{i,m}$ 可能大于 $\tau_{i,m}$ 但有界。在该情况下，控制策略 $\beta_{i,1}(e_{i,1}) = e_{i,1}^h(k_{bi1}^2 - e_{i,1}^2)^{\frac{1-h}{2}}$ 和 $\beta_{i,m}(e_{i,m}) = e_{i,m}^h(m = 2, 3, \cdots, n)$ 开始起作用，可进一步说明 $e_{i,m}$、$\tilde{\theta}_{i,m}$、$\eta_{i,m+1}$ 将在有限时间内收敛到 (6.43) 所定义的紧集。此外，所有由式 (6.43) 给出的紧集都可以通过选择适当的设计参数而使其变小。同时，存在一个小常数 $\tau_{i,m}(m = 1, 2, \cdots, n)$，使得闭环系统中的所有内部状态都能在有限时间内收敛到任意小的区域。

根据文献 [193] 中引理 1，由式 (6.40) 和式 (6.42) 可知，若初始条件满足 $|e_{i,1}(0)| < k_{bi1}$，则对于 $\forall t > 0$ 都有约束条件 $|e_{i,1}(t)| < k_{bi1}$ 成立。由式 (6.2) 可得

$$e_1 = (L + B)(y - y_0 1_N) \tag{6.44}$$

其中，$e_1 = [e_{1,1}, e_{2,1}, \cdots, e_{N,1}]^{\mathrm{T}}$；$y = [y_1, y_2, \cdots, y_N]^{\mathrm{T}}$。由于 $L + B$ 是非奇异矩阵，则跟踪误差满足下述关系：

$$y = (L + B)^{-1}e_1 + y_0 1_N \tag{6.45}$$

根据假设 6.3 可得 $|y_0| < A_0$，进一步有

$$|y_i| < I_i(L + B)^{-1}k_{bi1} + A_0 \xlongequal{\text{def}} k_{ci1} \tag{6.46}$$

其中，$I_i = [\underbrace{0, \cdots, 0}_{i-1}, 1, 0, \cdots, 0]$。因此，可以证明 $y_i(t) \in \Omega_{y_i}$，$\forall t > 0$。证毕。

注 6.4　在非奇异终端滑动控制技术的启发下，本节在控制器设计中采用分数阶和三次型状态反馈的平滑切换法，有效地避免了奇异性。此外，通过选取合适的 $\iota_{i,m}$ 和 $o_{i,m}$ $(m = 1, 2, \cdots, n)$，虚拟或实际控制输入及其导数都能保证是连续的。由式 (6.16)、式 (6.23) 和式 (6.27) 可以看出，其连续性对于使用 DSC 技术是必不可少的。此外，本节所设计的一阶滤波器 (6.9)，控制器 (6.10)、(6.19)、(6.30) 以及相应的自适应神经网络定律 (6.12)、(6.21) 都包含分数阶项和线性项，对实现闭环系统的快速收敛起着关键作用。

6.3　全状态约束下非线性多智能体网络协同控制

本节进一步解决全状态约束下非线性多智能体网络的协同控制问题，通过为系统 (6.1) 设计一个有限时间自适应神经网络控制 u_i，使输出 y_i 在有限时间内跟踪期望轨迹 y_0，并且系统每一阶状态 $x_{i,m}$ 都不违反其状态约束，即 $x_{i,m} \in \Omega_{x_{i,m}} = \{x_{i,m} : |x_{i,m}| < k_{cim}\}(m = 1, 2, \cdots, n)$。

为实现上述控制目标，本节的控制器设计采用与 6.2 节类似的过程，具体包含 n 步递归迭代设计过程。在步骤 1 到步骤 $n-1$ 中给出虚拟控制输入 $\alpha_{i,m}(m=1,2,\cdots,n-1)$，最后在第 n 步推导出实际控制律 u_i。

步骤 1: 根据式 (6.2)，构造障碍李雅普诺夫函数:

$$V_1=\frac{1}{2}\sum_{i=1}^{N}\ln\left(\frac{k_{bi1}^2}{k_{bi1}^2-e_{i,1}^2}\right) \tag{6.47}$$

其中，$k_{bi1}>0$ 为待设计参数。对 V_1 求导且代入式 (6.1) 可得

$$\begin{aligned}\dot{V}_1=\sum_{i=1}^{N}\Bigg\{e_{i,1}\Bigg[&(d_i+b_i)g_{i,1}(x_{i,1})x_{i,2}+F_{i,1}(Z_{i,1})\\&+(d_i+b_i)d_{i,1}(x_{i,1})-\sum_{j=1}^{N}a_{ij}d_{j,1}(x_{j,1})\Bigg]\Bigg\}\Big/(k_{bi1}^2-e_{i,1}^2)\end{aligned} \tag{6.48}$$

其中，$F_{i,1}(Z_{i,1})=(d_i+b_i)f_{i,1}(x_{i,1})-\sum_{j=1}^{N}a_{ij}[g_{j,1}(x_{j,1})x_{j,2}+f_{j,1}(x_{j,1})]-b_i\dot{y}_0$ 且 $Z_{i,1}=[x_{i,1}\ \bar{x}_{j,2}^{\mathrm{T}},\dot{y}_0]^{\mathrm{T}}$。通过采用神经网络来近似 $F_{i,1}(Z_{i,1})$，可得

$$\begin{aligned}\dot{V}_1=&\sum_{i=1}^{N}\Bigg\{e_{i,1}\Bigg[(d_i+b_i)g_{i,1}(x_{i,1})x_{i,2}+W_{i,1}^{*\mathrm{T}}\varphi_{i,1}(Z_{i,1})+\varepsilon_{i,1}(Z_{i,1})\\&+(d_i+b_i)d_{i,1}(x_{i,1})-\sum_{j=1}^{N}a_{ij}d_{j,1}(x_{j,1})\Bigg]\Bigg\}\Big/(k_{bi1}^2-e_{i,1}^2)\\\leqslant&\sum_{i=1}^{N}\Bigg\{\frac{(d_i+b_i)g_{i,1}(x_{i,1})e_{i,1}x_{i,2}}{k_{bi1}^2-e_{i,1}^2}+\frac{e_{i,1}^2\theta_{i,1}\varphi_{i,1}^{\mathrm{T}}(Z_{i,1})\varphi_{i,1}(Z_{i,1})}{2l_{i,1}(k_{bi1}^2-e_{i,1}^2)^2}+\frac{l_{i,1}}{2}\\&+\frac{e_{i,1}\varepsilon_{i,1}(Z_{i,1})}{k_{bi1}^2-e_{i,1}^2}+\frac{e_{i,1}\left[(d_i+b_i)d_{i,1}(x_{i,1})-\sum_{j=1}^{N}a_{ij}d_{j,1}(x_{j,1})\right]}{k_{bi1}^2-e_{i,1}^2}\Bigg\}\end{aligned} \tag{6.49}$$

其中，$\theta_{i,1}=\|W_{i,1}^*\|^2$；$l_{i,1}$ 为正设计常数。

设计有限时间 C^1 虚拟光滑控制输入 $\alpha_{i,1}$ 为

$$\alpha_{i,1}=-\frac{c_{i,1}e_{i,1}}{d_i+b_i}-\mu_{i,1}\frac{e_{i,1}}{k_{bi1}^2-e_{i,1}^2}-\frac{e_{i,1}\hat{\theta}_{i,1}\varphi_{i,1}^{\mathrm{T}}(Z_{i,1})\varphi_{i,1}(Z_{i,1})}{2(d_i+b_i)l_{i,1}(k_{bi1}^2-e_{i,1}^2)}-\frac{\kappa_{i,1}\beta_{i,1}(e_{i,1})}{d_i+b_i} \tag{6.50}$$

其中，$c_{i,1}$、$\mu_{i,1}$、$\kappa_{i,1}$ 为待设计正常数；$\hat{\theta}_{i,1}$ 为 $\theta_{i,1}$ 的估计值。

$$\beta_{i,1}(e_{i,1})=\begin{cases} e_{i,1}^h(k_{bi1}^2-e_{i,1}^2)^{\frac{1-h}{2}}, & |e_{i,1}|\geqslant\tau_{i,1} \\ \iota_{i,1}e_{i,1}+o_{i,1}e_{i,1}^3, & |e_{i,1}|<\tau_{i,1} \end{cases} \tag{6.51}$$

其中，$\iota_{i,1}=\tau_{i,1}^{h-1}(k_{bi1}^2-\tau_{i,1}^2)^{\frac{1-h}{2}}-o_{i,1}\tau_{i,1}^2$；$o_{i,1}=\dfrac{1}{2\tau_{i,1}^3}(h-1)\tau_{i,1}^h\Big[(k_{bi1}^2-\tau_{i,1}^2)^{\frac{1-h}{2}}+\tau_{i,1}^2(k_{bi1}^2-\tau_{i,1}^2)^{-\frac{1+h}{2}}\Big]$ 且 $\tau_{i,1}<k_{bi1}$ 是一待定正常数。估计值 $\hat{\theta}_{i,1}$ 由以下自适应控制律确定：

$$\dot{\hat{\theta}}_{i,1}=\rho_{i,1}\left(-\sigma_{i,1}\hat{\theta}_{i,1}-\varrho_{i,1}\hat{\theta}_{i,1}^h+\frac{e_{i,1}^2\varphi_{i,1}^{\mathrm{T}}(Z_{i,1})\varphi_{i,1}(Z_{i,1})}{2l_{i,1}(k_{bi1}^2-e_{i,1}^2)^2}\right) \tag{6.52}$$

其中，$\rho_{i,1}>0$、$\sigma_{i,1}>0$ 和 $\varrho_{i,1}>0$ 为待设计常数。根据引理 6.2 可得当 $\hat{\theta}_{i,1}(0)\geqslant 0$ 时，对于 $\forall t>0$ 都有 $\hat{\theta}_{i,1}(t)\geqslant 0$ 成立。

在假设 6.1 成立的条件下，将 $x_{i,2}=e_{i,2}+\eta_{i,2}+\alpha_{i,1}$ 和式 (6.50) 代入式 (6.49) 可得

$$\begin{aligned}\dot{V}_1\leqslant\sum_{i=1}^N\Bigg\{&-c_{i,1}b_{i,1}\frac{e_{i,1}^2}{k_{bi1}^2-e_{i,1}^2}-\kappa_{i,1}g_{i,1}(x_{i,1})\frac{e_{i,1}\beta_{i,1}(e_{i,1})}{k_{bi1}^2-e_{i,1}^2}\\&+\frac{g_{i,1}(x_{i,1})(d_i+b_i)e_{i,1}e_{i,2}}{k_{bi1}^2-e_{i,1}^2}+\frac{e_{i,1}^2\tilde{\theta}_{i,1}\varphi_{i,1}^{\mathrm{T}}(Z_{i,1})\varphi_{i,1}(Z_{i,1})}{2l_{i,1}(k_{bi1}^2-e_{i,1}^2)^2}\\&+\frac{(b_i+d_i)^2a_{i,1}^2\eta_{i,2}^2}{2\mu_{i,1}b_{i,1}}+\frac{l_{i,1}}{2}-\frac{\mu_{i,1}b_{i,1}e_{i,1}^2}{2(k_{bi1}^2-e_{i,1}^2)^2}\\&+\frac{e_{i,1}\varepsilon_{i,1}(Z_{i,1})}{k_{bi1}^2-e_{i,1}^2}+\frac{e_{i,1}\left[(d_i+b_i)d_{i,1}(x_{i,1})-\sum\limits_{j=1}^N a_{ij}d_{j,1}(x_{j,1})\right]}{k_{bi1}^2-e_{i,1}^2}\Bigg\}\end{aligned} \tag{6.53}$$

其中，$\tilde{\theta}_{i,1}=\theta_{i,1}-b_{i,1}\hat{\theta}_{i,1}$，$\hat{\theta}_{i,1}\geqslant 0$。利用 Cauchy 不等式和 Young 不等式，可进一步得

$$\begin{aligned}\dot{V}_1\leqslant\sum_{i=1}^N\Bigg[&-\frac{c_{i,1}b_{i,1}e_{i,1}^2}{k_{bi1}^2-e_{i,1}^2}-\frac{\kappa_{i,1}g_{i,1}(x_{i,1})e_{i,1}\beta_{i,1}(e_{i,1})}{k_{bi1}^2-e_{i,1}^2}+\frac{g_{i,1}(x_{i,1})(b_i+d_i)e_{i,1}e_{i,2}}{k_{bi1}^2-e_{i,1}^2}\\&+\frac{e_{i,1}^2\tilde{\theta}_{i,1}\varphi_{i,1}^{\mathrm{T}}(Z_{i,1})\varphi_{i,1}(Z_{i,1})}{2l_{i,1}(k_{bi1}^2-e_{i,1}^2)^2}+\frac{(b_i+d_i)^2a_{i,1}^2\eta_{i,2}^2}{2\mu_{i,1}b_{i,1}}+\frac{l_{i,1}}{2}+\frac{\varepsilon_{Mi1}^2}{\mu_{i,1}b_{i,1}}+\frac{d_{Mi1}^2}{\mu_{i,1}b_{i,1}}\Bigg]\end{aligned} \tag{6.54}$$

其中，$d_{Mi1}=(d_i+b_i)d_{i,1}^M+\sum_{j=1}^{N}a_{ij}d_{j,1}^M$。

步骤 2: 利用式 (6.1) 和式 (6.8) 可求 $e_{i,2}$ 的导数为

$$\begin{aligned}\dot{e}_{i,2}=&\,g_{i,2}(\bar{x}_{i,2})(e_{i,3}+\eta_{i,3}+\alpha_{i,2})\\&-\frac{g_{i,1}(x_{i,1})(d_i+b_i)e_{i,1}(k_{bi2}^2-e_{i,2}^2)}{k_{bi1}^2-e_{i,1}^2}+F_{i,2}(Z_{i,2})+d_{i,2}(\bar{x}_{i,2})\end{aligned}\tag{6.55}$$

其中，$F_{i,2}(Z_{i,2})=\dfrac{g_{i,1}(x_{i,1})(d_i+b_i)e_{i,1}(k_{bi2}^2-e_{i,2}^2)}{k_{bi1}^2-e_{i,1}^2}+f_{i,2}(\bar{x}_{i,2})-\dot{\alpha}_{i,2f}$ 且 $Z_{i,2}=[\bar{x}_{i,2}^{\mathrm{T}},e_{i,1},\dot{\alpha}_{i,2f}]^{\mathrm{T}}$。类似地，通过神经网络来近似 $F_{i,2}(Z_{i,2})$，并对 Lyapunov 函数 $V_2=\dfrac{1}{2}\sum_{i=1}^{N}\ln\dfrac{k_{bi2}^2}{k_{bi2}^2-e_{i,2}^2}$ 求导，可得

$$\begin{aligned}\dot{V}_2\leqslant&\sum_{i=1}^{N}\left[\frac{e_{i,2}g_{i,2}(\bar{x}_{i,2})(e_{i,3}+\eta_{i,3}+\alpha_{i,2})}{k_{bi2}^2-e_{i,2}^2}-\frac{g_{i,1}(x_{i,1})(d_i+b_i)e_{i,1}e_{i,2}}{k_{bi1}^2-e_{i,1}^2}+\frac{l_{i,2}}{2}\right.\\&\left.+\frac{e_{i,2}^2\theta_{i,2}\varphi_{i,2}^{\mathrm{T}}(Z_{i,2})\varphi_{i,2}(Z_{i,2})}{2l_{i,2}(k_{bi2}^2-e_{i,2}^2)^2}+\frac{e_{i,2}(\varepsilon_{i,2}(Z_{i,2})+d_{i,2}(\bar{x}_{i,2}))}{k_{bi2}^2-e_{i,2}^2}\right]\\\leqslant&\sum_{i=1}^{N}\left[\frac{g_{i,2}(\bar{x}_{i,2})e_{i,2}e_{i,3}}{k_{bi2}^2-e_{i,2}^2}+\frac{\mu_{i,2}b_{i,2}e_{i,2}^2}{2(k_{bi2}^2-e_{i,2}^2)^2}+\frac{a_{i,2}^2\eta_{i,3}^2}{2\mu_{i,2}b_{i,2}}+\frac{g_{i,2}(\bar{x}_{i,2})e_{i,2}\alpha_{i,2}}{k_{bi2}^2-e_{i,2}^2}\right.\\&-\frac{g_{i,1}(x_{i,1})(d_i+b_i)e_{i,1}e_{i,2}}{k_{bi1}^2-e_{i,1}^2}+\frac{e_{i,2}^2\theta_{i,2}\varphi_{i,2}^{\mathrm{T}}(Z_{i,2})\varphi_{i,2}(Z_{i,2})}{2l_{i,2}(k_{bi2}^2-e_{i,2}^2)^2}+\frac{l_{i,2}}{2}\\&\left.+\frac{e_{i,2}\varepsilon_{i,2}(Z_{i,2})}{k_{bi2}^2-e_{i,2}^2}+\frac{e_{i,2}d_{i,2}(\bar{x}_{i,2})}{k_{bi2}^2-e_{i,2}^2}\right]\end{aligned}\tag{6.56}$$

其中，$\theta_{i,2}=\|W_{i,2}^*\|^2$；$\mu_{i,2}$ 和 $l_{i,2}$ 为正设计常数。

设计有限时间 C^1 光滑虚拟控制输入 $\alpha_{i,2}$ 为

$$\alpha_{i,2}=-c_{i,2}e_{i,2}-\frac{\mu_{i,2}e_{i,2}}{k_{bi2}^2-e_{i,2}^2}-\frac{e_{i,2}\hat{\theta}_{i,2}\varphi_{i,2}^{\mathrm{T}}(Z_{i,2})\varphi_{i,2}(Z_{i,2})}{2l_{i,2}(k_{bi2}^2-e_{i,2}^2)}-\kappa_{i,2}\beta_{i,2}(e_{i,2})\tag{6.57}$$

其中，$c_{i,2}$、$\kappa_{i,2}$ 为待设计正常数；$\hat{\theta}_{i,2}$ 为 $\theta_{i,2}$ 的估计值；

$$\beta_{i,2}(e_{i,2})=\begin{cases}e_{i,2}^h(k_{bi2}^2-e_{i,2}^2)^{\frac{1-h}{2}}, & |e_{i,2}|\geqslant\tau_{i,2}\\ \iota_{i,2}e_{i,2}+o_{i,2}e_{i,2}^3, & |e_{i,2}|<\tau_{i,2}\end{cases}\tag{6.58}$$

其中，$\iota_{i,2}=\tau_{i,2}^{h-1}(k_{bi2}^2-\tau_{i,2}^2)^{\frac{1-h}{2}}-o_{i,2}\tau_{i,2}^2$；$o_{i,2}=\dfrac{1}{2\tau_{i,2}^3}(h-1)\tau_{i,2}^h\Big[(k_{bi2}^2-\tau_{i,2}^2)^{\frac{1-h}{2}}+\tau_{i,2}^2(k_{bi2}^2-\tau_{i,2}^2)^{-\frac{1+h}{2}}\Big]$；$\tau_{i,2}$ 是一个小的正常数。估计值 $\hat{\theta}_{i,2}$ 由以下自适应控制律给出：

$$\dot{\hat{\theta}}_{i,2}=\rho_{i,2}\left(-\sigma_{i,2}\hat{\theta}_{i,2}-\varrho_{i,2}\hat{\theta}_{i,2}^h+\frac{e_{i,2}^2\varphi_{i,2}^{\mathrm{T}}(Z_{i,2})\varphi_{i,2}(Z_{i,2})}{2l_{i,2}(k_{bi2}^2-e_{i,2}^2)^2}\right) \tag{6.59}$$

其中，$\hat{\theta}_{i,2}(0)\geqslant 0$、$\rho_{i,2}>0$、$\sigma_{i,2}>0$、$\varrho_{i,2}>0$ 为待设计正常数。然后，通过与式 (6.53) 和式 (6.54) 类似的分析，可得

$$\begin{aligned}\dot{V}_2\leqslant&\frac{g_{i,2}(\bar{x}_{i,2})e_{i,2}e_{i,3}}{k_{bi2}^2-e_{i,2}^2}-\frac{g_{i,1}(x_{i,1})(d_i+b_i)e_{i,1}e_{i,2}}{k_{bi1}^2-e_{i,1}^2}\\&-\frac{c_{i,2}b_{i,2}e_{i,2}^2}{k_{bi2}^2-e_{i,2}^2}-\frac{\kappa_{i,2}g_{i,2}(\bar{x}_{i,2})e_{i,2}\beta_{i,2}(e_{i,2})}{k_{bi2}^2-e_{i,2}^2}\\&+\frac{e_{i,2}^2\tilde{\theta}_{i,2}\varphi_{i,2}^{\mathrm{T}}(Z_{i,2})\varphi_{i,2}(Z_{i,2})}{2l_{i,2}(k_{bi2}^2-e_{i,2}^2)^2}+\frac{a_{i,2}^2\eta_{i,3}^2}{2\mu_{i,2}b_{i,2}}+\frac{l_{i,2}}{2}+\frac{\varepsilon_{Mi2}^2}{\mu_{i,2}b_{i,2}}+\frac{d_{Mi2}^2}{\mu_{i,2}b_{i,2}}\end{aligned} \tag{6.60}$$

其中，$\tilde{\theta}_{i,2}=\theta_{i,2}-b_{i,2}\hat{\theta}_{i,2}$；$d_{Mi2}=d_{i,2}^M$。

步骤 $m(3\leqslant m\leqslant n-1)$: 利用式 (6.1) 和式 (6.8) 对 $e_{i,m}$ 求导可得

$$\begin{aligned}\dot{e}_{i,m}=&g_{i,m}(\bar{x}_{i,m})(e_{i,m+1}+\eta_{i,m+1}+\alpha_{i,m})\\&-\frac{g_{i,m-1}(\bar{x}_{i,m-1})e_{i,m-1}(k_{bim}^2-e_{i,m}^2)}{k_{bi(m-1)}^2-e_{i,m-1}^2}+F_{i,m}(Z_{i,m})+d_{i,m}(\bar{x}_{i,m})\end{aligned} \tag{6.61}$$

其中，$F_{i,m}(Z_{i,m})=\dfrac{g_{i,m-1}(\bar{x}_{i,m-1})e_{i,m-1}(k_{bim}^2-e_{i,m}^2)}{k_{bi(m-1)}^2-e_{i,m-1}^2}+f_{i,m}(\bar{x}_{i,m})-\dot{\alpha}_{i,mf}$，$Z_{i,m}=[\bar{x}_{i,m}^{\mathrm{T}},e_{i,m-1},\dot{\alpha}_{i,mf}]^{\mathrm{T}}$。类似地，利用神经网络近似 $F_{i,m}(Z_{i,m})$，并对 Lyapunov 函数 $V_m=\dfrac{1}{2}\displaystyle\sum_{i=1}^N\ln\left(\frac{k_{bim}^2}{k_{bim}^2-e_{i,m}^2}\right)$ 求导，可得

$$\begin{aligned}\dot{V}_m\leqslant&\sum_{i=1}^N\left\{\frac{e_{i,m}g_{i,m}(\bar{x}_{i,m})(e_{i,m+1}+\eta_{i,m+1}+\alpha_{i,m})}{k_{bim}^2-e_{i,m}^2}-\frac{g_{i,m-1}(\bar{x}_{i,m-1})e_{i,m-1}e_{i,m}}{k_{bi1}^2-e_{i,m-1}^2}\right.\\&\left.+\frac{l_{i,m}}{2}+\frac{e_{i,m}^2\theta_{i,m}\varphi_{i,m}^{\mathrm{T}}(Z_{i,m})\varphi_{i,m}(Z_{i,m})}{2l_{i,m}(k_{bim}^2-e_{i,m}^2)^2}+\frac{e_{i,m}\left[\varepsilon_{i,m}(Z_{i,m})+d_{i,m}(\bar{x}_{i,m})\right]}{k_{bim}^2-e_{i,m}^2}\right\}\\\leqslant&\sum_{i=1}^N\left[\frac{g_{i,m}(\bar{x}_{i,m})e_{i,m}e_{i,m+1}}{k_{bim}^2-e_{i,m}^2}+\frac{\mu_{i,m}b_{i,m}e_{i,m}^2}{2(k_{bim}^2-e_{i,m}^2)^2}+\frac{a_{i,m}^2\eta_{i,m+1}^2}{2\mu_{i,m}b_{i,m}}\right.\end{aligned}$$

$$+\frac{g_{i,m}(\bar{x}_{i,m})e_{i,m}\alpha_{i,m}}{k_{bim}^2-e_{i,m}^2}-\frac{g_{i,m-1}(\bar{x}_{i,m-1})e_{i,m-1}e_{i,m}}{k_{bi1}^2-e_{i,m-1}^2} \tag{6.62}$$
$$+\frac{e_{i,m}^2\theta_{i,m}\varphi_{i,m}^{\mathrm{T}}(Z_{i,m})\varphi_{i,m}(Z_{i,m})}{2l_{i,m}(k_{bim}^2-e_{i,m}^2)^2}+\frac{l_{i,m}}{2}$$
$$\left.+\frac{e_{i,m}\varepsilon_{i,m}(Z_{i,m})}{k_{bim}^2-e_{i,m}^2}+\frac{e_{i,m}d_{i,m}(\bar{x}_{i,m})}{k_{bim}^2-e_{i,m}^2}\right]$$

其中，$\theta_{i,m}=\|W_{i,m}^*\|^2$；$\mu_{i,m}$ 和 $l_{i,m}$ 为待设计正常数。

设计有限时间 C^1 光滑虚拟控制输入 $\alpha_{i,m}$ 为

$$\alpha_{i,m}=-c_{i,m}e_{i,m}-\frac{\mu_{i,m}e_{i,m}}{k_{bim}^2-e_{i,m}^2}-\frac{e_{i,m}\hat{\theta}_{i,m}\varphi_{i,m}^{\mathrm{T}}(Z_{i,m})\varphi_{i,m}(Z_{i,m})}{2l_{i,m}(k_{bim}^2-e_{i,m}^2)}-\kappa_{i,m}\beta_{i,m}(e_{i,m}) \tag{6.63}$$

其中 $c_{i,m}$、$\kappa_{i,m}$ 为待设计正常数；$\hat{\theta}_{i,m}$ 为 $\theta_{i,m}$ 的估计值；

$$\beta_{i,m}(e_{i,m})=\begin{cases} e_{i,m}^h(k_{bim}^2-e_{i,m}^2)^{\frac{1-h}{2}}, & |e_{i,m}|\geqslant\tau_{i,m} \\ \iota_{i,m}e_{i,m}+o_{i,m}e_{i,m}^3, & |e_{i,m}|<\tau_{i,m} \end{cases} \tag{6.64}$$

其中

$$\iota_{i,m}=\tau_{i,m}^{h-1}(k_{bim}^2-\tau_{i,m}^2)^{\frac{1-h}{2}}-o_{i,m}\tau_{i,m}^2$$

$$o_{i,m}=\frac{1}{2\tau_{i,m}^3}(h-1)\tau_{i,m}^h\left[(k_{bim}^2-\tau_{i,m}^2)^{\frac{1-h}{2}}+\tau_{i,m}^2(k_{bim}^2-\tau_{i,m}^2)^{-\frac{1+h}{2}}\right]$$

$\tau_{i,m}$ 是一个小的正常数。估计值 $\hat{\theta}_{i,m}$ 由以下自适应控制律给出：

$$\dot{\hat{\theta}}_{i,m}=\rho_{i,m}\left[-\sigma_{i,m}\hat{\theta}_{i,m}-\varrho_{i,m}\hat{\theta}_{i,m}^h+\frac{e_{i,m}^2\varphi_{i,m}^{\mathrm{T}}(Z_{i,m})\varphi_{i,m}(Z_{i,m})}{2l_{i,m}(k_{bim}^2-e_{i,m}^2)^2}\right] \tag{6.65}$$

其中，$\hat{\theta}_{i,m}(0)\geqslant 0$、$\rho_{i,m}>0$、$\sigma_{i,m}>0$、$\varrho_{i,m}>0$ 为待设计正常数。根据与式 (6.53)、式 (6.54) 类似的推导，可进一步得

$$\dot{V}_m\leqslant\frac{g_{i,m}(\bar{x}_{i,m})e_{i,m}e_{i,m+1}}{k_{bim}^2-e_{i,m}^2}-\frac{g_{i,m-1}(\bar{x}_{i,m-1})e_{i,m-1}e_{i,m}}{k_{bi(m-1)}^2-e_{i,m-1}^2}-\frac{c_{i,m}b_{i,m}e_{i,m}^2}{k_{bim}^2-e_{i,m}^2}$$
$$+\frac{a_{i,m}^2\eta_{i,m+1}^2}{2\mu_{i,m}b_{i,m}}+\frac{l_{i,m}}{2}-\frac{\kappa_{i,m}g_{i,m}(\bar{x}_{i,m})e_{i,m}\beta_{i,m}(e_{i,m})}{k_{bim}^2-e_{i,m}^2} \tag{6.66}$$
$$+\frac{e_{i,m}^2\tilde{\theta}_{i,m}\varphi_{i,m}^{\mathrm{T}}(Z_{i,m})\varphi_{i,m}(Z_{i,m})}{2l_{i,m}(k_{bim}^2-e_{i,m}^2)^2}+\frac{\varepsilon_{Mim}^2}{\mu_{i,m}b_{i,m}}+\frac{d_{Mim}^2}{\mu_{i,m}b_{i,m}}$$

其中，$\tilde{\theta}_{i,m}=\theta_{i,m}-b_{i,m}\hat{\theta}_{i,m}$；$d_{Mim}=d_{i,m}^{M}$。

步骤 n: 根据式 (6.1) 和式 (6.8) 可求 $e_{i,n}$ 的导数为

$$\dot{e}_{i,n}=g_{i,n}(\bar{x}_{i,n})u_i-\frac{g_{i,n-1}(\bar{x}_{i,n-1})e_{i,n-1}(k_{bin}^2-e_{i,n}^2)}{k_{bi(n-1)}^2-e_{i,n-1}^2}+F_{i,n}(Z_{i,n})+d_{i,n}(\bar{x}_{i,n}) \tag{6.67}$$

其中，$F_{i,n}(Z_{i,n})=\dfrac{g_{i,n-1}(\bar{x}_{i,n-1})e_{i,n-1}(k_{bin}^2-e_{i,n}^2)}{k_{bi(n-1)}^2-e_{i,n-1}^2}+f_{i,n}(\bar{x}_{i,n})-\dot{\alpha}_{i,nf}$ 且 $Z_{i,n}=[\bar{x}_{i,n}^{\mathrm{T}},e_{i,n-1},\dot{\alpha}_{i,nf}]^{\mathrm{T}}$。构造以下 Lyapunov 函数：

$$V_n=\frac{1}{2}\sum_{i=1}^{N}\ln\left(\frac{k_{bin}^2}{k_{bin}^2-e_{i,n}^2}\right) \tag{6.68}$$

对其求导可得

$$\begin{aligned}\dot{V}_n\leqslant\sum_{i=1}^{N}\Bigg[&\frac{g_{i,n}(\bar{x}_{i,n})e_{i,n}u_i}{k_{bin}^2-e_{i,n}^2}-\frac{g_{i,n-1}(\bar{x}_{i,n-1})e_{i,n-1}e_{i,n}}{k_{bi(n-1)}^2-e_{i,n-1}^2}\\&+\frac{e_{i,n}^2\theta_{i,n}\varphi_{i,n}^{\mathrm{T}}(Z_{i,n})\varphi_{i,n}(Z_{i,n})}{2l_{i,n}(k_{bin}^2-e_{i,n}^2)^2}+\frac{l_{i,n}}{2}+\frac{e_{i,n}\varepsilon_{i,n}(Z_{i,n})}{k_{bin}^2-e_{i,n}^2}+\frac{e_{i,n}d_{i,n}(\bar{x}_{i,n})}{k_{bin}^2-e_{i,n}^2}\Bigg]\end{aligned} \tag{6.69}$$

其中，$\theta_{i,n}=\|W_{i,n}^*\|^2$；$l_{i,n}$ 为待设计正常数。

构造有限时间 C^1 光滑实际控制输入 u_i 为

$$u_i=-c_{i,n}e_{i,n}-\frac{\mu_{i,n}e_{i,n}}{2(k_{bin}^2-e_{i,n}^2)}-\frac{e_{i,n}\hat{\theta}_{i,n}\varphi_{i,n}^{\mathrm{T}}(Z_{i,n})\varphi_{i,n}(Z_{i,n})}{2l_{i,n}(k_{bin}^2-e_{i,n}^2)}-\kappa_{i,n}\beta_{i,n}(e_{i,n}) \tag{6.70}$$

其中，$\mu_{i,n}$、$c_{i,n}$、$\kappa_{i,n}$ 为待设计正常数；$\hat{\theta}_{i,n}$ 为 $\theta_{i,n}$ 的估计值；

$$\beta_{i,n}(e_{i,n})=\begin{cases}e_{i,n}^h(k_{bin}^2-e_{i,n}^2)^{\frac{1-h}{2}}, & |e_{i,n}|\geqslant\tau_{i,n}\\ \iota_{i,n}e_{i,n}+o_{i,n}e_{i,n}^3, & |e_{i,n}|<\tau_{i,n}\end{cases} \tag{6.71}$$

其中，$o_{i,n}=\dfrac{1}{2\tau_{i,n}^3}(h-1)\tau_{i,n}^h\left[(k_{bin}^2-\tau_{i,n}^2)^{\frac{1-h}{2}}+\tau_{i,n}^2(k_{bin}^2-\tau_{i,n}^2)^{-\frac{1+h}{2}}\right]$；$\iota_{i,n}=\tau_{i,n}^{h-1}\cdot(k_{bin}^2-\tau_{i,n}^2)^{\frac{1-h}{2}}-o_{i,n}\tau_{i,n}^2$；$\tau_{i,n}$ 是一个小的正常数。估计值 $\hat{\theta}_{i,n}$ 由以下自适应控制律给出：

$$\dot{\hat{\theta}}_{i,n}=\rho_{i,n}\left[-\sigma_{i,n}\hat{\theta}_{i,n}-\varrho_{i,n}\hat{\theta}_{i,n}^h+\frac{e_{i,n}^2\varphi_{i,n}^{\mathrm{T}}(Z_{i,n})\varphi_{i,n}(Z_{i,n})}{2l_{i,n}(k_{bin}^2-e_{i,n}^2)^2}\right] \tag{6.72}$$

其中，$\hat{\theta}_{i,n}(0)\geqslant 0$、$\rho_{i,n}>0$、$\sigma_{i,n}>0$、$\varrho_{i,n}>0$ 为待设计正常数。利用与式 (6.53)、式 (6.54) 类似的分析，可得

$$\dot{V}_n\leqslant-\frac{g_{i,n-1}(\bar{x}_{i,n-1})e_{i,n-1}e_{i,n}}{k_{bi1}^2-e_{i,n-1}^2}-\frac{c_{i,n}b_{i,n}e_{i,n}^2}{k_{bin}^2-e_{i,n}^2}-\frac{\kappa_{i,n}g_{i,n}(\bar{x}_{i,n})e_{i,n}\beta_{i,n}(e_{i,n})}{k_{bin}^2-e_{i,n}^2}+\frac{e_{i,n}^2\tilde{\theta}_{i,n}\varphi_{i,n}^{\mathrm{T}}(Z_{i,n})\varphi_{i,n}(Z_{i,n})}{2l_{i,n}(k_{bin}^2-e_{i,n}^2)^2}+\frac{l_{i,n}}{2}+\frac{\varepsilon_{Min}^2}{\mu_{i,n}b_{i,n}}+\frac{d_{Min}^2}{\mu_{i,n}b_{i,n}}\tag{6.73}$$

其中，$\tilde{\theta}_{i,n}=\theta_{i,n}-b_{i,n}\hat{\theta}_{i,n}$；$d_{Min}=d_{i,n}^M$。

定理 6.2 针对高阶非线性多智能体网络 (6.1)，在假设 6.1~6.4 成立的条件下，应用实际控制输入 (6.70)，虚拟控制输入 (6.50)、(6.57)、(6.63)，以及神经网络自适应定律 (6.52)、(6.59)、(6.65)、(6.72)，当初始条件满足 $V_f(0)\leqslant\Delta_1$，$|e_{i,m}(0)|<k_{bim}$ 时，其中 $\Delta_1>k_{bim}$，选择 $k_{bi1},k_{bi2},\cdots,k_{bim}$ 使得 $k_{ci1}>I_i(L+B)^{-1}k_{bi1}+A_0$，$k_{ci2}>\bar{\alpha}_{i,2f}+k_{bi2},\cdots,k_{cim}>\bar{\alpha}_{i,mf}+k_{bim}$ 成立，其中 $\bar{\alpha}_{i,mf}=\sup\{\alpha_{i,mf}\}$；选择控制参数满足 $c_{i,m}>0$、$\mu_{i,m}>0$、$\kappa_{i,m}>0$、$\sigma_{i,m}>0$、$\varrho_{i,m}>0$，则有以下结果：

(1) 闭环系统中所有的内部状态 $e_{i,m}$、$\tilde{\theta}_{i,m}$、$\eta_{i,m+1}$ 都是半全局一致最终有界的，并将在有限时间内收敛到任意小的区域；

(2) 系统每一阶状态 $x_{i,m}$ 将保留在集合 $\Omega_{x_{i,m}}$ 中，即不会违反全状态约束。

证明 (1) 构造如下 Lyapunov 函数：

$$V_f=V_e+V_\theta+V_\eta\tag{6.74}$$

其中，$V_e=\sum\limits_{m=1}^{n}V_m$；$V_\theta=\sum\limits_{i=1}^{N}\sum\limits_{m=1}^{n}\frac{1}{2\rho_{i,m}b_{i,m}}\tilde{\theta}_{i,m}^2$；$V_\eta=\sum\limits_{i=1}^{N}\sum\limits_{m=1}^{n-1}\frac{a_{i,m}^2}{2b_{i,m}}\eta_{i,m+1}^2$。

利用式 (6.54)、式 (6.60)、式 (6.66) 与式 (6.73)，可得 V_e 的导数为

$$\dot{V}_e\leqslant\sum_{i=1}^{N}\left[-\sum_{m=1}^{n}\frac{c_{i,m}b_{i,m}e_{i,m}^2}{k_{bim}^2-e_{i,m}^2}-\sum_{m=1}^{n}\frac{\kappa_{i,m}g_{i,m}(\bar{x}_{i,m})e_{i,m}\beta_{i,m}(e_{i,m})}{k_{bim}^2-e_{i,m}^2}+\sum_{m=1}^{n}\frac{e_{i,m}^2\tilde{\theta}_{i,m}\varphi_{i,m}^{\mathrm{T}}(Z_{i,m})\varphi_{i,m}(Z_{i,m})}{2l_{i,m}(k_{bm}^2-e_{i,m}^2)^2}+\sum_{m=2}^{n-1}\frac{a_{i,m}^2\eta_{i,m+1}^2}{2\mu_{i,m}b_{i,m}}+\frac{(d_i+b_i)^2a_{i,1}^2\eta_{i,2}^2}{2\mu_{i,1}b_{i,1}}+\sum_{m=1}^{n}\left(\frac{l_{i,m}}{2}+\frac{\varepsilon_{Mim}^2}{\mu_{i,m}b_{i,m}}+\frac{d_{Mim}^2}{\mu_{i,m}b_{i,m}}\right)\right]\tag{6.75}$$

由于 $\dot{\tilde{\theta}}_{i,m}=\dot{\theta}_{i,m}-b_{i,m}\dot{\hat{\theta}}_{i,m}=-b_{i,m}\dot{\hat{\theta}}_{i,m}$，利用式 (6.52)、式 (6.59)、式 (6.65) 和式 (6.72)，可得

$$
\begin{aligned}
\dot{V}_e+\dot{V}_\theta \leqslant \sum_{i=1}^{N}\Bigg[&-\sum_{m=1}^{n}\frac{c_{i,m}b_{i,m}e_{i,m}^2}{k_{bim}^2-e_{i,m}^2}-\sum_{m=1}^{n}\frac{\kappa_{i,m}g_{i,m}(\bar{x}_{i,m})e_{i,m}\beta_{i,m}(e_{i,m})}{k_{bim}^2-e_{i,m}^2}\\
&-\sum_{m=1}^{n}\frac{\sigma_{i,m}}{2}\tilde{\theta}_{i,m}^2-\sum_{m=1}^{n}\varrho_{i,m}\xi\tilde{\theta}_{i,m}^{1+h}+\sum_{m=2}^{n-1}\frac{a_{i,m}^2\eta_{i,m+1}^2}{2\mu_{i,m}b_{i,m}}+\frac{(d_i+b_i)^2a_{i,1}^2\eta_{i,2}^2}{2\mu_{i,1}b_{i,1}}\\
&+\sum_{m=1}^{n}\left(\frac{l_{i,m}}{2}+\frac{\varepsilon_{Mim}^2}{\mu_{i,m}b_{i,m}}+\frac{d_{Mim}^2}{\mu_{i,m}b_{i,m}}+\frac{\sigma_{i,m}}{2}\theta_{i,m}^2+\varrho_{i,m}\zeta\theta_{i,m}^{1+h}\right)\Bigg]
\end{aligned}
\tag{6.76}
$$

其中，使用引理 6.1 可推导出上述不等式。

由式 (6.16)、式 (6.23)、式 (6.27) 可知，V_η 的导数与式 (6.37) 相同。因此，综合上述不等式推导，可得

$$
\begin{aligned}
\dot{V}_f \leqslant \sum_{i=1}^{N}\Bigg[&-\sum_{m=1}^{n}\frac{c_{i,m}b_{i,m}e_{i,m}^2}{k_{bim}^2-e_{i,m}^2}-\sum_{m=1}^{n}\frac{\kappa_{i,m}g_{i,m}(\bar{x}_{i,m})e_{i,m}\beta_{i,m}(e_{i,m})}{k_{bim}^2-e_{i,m}^2}\\
&-\sum_{m=1}^{n}\frac{\sigma_{i,m}}{2}\tilde{\theta}_{i,m}^2-\sum_{m=1}^{n}\sigma_{i,m}\xi\tilde{\theta}_{i,m}^{1+h}-\sum_{m=1}^{n-1}\widehat{\tau}_{i,m+1}\eta_{i,m+1}^2\\
&-\sum_{m=1}^{n-1}\frac{a_{i,m}^2}{b_{i,m}}\nu_{i,m+1}\eta_{i,m+1}^{1+h}+D_i\Bigg]
\end{aligned}
\tag{6.77}
$$

其中，$\widehat{\tau}_{i,m}$ 和 D_i 的定义与式 (6.38) 中相同。

根据 $\beta_{i,m}(e_{i,m})(m=1,2,\cdots,n)$ 的定义，应考虑以下两种情况。

情况 1: 当 $|e_{i,m}|<\tau_{i,m}(m=1,2,\cdots,n)$ 时，将 $\beta_{i,m}(e_{i,m})=\iota_{i,m}e_{i,m}+o_{i,m}e_{i,m}^3$ 代入式 (6.77) 可得

$$
\begin{aligned}
\dot{V}_f \leqslant \sum_{i=1}^{N}\Bigg[&-\sum_{m=1}^{n}(c_{i,m}+\kappa_{i,m}\iota_{i,m})b_{i,m}\frac{e_{i,m}^2}{k_{bim}^2-e_{i,m}^2}\\
&-\sum_{m=1}^{n}\frac{\sigma_{i,m}}{2}\tilde{\theta}_{i,m}^2-\sum_{m=1}^{n-1}\widehat{\tau}_{i,m+1}\eta_{i,m+1}^2+D_i\Bigg]
\end{aligned}
$$

由式 (6.74) 可进一步写为

$$
\dot{V}_f \leqslant -\frac{\gamma_1}{\delta}V_f+\sum_{i=1}^{N}D_i \tag{6.78}
$$

其中

$$
\gamma_1=\min\Big\{(c_{i,1}+\kappa_{i,1}\iota_{i,1})b_{i,1},(c_{i,2}+\kappa_{i,2}\iota_{i,2})b_{i,2},\cdots,(c_{i,n}+\kappa_{i,n}\iota_{i,n})b_{i,n},
$$

$$\left.\frac{\sigma_{i,1}}{2},\frac{\sigma_{i,2}}{2},\cdots,\frac{\sigma_{i,n}}{2},\widehat{\tau}_{i,2},\widehat{\tau}_{i,3},\cdots,\widehat{\tau}_{i,n}\right\}$$

$$\delta=\max\left\{\frac{1}{2},\frac{1}{2\rho_{i,1}b_{i,1}},\frac{1}{2\rho_{i,2}b_{i,2}},\cdots,\frac{1}{2\rho_{i,n}b_{i,n}},\frac{a_{i,1}^2}{2b_{i,1}},\frac{a_{i,2}^2}{2b_{i,2}},\cdots,\frac{a_{i,n-1}^2}{2b_{i,n-1}}\right\}$$

进一步表明闭环系统的内部状态都是一致最终有界的。

情况 2: 当 $|e_{i,m}|\geqslant\tau_{i,m}(m=1,2,\cdots,n)$ 时，可得

$$\begin{aligned}\dot{V}_f\leqslant&\sum_{i=1}^{N}\left[-\sum_{m=1}^{n}\frac{c_{i,m}b_{im}e_{i,m}^2}{k_{bim}^2-e_{i,m}^2}-\sum_{m=1}^{n}\kappa_{i,m}b_{i,m}\left(\frac{e_{i,m}^2}{k_{bim}^2-e_{i,m}^2}\right)^{\frac{1+h}{2}}\right.\\&-\sum_{m=1}^{n}\frac{\sigma_{i,m}}{2}\tilde{\theta}_{i,m}^2-\sum_{m=1}^{n}\varrho_{i,m}\xi\tilde{\theta}_{i,m}^{1+h}-\sum_{m=1}^{n-1}\widehat{\tau}_{i,m+1}\eta_{i,m+1}^2\\&\left.-\sum_{m=1}^{n-1}\frac{a_{i,m}^2}{b_{i,m}}\nu_{i,m+1}\eta_{i,m+1}^{1+h}+D_i\right]\\\leqslant&\sum_{i=1}^{N}\left\{-\gamma\left(\sum_{m=1}^{n}\frac{e_{i,m}^2}{k_{bim}^2-e_{i,m}^2}+\sum_{m=1}^{n}\tilde{\theta}_{i,m}^2+\sum_{m=1}^{n-1}\eta_{i,m+1}^2\right)\right.\\&\left.-\omega\left[\sum_{m=1}^{n}\left(\frac{e_{i,m}^2}{k_{bim}^2-e_{i,m}^2}\right)^{\frac{1+h}{2}}+\sum_{m=1}^{n}\tilde{\theta}_{i,m}^{1+h}+\sum_{m=1}^{n-1}\eta_{i,m+1}^{1+h}\right]+D_i\right\}\end{aligned}\tag{6.79}$$

其中

$$\gamma=\min\left\{c_{i,1}b_{i,1},c_{i,2}b_{i,2},\cdots,c_{i,n}b_{i,n},\frac{\sigma_{i,1}}{2},\frac{\sigma_{i,2}}{2},\cdots,\frac{\sigma_{i,n}}{2},\widehat{\tau}_{i,2},\widehat{\tau}_{i,3},\cdots,\widehat{\tau}_{i,n}\right\}$$

$$\omega=\min\left\{\kappa_{i,1}b_{i,1},\kappa_{i,2}b_{i,2},\cdots,\kappa_{i,n}b_{i,n},\varrho_{i,1}\xi,\varrho_{i,2}\xi,\cdots,\varrho_{i,n}\xi,\frac{a_{i,1}^2}{b_{i,1}}\nu_{i,2},\right.$$

$$\left.\frac{a_{i,2}^2}{b_{i,2}}\nu_{i,2},\cdots,\frac{a_{i,n-1}^2}{b_{i,n-1}}\nu_{i,n}\right\}$$

根据式 (6.74)、式 (6.79) 和引理 6.3, 式 (6.79) 可进一步写为

$$\dot{V}_f\leqslant-h_1V_f-h_2V_f^{\frac{1+h}{2}}+D\tag{6.80}$$

其中，$h_1=\dfrac{\gamma}{\delta}$，$h_2=\dfrac{\omega}{\delta^{\frac{1+h}{2}}}$，$D=\sum\limits_{i=1}^{N}D_i$。由文献 [192] 中定理 5.2 可知，若存在 t_f^* 对于所有 $t\in[0,t_o^*]$，使得 $V_f\geqslant\left(\dfrac{2D}{h_2}\right)^{\frac{2}{1+h}}$，则对于所有 $t\in[0,t_f^*]$，有

$\dot{V}_f \leqslant -h_1 V_f - \dfrac{h_2}{2} V_f^{\frac{1+h}{2}}$，那么根据引理 2.8，可得闭环系统可实现快速有限时间稳定性，其有限时间为 $T_f^* \leqslant \dfrac{2}{h_1(1-h)} \ln\left(\dfrac{2h_1 V_f^{\frac{1-h}{2}}(0) + h_2}{h_2}\right)(T_f^* > t_f^*)$ 时。因此，对于 $\forall t > T_f^*$，$V_f \leqslant \left(\dfrac{2D}{h_2}\right)^{\frac{2}{1+h}}$，从而闭环系统的内部状态信号将在有限时间 T_f^* 内收敛到以下紧集：

$$
\begin{aligned}
&|e_{i,m}| \leqslant k_{bim}\left(1 - \mathrm{e}^{-2\left(\frac{2d}{h_2}\right)^{\frac{2}{1+h}}}\right)^{\frac{1}{2}}, \quad m = 1,2,\cdots,n \\
&|\tilde{\theta}_{i,m}| \leqslant (2\rho_{i,m} b_{i,m})^{\frac{1}{2}} \left(\frac{2d}{h_2}\right)^{\frac{1}{1+h}}, \quad m = 1,2,\cdots,n \\
&|\eta_{i,m+1}| \leqslant \left(\frac{2b_{i,m}}{a_{i,m}^2}\right)^{\frac{1}{2}} \left(\frac{2d}{h_2}\right)^{\frac{1}{1+h}}, \quad m = 1,2,\cdots,n-1
\end{aligned}
\tag{6.81}
$$

(2) 根据文献 [193] 中引理 1，由式 (6.78) 和式 (6.80) 可得对于所有的 $t \geqslant 0$，$|e_{i,m}| < k_{bim}$。根据假设 6.3 可知 $|y_0| \leqslant A_0$，那么由 $e_1 = (L+B)(y - y_0 1_N)$ 可得 $|x_{i,1}| < I_i(L+B)^{-1} k_{bi1} + A_0 < k_{ci1}$。为了证明 $x_{i,2} < k_{ci2}$，需要分析 $\alpha_{i,2f}$ 具有有界性。由式 (6.81) 可知，$\eta_{i,2}$ 是有界的，以及 $b_{i,1}\hat{\theta}_{i,1} = \theta_{i,1} - \tilde{\theta}_{i,1}$ 也是有界的。另外，虚拟控制输入 $\alpha_{i,1}$ 是连续函数，从而也具有有界性。因此，存在上界 $\bar{\alpha}_{2f}$，使得 $|\alpha_{i,2f}| = |\alpha_{i,1} + \eta_{i,2}| \leqslant \bar{\alpha}_{2f}$。进一步根据 $e_{i,2} = x_{i,2} - \alpha_{i,2f}$ 和 $|e_{i,2}| < k_{bi2}$，可以得到 $|x_{i,2}| \leqslant |e_{i,2}| + |\alpha_{i,2f}| < k_{bi2} + \bar{\alpha}_{i,2f} < k_{ci2}$。通过迭代分析，可以得到 $|x_{i,m}| < k_{cim}$。因此，每个状态 $x_{i,m}(m = 1,2,\cdots,n)$ 将一直在集合 $\Omega_{x_{i,m}}$ 中，从而不违反状态约束。证毕。

注 6.5　当选取 $h = 1$，$\tau_i = 0(i = 1,2,\cdots,n)$，针对输出约束情况，可得如下形式的控制方案：

$$
\begin{aligned}
\alpha_{i,1} &= -\frac{c_{i,1} + \kappa_{i,1}}{d_i + b_i} e_{i,1} - \mu_{i,1} \frac{e_{i,1}}{k_{bi1}^2 - e_{i,1}^2} - \frac{e_{i,1}\hat{\theta}_{i,1}\varphi_{i,1}^{\mathrm{T}}(Z_{i,1})\varphi_{i,1}(Z_{i,1})}{2(d_i + b_i) l_{i,1}(k_{bi1}^2 - e_{i,1}^2)} \\
\alpha_{i,m} &= -(c_{i,m} + \mu_{i,m} + \kappa_{i,m}) e_{i,m} \\
&\quad - \frac{1}{2l_{i,m}} e_{i,m}\hat{\theta}_{i,m}\varphi_i^{\mathrm{T}}(Z_i)\varphi_i(Z_i), \quad m = 2,3,\cdots,n-1 \\
u_i &= -\left(c_{i,n} + \frac{\mu_{i,n}}{2} + \kappa_{i,n}\right) e_{i,n} - \frac{1}{2l_{i,n}} e_{i,n}^2 \hat{\theta}_{i,n}\varphi_{i,n}^{\mathrm{T}}(Z_{i,n})\varphi_{i,n}(Z_{i,n})
\end{aligned}
\tag{6.82}
$$

以及自适应神经网络控制律：

$$\dot{\hat{\theta}}_{i,1} = \rho_{i,1}\left[-(\sigma_{i,1}+\varrho_{i,1})\hat{\theta}_{i,1}+\frac{e_{i,1}^2\varphi_{i,1}^{\mathrm{T}}(Z_{i,1})\varphi_{i,1}(Z_{i,1})}{2l_{i,1}(k_{bi1}^2-e_{i,1}^2)^2}\right]$$

$$\dot{\hat{\theta}}_{i,m} = \rho_{i,m}\left[-(\sigma_{i,m}+\varrho_{i,m})\hat{\theta}_{i,m}+\frac{1}{2l_{i,m}}e_{i,m}^2\varphi_{i,m}^{\mathrm{T}}(Z_{i,m})\varphi_{i,m}(Z_{i,m})\right], \quad m=2,3,\cdots,n \tag{6.83}$$

对于全状态约束的情况，可得如下形式的控制方案：

$$\alpha_{i,1} = -\frac{c_{i,1}+\kappa_{i,1}}{d_i+b_i}e_{i,1}-\mu_{i,1}\frac{e_{i,1}}{k_{bi1}^2-e_{i,1}^2}-\frac{e_{i,1}\hat{\theta}_{i,1}\varphi_{i,1}^{\mathrm{T}}(Z_{i,1})\varphi_{i,1}(Z_{i,1})}{2(d_i+b_i)l_{i,1}(k_{bi1}^2-e_{i,1}^2)}$$

$$\alpha_{i,m} = -(c_{i,m}+\kappa_{i,m})e_{i,m}-\mu_{i,m}\frac{e_{i,m}}{k_{bim}^2-e_{i,m}^2}-\frac{e_{i,m}\hat{\theta}_{i,m}\varphi_{i,m}^{\mathrm{T}}(Z_{i,m})\varphi_{i,m}(Z_{i,m})}{2l_{i,m}(k_{bim}^2-e_{i,m}^2)}, \quad m=2,3,\cdots,n-1$$

$$u_i = -(c_{i,n}+\kappa_{i,n})e_{i,n}-\frac{\mu_{i,n}e_{i,n}}{2(k_{bin}^2-e_{i,n}^2)}-\frac{e_{i,n}\hat{\theta}_{i,n}\varphi_{i,n}^{\mathrm{T}}(Z_{i,n})\varphi_{i,n}(Z_{i,n})}{2l_{i,n}(k_{bin}^2-e_{i,n}^2)} \tag{6.84}$$

以及自适应神经网络控制律：

$$\dot{\hat{\theta}}_{i,m}=\rho_{i,m}\left[-(\sigma_{i,m}+\varrho_{i,m})\hat{\theta}_{i,m}+\frac{e_{i,m}^2\varphi_{i,m}^{\mathrm{T}}(Z_{i,m})\varphi_{i,m}(Z_{i,m})}{2l_{i,m}(k_{bim}^2-e_{i,m}^2)^2}\right], \quad m=1,2,\cdots,n \tag{6.85}$$

根据上述定理中闭环系统稳定性分析的结果，可直接得到当 $c_{i,m}>0$、$\mu_{i,m}>0$、$\kappa_{i,m}>0$、$\ell_{i,m}>0$ 和 $\rho_{i,m}>0$、$\sigma_{i,m}>0$、$\varrho_{i,m}>0$ 时，对于输出约束的情况可得 $\dot{V}_o\leqslant-\frac{\bar{\gamma}}{\delta}V_o+\bar{d}$,对于全状态约束的情况可得 $\dot{V}_f\leqslant-\frac{\bar{\gamma}}{\delta}V_f+\bar{d}$,其中 $\bar{\gamma}=\min\left\{(c_{i,1}+\kappa_{i,1})b_{i,1},(c_{i,2}+\kappa_{i,2})b_{i,2},\cdots,(c_{i,n}+\kappa_{i,n})b_{i,n},\frac{\sigma_{i,1}+\varrho_{i,1}}{2},\frac{\sigma_{i,2}+\varrho_{i,2}}{2},\cdots,\frac{\sigma_{i,n}+\varrho_{i,n}}{2},\widehat{\tau}_{i,2}+\frac{a_{i,1}^2}{b_{i,1}}\nu_{i,2},\widehat{\tau}_{i,3}+\frac{a_{i,2}^2}{b_{i,2}}\nu_{i,3},\cdots,\widehat{\tau}_{i,n}+\frac{a_{i,n-1}^2}{b_{i,n-1}}\nu_{in}\right\}$, $\bar{d}_i=\sum_{m=1}^{n}\left(\frac{l_{i,m}}{2}+\frac{\varepsilon_{Mim}^2}{\mu_{i,m}b_{i,m}}+\frac{d_{Mim}^2}{\mu_{i,m}b_{i,m}}+\frac{\sigma_{i1}+\sigma_{i2}}{2}\theta_{i,m}^2\right)+\sum_{m=1}^{n-1}\frac{\chi_{i,m+1}a_{i,m}^2\Lambda_{i,m+1}^2}{2b_{i,m}}$。根据上述分析可以证明跟踪误差 $e_{i,m}$ 指数收敛到小区域，且不违反状态约束。因此，上述控制方案可以看成一种非有限时间自适应神经网络控制器。

注 6.6 值得注意的是，所提出的有限时间控制方法可以适当调整分数次幂 h，以提供更好的控制性能。与注 6.5 所给出的非有限时间自适应神经网络控制器不同，所提出的有限时间控制方法可以在不选择过大控制参数的情况下获得更好的控制精度。此外，在所提出的有限时间控制方法下，还给出了收敛时间 T_o^* 和 T_f^* 的具体形式，从而可以选择合适的控制参数来提高闭环系统的收敛速度。虽然非有限时间自适应神经网络控制器也能保证内部信号收敛到较小的区域，但收敛时间无法确定，并且只能通过增大控制增益来获得较小的区域。

6.4　仿真结果与分析

本节给出以下两个例子来验证所提方法的有效性与可行性。在两个仿真中，考虑包含 4 个跟随者智能体和 1 个领导者智能体所组成的有向通信拓扑图，如图 6.1 所示，其中，领导者用节点 0 表示，跟随者用节点 1～4 表示。

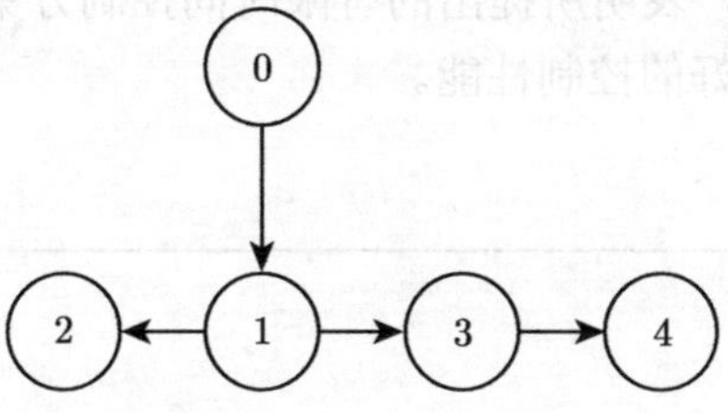

图 6.1　通信拓扑结构

6.4.1　输出约束下非线性多智能体网络协同控制

考虑跟随者系统由二阶非线性系统进行建模，其系统模型可用式 (6.1) 表示，其中：

$$f_{i,1}(x_{i,1}) = x_{i,1}\mathrm{e}^{-0.5x_{i,1}} + 2x_{i,1}^2, \quad g_{i,1}(x_{i,1}) = 2 + \sin(x_{i,1}^2)$$

$$f_{i,2}(\bar{x}_{i,2}) = x_{i,1}x_{i,2}^2 + 0.2x_{i,2}\sin(x_{i,2}), \quad g_{i,2}(\bar{x}_{i,2}) = 3 + \cos(x_{i,1}x_{i,2})$$

$$d_{i,1} = 0.5\sin^2(t), \quad d_{i,2} = 0.6\sin(x_{i,1}^2 + x_{i,2}^2)\cos(t)$$

可以看出跟随者系统满足假设 6.1 和假设 6.2。领导者的状态轨迹由 $y_d = 0.3\sin(0.5t)$ 表示，可以看出 $|y_d| \leqslant A_0 = 0.3$。

本节的仿真目标是通过应用控制器 (6.30) 实现跟随者的状态 $x_{i,1}$ 在有限时间内跟踪领导者的状态 y_d，同时跟随者的状态满足约束条件 $|x_{i,1}| \leqslant k_{ci1}$。设置跟随者系统的初始条件 $x_{i,1}(0)$ 和 $x_{i,2}(0)$ 为 $[-0.72, 0.72]$ 的随机数。选取跟随者的输出状态约束为 $k_{b11} = 3.18$、$k_{b21} = 1.44$、$k_{b31} = 2.88$、$k_{b41} = 1.44$，以及局部误差状态约束为 $k_{c11} = 3.48$、$k_{c21} = 4.92$、$k_{c31} = 7.08$、$k_{c41} = 1.74$。根据定理 6.1，选取控制参数 $c_{i,1} = 1$、$c_{i,2} = 3$、$\mu_{i,1} = \mu_{i,2} = 6$、$\kappa_{i,1} = 1$、$\kappa_{i,2} = 5$、$h = 0.6$、

$\tau_{i,1}=\tau_{i,2}=0.001$、$\nu_{i,1}=\nu_{i,2}=0.001$ 和 $l_{i,1}=l_{i,2}=0.5$。在神经网络构造中使用 10 个神经元和 Sigmoid 基函数。设定自适应律的初值为 0，以及相关的设计参数为 $\sigma_{i,1}=\sigma_{i,2}=0.5$，$\varrho_{i,1}=\varrho_{i,2}=0.5$。

图 6.2 给出了各跟随者系统输出状态 $x_{i,1}$ 和领导者生成的期望状态 y_d 的轨迹图，可以看出跟随者的输出状态 $x_{i,1}$ 在有限时间内实现了对领导者的跟踪，同时也不违反输出约束。图 6.3 分别给出了实际控制输入 u_i 和虚拟控制输入 $\alpha_{i,1}$ 的响应曲线。可以看出在所提出的控制方案中通过引入切换项 $\beta_i(e_i)$，实现了控制输入信号的连续性和有界性。为了更好地体现算法的先进性，进一步与非有限时间控制器 (6.82) 进行对比，图 6.4 给出了各跟随者智能体系统边界层误差 $\eta_{i,2}$ 的响应曲线，可以看出本章所提出的一阶分数阶滤波器 (6.9) 比传统的滤波器 (即 $h=1$) 具有更快的收敛速度和更高的跟踪精度。图 6.5 和图 6.6 给出了跟踪误差 $e_{i,1}$ 和 $e_{i,2}$ 的响应曲线，表明所提出的有限时间控制方案（实线）比非有限时间控制器（虚线）具有更好的控制性能。

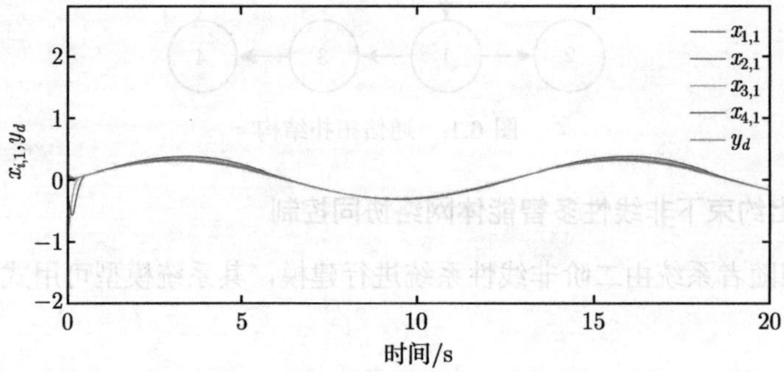

图 6.2　输出信号 $x_{i,1}$ $(i=1,2,3,4)$ 与期望信号 y_d 轨迹图

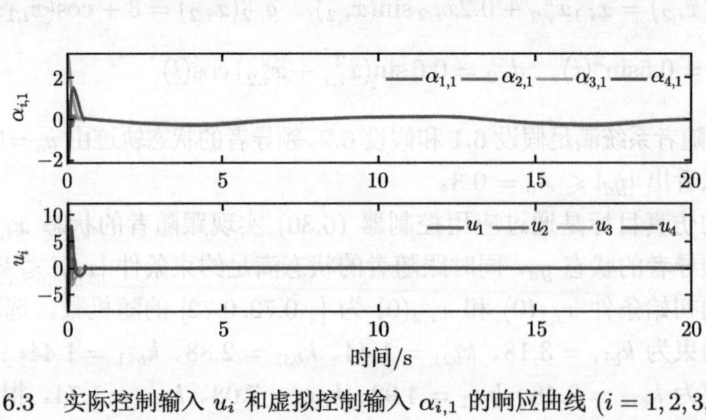

图 6.3　实际控制输入 u_i 和虚拟控制输入 $\alpha_{i,1}$ 的响应曲线 $(i=1,2,3,4)$

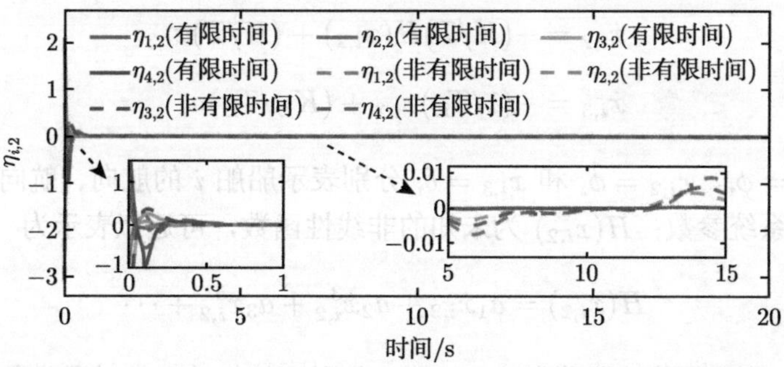

图 6.4　边界层误差 $\eta_{i,2}$ $(i=1,2,3,4)$ 的轨迹图

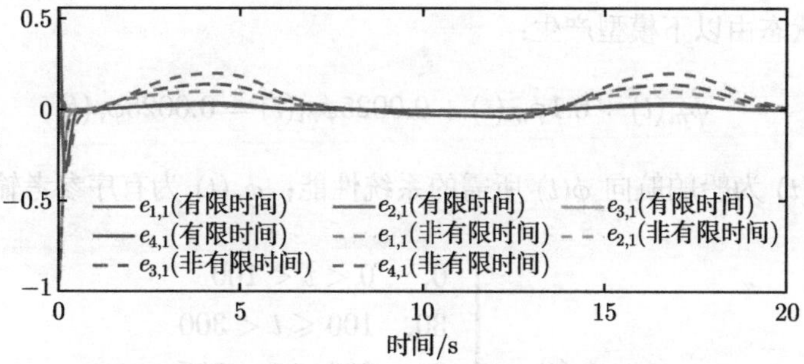

图 6.5　跟踪误差 $e_{i,1}$ $(i=1,2,3,4)$ 的轨迹图

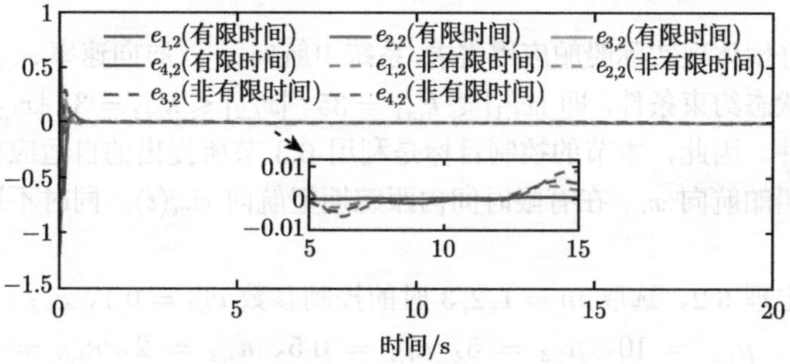

图 6.6　跟踪误差 $e_{i,2}$ $(i=1,2,3,4)$ 的轨迹图

6.4.2　全状态约束下非线性多智能体网络协同控制

考虑跟随者系统由船舶不确定非线性系统进行建模，其舵角与航向相关的船舶动力学系统可写为

$$\dot{x}_{i,1}=x_{i,2}$$

$$\dot{x}_{i,2} = -(K/T)H(x_{i,2}) + (K/T)x_{i,3}$$
$$\dot{x}_{i,3} = -(1/T_E)x_{i,3} + (K_E/T_E)u_i$$

其中，$x_{i,1} = \phi_i$、$x_{i,2} = \dot{\phi}_i$ 和 $x_{i,3} = \delta_i$ 分别表示船舶 i 的航向、航向速率和舵角；K 和 T 为系统参数；$H(x_{i,2})$ 为未知的非线性函数，可近似表示为

$$H(x_{i,2}) = a_1\dot{x}_{i,2} + a_2\dot{x}_{i,2}^3 + a_3 x_{i,2}^5 + \cdots$$

其中，a_1、a_2 和 a_3 为未知常数；T_E、K_E 分别为舵作动器的时滞常数和控制增益；$u_i = \delta_{Ei}$ 为舵角。取系统参数 $K = 0.2$、$T = 64$、$T_E = 2.5$、$K_E = 1$ 和 $a_1 = 1$、$a_2 = 30$、$a_3 = 0$。各跟随者系统的初始状态设置为 $[x_{i,1}(0), x_{i,2}(0), x_{i,3}(0)] = [0,0,0]$。领导者的状态由以下模型产生：

$$\ddot{\phi}_m(t) + 0.1\dot{\phi}_m(t) + 0.0025\phi_m(t) = 0.0025\phi_r(t)$$

其中，$\phi_m(t)$ 为船舶航向 $\phi(t)$ 所需的系统性能；$\phi_r(t)$ 为有序参考输入，定义为

$$\phi_r(t) = \begin{cases} 0, & 0 < t < 100 \\ 30, & 100 \leqslant t < 300 \\ 0, & 300 \leqslant t < 500 \\ 30, & 500 \leqslant t < 700 \\ 0, & t \geqslant 700 \end{cases}$$

为更好地体现实际船舶应用需求，系统中航向 $x_{i,1}$、航向速率 $x_{i,2}$、舵角 $x_{i,3}$ 应分别满足状态约束条件，即 $|x_{i,1}| \leqslant k_{ci1} = 35$、$|x_{i,2}| \leqslant k_{ci2} = 3$、$|x_{i,3}| \leqslant k_{ci3} = 35$ 为约束条件。因此，本节的控制目标是利用 6.3 节所提出的自适应神经网络控制方案，使船舶航向 $x_{i,1}$ 在有限时间内跟踪期望航向 $\phi_m(t)$，同时不违反上述全状态约束。

根据定理 6.2，选取 $m = 1,2,3$ 时的控制参数 $c_{i,1} = 0.1$、$c_{i,2} = 15$、$c_{i,3} = 5$，$\mu_{i,1} = 0.1$、$\mu_{i,2} = 10$、$\mu_{i,3} = 5$，$\kappa_{i,1} = 0.5$、$\kappa_{i,2} = 2$、$\kappa_{i,3} = 1$，$h_i = 0.6$、$\tau_{i,m} = 0.01$、$l_{i,m} = 1$、$\rho_{i,m} = 0.01$、$\sigma_{i,m1} = \sigma_{i,m2} = 0.8$。并通过 MATLAB 可计算出 $A_0 = 30$、$\bar{\alpha}_{i,2f} = 0.73$、$\bar{\alpha}_{i,3f} = 20.36$。因此，分别选取 $k_{bi1} = 1.5$、$k_{bi2} = 0.6$ 和 $k_{bi3} = 0.3$ 满足以下可行性条件 $k_{ci1} > I_i(L+B)^{-1}k_{bi1} + A_0$、$k_{ci2} > k_{bi2} + \bar{\alpha}_{i,2f}$ 和 $k_{ci3} > k_{bi3} + \bar{\alpha}_{i,3f}$。在神经网络构造中使用 10 个神经元和 Sigmoid 基函数。

通过采用 6.3 节所提出的有限时间控制方案，可得如图 6.7 ~ 图 6.13 所示的仿真结果。图 6.7 给出了跟随者的航向、航向速率和舵角的曲线，表明可以实现对领导者状态的跟踪，并且所有状态都满足规定的约束条件。跟随者的跟踪误差

$e_{i,1}$、$e_{i,2}$ 和 $e_{i,3}$ 的曲线分别如图 6.8 ~ 图 6.10 所示，同时也给出了有限时间控制方案（实线）与非有限时间控制方案（虚线）(6.84)、(6.85) 的性能比较。结果表明，所提出的自适应神经网络控制方案比非有限时间控制方案具有更好的跟踪精度和更快的收敛速度。图 6.11 ~ 图 6.13 给出了跟随者的虚拟控制输入和实际控制输入，可以看出所有输入控制信号都是连续有界的。

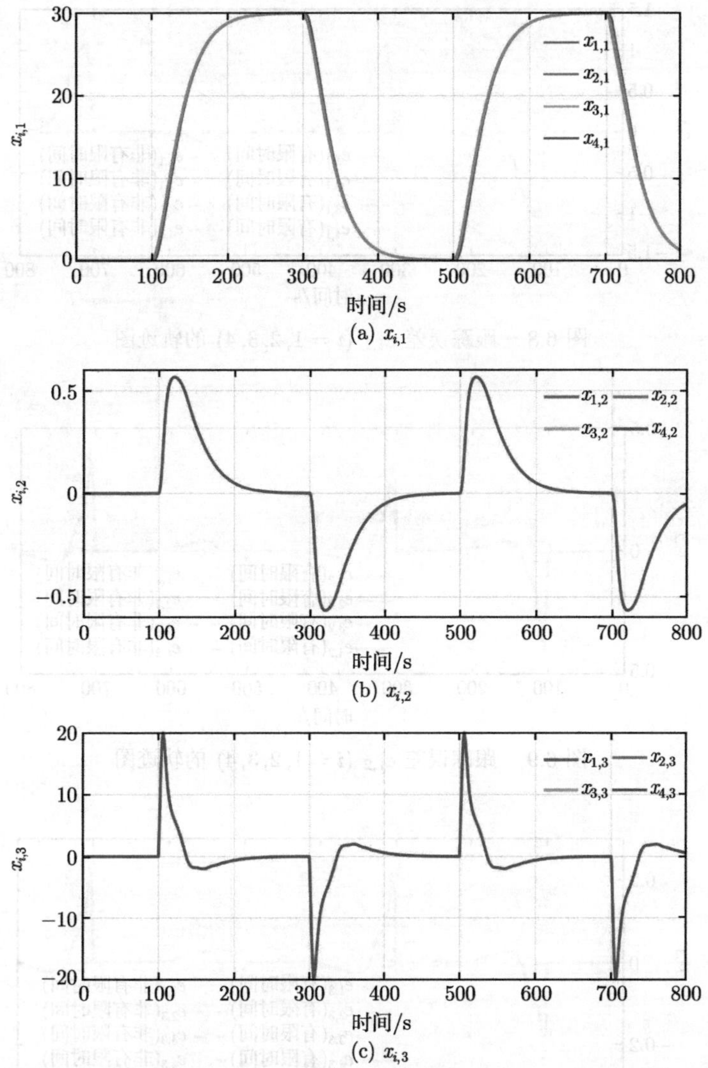

图 6.7　输出信号 $x_{i,1}$、$x_{i,2}$ 和 $x_{i,3}$ 的轨迹图 $(i=1,2,3,4)$

值得注意的是，在图 6.11 ~ 图 6.13 中，当跟踪误差 $e_{i,1}$、$e_{i,2}$、$e_{i,3}$ 分别接近边

界值 $k_{bi1}=1.5$、$k_{bi2}=0.6$、$k_{bi3}=0.3$ 时，控制器中的存在 $1/(k_{bim}^2-e_{i,m}^2)$，导致控制输入不可避免地增加。同时也可以看出与所提有限时间控制方案相比，非有限时间控制器出现更大的控制输入。这种现象是因为所提出的有限时间控制律具有更快的瞬态响应和更高精度的控制性能，因此所提出的控制器与控制器 (6.84) 相比，可以降低能量消耗，从而适合船舶系统的实际运行。

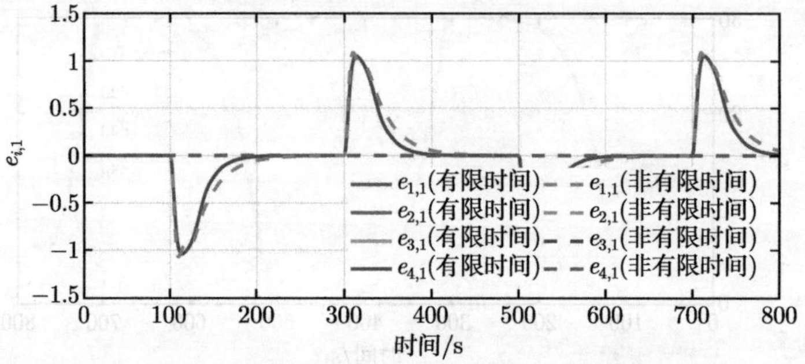

图 6.8　跟踪误差 $e_{i,1}$ $(i=1,2,3,4)$ 的轨迹图

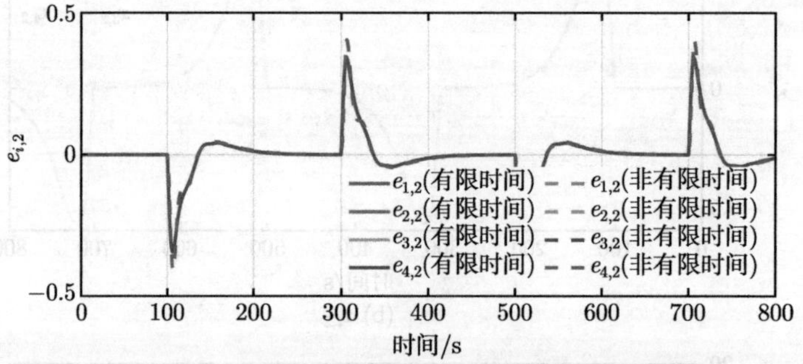

图 6.9　跟踪误差 $e_{i,2}$ $(i=1,2,3,4)$ 的轨迹图

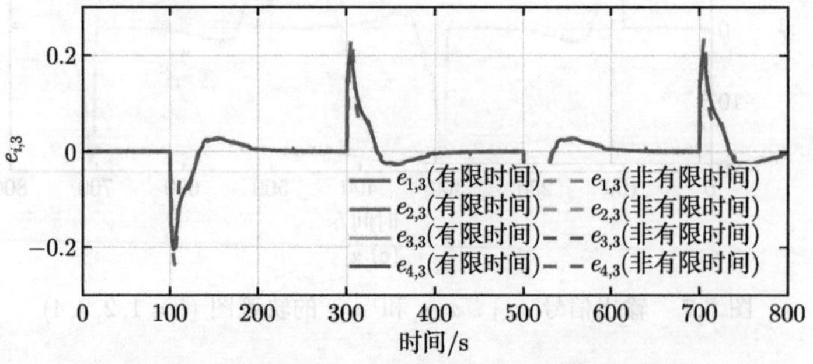

图 6.10　跟踪误差 $e_{i,3}$ $(i=1,2,3,4)$ 的轨迹图

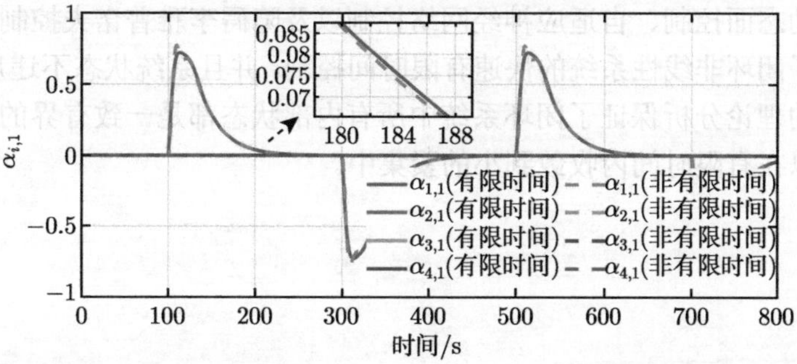

图 6.11 虚拟控制输入 $\alpha_{i,1}$ $(i=1,2,3,4)$ 的响应曲线

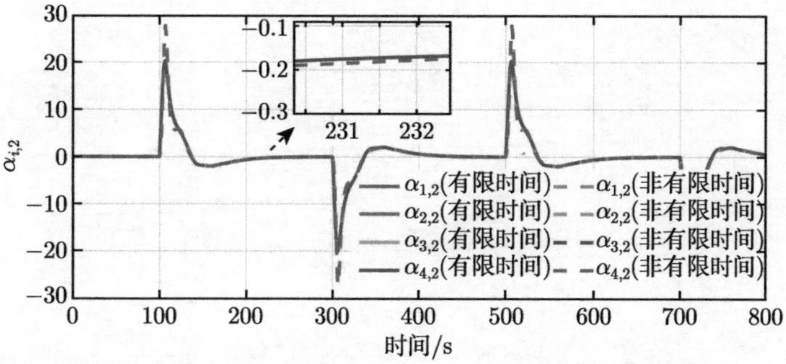

图 6.12 虚拟控制输入 $\alpha_{i,2}$ $(i=1,2,3,4)$ 的响应曲线

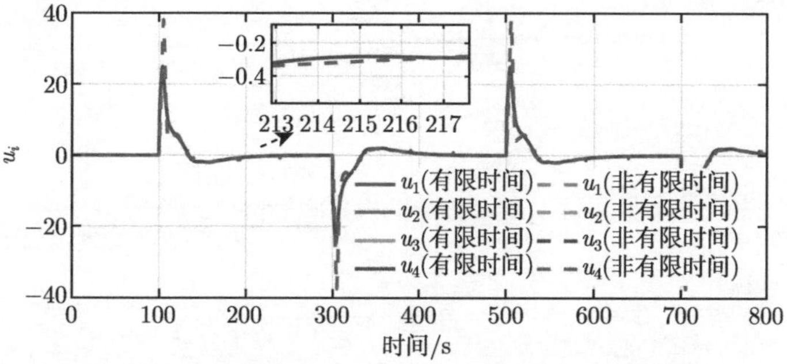

图 6.13 实际控制输入 u_i $(i=1,2,3,4)$ 的响应曲线

6.5 本章小结

本章研究了状态约束下高阶严格反馈非线性系统的有限时间协同跟踪控制问题。通过分数阶形式和三次型状态反馈之间的平滑切换，分别为具有输出约束和全状态约束的非线性多智能体系统设计了 C^1 光滑有限时间神经网络控制器。基

于改进的动态面控制、自适应神经网络控制以及障碍李雅普诺夫控制，所设计控制器实现了闭环非线性系统的快速有限时间控制，并且系统状态不违反状态约束。通过严格的理论分析保证了闭环系统中所有内部状态都是一致有界的，且跟踪误差信号可以在有限时间内收敛到小的紧集中。

第 7 章 多种不确定性影响下多航天器有限时间系统姿态协同控制

本章在第 3～6 章协同控制基础理论的基础上，进一步面向实际航天器姿态控制系统中的现实问题，设计满足快速性、精确性、鲁棒性和可靠性等多目标要求及多任务控制需求的有限时间姿态协同控制器，为航天器编队飞行任务的工程实践提供坚实的理论基础和技术支撑。本章分别针对静态领导者和动态领导者拓扑结构下的多航天器姿态控制系统，综合考虑航天器系统存在的模型不确定性及未知外界扰动等多种不确定性影响，提出相应的姿态协同控制方案。首先利用有限时间角速度观测器估计跟随者未知的角速度信息，然后提出一种分布式有限时间观测器精确获知静态/动态领导者的角速度信息，最后基于加幂积分技术，提出连续分布式有限时间控制策略。上述方案不仅能够有效处理抖振问题，还能保证跟随者在有限时间内高精度跟踪到静态/动态领导者。

7.1 问题描述

考虑一组由 1 个领导者和 n 个跟随者组成的多航天器编队系统，采用 MRP 姿态描述法对跟随者航天器的姿态控制系统建模，第 i 个跟随者航天器的动力学和运动学方程为

$$\begin{aligned}\dot{q}_i &= T_i(q_i)\omega_i \\ J_i\dot{\omega}_i &= -\omega_i^{\times}J_i\omega_i + u_i + d_i\end{aligned} \tag{7.1}$$

其中，$i=1,2,\cdots,n$；q_i 和 ω_i 分别为第 i 个航天器的姿态和角速度信息；$J_i\in\mathbb{R}^{3\times 3}$ 为第 i 个航天器的正定转动惯量矩阵；u_i 和 d_i 分别为第 i 个航天器的控制力矩和外界扰动。令 $J_i=J_{ci}+J_{ui}$，其中 J_{ci} 为非奇异标称部分，J_{ui} 为非匹配建模不确定部分。通过利用 $v_i=\dot{q}_i$，可以将式 (7.1) 变换为以下形式：

$$\begin{aligned}\dot{q}_i &= v_i \\ \dot{v}_i &= f_i(q_i,v_i)+g_i(q_i)(u_i+d_i)\end{aligned} \tag{7.2}$$

其中，$f_i(q_i,v_i)=\dot{T}_i(q_i)T_i^{-1}(q_i)v_i - T_i(q_i)J_{ci}^{-1}(T_i^{-1}(q_i)v_i)J_iT_i^{-1}(q_i)v_i - T_i(q_i)J_{ci}^{-1}J_{ui}(\dot{T}_i^{-1}(q_i)v_i+T_i^{-1}(q_i)\dot{v}_i)$；$g_i(q_i)=T_i(q_i)J_{ci}^{-1}$；$f_i(q_i,v_i)$ 具有非匹配

建模不确定部分 J_{ui}，因此是一个不确定非线性函数。

假设 7.1 外界扰动 d_i 是有界的，即存在未知正常数 d_{Mi} 满足 $\|d_i\| \leqslant d_{Mi}$。

领导者的姿态表示为 $q_d = [q_{d1}, q_{d2}, q_{d3}]^{\mathrm{T}} \in \mathbb{R}^3$，假设只有部分跟随者航天器能够获取领导者的信息，且领导者不接受任何跟随者的信息。其跟随者与领导者组成的拓扑结构满足以下假设。

假设 7.2 定义有向拓扑图 $\bar{\mathcal{G}}$ 包括 n 个跟随者所在的有向图 $\mathcal{G}$ 和领导者，假设 $\bar{\mathcal{G}}$ 具有一个有向生成树且领导者作为其生成树的根节点。

本章的控制目标为：设计有限时间姿态协同控制器 τ_i，使得所有跟随者在有限时间内跟踪到领导者的姿态 q_d。

7.2 具有静态领导者的多航天器有限时间姿态协同控制

本节假设领导者的姿态状态 q_d 是常值向量，即 $\dot{q}_d = 0$。为实现控制目标，本节首先针对各跟随者航天器姿态系统设计基于神经网络的有限时间观测器，用来估计跟随者未知的角速度信息；然后，提出基于观测器的分布式姿态控制策略，并给出相应闭环系统的有限时间稳定性分析。

7.2.1 有限时间观测器设计

令 $\hat{q}_i$ 和 $\hat{v}_i$ 分别表示 q_i 和 v_i 的估计值，然后定义 $\tilde{q}_i = q_i - \hat{q}_i$、$\tilde{v}_i = v_i - \hat{v}_i$ 为观测器估计误差。针对系统 (7.2)，本节提出以下有限时间观测器：

$$\begin{aligned}\dot{\hat{q}}_i &= \hat{v}_i + k_1 s_{i1} \\ \dot{\hat{v}}_i &= k_2 s_{i2} + \hat{W}_i^{\mathrm{T}} \varphi_i(q_i, \hat{v}_i) + g_i(q_i) u_i\end{aligned} \tag{7.3}$$

其中，$k_1 > 0$ 为待设计常数；$k_2 = 2\varrho k_1$，$\varrho > 0.5$；$s_{i1} = \mathrm{sig}^{1/2}(\tilde{q}_i) + \beta\tilde{q}_i$；$s_{i2} = \dfrac{1}{2}\mathrm{sign}(\tilde{q}_i) + \dfrac{3}{2}\beta\mathrm{sig}^{1/2}(\tilde{q}_i) + \beta^2\tilde{q}_i$，$\beta > 0$ 为待设计常数。$\hat{W}_i$ 的自适应率设计为

$$\dot{\hat{W}}_i = \varGamma_i\left[\varphi_i(q_i, \hat{v}_i)s_{i1}^{\mathrm{T}} - \frac{\varphi_i(q_i, \hat{v}_i)\varphi_i(q_i, \hat{v}_i)^{\mathrm{T}}\hat{W}_i}{2\beta} - \kappa\hat{W}_i\right] \tag{7.4}$$

其中，$0 < \varGamma_i \in \mathbb{R}^{\pi_i \times \pi_i}$ 为待设计矩阵；$\varphi_i(q_i, \hat{v}_i)$ 为神经网络激活函数；$\kappa > 0$ 为待设计常数。通过利用神经网络逼近理论，可以得到观测器误差的动态方程为

$$\begin{aligned}\dot{\tilde{q}}_i &= \tilde{v}_i - k_1 s_{i1} \\ \dot{\tilde{v}}_i &= -k_2 s_{i2} + \tilde{W}_i^{\mathrm{T}} \varphi_i(q_i, \hat{v}_i) + W_i^{\mathrm{T}}\tilde{\varphi}_i + \vartheta_i\end{aligned} \tag{7.5}$$

其中，$\tilde{W}_i$ 为神经网络权重估计误差；$\tilde{\varphi}_i=\varphi_i(q_i,v_i)-\varphi_i(q_i,\hat{v}_i)$；$\vartheta_i=\varepsilon_i(q_i,v_i)+g_i(q_i)d_i$。

定义状态误差向量 $\zeta_i=[s_{i1}^{\mathrm{T}},\tilde{v}_i^{\mathrm{T}}]^{\mathrm{T}}$。对其求导数可得

$$\dot{\zeta}_i=\frac{1}{2}\Lambda_i A\zeta_i+\beta A\zeta_i+B(\tilde{W}_i^{\mathrm{T}}\varphi_i(q_i,\hat{v}_i)+W_i^{\mathrm{T}}\tilde{\varphi}_i+\vartheta_i) \tag{7.6}$$

其中，$\Lambda_i=\begin{bmatrix}\mathrm{diag}\{|\tilde{q}_i|^{-1/2}\} & 0\\ 0 & \mathrm{diag}\{|\tilde{q}_i|^{-1/2}\}\end{bmatrix}$；$A=\begin{bmatrix}-k_1I_3 & I_3\\ -k_2I_3 & 0\end{bmatrix}$；$B=\begin{bmatrix}0\\ I_3\end{bmatrix}$。定义矩阵 $S\in\mathbb{R}^{6\times6}$ 为

$$S=\begin{bmatrix}(\alpha+4\varrho^2)I_3 & -2\varrho I_3\\ -2\varrho I_3 & I_3\end{bmatrix} \tag{7.7}$$

其中，$\alpha>0$ 为待设计常数；ϱ 定义于式 (7.3)。根据正定矩阵的性质可以直接得出 $S>0$。

定理 7.1　针对航天器系统 (7.1) 以及所设计的自适应观测器 (7.3)。如果假设 7.1 和假设 7.2 成立，并且待设计常数 k_1、β、κ 满足以下关系：

$$k_1>\frac{(\alpha+4\varrho^2+2\varrho-1)^2}{8\varrho-2}+\frac{(2\varrho-1)^2}{2} \tag{7.8}$$

$$\beta>\frac{2\ell_1\bar{\sigma}(SB)^2}{\underline{\sigma}(Q_2)} \tag{7.9}$$

$$\kappa>\frac{\varphi_{Mi}^2}{\beta} \tag{7.10}$$

其中，$\alpha>0$、$\varrho>0.5$、$\ell_1>0$、Q_2 为待给定的正定矩阵。那么，观测器估计误差 $\tilde{q}_i$、$\tilde{v}_i$ 将会在有限时间内分别收敛至任意小区域。

证明　构造如下 Lyapunov 函数：

$$V_{oi}=V_{1i}+V_{2i} \tag{7.11}$$

其中，$V_{1i}={\zeta_i}^{\mathrm{T}}S\zeta_i$；$V_{2i}=\mathrm{tr}(\tilde{W}_i^{\mathrm{T}}\Gamma_i^{-1}\tilde{W}_i)$。首先应用式 (7.6) 和引理 2.15，对 V_{1i} 求导可得

$$\begin{aligned}\dot{V}_{1i}\leqslant{}&\frac{1}{2}\tilde{q}_{Mi}^{-1/2}{\zeta_i}^{\mathrm{T}}\Lambda_i(SA+A^{\mathrm{T}}S)\zeta_i+\beta{\zeta_i}^{\mathrm{T}}(SA+A^{\mathrm{T}}S)\zeta_i+2{\zeta_i}^{\mathrm{T}}SB\tilde{W}_i^{\mathrm{T}}\varphi_i(q_i,\hat{v}_i)\\&+2\ell_1{\zeta_i}^{\mathrm{T}}SBB^{\mathrm{T}}S\zeta_i+\ell_1^{-1}\tilde{\varphi}_i^{\mathrm{T}}W_iW_i^{\mathrm{T}}\tilde{\varphi}_i+\ell_1^{-1}\vartheta_i^{\mathrm{T}}\vartheta_i\end{aligned} \tag{7.12}$$

其中，$\tilde{q}_{Mi}=\max\{|\tilde{q}_{i1}|,|\tilde{q}_{i2}|,|\tilde{q}_{i3}|\}$。

利用 $\|\vartheta_i\|\leqslant\|\varepsilon_i\|+\|g_i(q_i)\|_F\|d_i\|\leqslant\varepsilon_{Mi}+0.5\|J_{ci}^{-1}\|_F d_{Mi}\overset{\text{def}}{=\!=}\iota_{Mi}$，进一步可得

$$
\begin{aligned}
\dot{V}_{1i}\leqslant&\frac{1}{2}\tilde{q}_{Mi}^{-1/2}\zeta_i^{\mathrm{T}}(SA+A^{\mathrm{T}}S)\zeta_i+\beta\zeta_i^{\mathrm{T}}(SA+A^{\mathrm{T}}S)\zeta_i+2\zeta_i^{\mathrm{T}}SB\tilde{W}_i^{\mathrm{T}}\varphi_i(q_i,\hat{v}_i)\\
&+2\ell_1\bar{\sigma}(SB)^2\|\zeta_i\|^2+4\ell_1^{-1}W_{Mi}^2\varphi_{Mi}^2+\ell_1^{-1}\iota_{Mi}^2
\end{aligned}
\tag{7.13}
$$

然后利用 $2\mathrm{tr}(\tilde{W}_i^{\mathrm{T}}\hat{W}_i)\leqslant\mathrm{tr}(W_i^{\mathrm{T}}W_i)-\|\tilde{W}_i\|_F^2$，$\left(\dfrac{\kappa}{2}\right)^{1/2}\|\tilde{W}_i\|_F-\dfrac{\kappa}{2}\|\tilde{W}_i\|_F^2\leqslant\dfrac{1}{4}$，对 V_{2i} 求导可得

$$
\begin{aligned}
\dot{V}_{2i}\leqslant&-\left(\frac{\kappa}{2}\right)^{1/2}\|\tilde{W}_i\|_F-\frac{\kappa}{2}\|\tilde{W}_i\|_F^2-2\mathrm{tr}\left(\tilde{W}_i^{\mathrm{T}}\varphi_i(q_i,\hat{v}_i)s_{i1}^{\mathrm{T}}\right)\\
&+\frac{1}{\beta}\mathrm{tr}\left(\tilde{W}_i^{\mathrm{T}}\varphi_i(q_i,\hat{v}_i)\varphi_i(q_i,\hat{v}_i)^{\mathrm{T}}\hat{W}_i\right)+\kappa W_{Mi}^2+\frac{1}{4}\\
\leqslant&-\left(\frac{\kappa}{2}\right)^{1/2}\|\tilde{W}_i\|_F-\left(\frac{\kappa}{2}-\frac{\varphi_{Mi}^2}{2\beta}\right)\|\tilde{W}_i\|_F^2-2\zeta_i^{\mathrm{T}}C^{\mathrm{T}}\tilde{W}_i^{\mathrm{T}}\varphi_i(q_i,\hat{v}_i)\\
&-\frac{1}{\beta}\varphi_i(q_i,\hat{v}_i)^{\mathrm{T}}\tilde{W}_i\tilde{W}_i^{\mathrm{T}}\varphi_i(q_i,\hat{v}_i)+\frac{1}{2\beta}W_{Mi}^2\varphi_{Mi}^2+\kappa W_{Mi}^2+\frac{1}{4}
\end{aligned}
\tag{7.14}
$$

其中，$C=[I_3\quad 0]$。

因此，可得

$$
\begin{aligned}
\dot{V}_{oi}\leqslant&\frac{1}{2}\tilde{q}_{Mi}^{-1/2}\zeta_i^{\mathrm{T}}(SA+A^{\mathrm{T}}S)\zeta_i+\beta\zeta_i^{\mathrm{T}}(SA+A^{\mathrm{T}}S+DD^{\mathrm{T}})\zeta_i\\
&+2\ell_1\bar{\sigma}(SB)^2\|\zeta_i\|^2-\left(\frac{\kappa}{2}\right)^{1/2}\|\tilde{W}_i\|_F-\left(\frac{\kappa}{2}-\frac{\varphi_{Mi}^2}{2\beta}\right)\|\tilde{W}_i\|_F^2\\
&+4\ell_1^{-1}W_{Mi}^2\varphi_{Mi}^2+\ell_1^{-1}\iota_{Mi}^2+\frac{1}{2\beta}W_{Mi}^2\varphi_{Mi}^2+\kappa W_{Mi}^2+\frac{1}{4}
\end{aligned}
\tag{7.15}
$$

其中，$D=C^{\mathrm{T}}-SB$。令 $SA+A^{\mathrm{T}}S=-Q_1SA+A^{\mathrm{T}}S+DD^{\mathrm{T}}=-Q_2$，并且使用 $k_2=2\varrho k_1$，那么可以得出矩阵 Q_1、Q_2 为

$$
\begin{aligned}
Q_1&=\begin{bmatrix}2k_1I_3 & -(\alpha+4\varrho^2)I_3\\ -(\alpha+4\varrho^2)I_3 & 4\varrho I_3\end{bmatrix}\\
Q_2&=\begin{bmatrix}(2k_1-(1-2\varrho)^2)I_3 & -(\alpha+4\varrho^2+2\varrho-1)I_3\\ -(\alpha+4\varrho^2+2\varrho-1)I_3 & (4\varrho-1)I_3\end{bmatrix}
\end{aligned}
\tag{7.16}
$$

根据 Sylvester 判据，在满足条件 (7.8) 下，可以得到 $Q_1>0$、$Q_2>0$。然后，利用条件 (7.9)、(7.10) 及 $\tilde{q}_{Mi}^{1/2}\leqslant\zeta_{1i}\leqslant\zeta_i$ 进一步推导得出

$$\begin{aligned}\dot{V}_{oi}\leqslant&-\frac{1}{2}\tilde{q}_{Mi}^{-1/2}\underline{\sigma}(Q_1)\|\zeta_i\|^2-[\beta\underline{\sigma}(Q_2)-2\ell_1\bar{\sigma}(SB)^2]\|\zeta_i\|^2\\&-\left(\frac{\kappa}{2}\right)^{1/2}\|\tilde{W}_i\|_F-\left(\frac{\kappa}{2}-\frac{\varphi_{Mi}^2}{2\beta}\right)\|\tilde{W}_i\|_F^2+\varpi\\\leqslant&-\frac{1}{2}\underline{\sigma}(Q_1)\|\zeta_i\|-\left(\frac{\kappa}{2}\right)^{1/2}\|\tilde{W}_i\|_F+\varpi\end{aligned}\tag{7.17}$$

其中，$\varpi=4\ell_1^{-1}W_{Mi}^2\varphi_{Mi}^2+\ell_1^{-1}\iota_{Mi}^2+\dfrac{1}{2\beta}W_{Mi}^2\varphi_{Mi}^2+\kappa W_{Mi}^2+\dfrac{1}{4}$。

根据式 (7.11)，式 (7.17) 可推导为

$$\dot{V}_{oi}\leqslant-\lambda_{o1}V_{1i}^{1/2}-\lambda_{o2}V_{2i}^{1/2}+\varpi\tag{7.18}$$

其中，$\lambda_{o1}=\dfrac{\underline{\sigma}(Q_1)}{2\bar{\sigma}(S)^{1/2}}$；$\lambda_{o2}=\left(\dfrac{\kappa}{2\bar{\sigma}(\Gamma_i^{-1})}\right)^{1/2}$。令 $\lambda_o^{\min}=\min\{\lambda_{o1},\lambda_{o2}\}$，利用引理 2.17 可得出

$$\dot{V}_{oi}\leqslant-\lambda_o^{\min}V_{oi}^{1/2}+\varpi\tag{7.19}$$

故根据引理 2.7 可以得出 V_{oi} 具有有限时间收敛特性，并且收敛时间为 $T_1\leqslant\dfrac{4V_{oi}^{1/2}(0)}{\lambda_0^{\min}}$。因此：

$$V_{oi}\leqslant\left(\frac{2\varpi}{\lambda_o^{\min}}\right)^2,\quad t\geqslant T_1\tag{7.20}$$

故可以得出 ζ_i、$\tilde{W}_i$ 将会在有限时间内收敛至小区域，其具体的区域如下：

$$\begin{aligned}\|\tilde{q}_i\|&\leqslant\frac{2\varpi}{\beta\underline{\sigma}(S)^{1/2}\lambda_o^{\min}}\\\|\tilde{v}_i\|&\leqslant\frac{2\varpi}{\underline{\sigma}(S)^{1/2}\lambda_o^{\min}}\end{aligned}\tag{7.21}$$

证毕。

7.2.2　有限时间姿态协同控制器设计

注意到各个跟随者航天器只可获得邻居节点的姿态信息，首先给出邻居姿态一致性误差 $e_i=\sum\limits_{j=1}^{n}a_{ij}(q_i-q_j)+z_i(q_i-q_d)$，其中 $e_i=[e_{i1},e_{i2},e_{i3}]^{\mathrm{T}}\in\mathbb{R}^3$，$z_i>0$ 表明跟随者航天器 i 可以直接获得领导者航天器的状态信息。然后，应用两步的递归控制器设计过程给出有限时间分布式姿态输出反馈控制器。

步骤 1：令 $e=[e_1^{\mathrm{T}},e_2^{\mathrm{T}},\cdots,e_n^{\mathrm{T}}]^{\mathrm{T}}$，$q=[q_1^{\mathrm{T}},q_2^{\mathrm{T}},\cdots,q_n^{\mathrm{T}}]^{\mathrm{T}}$，$q_d=1_n\otimes q_d$，$Z=\mathrm{diag}\{z_1,z_2,\cdots,z_n\}$，则基于代数图论可得 $e=(H\otimes I_3)(q-q_d)$，$H=L+Z$。构造如下 Lyapunov 函数：

$$V_3=\frac{1}{2nh}(e^h)^{\mathrm{T}}(P\otimes I_3)e^h \tag{7.22}$$

其中，矩阵 P 定义于引理 2.3。在假设 7.2 的条件下，根据引理 2.3 可以得出矩阵 P 是一个正定矩阵。对 V_3 求导可得

$$\dot{V}_3=\frac{1}{n}(e^{2h-1})^{\mathrm{T}}(PH\otimes I_3)\hat{v}+\frac{1}{n}(e^{2h-1})^{\mathrm{T}}(PH\otimes I_3)\tilde{v} \tag{7.23}$$

其中，$v=[v_1^{\mathrm{T}},v_2^{\mathrm{T}},\cdots,v_n^{\mathrm{T}}]^{\mathrm{T}}$；$\hat{v}=[\hat{v}_1^{\mathrm{T}},\hat{v}_2^{\mathrm{T}},\cdots,\hat{v}_n^{\mathrm{T}}]^{\mathrm{T}}$；$\tilde{v}=[\tilde{v}_1^{\mathrm{T}},\tilde{v}_2^{\mathrm{T}},\cdots,\tilde{v}_n^{\mathrm{T}}]^{\mathrm{T}}=v-\hat{v}$。令 $v^*=-c_1e^{2h-1}$ 为 $\hat{v}$ 的虚拟控制，其中 $c_1>0$ 是待定控制增益。然后根据引理 2.3 可得

$$\begin{aligned}\dot{V}_3\leqslant&-\frac{c_1\underline{\sigma}(Q)}{2n}\sum_{k=1}^{3}\sum_{i=1}^{n}|e_{ik}|^{4h-2}+\frac{1}{n}\sum_{k=1}^{3}\left[\sum_{i=1}^{n}e_{ik}^{2h-1}\sum_{j=1}^{n}r_{ij}(\hat{v}_{jk}-v_{jk}^*)\right]\\&+\frac{1}{n}\sum_{k=1}^{3}\left[\sum_{i=1}^{n}e_{ik}^{2h-1}\sum_{j=1}^{n}r_{ij}\tilde{v}_{jk}\right]\end{aligned} \tag{7.24}$$

其中，Q 是一个正定矩阵；r_{ij} 是矩阵 PH 的第 (i,j) 个元素。

定义 $\xi_{jk}=(\hat{v}_{jk})^{\frac{1}{2h-1}}-(v_{jk}^*)^{\frac{1}{2h-1}}$ $(j=1,2,\cdots,n;\ k=1,2,3)$。应用引理 2.16、引理 2.17 和 Young 不等式可得

$$\begin{aligned}\frac{1}{n}\sum_{k=1}^{3}\left[\sum_{i=1}^{n}e_{ik}^{2h-1}\sum_{j=1}^{n}r_{ij}(\hat{v}_{jk}-v_{jk}^*)\right]&\leqslant\frac{1}{n}\sum_{k=1}^{3}\left[\sum_{i=1}^{n}|e_{ik}|^{2h-1}\sum_{j=1}^{n}|r_{ij}|2^{2-2h}|\xi_{jk}|^{2h-1}\right]\\&\leqslant 2^{1-2h}r_M\sum_{k=1}^{3}\sum_{i=1}^{n}\left(\ell_2|e_{ik}|^{4h-2}+\ell_2^{-1}|\xi_{ik}|^{4h-2}\right)\end{aligned} \tag{7.25}$$

以及

$$\begin{aligned}\frac{1}{n}\sum_{k=1}^{3}\left(\sum_{i=1}^{n}e_{ik}^{2h-1}\sum_{j=1}^{n}r_{ij}\tilde{v}_{jk}\right)&\leqslant\frac{r_M}{2n}\sum_{k=1}^{3}\left[\ell_3\left(\sum_{i=1}^{n}|e_{ik}|^{2h-1}\right)^2+\ell_3^{-1}\left(\sum_{j=1}^{n}|\tilde{v}_{jk}|\right)^2\right]\\&\leqslant\frac{r_M}{2}\sum_{k=1}^{3}\left(\ell_3\sum_{i=1}^{n}|e_{ik}|^{4h-2}+\ell_3^{-1}\sum_{j=1}^{n}|\tilde{v}_{jk}|^2\right)\end{aligned}$$

$$\leqslant \frac{r_M \ell_3}{2} \sum_{k=1}^{3} \sum_{i=1}^{n} |e_{ik}|^{4h-2} + \frac{r_M}{2\ell_3} \sum_{i=1}^{n} \|\zeta_i\|^2 \tag{7.26}$$

其中，$r_M = \max\limits_{i,j=1,2,\cdots,n} r_{ij}$；$\ell_2$、$\ell_3$ 为任意正常数。然后将式 (7.25) 和式 (7.26) 代入式 (7.24) 可得

$$\begin{aligned} \dot{V}_3 \leqslant & -\left(\frac{c_1 \underline{\sigma}(Q)}{2n} - 2^{1-2h}\ell_2 r_M - 2^{-1}\ell_3 r_M\right) \sum_{k=1}^{3} \sum_{i=1}^{n} |e_{ik}|^{4h-2} \\ & + \ell_2^{-1} 2^{1-2h} r_M \sum_{k=1}^{3} \sum_{i=1}^{n} |\xi_{ik}|^{4h-2} + \frac{r_M}{2\ell_3} \sum_{i=1}^{n} \|\zeta_i\|^2 \end{aligned} \tag{7.27}$$

步骤 2：构造如下 Lyapunov 函数：

$$V_4 = \frac{1}{\psi c_1^{1/(2h-1)}} \sum_{k=1}^{3} \sum_{i=1}^{n} \int_{v_{ik}^*}^{\hat{v}_{ik}} \left(s^{\frac{1}{2h-1}} - (v_{ik}^*)^{\frac{1}{2h-1}}\right) \mathrm{d}s \tag{7.28}$$

其中，$\psi = 3n\bar{\sigma}(H)2^{1-2h}$。对 V_4 求导可得

$$\begin{aligned} \dot{V}_4 &= \frac{1}{\psi} \sum_{k=1}^{3} \sum_{i=1}^{n} (\hat{v}_{ik} - v_{ik}^*)\dot{e}_{ik} + \frac{1}{\psi c_1^{1/(2h-1)}} \sum_{i=1}^{n} \xi_i^{\mathrm{T}} \dot{\hat{v}}_i \\ &= \frac{1}{\psi}(\hat{v} - v^*)(H \otimes I_3)\tilde{v} + \frac{1}{\psi}(\hat{v} - v^*)(H \otimes I_3)\hat{v} + \frac{1}{\psi c_1^{1/(2h-1)}} \sum_{i=1}^{n} \xi_i^{\mathrm{T}} \dot{\hat{v}}_i \end{aligned} \tag{7.29}$$

根据引理 2.16，引理 2.17 和 Young 不等式可得

$$\begin{aligned} \frac{1}{\psi}(\hat{v} - v^*)(H \otimes I_3)\tilde{v} &\leqslant \frac{1}{3n2^{1-2h}} \left(\sum_{k=1}^{3} \sum_{i=1}^{n} |\hat{v}_{ik} - v_{ik}^*|\right) \left(\sum_{k=1}^{3} \sum_{i=1}^{n} |\tilde{v}_{ik}|\right) \\ &\leqslant \ell_4 \sum_{k=1}^{3} \sum_{i=1}^{n} |\xi_{ik}|^{4h-2} + \ell_4^{-1} \sum_{i=1}^{n} \|\zeta_i\|^2 \end{aligned} \tag{7.30}$$

以及

$$\begin{aligned} \frac{1}{\psi}(\hat{v} - v^*)(H \otimes I_3)\hat{v} &\leqslant \frac{1}{3n2^{1-2h}} \left(\sum_{k=1}^{3} \sum_{i=1}^{n} |\hat{v}_{ik} - v_{ik}^*|\right) \left(\sum_{k=1}^{3} \sum_{i=1}^{n} |\hat{v}_{ik} - v_{ik}^*| + |v_{ik}^*|\right) \\ &\leqslant (2^{3-2h} + c_1\ell_5) \sum_{k=1}^{3} \sum_{i=1}^{n} |\xi_{ik}|^{4h-2} + c_1\ell_5^{-1} \sum_{k=1}^{3} \sum_{i=1}^{n} |e_{ik}|^{4h-2} \end{aligned} \tag{7.31}$$

其中，ℓ_4、ℓ_5 是任意正常数。将不等式 (7.30) 和 (7.31) 代入式 (7.29) 可进一步得

$$\begin{aligned}&\frac{1}{\psi}(\hat{v}-v^*)(H\otimes I_3)\tilde{v}+\frac{1}{\psi}(\hat{v}-v^*)(H\otimes I_3)\hat{v}\\&\leqslant c_1\ell_5^{-1}\sum_{k=1}^{3}\sum_{i=1}^{n}|e_{ik}|^{4h-2}+\ell_4^{-1}\sum_{i=1}^{n}\|\zeta_i\|^2+(2^{3-2h}+c_1\ell_5+\ell_4)\sum_{k=1}^{3}\sum_{i=1}^{n}|\xi_{ik}|^{4h-2}\end{aligned}\tag{7.32}$$

设计如下分布式姿态控制器：

$$u_i=-g_i(q_i)^{-1}(\hat{W}_i^{\mathrm{T}}\varphi_i(q_i,\hat{v}_i)+k_2s_{i2}+c_2\xi_i^{4h-3})\tag{7.33}$$

其中，$\xi_i=\hat{v}_i^{\frac{1}{2h-1}}+c_1e_i$；$h=\dfrac{8x-1}{8x+1}$，$x\in\mathbb{N}^+$；$c_1>0$、$c_2>0$ 为待设计控制增益。将式 (7.32) 和控制器 (7.33) 代入式 (7.29) 可得

$$\begin{aligned}\dot{V}_4\leqslant{}&c_1\ell_5^{-1}\sum_{k=1}^{3}\sum_{i=1}^{n}|e_{ik}|^{4h-2}+\ell_4^{-1}\sum_{i=1}^{n}\|\zeta_i\|^2\\&-\left(\frac{c_2}{\psi c_1^{1/(2h-1)}}-2^{3-2h}-c_1\ell_5-\ell_4\right)\sum_{k=1}^{3}\sum_{i=1}^{n}|\xi_{ik}|^{4h-2}\end{aligned}\tag{7.34}$$

基于以上两步的分析，下面给出本节的主要定理。

定理 7.2 针对航天器系统 (7.1) 以及所设计的自适应观测器 (7.3) 和分布式姿态控制器 (7.33)。如果假设 7.1 和假设 7.2 成立，并且待设计常数 k_1、κ 分别满足条件 (7.8)、(7.10)，以及 c_1、c_2、β 分别满足以下条件：

$$c_1>\frac{\ell_5nr_M(\ell_2 2^{2-2h}+\ell_3)}{\ell_5\underline{\sigma}(Q)-2n}\tag{7.35}$$

$$c_2>(2^{3-2h}+\ell_2^{-1}2^{1-2h}r_M+\ell_4+c_1\ell_5)\psi c_1^{1/(2h-1)}\tag{7.36}$$

$$\beta>\frac{4\ell_1\bar{\sigma}(SB)^2+\ell_3^{-1}r_M+2\ell_4^{-1}}{2\underline{\sigma}(Q)}\tag{7.37}$$

那么，可以实现闭环系统的有限时间稳定性，其中闭环系统中所有误差信号都保证一致有界，且跟随者的姿态 q_i 可以在有限时间内跟踪到领导者的姿态 q_d。

证明 考虑如下 Lyapunov 函数：

$$V_{oc}=\sum_{i=1}^{n}V_{oi}+V_c\tag{7.38}$$

其中，$V_c = V_3 + V_4$。选择合适的待设计参数 k_1、κ、c_1、c_2、β 使条件 (7.8)、(7.10)、(7.35)、(7.36)、(7.37) 成立，然后对 V_{oc} 求导可得

$$\begin{aligned}\dot{V}_{oc} \leqslant & -\frac{1}{2}\underline{\sigma}(Q_1)\sum_{i=1}^{n}\|\zeta_i\| - \left(\frac{\kappa}{2}\right)^{1/2}\sum_{i=1}^{n}\|\tilde{W}_i\|_F - \gamma_{c1}\sum_{k=1}^{3}\sum_{i=1}^{n}|e_{ik}|^{4h-2} \\ & -\gamma_{c2}\sum_{k=1}^{3}\sum_{i=1}^{n}|\xi_{ik}|^{4h-2} + \varpi\end{aligned} \tag{7.39}$$

其中

$$\gamma_{c1} = c_1\left(\frac{\underline{\sigma}(Q)}{2n} - \ell_5^{-1}\right) - 2^{1-2h}\ell_2 r_M - 2^{-1}\ell_3 r_M$$

$$\gamma_{c2} = \frac{c_2}{\psi c_1^{1/(2h-1)}} - 2^{3-2h} - \ell_2^{-1}2^{1-2h}r_M - \ell_4 - c_1\ell_5$$

根据式 (7.39) 可以看出当 $\sum_{k=1}^{3}\sum_{i=1}^{n}|e_{ik}|^{4h-2} > \frac{\varpi}{4\gamma_{c1}}$、$\sum_{k=1}^{3}\sum_{i=1}^{n}|\xi_{ik}|^{4h-2} > \frac{\varpi}{4\gamma_{c2}}$、$\sum_{i=1}^{n}\|\tilde{W}_i\|_F > \frac{\varpi}{4}\left(\frac{2}{\kappa}\right)^{1/2}$ 以及 $\sum_{i=1}^{n}\|\zeta_i\| > \frac{\varpi}{2\underline{\sigma}(Q_1)}$ 时，可得 $\dot{V}_{oc} \leqslant 0$，即闭环系统中所有误差信号 $\|\zeta_i\|$、$\|\tilde{W}_i\|_F$、$|e_{ik}|$、$|\xi_{ik}|$ 可以保证一致有界。

另外，根据定理 7.1 可知观测器估计误差 $\tilde{q}_i$、$\tilde{v}_i$ 在有限时间 T_1 内可以收敛到小的区域，此外可进一步求得 $\|\zeta_i\| \leqslant \frac{2\varpi}{\beta\underline{\sigma}(S)^{1/2}\lambda_o^{\min}}$，$t > T_1$。因此，当 $t > T_1$ 时，可得 $\dot{V}_c \leqslant -\gamma_c^{\min}V_c^{\frac{2h-1}{h}} + \varpi_M$，其中，$\varpi_M = \left(\ell_4^{-1} + \frac{r_M}{2\ell_3}\right)\frac{n}{\underline{\sigma}(S)}\left(\frac{2\varpi}{\beta\lambda_o^{\min}}\right)^2$。从而存在另一有限时间 $T_2 \leqslant \frac{2hV(T_1)^{\frac{1-h}{h}}}{\gamma_c^{\min}(1-h)}$ 使 $V_c \leqslant \left(\frac{2\varpi_M}{\gamma_c^{\min}}\right)^{\frac{h}{2h-1}}$。由此可得，$\|e\| \leqslant \|e^h\|^{\frac{1}{h}} \leqslant \left(\frac{2nh}{\underline{\sigma}(P)}\right)^{\frac{1}{2h}}\left(\frac{2\varpi_M}{\gamma_c^{\min}}\right)^{\frac{1}{4h-2}} \overset{\text{def}}{=\!=} \varDelta_e$。注意到 $e = (H\otimes I_3)(q - \underline{q}_d)$，进一步可得 $\|q - \underline{q}_d\| \leqslant \frac{\|e\|}{\underline{\sigma}(H)} \leqslant \frac{\varDelta_e}{\underline{\sigma}(H)}$。

综合上述分析，可得在有限时间 $t > T_1 + T_2$ 之内，所有跟随者航天器的姿态与领导者的姿态之间的误差可以收敛到小的紧集内。证毕。

7.2.3　仿真结果与分析

本节利用数值仿真技术对有限时间角速度观测器 (7.3) 和有限时间姿态控制器 (7.33) 进行验证。考虑一组由 4 个跟随者航天器和 1 个领导者航天器构成的

多航天器系统，其通信结构满足假设 7.2，如图 7.1 所示。各个跟随者航天器的姿态系统模型由式 (7.1) 表示，其中非奇异标称的转动惯量矩阵为

$$J_{c1} = [1.0 \quad 0.1 \quad 0.1;\ 0.1 \quad 0.1 \quad 0.1;\ 0.1 \quad 0.1 \quad 0.9]\ \mathrm{kg \cdot m^2}$$

$$J_{c2} = [1.5 \quad 0.2 \quad 0.3;\ 0.2 \quad 0.9 \quad 0.4;\ 0.3 \quad 0.4 \quad 2.0]\ \mathrm{kg \cdot m^2}$$

$$J_{c3} = [0.8 \quad 0.1 \quad 0.2;\ 0.1 \quad 0.7 \quad 0.3;\ 0.2 \quad 0.3 \quad 1.1]\ \mathrm{kg \cdot m^2}$$

$$J_{c4} = [1.2 \quad 0.3 \quad 0.7;\ 0.3 \quad 0.9 \quad 0.2;\ 0.7 \quad 0.2 \quad 1.4]\ \mathrm{kg \cdot m^2}$$

非匹配建模不确定转动惯量矩阵为

$$J_{ui} = \mathrm{diag}\{0.02\sin(t), 0.01\cos(t), 0.02\sin(0.5t)\}$$

外界扰动为

$$d_i = 0.1[\sin(it), \cos(it), \sin(2it)]^{\mathrm{T}}, \quad i = 1,2,3,4$$

各跟随者航天器系统的初始值设定为

$$q_1(0) = [0, 1, \sqrt{3}]^{\mathrm{T}}, \ q_2(0) = 0.1[1, 1, \sqrt{2}]^{\mathrm{T}}, \quad q_3(0) = 0.4[\sqrt{3}, 1, 0]^{\mathrm{T}}$$

$$q_4(0) = -0.3[\sqrt{3}, 0, 1]^{\mathrm{T}}, \quad \omega_i(0) = [0, 0, 0]^{\mathrm{T}}\mathrm{rad/s}, \quad i = 1,2,3,4$$

假设控制力矩满足约束：

$$|u_{ik}| \leqslant 2\mathrm{N \cdot m}, \quad i = 1,2,3,4, \quad k = 1,2,3$$

领导者航天器的姿态信息选取为 $q_d = 0.2[\cos(2), \sin(2), \sqrt{3}]^{\mathrm{T}}$。对于各个跟随者航天器，采用具有 10 个神经元的神经网络结构，选取 Sigmoid 函数作为激活函数。然后根据定理 7.2，角速度观测器和控制器的设计参数可选定为

$$\beta = 26, \quad c_1 = 1.7, \quad c_2 = 190$$

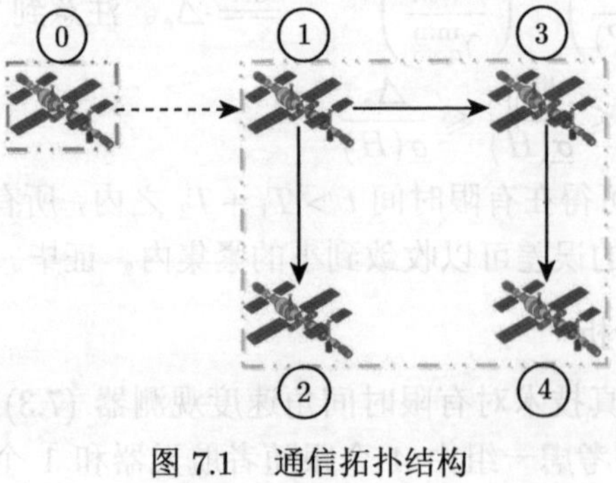

图 7.1 通信拓扑结构

$$\ell_1 = 0.1, \quad \ell_2 = 0.04, \quad \ell_3 = 0.02, \quad \ell_4 = 0.1, \quad \ell_5 = 10$$

$$h = 23/25, \quad \kappa = 0.1, \quad \Gamma_i = 10I_{10}, \quad i = 1, 2, 3, 4$$

图 7.2 显示了角速度观测器估计误差，表明所设计的观测器可以在有限时间内精确估计不可获知的角速度信息。定义 $\delta_i = [\delta_{i,1},\ \delta_{i,2},\ \delta_{i,3},]^{\mathrm{T}} = q_i - q_d$ 为姿态跟踪误差向量，图 7.3 显示了各跟随者航天器的姿态跟踪误差，表明在所设计控制方案下，跟随者航天器的姿态信息可以快速跟踪到领导者航天器的常值姿态信息。图 7.4 显示了 4 个跟随者的控制力矩，可以看出其控制力矩在执行机构约束条件下，各航天器系统仍能保证具有较好的系统性能。

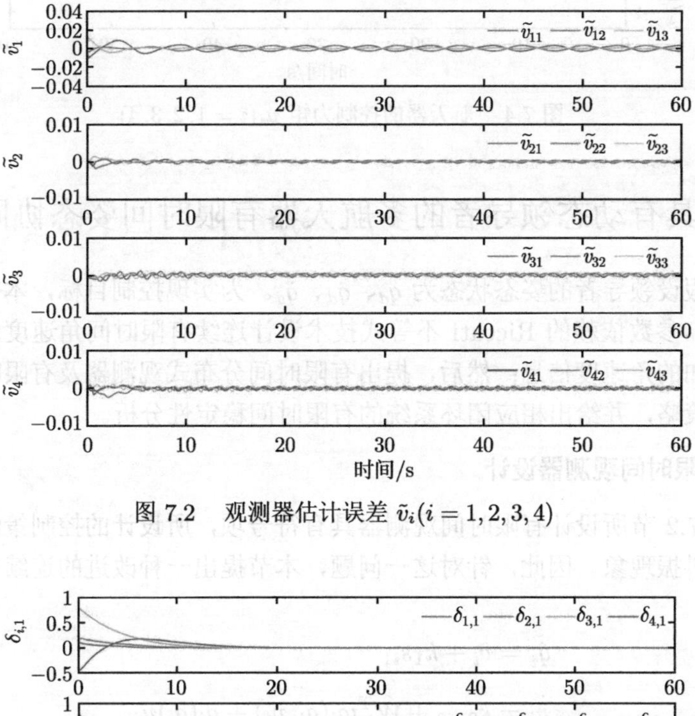

图 7.2 观测器估计误差 $\tilde{v}_i(i = 1, 2, 3, 4)$

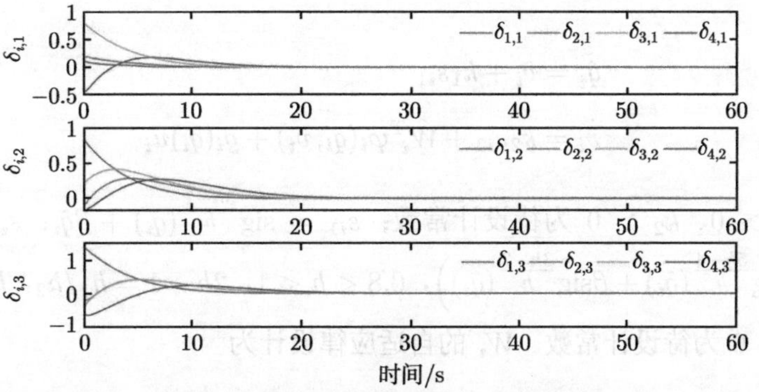

图 7.3 姿态跟踪误差 $\tilde{\delta}_i(i = 1, 2, 3, 4)$

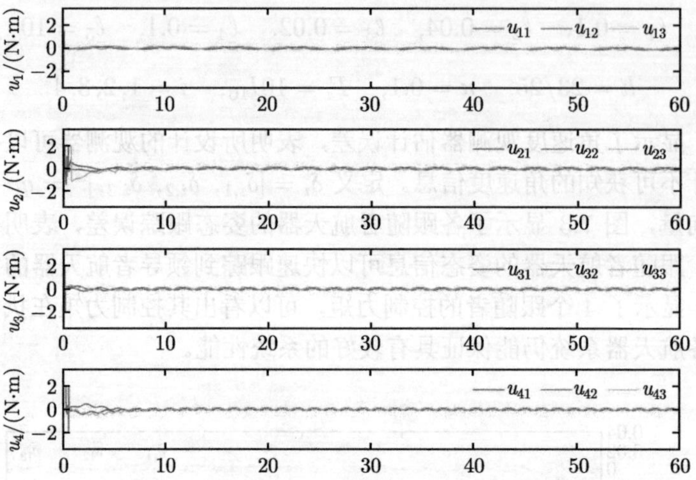

图 7.4 航天器的控制力矩 $u_i(i = 1,2,3,4)$

7.3 具有动态领导者的多航天器有限时间姿态协同控制

本节假设领导者的姿态状态为 q_d、$\dot{q}_d$、$\ddot{q}_d$。为实现控制目标，本节首先利用神经网络和参数依赖的 Riccati 不等式技术设计连续有限时间角速度观测器，用来估计未知的角速度信息；然后，提出有限时间分布式观测器及有限时间分布式姿态控制策略，并给出相应闭环系统的有限时间稳定性分析。

7.3.1 有限时间观测器设计

由于 7.2 节所设计有限时间观测器具有符号项，所设计的控制策略不可避免地会出现抖振现象。因此，针对这一问题，本节提出一种改进的连续有限时间观测器：

$$\begin{aligned}\dot{\hat{q}}_i &= \hat{v}_i + k_1 s_{i1} \\ \dot{\hat{v}}_i &= k_2 s_{i2} + \hat{W}_i^{\mathrm{T}}\varphi_i(q_i,\hat{v}_i) + g_i(q_i)u_i\end{aligned} \tag{7.40}$$

其中，$k_1 > 0$、$k_2 > 0$ 为待设计常数；$s_{i1} = \mathrm{sig}^{\frac{3h-2}{h}}(\tilde{q}_i) + \beta\tilde{q}_i$；$s_{i2} = \beta s_{i1} + \dfrac{3h-2}{h}\Big(\mathrm{sig}^{\frac{5h-4}{h}}(\tilde{q}_i) + \beta\mathrm{sig}^{\frac{3h-2}{h}}(\tilde{q}_i)\Big)$，$0.8 < h < 1$，$2h-1 = h_1/h_2$，$h_1$、$h_2$ 为正奇数，$\beta > 0$ 为待设计常数。$\hat{W}_i$ 的自适应律设计为

$$\dot{\hat{W}}_i = \varGamma_i\left(\varphi_i(q_i,\hat{v}_i)s_{i1}^{\mathrm{T}} - \frac{\varphi_i(q_i,\hat{v}_i)\varphi_i^{\mathrm{T}}(q_i,\hat{v}_i)\hat{W}_i}{2\beta} - \kappa\hat{W}_i\right) \tag{7.41}$$

其中，$0 < \Gamma_i \in \mathbb{R}^{\pi_i \times \pi_i}$ 为待设计矩阵；$\varphi_i(q_i, \hat{v}_i)$ 为神经网络激活函数；$\kappa > 0$ 为待设计常数。通过利用神经网络逼近理论，可以得到观测器误差的动态方程为

$$\begin{aligned}\dot{\tilde{q}}_i &= \tilde{v}_i - k_1 s_{i1} \\ \dot{\tilde{v}}_i &= -k_2 s_{i2} + \tilde{W}_i^{\mathrm{T}} \varphi_i(q_i, \hat{v}_i) + W_i^{\mathrm{T}} \tilde{\varphi}_i + \vartheta_i\end{aligned} \tag{7.42}$$

其中，$\tilde{W}_i$ 为神经网络权重估计误差；$\tilde{\varphi}_i = \varphi_i(q_i, v_i) - \varphi_i(q_i, \hat{v}_i)$；$\vartheta_i = \varepsilon_i(q_i, v_i) + g_i(q_i) d_i$。

定义状态误差向量 $\zeta_i = [\zeta_{1i}^{\mathrm{T}}, \zeta_{2i}^{\mathrm{T}}]^{\mathrm{T}} = [s_{i1}^{\mathrm{T}}, \tilde{v}_i^{\mathrm{T}}]^{\mathrm{T}}$，并对其求导数可得

$$\dot{\zeta}_i = \alpha \Lambda_i A \zeta_i + \beta A \zeta_i + B(\tilde{W}_i^{\mathrm{T}} \varphi_i(q_i, \hat{v}_i) + W_i^{\mathrm{T}} \tilde{\varphi}_i + \vartheta_i) \tag{7.43}$$

其中，$\alpha = \dfrac{3h-2}{h}$；$\Lambda_i = \begin{bmatrix} \mathrm{diag}\left\{|\tilde{q}_i|^{\frac{2h-2}{h}}\right\} & 0 \\ 0 & \mathrm{diag}\left\{|\tilde{q}_i|^{\frac{2h-2}{h}}\right\} \end{bmatrix} \in \mathbb{R}^{6\times 6}$；$A = \begin{bmatrix} -k_1 I_3 & I_3 \\ -k_2 I_3 & 0 \end{bmatrix} \in \mathbb{R}^{6\times 6}$；$B = \begin{bmatrix} 0 \\ I_3 \end{bmatrix} \in \mathbb{R}^{6\times 3}$。令 $C = [I_3 \quad 0] \in \mathbb{R}^{3\times 6}$，$D = C^{\mathrm{T}} - SB$，$S \in \mathbb{R}^{6\times 6}$ 为一个待定矩阵。

定理 7.3　针对航天器系统 (7.2) 以及所设计的自适应观测器 (7.40)。在假设 7.1 和假设 7.2 成立的条件下，如果存在正常数 k_1、k_2 和正定矩阵 $S > 0$ 使以下线性矩阵不等式（LMI）成立：

$$SA + A^{\mathrm{T}} S + Q_1 < 0 \tag{7.44}$$

$$SA + A^{\mathrm{T}} S + DD^{\mathrm{T}} + Q_2 < 0 \tag{7.45}$$

其中，Q_1、Q_2 是任意正定矩阵，并且存在待设计常数 β、κ 使以下不等式成立：

$$\beta > \frac{2\ell_1 \bar{\sigma}(SB)^2}{\underline{\sigma}(Q_2)} \tag{7.46}$$

$$\kappa > \frac{\varphi_{Mi}^2}{\beta} \tag{7.47}$$

其中，$\ell_1 > 0$ 是任意常数。那么观测器估计误差 $\tilde{q}_i$、$\tilde{v}_i$ 以及神经网络权重估计误差 $\tilde{W}_i$ 在有限时间内收敛到小区域内。

证明　构造如下 Lyapunov 函数：

$$V_{oi} = V_{1i} + V_{2i} \tag{7.48}$$

其中，$V_{1i} = \zeta_i^{\mathrm{T}} S \zeta_i$；$V_{2i} = \mathrm{tr}(\tilde{W}_i^{\mathrm{T}} \Gamma_i^{-1} \tilde{W}_i)$。注意到虽然 V_{1i} 是连续函数，但不满足局部 Lipschitz 条件。然而，文献 [194] 和 [195] 指出，根据 Zubov 定理[196]，所构

造的函数 V_{1i} 仍可表征系统的收敛性质。首先，对 V_{1i} 求导并且利用 LMI (7.44) 和引理 2.15, 可得

$$
\begin{aligned}
\dot{V}_{1i} =& \alpha\zeta_i^{\mathrm{T}}\Lambda_i(SA+A^{\mathrm{T}}S)\zeta_i+\beta\zeta_i^{\mathrm{T}}(SA+A^{\mathrm{T}}S)\zeta_i \\
&+2\zeta_i^{\mathrm{T}}SB\left(\tilde{W}_i^{\mathrm{T}}\varphi_i(q_i,\hat{v}_i)+W_i^{\mathrm{T}}\tilde{\varphi}_i+\vartheta_i\right) \\
\leqslant& -\alpha\tilde{q}_{Mi}^{\frac{2h-2}{h}}\zeta_i^{\mathrm{T}}Q_1\zeta_i+\beta\zeta_i^{\mathrm{T}}(SA+A^{\mathrm{T}}S)\zeta_i+2\zeta_i^{\mathrm{T}}SB\tilde{W}_i^{\mathrm{T}}\varphi_i(q_i,\hat{v}_i) \\
&+2\ell_1\zeta_i^{\mathrm{T}}SBB^{\mathrm{T}}S\zeta_i+\ell_1^{-1}\tilde{\varphi}_i^{\mathrm{T}}W_iW_i^{\mathrm{T}}\tilde{\varphi}_i+\ell_1^{-1}\vartheta_i^{\mathrm{T}}\vartheta_i
\end{aligned}
\tag{7.49}
$$

其中，$\tilde{q}_{Mi}=\max\{|\tilde{q}_{i1}|,|\tilde{q}_{i2}|,|\tilde{q}_{i3}|\}$。根据假设 7.1 和 $\|T_i(q_i)\|_F=\dfrac{1+q_i^{\mathrm{T}}q_i}{4}\leqslant\dfrac{1}{2}$ 可得 $\|\vartheta_i\|\leqslant\|\varepsilon_i\|+\|g_i(q_i)\|_F\|d_i\|+0.5\|J_{ci}^{-1}\|_Fd_{Mi}\xlongequal{\text{def}}\iota_{Mi}$，$\iota_{Mi}$ 是一未知正常数。通过使用引理 2.15，式 (7.49) 可推导为

$$
\begin{aligned}
\dot{V}_{1i}\leqslant& -\alpha\tilde{q}_{Mi}^{\frac{2h-2}{h}}\zeta_i^{\mathrm{T}}Q_1\zeta_i+\beta\zeta_i^{\mathrm{T}}(SA+A^{\mathrm{T}}S)\zeta_i+2\zeta_i^{\mathrm{T}}SB\tilde{W}_i^{\mathrm{T}}\varphi_i(q_i,\hat{v}_i) \\
&+2\ell_1\bar{\sigma}(SB)^2\|\zeta_i\|^2+4\ell_1^{-1}W_{Mi}^2\varphi_{Mi}^2+\ell_1^{-1}\iota_{Mi}^2
\end{aligned}
\tag{7.50}
$$

然后对 V_{2i} 求导并且利用 $2\mathrm{tr}(\tilde{W}_i^{\mathrm{T}}\hat{W}_i)\leqslant\mathrm{tr}(W_i^{\mathrm{T}}W_i)-\|\tilde{W}_i\|_F^2$, $\left(\dfrac{\kappa}{2}\|\tilde{W}_i\|_F^2\right)^{\frac{2h-1}{h}}-\dfrac{\kappa}{2}\|\tilde{W}_i\|_F^2\leqslant1$ 及引理 2.15 可得

$$
\begin{aligned}
\dot{V}_{2i}=& -2\mathrm{tr}(\tilde{W}_i^{\mathrm{T}}\varphi_i(q_i,\hat{v}_i)s_{i1}^{\mathrm{T}})+\frac{1}{\beta}\mathrm{tr}(\tilde{W}_i^{\mathrm{T}}\varphi_i(q_i,\hat{v}_i)\varphi_i^{\mathrm{T}}(q_i,\hat{v}_i)\hat{W}_i)+2\kappa\mathrm{tr}(\tilde{W}_i^{\mathrm{T}}\hat{W}_i) \\
\leqslant& -\left(\frac{\kappa}{2}\|\tilde{W}_i\|_F^2\right)^{\frac{2h-1}{h}}-\frac{\kappa}{2}\|\tilde{W}_i\|_F^2-2\mathrm{tr}(\tilde{W}_i^{\mathrm{T}}\varphi_i(q_i,\hat{v}_i)s_{i1}^{\mathrm{T}}) \\
&+\frac{1}{\beta}\mathrm{tr}(\tilde{W}_i^{\mathrm{T}}\varphi_i(q_i,\hat{v}_i)\varphi_i^{\mathrm{T}}(q_i,\hat{v}_i)\hat{W}_i)+\kappa W_{Mi}^2+1 \\
\leqslant& -\left(\frac{\kappa}{2}\|\tilde{W}_i\|_F^2\right)^{\frac{2h-1}{h}}-\left(\frac{\kappa}{2}-\frac{\varphi_{Mi}^2}{2\beta}\right)\|\tilde{W}_i\|_F^2-2\zeta_i^{\mathrm{T}}C^{\mathrm{T}}\tilde{W}_i^{\mathrm{T}}\varphi_i(q_i,\hat{v}_i) \\
&-\frac{1}{\beta}\varphi_i^{\mathrm{T}}(q_i,\hat{v}_i)\tilde{W}_i\tilde{W}_i^{\mathrm{T}}\varphi_i(q_i,\hat{v}_i)+\frac{1}{2\beta}W_{Mi}^2\varphi_{Mi}^2+\kappa W_{Mi}^2+1
\end{aligned}
\tag{7.51}
$$

其中，$s_{i1}=C\zeta_i$。

因此，可得

$$
\dot{V}_{oi}\leqslant-\alpha\tilde{q}_{Mi}^{\frac{2h-2}{h}}\zeta_i^{\mathrm{T}}Q_1\zeta_i+\beta\zeta_i^{\mathrm{T}}(SA+A^{\mathrm{T}}S)\zeta_i-2\zeta_i^{\mathrm{T}}D\tilde{W}_i^{\mathrm{T}}\varphi_i(q_i,\hat{v}_i)
$$

$$
\begin{aligned}
&+2\ell_1\bar{\sigma}(SB)^2\|\zeta_i\|^2-\left(\frac{\kappa}{2}\|\tilde{W}_i\|_F^2\right)^{\frac{2h-1}{h}}-\left(\frac{\kappa}{2}-\frac{\varphi_{Mi}^2}{2\beta}\right)\|\tilde{W}_i\|_F^2\\
&-\frac{1}{\beta}\varphi_i^{\mathrm{T}}(q_i,\hat{v}_i)\tilde{W}_i\tilde{W}_i^{\mathrm{T}}\varphi_i(q_i,\hat{v}_i)+4\ell_1^{-1}W_{Mi}^2\varphi_{Mi}^2+\ell_1^{-1}\iota_{Mi}^2\\
&+\frac{1}{2\beta}W_{Mi}^2\varphi_{Mi}^2+\kappa W_{Mi}^2+1 \qquad (7.52)\\
\leqslant&-\alpha\tilde{q}_{Mi}^{\frac{2h-2}{h}}\zeta_i^{\mathrm{T}}Q_1\zeta_i-\beta\zeta_i^{\mathrm{T}}Q_2\zeta_i+2\ell_1\bar{\sigma}(SB)^2\|\zeta_i\|^2\\
&-\left(\frac{\kappa}{2}\|\tilde{W}_i\|_F^2\right)^{\frac{2h-1}{h}}-\left(\frac{\kappa}{2}-\frac{\varphi_{Mi}^2}{2\beta}\right)\|\tilde{W}_i\|_F^2+\frac{4W_{Mi}^2\varphi_{Mi}^2}{\ell_1}\\
&+\frac{\iota_{Mi}^2}{\ell_1}+\frac{1}{2\beta}W_{Mi}^2\varphi_{Mi}^2+\kappa W_{Mi}^2+1
\end{aligned}
$$

其中，第二个不等式通过利用 LMI (7.45) 以及引理 2.15 得出。注意到 $\tilde{q}_{Mi}\leqslant\|\tilde{q}_i\|\leqslant\frac{\|\zeta_{1i}\|}{\beta}\leqslant\frac{\|\zeta_i\|}{\beta}$，$\frac{2h-2}{h}<0$，可以直接推导出 $\tilde{q}_{Mi}^{\frac{2h-2}{h}}\geqslant\left(\frac{\|\zeta_i\|}{\beta}\right)^{\frac{2h-2}{h}}$。然后通过利用条件 (7.46) 和 (7.47)，进一步得

$$
\begin{aligned}
\dot{V}_{oi}\leqslant&-\alpha\beta^{\frac{2-2h}{h}}\underline{\sigma}(Q_1)\|\zeta_i\|^{\frac{4h-2}{h}}-[\beta\underline{\sigma}(Q_2)-2\ell_1\bar{\sigma}(SB)^2]\|\zeta_i\|^2\\
&-\left(\frac{\kappa}{2}\|\tilde{W}_i\|_F^2\right)^{\frac{2h-1}{h}}-\left(\frac{\kappa}{2}-\frac{\varphi_{Mi}^2}{2\beta}\right)\|\tilde{W}_i\|_F^2+\varpi_i \qquad (7.53)\\
\leqslant&-\alpha\beta^{\frac{2-2h}{h}}\underline{\sigma}(Q_1)\|\zeta_i\|^{\frac{4h-2}{h}}-\left(\frac{\kappa}{2}\|\tilde{W}_i\|_F^2\right)^{\frac{2h-1}{h}}+\varpi_i
\end{aligned}
$$

其中，$\varpi_i=4\ell_1^{-1}W_{Mi}^2\varphi_{Mi}^2+\ell_1^{-1}\iota_{Mi}^2+\frac{1}{2\beta}W_{Mi}^2\varphi_{Mi}^2+\kappa W_{Mi}^2+1$。代入 (7.53) 可进一步得

$$
\dot{V}_{oi}\leqslant-\lambda_{o1}V_{1i}^{\frac{2h-1}{h}}-\lambda_{o2}V_{2i}^{\frac{2h-1}{h}}+\varpi_i \tag{7.54}
$$

其中，$\lambda_{o1}=\frac{\alpha\beta^{\frac{2-2h}{h}}\underline{\sigma}(Q_1)}{\bar{\sigma}(S)^{\frac{2h-1}{h}}}$；$\lambda_{o2}=\left(\frac{\kappa}{2\bar{\sigma}(\varGamma_i^{-1})}\right)^{\frac{2h-1}{h}}$。令 $\lambda_o^{\min}=\min\{\lambda_{o1},\lambda_{o2}\}$，则应用引理 2.17 可得

$$
\dot{V}_{oi}\leqslant-\lambda_o^{\min}V_{oi}^{\frac{2h-1}{h}}+\varpi_i \tag{7.55}
$$

根据文献 [192] 中定理 5.2 可得当 $t\in[0,t_o^*]$ 时，$V_{oi}\geqslant\left(\frac{2\varpi_i}{\lambda_o^{\min}}\right)^{\frac{h}{2h-1}}$。故结合式 (7.55)，可得对所有的 $t\in[0,t_o^*]$，$\dot{V}_{oi}\leqslant-\frac{\lambda_o^{\min}}{2}V_{oi}^{\frac{2h-1}{h}}$。则根据引理 2.7 可得

V_{oi} 具有有限时间收敛特性，并且 $T_1 \leqslant \dfrac{2hV_{oi}^{\frac{1-h}{h}}(0)}{\lambda_0^{\min}(1-h)}$。因此，对于 $t \geqslant T_1$，可得 $V_{oi} \leqslant \left(\dfrac{2\varpi_i}{\lambda_o^{\min}}\right)^{\frac{h}{2h-1}}$，结合式 (7.48) 可进一步得 ζ_i、$\tilde{W}_i$ 可在有限时间 T_1 内收敛到小的区域，其具体的界满足以下条件：

$$
\begin{aligned}
\|\tilde{q}_i\| &\leqslant \frac{1}{\beta\underline{\sigma}(S)^{\frac{1}{2}}}\left(\frac{2\varpi_i}{\lambda_o^{\min}}\right)^{\frac{h}{4h-2}} \\
\|\tilde{v}_i\| &\leqslant \frac{1}{\underline{\sigma}(S)^{\frac{1}{2}}}\left(\frac{2\varpi_i}{\lambda_o^{\min}}\right)^{\frac{h}{4h-2}} \\
\|\tilde{W}_i\|_F &\leqslant \frac{1}{\underline{\sigma}(\varGamma_i^{-1})^{\frac{1}{2}}}\left(\frac{2\varpi_i}{\lambda_o^{\min}}\right)^{\frac{h}{4h-2}}
\end{aligned}
\tag{7.56}
$$

证毕。

注 7.1 定理 7.3 中 LMI (7.45) 可看成一个参数依赖的 Riccati 不等式。文献 [96] 和 [197] 应用此不等式实现了一类一般非线性闭环系统的渐近稳定性。与以上结果不同的是，本节应用该不等式保证了所设计观测器的有限时间稳定性。另外，由定理 7.3 可知观测器误差向量 $\|\tilde{q}_i\|$、$\|\tilde{v}_i\|$ 以及神经网络加权估计误差 $\|\tilde{W}_i\|_F$ 在有限时间内可收敛到小的区域。根据式 (7.56) 可得出通过增大参数 β、κ、ℓ_1、$\underline{\sigma}(Q_1)$ 以及减小 $\underline{\sigma}(Q_2)$，可以尽可能减小收敛误差，从而达到一定的控制精度。

7.3.2 有限时间姿态协同控制器设计

考虑到领导者的状态是动态的，并且只有部分跟随者可以获知领导者的状态，因此本节在给出输出反馈控制器之前，首先设计一种分布式有限时间观测器，可以使各跟随者获知领导者的角速度信息。该分布式观测器可设计为

$$
\dot{\theta}_i = \frac{1}{d_i + z_i}\left[\left(\sum_{j=1}^{n} a_{ij}\dot{\theta}_j + z_i\ddot{q}_d\right) - k_3\eta_i - k_4\mathrm{sig}^{\frac{3h-2}{h}}(\eta_i)\right] \tag{7.57}
$$

其中，$i = 1, 2, \cdots, n$；$\theta_i \in \mathbb{R}^3$；$k_3 > 0$、$k_4 > 0$ 是待设计参数；$\eta_i = \sum\limits_{j=1}^{n} a_{ij}(\theta_i - \theta_j) + z_i(\theta_i - \dot{q}_d)$；$h$ 定义于式 (7.40)。令 $\eta = [\eta_1^{\mathrm{T}}, \eta_2^{\mathrm{T}}, \cdots, \eta_n^{\mathrm{T}}]^{\mathrm{T}}$，$\theta = [\theta_1^{\mathrm{T}}, \theta_2^{\mathrm{T}}, \cdots, \theta_n^{\mathrm{T}}]^{\mathrm{T}}$，$\underline{\dot{q}}_d = 1_n \otimes \dot{q}_d$，$\chi = [\chi_1^{\mathrm{T}}, \chi_2^{\mathrm{T}}, \cdots, \chi_n^{\mathrm{T}}]^{\mathrm{T}} = \theta - \underline{\dot{q}}_d$，那么

$$
\eta = (H \otimes I_3)\chi \tag{7.58}
$$

基于所设计的观测器 (7.40)、(7.57)，下面应用三步骤递归控制器设计过程给出有限时间分布式姿态输出反馈控制器。

步骤 1：定义邻居姿态一致性误差 $e_i = \sum\limits_{j=1}^{n} a_{ij}(q_i - q_j) + z_i(q_i - q_d)$，其中，$e_i = [e_{i1}, e_{i2}, e_{i3}]^{\mathrm{T}} \in \mathbb{R}^3$。令 $e = [e_1^{\mathrm{T}}, e_2^{\mathrm{T}}, \cdots, e_n^{\mathrm{T}}]^{\mathrm{T}}, q = [q_1^{\mathrm{T}}, q_2^{\mathrm{T}}, \cdots, q_n^{\mathrm{T}}]^{\mathrm{T}}, d = 1_n \otimes q_d$，则 $e = (H \otimes I_3)(q - d)$。构造如下 Lyapunov 函数：

$$V_3 = \frac{1}{2nh}(e^h)^{\mathrm{T}}(P \otimes I_3)e^h \tag{7.59}$$

其中，P 和 h 分别定义于引理 2.3 和式 (7.40)。令 $v = [v_1^{\mathrm{T}}, v_2^{\mathrm{T}}, \cdots, v_n^{\mathrm{T}}]^{\mathrm{T}}$，$\hat{v} = [\hat{v}_1^{\mathrm{T}}, \hat{v}_2^{\mathrm{T}}, \cdots, \hat{v}_n^{\mathrm{T}}]^{\mathrm{T}}$，那么对 V_3 求导可得

$$\dot{V}_3 = \frac{1}{n}(e^{2h-1})^{\mathrm{T}}(PH \otimes I_3)(\tilde{v} + \mu) + \frac{1}{n}(e^{2h-1})^{\mathrm{T}}(P \otimes I_3)\eta \tag{7.60}$$

其中，$\tilde{v} = v - \hat{v}$；$\mu = \hat{v} - \theta$。令 $\mu^* = -c_1 e^{2h-1}$ 为 μ 的虚拟控制律，其中 $c_1 > 0$ 为待定控制增益。根据引理 2.3 可得

$$\begin{aligned}\dot{V}_3 \leqslant & -\frac{c_1\underline{\sigma}(Q)}{2n}\sum_{k=1}^{3}\sum_{i=1}^{n}|e_{ik}|^{4h-2} + \frac{1}{n}\sum_{k=1}^{3}\left[\sum_{i=1}^{n} e_{ik}^{2h-1}\sum_{j=1}^{n} r_{ij}(\mu_{jk} - \mu_{jk}^*)\right] \\ & + \frac{1}{n}\sum_{k=1}^{3}\left(\sum_{i=1}^{n} e_{ik}^{2h-1}\sum_{j=1}^{n} r_{ij}\tilde{v}_{jk}\right) + \frac{1}{n}\sum_{k=1}^{3}\sum_{i=1}^{n} p_i e_{ik}^{2h-1}\eta_{ik}\end{aligned} \tag{7.61}$$

其中，r_{ij} 是矩阵 PH 的第 (i,j) 个元素。定义 $\xi_{jk} = (\mu_{jk})^{\frac{1}{2h-1}} - (\mu_{jk}^*)^{\frac{1}{2h-1}}$ $(j = 1, 2, \cdots, n;\ k = 1, 2, 3)$。由引理 2.16 和引理 2.17 以及 Young 不等式可推导出以下不等式：

$$\begin{aligned}&\frac{1}{n}\sum_{k=1}^{3}\left[\sum_{i=1}^{n} e_{ik}^{2h-1}\sum_{j=1}^{n} r_{ij}(\mu_{jk} - \mu_{jk}^*)\right] \\ \leqslant & \frac{1}{n}\sum_{k=1}^{3}\left(\sum_{i=1}^{n}|e_{ik}|^{2h-1}\sum_{j=1}^{n}|r_{ij}|2^{2-2h}|\xi_{jk}|^{2h-1}\right) \\ \leqslant & \frac{2^{1-2h}r_M}{n}\sum_{k=1}^{3}\left[\ell_2\left(\sum_{i=1}^{n}|e_{ik}|^{2h-1}\right)^2 + \frac{1}{\ell_2}\left(\sum_{j=1}^{n}|\xi_{jk}|^{2h-1}\right)^2\right] \\ \leqslant & 2^{1-2h}r_M\sum_{k=1}^{3}\left(\ell_2\sum_{i=1}^{n}|e_{ik}|^{4h-2} + \frac{1}{\ell_2}\sum_{j=1}^{n}|\xi_{jk}|^{4h-2}\right)\end{aligned} \tag{7.62}$$

$$= 2^{1-2h} r_M \sum_{k=1}^{3}\sum_{i=1}^{n}\left(\ell_2|e_{ik}|^{4h-2} + \frac{1}{\ell_2}|\xi_{ik}|^{4h-2}\right)\frac{1}{n}\sum_{k=1}^{3}\left(\sum_{i=1}^{n} e_{ik}^{2h-1}\sum_{j=1}^{n} r_{ij}\tilde{v}_{jk}\right)$$

$$\leqslant \frac{r_M}{2n}\sum_{k=1}^{3}\left[\ell_3\left(\sum_{i=1}^{n}|e_{ik}|^{2h-1}\right)^2 + \frac{1}{\ell_3}\left(\sum_{j=1}^{n}|\tilde{v}_{jk}|\right)^2\right]$$

$$\leqslant \frac{r_M}{2}\sum_{k=1}^{3}\sum_{i=1}^{n}\left(\ell_3|e_{ik}|^{4h-2} + \frac{1}{\ell_3}|\tilde{v}_{ik}|^2\right) \tag{7.63}$$

$$\leqslant \frac{r_M}{2}\sum_{k=1}^{3}\sum_{i=1}^{n}\left(\ell_3|e_{ik}|^{4h-2} + \frac{1}{\ell_3}|\zeta_{1ik}|^2 + \frac{1}{\ell_3}|\zeta_{2ik}|^2\right)$$

$$\leqslant \frac{r_M\ell_3}{2}\sum_{k=1}^{3}\sum_{i=1}^{n}|e_{ik}|^{4h-2} + \frac{r_M}{2\ell_3}\sum_{i=1}^{n}\|\zeta_i\|^2$$

以及

$$\frac{1}{n}\sum_{k=1}^{3}\sum_{i=1}^{n} p_i e_{ik}^{2h-1}\eta_{ik} \leqslant \frac{\ell_4 p_M}{2n}\sum_{k=1}^{3}\sum_{i=1}^{n}|e_{ik}|^{4h-2} + \frac{p_M}{2n\ell_4}\sum_{i=1}^{n}\eta_i^{\mathrm{T}}\eta_i \tag{7.64}$$

其中，ℓ_2、ℓ_3、ℓ_4 是任意正常数；$r_M = \max\limits_{i,j=1,2,\cdots,n} r_{ij}$；$p_M = \max\{p_1, p_2, \cdots, p_n\}$。将式 (7.62) ~ 式 (7.64) 代入式 (7.61) 得

$$\begin{aligned}\dot{V}_3 \leqslant & -\left(\frac{c_3\underline{\sigma}(Q)}{2n} - 2^{1-2h}\ell_2 r_M - \frac{r_M\ell_3}{2} - \frac{\ell_4 p_M}{2n}\right)\sum_{k=1}^{3}\sum_{i=1}^{n}|e_{ik}|^{4h-2} \\ & + \frac{2^{1-2h}r_M}{\ell_2}\sum_{k=1}^{3}\sum_{i=1}^{n}|\xi_{ik}|^{4h-2} + \frac{r_M}{2\ell_3}\sum_{i=1}^{n}\|\zeta_i\|^2 + \frac{p_M}{2n\ell_4}\sum_{i=1}^{n}\|\eta_i\|^2\end{aligned} \tag{7.65}$$

步骤 2：构造如下 Lyapunov 函数：

$$V_4 = \frac{1}{\psi c_1^{1/(2h-1)}}\sum_{k=1}^{3}\sum_{i=1}^{n}\int_{\mu_{ik}^*}^{\mu_{ik}}\left[s^{\frac{1}{2h-1}} - (\mu_{ik}^*)^{\frac{1}{2h-1}}\right]\mathrm{d}s \tag{7.66}$$

其中，$\psi = 3n\bar{\sigma}(H)2^{1-2h}$。对 V_4 求导可得

$$\dot{V}_4 = \frac{1}{\psi}\sum_{k=1}^{3}\sum_{i=1}^{n}(\mu_{ik} - \mu_{ik}^*)\dot{e}_{ik} + \frac{1}{\psi c_1^{1/(2h-1)}}\sum_{i=1}^{n}\xi_i^{\mathrm{T}}(\dot{v}_i - \dot{\theta}_i) \tag{7.67}$$

根据 $\dot{e}_{ik}=\left[\sum_{j=1}^{n}a_{ij}(\tilde{v}_{ik}-\tilde{v}_{jk})+z_i\tilde{v}_{ik}\right]+\left[\sum_{j=1}^{n}a_{ij}(\mu_{ik}-\mu_{jk})+z_i\mu_{ik}\right]+\eta_{ik}$，式 (7.67) 右边第一项可写为

$$\frac{1}{\psi}\sum_{k=1}^{3}\sum_{i=1}^{n}(\mu_{ik}-\mu_{ik}^*)\dot{e}_{ik}=\frac{1}{\psi}(\mu-\mu^*)(H\otimes I_3)(\tilde{v}+\mu)+\frac{1}{\psi}(\mu-\mu^*)\eta \tag{7.68}$$

由引理 2.16 和引理 2.17 以及 Young 不等式可推导出以下不等式:

$$\begin{aligned}
&\frac{1}{\psi}(\mu-\mu^*)(H\otimes I_3)\tilde{v}\\
&\leqslant\frac{1}{3n2^{1-2h}}\|\mu-\mu^*\|\,\|\tilde{v}\|\\
&\leqslant\frac{1}{3n2^{1-2h}}\left(\sum_{k=1}^{3}\sum_{i=1}^{n}|\mu_{ik}-\mu_{ik}^*|\right)\left(\sum_{k=1}^{3}\sum_{i=1}^{n}|\tilde{v}_{ik}|\right)\\
&\leqslant\frac{2}{3n}\left(\sum_{k=1}^{3}\sum_{i=1}^{n}|\xi_{ik}|^{2h-1}\right)\left(\sum_{k=1}^{3}\sum_{i=1}^{n}|\tilde{v}_{ik}|\right)\\
&\leqslant\frac{1}{3n}\left[\ell_5\left(\sum_{k=1}^{3}\sum_{i=1}^{n}|\xi_{ik}|^{2h-1}\right)^2+\frac{1}{\ell_5}\left(\sum_{k=1}^{3}\sum_{i=1}^{n}|\tilde{v}_{ik}|\right)^2\right]\\
&\leqslant\ell_4\sum_{k=1}^{3}\sum_{i=1}^{n}|\xi_{ik}|^{4h-2}+\ell_4^{-1}\sum_{k=1}^{3}\sum_{i=1}^{n}|\tilde{v}_{ik}|^2\\
&\leqslant\ell_5\sum_{k=1}^{3}\sum_{i=1}^{n}|\xi_{ik}|^{4h-2}+\frac{1}{\ell_5}\sum_{i=1}^{n}\|\zeta_i\|^2
\end{aligned} \tag{7.69}$$

$$\begin{aligned}
&\frac{1}{\psi}(\mu-\mu^*)(H\otimes I_3)\mu\\
&\leqslant\frac{1}{3n2^{1-2h}}\|\mu-\mu^*\|\,\|\mu\|\\
&\leqslant\frac{1}{3n2^{1-2h}}\left(\sum_{k=1}^{3}\sum_{i=1}^{n}|\mu_{ik}-\mu_{ik}^*|\right)\left(\sum_{k=1}^{3}\sum_{i=1}^{n}|\mu_{ik}-\mu_{ik}^*|+|\mu_{ik}^*|\right)\\
&\leqslant\frac{2^{3-2h}}{3n}\left(\sum_{k=1}^{3}\sum_{i=1}^{n}|\xi_{ik}|^{2h-1}\right)^2+\frac{2c_1}{3n}\left(\sum_{k=1}^{3}\sum_{i=1}^{n}|\xi_{ik}|^{2h-1}\right)\left(\sum_{k=1}^{3}\sum_{i=1}^{n}|e_{ik}|^{2h-1}\right)
\end{aligned}$$

$$
\begin{aligned}
&\leqslant 2^{3-2h}\sum_{k=1}^{3}\sum_{i=1}^{n}|\xi_{ik}|^{4h-2}+\frac{c_1\ell_6}{3n}\left(\sum_{k=1}^{3}\sum_{i=1}^{n}|\xi_{ik}|^{2h-1}\right)^2+\frac{c_1}{3n\ell_6}\left(\sum_{k=1}^{3}\sum_{i=1}^{n}|e_{ik}|^{2h-1}\right)^2\\
&\leqslant (2^{3-2h}+c_1\ell_6)\sum_{k=1}^{3}\sum_{i=1}^{n}|\xi_{ik}|^{4h-2}+\frac{c_1}{\ell_6}\sum_{k=1}^{3}\sum_{i=1}^{n}|e_{ik}|^{4h-2}
\end{aligned}
\tag{7.70}
$$

以及

$$
\begin{aligned}
&\frac{1}{\psi}(\mu-\mu^*)\eta\\
&\leqslant \frac{1}{\psi}\|\mu-\mu^*\|\,\|\eta\|\\
&\leqslant \frac{1}{\psi}\left(\sum_{k=1}^{3}\sum_{i=1}^{n}|\mu_{ik}-\mu_{ik}^*|\right)\left(\sum_{k=1}^{3}\sum_{i=1}^{n}|\eta_{ik}|\right)\\
&\leqslant \frac{1}{3n\bar{\sigma}(H)}\left[\ell_7\left(\sum_{k=1}^{3}\sum_{i=1}^{n}|\xi_{ik}|^{2h-1}\right)^2+\frac{1}{\ell_7}\left(\sum_{k=1}^{3}\sum_{i=1}^{n}|\eta_{ik}|\right)^2\right]\\
&\leqslant \frac{\ell_7}{\bar{\sigma}(H)}\sum_{k=1}^{3}\sum_{i=1}^{n}|\xi_{ik}|^{4h-2}+\frac{1}{\ell_7\bar{\sigma}(H)}\sum_{i=1}^{n}\|\eta_i\|^2
\end{aligned}
\tag{7.71}
$$

其中，ℓ_5、ℓ_6、ℓ_7 是任意正常数。将以上不等式代入式 (7.68) 可得

$$
\begin{aligned}
&\frac{1}{\psi}\sum_{k=1}^{3}\sum_{i=1}^{n}(\mu_{ik}-\mu_{ik}^*)\dot{e}_{ik}\\
&\leqslant \frac{c_1}{\ell_6}\sum_{k=1}^{3}\sum_{i=1}^{n}|e_{ik}|^{4h-2}+\left(2^{3-2h}+\ell_5+c_1\ell_6+\frac{\ell_7}{\bar{\sigma}(H)}\right)\sum_{k=1}^{3}\sum_{i=1}^{n}|\xi_{ik}|^{4h-2}\\
&\quad+\frac{1}{\ell_5}\sum_{i=1}^{n}\|\zeta_i\|^2+\frac{1}{\ell_7\bar{\sigma}(H)}\sum_{i=1}^{n}\|\eta_i\|^2
\end{aligned}
\tag{7.72}
$$

设计如下分布式姿态控制器：

$$
u_i=-g_i(q_i)^{-1}\left(\hat{W}_i^{\mathrm{T}}T\varphi_i(q_i,\hat{v}_i)+k_2s_{i2}+c_2\xi_i^{4h-3}-\dot{\theta}_i\right)\tag{7.73}
$$

其中，$\hat{W}_i^{\mathrm{T}}\varphi_i(q_i,\,\hat{v}_i)$、$k_2s_{i2}$、$h$ 定义于式 (7.40)；$\xi_i=(\hat{v}_i-\theta_i)^{\frac{1}{2h-1}}+c_1e_i$；$c_1>0$、$c_2>0$ 为待设计控制增益。由式 (7.73) 可以看出所设计控制算法只需要获取邻

居的姿态信息，而不需要角速度信息。通过使用所设计观测器 (7.40) 以及控制器 (7.73)，式 (7.67) 右边第二项可推导为

$$\frac{1}{\psi c_1^{1/(2h-1)}}\sum_{i=1}^{n}\xi_i^{\mathrm{T}}(\dot{\hat{v}}_i-\dot{\theta}_i)=-\frac{c_2}{\psi c_1^{1/(2h-1)}}\sum_{k=1}^{3}\sum_{i=1}^{n}|\xi_{ik}|^{4h-2} \tag{7.74}$$

将式 (7.72) 和式 (7.74) 代入式 (7.67) 可得

$$\begin{aligned}\dot{V}_4\leqslant&-\left(\frac{c_4}{\psi c_3^{1/(2h-1)}}-2^{3-2h}-\ell_5-c_1\ell_6-\frac{\ell_7}{\bar{\sigma}(H)}\right)\sum_{k=1}^{3}\sum_{i=1}^{n}|\xi_{ik}|^{4h-2}\\&+\frac{c_3}{\ell_6}\sum_{k=1}^{3}\sum_{i=1}^{n}|e_{ik}|^{4h-2}+\frac{1}{\ell_5}\sum_{i=1}^{n}\|\zeta_i\|^2+\frac{1}{\ell_7\bar{\sigma}(H)}\sum_{i=1}^{n}\|\eta_i\|^2\end{aligned} \tag{7.75}$$

步骤 3：考虑如下 Lyapunov 函数：

$$V_c=V_3+V_4 \tag{7.76}$$

由式 (7.65) 和式 (7.75) 可得

$$\begin{aligned}\dot{V}_c\leqslant&-\gamma_{c1}\sum_{k=1}^{3}\sum_{i=1}^{n}|e_{ik}|^{4h-2}-\gamma_{c2}\sum_{k=1}^{3}\sum_{i=1}^{n}|\xi_{ik}|^{4h-2}\\&+\left(\frac{r_M}{2\ell_3}+\frac{1}{\ell_5}\right)\sum_{i=1}^{n}\|\zeta_i\|^2+\left(\frac{p_M}{2n\ell_4}+\frac{1}{\ell_7\bar{\sigma}(H)}\right)\sum_{i=1}^{n}\|\eta_i\|^2\end{aligned} \tag{7.77}$$

其中，$\gamma_{c1}=\dfrac{c_3\underline{\sigma}(Q)}{2n}-2^{1-2h}\ell_2 r_M-\dfrac{r_M\ell_3}{2}-\dfrac{\ell_4 p_M}{2n}-\dfrac{c_3}{\ell_6}$；$\gamma_{c2}=\dfrac{c_4}{\psi c_3^{1/(2h-1)}}-2^{3-2h}-\dfrac{2^{1-2h}r_M}{\ell_2}-\ell_5-c_3\ell_6-\dfrac{\ell_7}{\bar{\sigma}(H)}$。通过合理选择控制参数 c_1、c_2 以及 $\ell_2\sim\ell_7$ 可以保证 $\gamma_{c1}>0$、$\gamma_{c2}>0$。

注意到 $V_3\leqslant\dfrac{\bar{\sigma}(P)}{2nh}\displaystyle\sum_{k=1}^{3}\sum_{i=1}^{n}|e_{ik}|^{2h}$，$V_4\leqslant\dfrac{2}{3n\bar{\sigma}(H)c_1^{1/(2h-1)}}\displaystyle\sum_{k=1}^{3}\sum_{i=1}^{n}|\xi_{ik}|^{2h}$，通过利用引理 2.17 可一步推导出

$$\dot{V}_c\leqslant-\gamma_c^{\min}V_c^{\frac{2h-1}{h}}+\left(\frac{r_M}{2\ell_3}+\frac{1}{\ell_5}\right)\sum_{i=1}^{n}\|\zeta_i\|^2+\left(\frac{p_M}{2n\ell_4}+\frac{1}{\ell_7\bar{\sigma}(H)}\right)\sum_{i=1}^{n}\|\eta_i\|^2 \tag{7.78}$$

其中，$\gamma_c^{\min}=\min\left\{\gamma_{c1}\left(\dfrac{\bar{\sigma}(P)}{2nh}\right)^{\frac{1-2h}{h}},\gamma_{c2}\left(\dfrac{2}{3n\bar{\sigma}(H)c_1^{1/(2h-1)}}\right)^{\frac{1-2h}{h}}\right\}$。

定理 7.4 针对航天器系统 (7.2) 以及所设计的有限时间观测器 (7.40)、(7.57) 和分布式姿态控制器 (7.73)。如果假设 7.1 和假设 7.2 成立，并且 LMI (7.44)、(7.45) 存在可行解，控制增益 c_1、c_2 分别满足以下条件：

$$c_1 > \frac{\ell_6[nr_M(\ell_2 2^{2-2h}+\ell_3)+\ell_4 p_M]}{\ell_6\underline{\sigma}(Q)-2n} \tag{7.79}$$

$$c_2 > \left[\left(2^{3-2h}+\frac{2^{1-2h}r_M}{\ell_2}+\ell_5+c_1\ell_6\right)\psi+3n\ell_7 2^{1-2h}\right]c_3^{\frac{1}{2h-1}} \tag{7.80}$$

以及设计参数 κ 满足条件 (7.47)，β、k_3 分别满足以下条件：

$$\beta > \frac{4\ell_1\bar{\sigma}(SB)^2+\ell_3^{-1}r_M+2\ell_5^{-1}}{2\underline{\sigma}(Q_2)} \tag{7.81}$$

$$k_3 > \frac{p_M}{2n\ell_4}+\frac{1}{\ell_7\bar{\sigma}(H)} \tag{7.82}$$

那么，可以实现闭环系统的有限时间稳定性，并可得出以下结论：

(1) 系统在有限时间内趋于 0；

(2) 闭环系统中所有误差信号都保证一致有界；

(3) 跟随者的姿态 q_i 及其导数 $\dot{q}_i$ 可以在有限时间内分别跟踪到领导者的姿态 q_d 及其导数 $\dot{q}_d$。

证明 (1) 给出分布式观测器 (7.57) 的有限时间稳定性证明。构造如下 Lyapunov 函数：

$$V_5 = \frac{1}{2}\eta^{\mathrm{T}}\eta \tag{7.83}$$

其中，η 定义于式 (7.58)。注意到 $\eta_i = \sum_{j=1}^{n} a_{ij}(\theta_i-\theta_j)+z_i(\theta_i-\dot{q}_d)$，式 (7.57) 可转换为 $\dot{\eta} = -k_3\eta - k_4\mathrm{sig}^{\frac{3h-2}{h}}(\eta)$。对 V_5 求导可得

$$\begin{aligned}\dot{V}_5 &= -k_3\sum_{i=1}^{n}\eta_i^{\mathrm{T}}\eta_i - k_4\sum_{k=1}^{3}\sum_{i=1}^{n}|\eta_{ik}|^{\frac{4h-2}{h}} \\ &\leqslant -2k_3V_5 - k_4 2^{\frac{2h-1}{h}}V_5^{\frac{2h-1}{h}}\end{aligned} \tag{7.84}$$

根据引理 2.8，由式 (7.84) 可得在有限时间

$$T_2 \leqslant \frac{h}{2k_3(1-h)}\ln\frac{2k_3V_5^{\frac{1-h}{h}}(0)+k_4 2^{\frac{2h-1}{h}}}{k_4 2^{\frac{2h-1}{h}}}$$

内 $\eta \to 0$。因此，由式 (7.58) 可进一步得当 $t > T_2$ 时，$\chi \to 0$ $(\theta_i \to \dot{q}_d, i = 1,2,\cdots,n)$。

(2) 应用所设计的控制器和观测器，证明整体闭环系统的有限时间稳定性。考虑以下 Lyapunov 函数：

$$V_{oc} = \sum_{i=1}^{n} V_{oi} + V_c + V_5 \tag{7.85}$$

其中，V_{oi}、V_c、V_5 分别定义于式 (7.48)、式 (7.76)、式 (7.83)。通过利用式 (7.53)、式 (7.78)、式 (7.84)，对式 (7.85) 求导可得

$$\begin{aligned}\dot{V}_{oc} \leqslant & -\gamma_c^{\min} V_c^{\frac{2h-1}{h}} - \alpha\beta^{\frac{2-2h}{h}} \underline{\sigma}(Q_1) \sum_{i=1}^{n} \|\zeta_i\|^{\frac{4h-2}{h}} \\ & - \left[\beta\underline{\sigma}(Q_2) - 2\ell_1\bar{\sigma}(SB)^2 - \frac{r_M}{2\ell_3} - \frac{1}{\ell_5}\right] \sum_{i=1}^{n} \|\zeta_i\|^2 \\ & - \left(\frac{\kappa}{2}\right)^{\frac{2h-1}{h}} \sum_{i=1}^{n} \|\tilde{W}_i\|_F^{\frac{4h-2}{h}} - \left(\frac{\kappa}{2} - \frac{\varphi_{Mi}^2}{2\beta}\right) \sum_{i=1}^{n} \|\tilde{W}_i\|_F^2 \\ & - k_4 \sum_{k=1}^{3} \sum_{i=1}^{n} |\eta_{ik}|^{\frac{4h-2}{h}} - \left[k_3 - \frac{p_M}{2n\ell_4} - \frac{1}{\ell_7\bar{\sigma}(H)}\right] \sum_{i=1}^{n} \|\eta_i\|^2 + \varpi\end{aligned} \tag{7.86}$$

其中，$\varpi = \sum_{i=1}^{n} \varpi_i$。使用条件 (7.47)、(7.81)、(7.82)，并利用与式 (7.54) 相同的推导，可得

$$\dot{V}_{oc} \leqslant -\lambda_o^{\min} \sum_{i=1}^{n} V_{oi}^{\frac{2h-1}{h}} - \gamma_c^{\min} V_c^{\frac{2h-1}{h}} - k_4 2^{\frac{2h-1}{h}} V_5^{\frac{2h-1}{h}} + \varpi \tag{7.87}$$

根据式 (7.87) 可得出闭环系统中所有误差信号都保证一致有界。

(3) 证明 q_i、$\dot{q}_i$ 可以在有限时间内分别跟踪到 q_d、$\dot{q}_d$。基于 (1) 的证明，可以得出当 $t > T_2$ 时，$\eta \to 0$；基于 (2) 的证明，可以得出所有误差信号都具有有界性。对于 $t > T_2$，考虑以下 Lyapunov 函数：

$$\bar{V}_{oc} = \sum_{i=1}^{n} V_{oi} + V_c \tag{7.88}$$

根据式 (7.87)，式 (7.88) 的导数为

$$\dot{\bar{V}}_{oc} \leqslant -\varPhi_{oc} V_{oc}^{\frac{2h-1}{h}} + \varpi \tag{7.89}$$

其中，$\Phi_{oc}=\min\{\lambda_o^{\min},\gamma_c^{\min}\}$。式 (7.89) 表明存在一个有限时间 $T_3\leqslant\dfrac{2h\bar{V}_{oc}(T_2)^{\frac{1-h}{h}}}{\Phi_{oc}(1-h)}$，使得 $\bar{V}_{oc}\leqslant\left(\dfrac{2\varpi}{\Phi_{oc}}\right)^{\frac{h}{2h-1}}$。

一方面，对于 $t>T_2+T_3$，根据式 (7.59) 和引理 2.17 可得

$$\|e\|\leqslant\|e^h\|^{\frac{1}{h}}\leqslant\left(\frac{2nh}{\underline{\sigma}(P)}\right)^{\frac{1}{2h}}\left(\frac{2\varpi}{\Phi_{oc}}\right)^{\frac{1}{4h-2}}\stackrel{\text{def}}{=\!=}\Delta_e \tag{7.90}$$

进一步可得 $\|q-\underline{q}_d\|\leqslant\dfrac{\|e\|}{\underline{\sigma}(H)}\leqslant\dfrac{\Delta_e}{\underline{\sigma}(H)}$。因此，所有跟随者的姿态 q_i 在 $t>T_2+T_3$ 时可跟踪到 q_d。

另一方面，根据引理 2.16，可得 $\left|s^{\frac{1}{2h-1}}-(\mu_{ik}^*)^{\frac{1}{2h-1}}\right|\geqslant 2^{\frac{2h-2}{2h-1}}|s-\mu_{ik}^*|^{\frac{1}{2h-1}}$。然后，由式 (7.76) 可得，当 $\mu_{ik}\geqslant\mu_{ik}^*$ 时有

$$\begin{aligned}V_4&\geqslant\frac{(2h-1)2^{\frac{2h-2}{2h-1}}}{2h\psi c_1^{\frac{1}{2h-1}}}\sum_{k=1}^{3}\sum_{i=1}^{n}(s-\mu_{ik}^*)^{\frac{2h}{2h-1}}\Big|_{\mu_{ik}^*}^{\mu_{ik}}\\&=\frac{(2h-1)2^{\frac{2h-2}{2h-1}}}{2h\psi c_1^{\frac{1}{2h-1}}}\sum_{k=1}^{3}\sum_{i=1}^{n}(\mu_{ik}-\mu_{ik}^*)^{\frac{2h}{2h-1}}\end{aligned}$$

当 $\mu_{ik}<\mu_{ik}^*$ 时，有

$$\begin{aligned}V_4&\geqslant-\frac{(2h-1)2^{\frac{2h-2}{2h-1}}}{2h\psi c_1^{\frac{1}{2h-1}}}\sum_{k=1}^{3}\sum_{i=1}^{n}(\mu_{ik}^*-s)^{\frac{2h}{2h-1}}\Big|_{\mu_{ik}^*}^{\mu_{ik}}\\&=\frac{(2h-1)2^{\frac{2h-2}{2h-1}}}{2h\psi c_1^{\frac{1}{2h-1}}}\sum_{k=1}^{3}\sum_{i=1}^{n}(\mu_{ik}-\mu_{ik}^*)^{\frac{2h}{2h-1}}\end{aligned}$$

结合以上两种情况可得

$$V_4\geqslant\frac{(2h-1)2^{\frac{2h-2}{2h-1}}}{2h\psi c_1^{\frac{1}{2h-1}}}\sum_{k=1}^{3}\sum_{i=1}^{n}(\mu_{ik}-\mu_{ik}^*)^{\frac{2h}{2h-1}} \tag{7.91}$$

然后根据引理 2.17，可得

$$\begin{aligned}\|\mu_i-\mu_i^*\|&\leqslant\left[\sum_{k=1}^{3}\sum_{i=1}^{n}(\mu_{ik}-\mu_{ik}^*)^{\frac{2h}{2h-1}}\right]^{\frac{2h-1}{2h}}\\&\leqslant\left(\frac{2h\psi}{2h-1}\right)^{\frac{2h-1}{2h}}\frac{c_1^{\frac{1}{2h}}}{2^{\frac{2h-2}{2h}}}\left(\frac{2\varpi}{\Phi_{oc}}\right)^{\frac{1}{2}}\end{aligned} \tag{7.92}$$

又根据 $\mu_i^* = -c_1 e_i^{2h-1}$ 以及式 (7.90) 可得出 μ_i^* 在 $t > T_2 + T_3$ 时收敛到零附近的小区域，另外，根据式 (7.92) 还可得出 μ_i 也会收敛到零附近的小区域。

根据式 (7.89) 的分析还可得出对于 $t > T_2 + T_3$，有

$$\|v_i - \hat{v}_i\| \leqslant \frac{1}{\underline{\sigma}(S)^{\frac{1}{2}}} \left(\frac{2\varpi}{\varPhi_{oc}}\right)^{\frac{h}{4h-2}} \tag{7.93}$$

因此，由 $\mu_i = \hat{v}_i - \theta_i$ 和 $\chi = \theta_i - \dot{q}_d = 0\ (t > T_2)$ 可最终得出所有跟随者的 $\dot{q}_i$ 在 $t > T_2 + T_3$ 时可跟踪到 $\dot{q}_d$。证毕。

注 7.2　需要指出的是，针对单个非线性系统，文献 [127]、[198] 和 [199] 提出了基于加幂积分技术的有限时间输出反馈控制策略。但在以上文献中，所提控制方案需要已知精确的系统模型。另外，针对无向或有向拓扑结构下的多智能体协同控制问题，文献 [124]、[125] 和 [187] 提出了基于加幂积分技术的解决策略。但这些文献需要使用全部状态信息。本节所研究的系统模型具有不确定的非线性动态、外界扰动，且在有向网络拓扑结构下，因此以上结果无法解决本章所研究的输出反馈控制问题。

注 7.3　在定理 7.4 的证明中，式 (7.90)、式 (7.92) 和式 (7.93) 给出了稳态误差具体的收敛域上界信息。由上界表达式可知，通过增大 $\varPhi_{oc}$ 以及减小 ϖ 可以得到较小的误差收敛域。基于 $\varPhi_{oc}$ 和 ϖ 的定义可进一步得出，通过增大控制参数 c_1、c_2、β、$\varGamma_i$ 可以得到较大的 $\varPhi_{oc}$ 以及较小的 ϖ，继而可以得到更好的控制精度。值得注意的是，控制参数 c_1、c_2、β 的选取还可以通过调整参数 $\ell_i(i = 1, 2, \cdots, 7)$ 的大小得到。通过调整参数 $\ell_i(i = 1, 2, \cdots, 7)$，可以选取较小的控制参数 c_1、c_2、β 且仍能满足定理 7.4 的充分条件，在保证控制性能的前提下，还可以避免出现较大的控制代价。因此，设计者可以基于实际需求选取合适的参数 $\ell_i(i = 1, 2, \cdots, 7)$，得到所需的暂态性能与控制精度。

7.3.3　仿真结果与分析

本节考虑一组由 4 个跟随者航天器和 1 个领导者航天器构成的多航天器系统，其网络拓扑结构满足假设 7.2，并如图 7.1 所示。各跟随者航天器姿态系统的转动惯量矩阵、外界扰动、初始值选取以及控制力矩约束条件与 7.2.3 节中的设置相同。动态领导者的姿态信息选取为 $q_d = 0.2[\cos(0.2t), \sin(0.2t), \sqrt{3}]^{\mathrm{T}}$。定义 $\delta_i = q_i - q_d$、$\dot{\delta}_i = \dot{q}_i - \dot{q}_d$ 为跟踪误差。

根据定理 7.3，选取：

$$k_1 = 3.6, \quad k_2 = 10, \quad Q_1 = 0.1I_2, \quad Q_2 = 5I_2$$

以及对 LMI (7.44)、(7.45) 求解可得

$$S=\begin{bmatrix}38.7319 & -8.8296\\ -8.8296 & 3.5441\end{bmatrix}$$

对于各个跟随者航天器，采用具有 10 个神经元的神经网络结构，选取 Sigmoid 函数作为激活函数。选取：

$$\ell_1=0.1,\quad \ell_2=0.04,\quad \ell_3=0.01,\quad \ell_4=0.01$$

$$\ell_5=0.1,\quad \ell_6=11,\quad \ell_7=0.1,\quad h=8/9$$

基于以上参数选取，根据定理 7.4，通过计算可得

$$c_1=1.9,\quad c_2=230,\quad \kappa=10,\quad \beta=46,\quad k_3=560,\quad k_4=10$$

图 7.5 和图 7.6 分别显示了角速度观测器估计误差 $\tilde{v}_i(i=1,2,3,4)$ 和分布式观测器跟踪误差 $\chi_i(i=1,2,3,4)$。一方面，可以看出 $\tilde{v}_i(i=1,2,3,4)$ 只收敛到小的区域，这是由于神经网络逼近误差以及外界扰动的存在，无法使 $\tilde{v}_i(i=1,2,3,4)$ 完全收敛到零；另一方面，可以看出 $\chi_i(i=1,2,3,4)$ 可以精确地收敛到零，这主要是因为设计的分布式观测器是一个独立的动态系统，与航天器的动态系统无关。图 7.7 和图 7.8 分别显示了各跟随者航天器的跟踪误差 δ_i、$\dot{\delta}_i$，表明在所设计控制方案下，跟随者航天器的姿态信息可以快速跟踪到领导者航天器的动态姿态信息。图 7.9 显示了在控制力矩约束条件下的四个跟随者的控制力矩，表明各航天器系统仍能保证具有较好的系统性能。

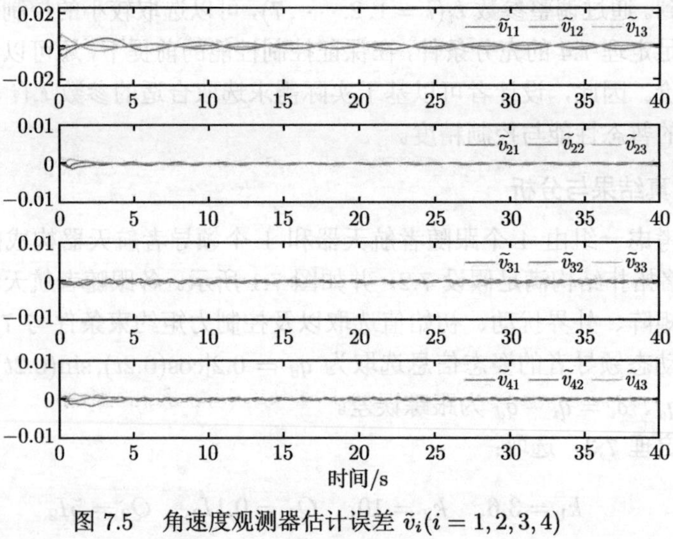

图 7.5　角速度观测器估计误差 $\tilde{v}_i(i=1,2,3,4)$

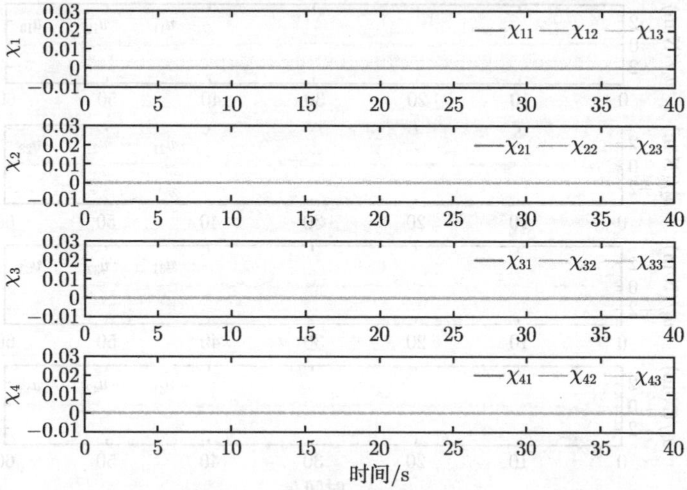

图 7.6　分布式观测器跟踪误差 $\chi_i(i=1,2,3,4)$

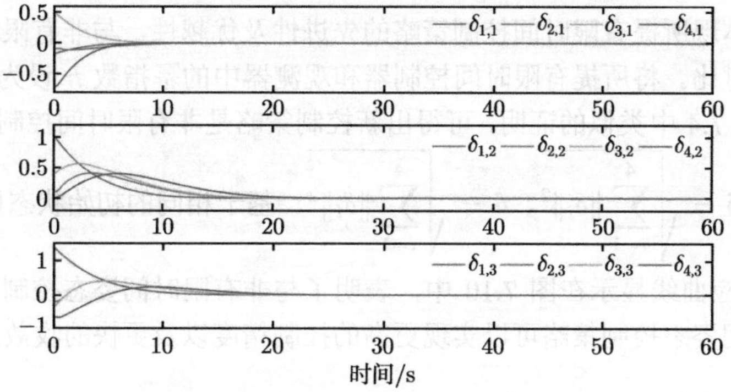

图 7.7　姿态跟踪误差 $\delta_i(i=1,2,3,4)$

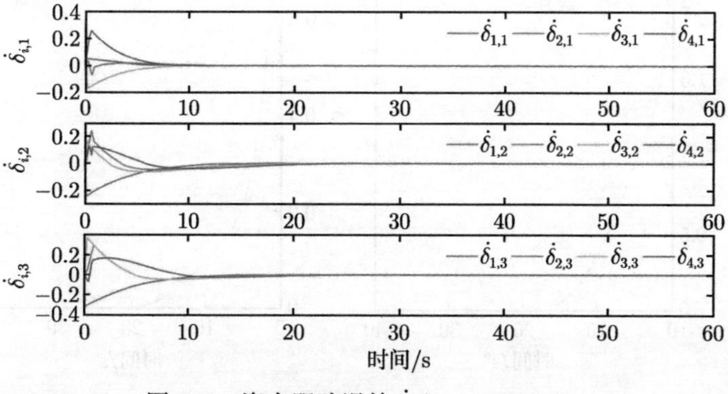

图 7.8　姿态跟踪误差 $\dot{\delta}_i(i=1,2,3,4)$

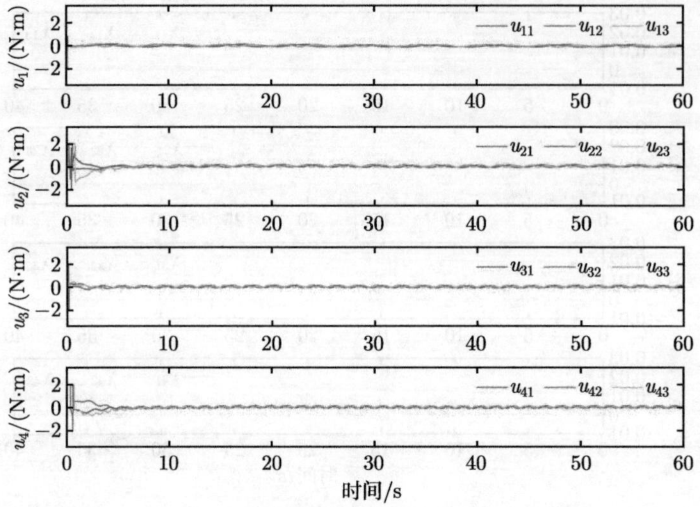

图 7.9 航天器的控制力矩 $u_i(i=1,2,3,4)$

为了体现所提有限时间控制策略的先进性及优越性，与非有限时间姿态控制算法进行对比。将所提有限时间控制器和观测器中的幂指数 h 设为 1，通过定理 7.3 和定理 7.4 中类似的证明，可得出新控制策略是非有限时间控制器。为了对比方便，设 $\delta=\sqrt{\sum_{i=1}^{4}\|\delta_i\|^2}$、$\dot{\delta}=\sqrt{\sum_{i=1}^{4}\|\dot{\delta}_i\|^2}$。基于相同的初始状态以及控制参数，$\delta$、$\dot{\delta}$ 的响应曲线显示在图 7.10 中，表明了与非有限时间姿态控制策略相比，所提有限时间姿态控制策略可以实现更高的控制精度以及更快的收敛速度。

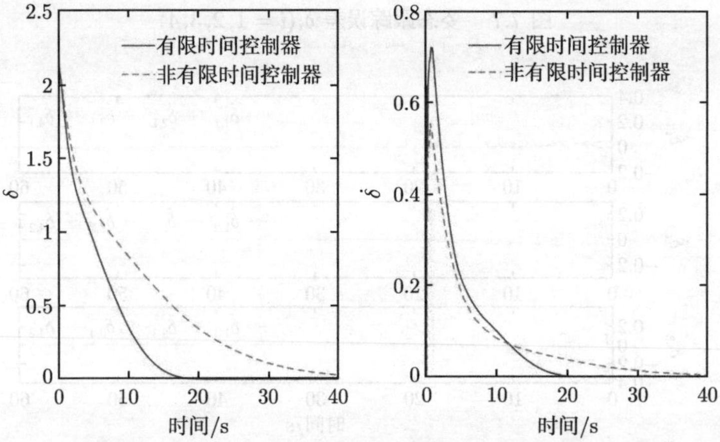

图 7.10 有限时间与非有限时间姿态控制策略下的误差 δ、$\dot{\delta}$ 对比响应曲线

7.4　本章小结

本章分别针对具有静态领导者和动态领导者的多航天器系统姿态协同控制问题，设计了基于角速度观测器的分布式有限时间姿态协同控制策略。首先，提出了有限时间自适应神经网络角速度观测器，可以保证各跟随者在有限时间内精确估计自身未知的角速度信息；其次，在具有模型不确定性及外界扰动条件下，设计分布式有限时间观测器，实现了观测器、控制器整体闭环系统的有限时间稳定性。所设计的连续有限时间控制器能够有效抑制控制抖振现象，且具有强鲁棒性、高精度收敛、快速响应以及无须角速度精确测量的优越性能，因此为航天器编队飞行应用提供了一种有效及低成本的控制方案。

第 8 章　多航天器系统有限时间姿态协同编队-合围控制

在有向拓扑网络结构下，第 7 章分别实现了对一个静态领导者和一个动态领导者的有限时间协同跟踪，并提出了相应的有限时间姿态协同控制方案。本章进一步针对具有多个跟随者航天器和多个领导者航天器所组成的多航天器系统，研究多航天器系统的姿态协同编队-合围控制问题。相对于第 7 章所研究的姿态跟踪一致性问题，多航天器的姿态协同编队-合围控制更具有挑战性。姿态协同编队-合围控制问题是指在具有多个领导者和多个跟随者的多航天器系统，多个领导者通过和其他领导者协同合作形成给定的姿态编队结构，同时多个跟随者通过接收来自领导者的部分信息并和跟随者之间协同合作从而进入领导者姿态编队所形成的凸包区域内。姿态协同编队-合围控制问题在实际航天器应用中具有很多的优势，例如，在姿态协同编队-合围控制中，多航天器系统可以允许只有部分航天器（即领导者）配备复杂的信号接收器及发送器与地面站进行指令信号的交互，同时系统中其他航天器无须配备与领导者相同的复杂接收及发送设备，只需与邻居航天器进行信息交互。因此，姿态协同编队-合围控制问题的研究可以为多航天器系统提供一种有效且低成本的控制策略。

基于此，本章研究有向网络拓扑结构下多航天器系统的有限时间姿态协同编队-合围控制问题，并考虑航天器系统模型不确定性及未知外界扰动的影响。针对上述问题，本章在有向网络拓扑结构下提出一种基于滑模控制的有限时间姿态协同编队-合围方法。该控制方法只需使用邻居相关状态信息，从而避免了现有滑模控制方法中需要使用邻居控制输入信息或者角加速度信息的情况。并且，所提控制方法具有连续性，可以有效避免滑模控制中的抖振问题。此外，通过利用滑模控制方法以及自适应神经网络控制技术，可以有效补偿航天器系统中的模型不确定性、外界扰动以及神经网络逼近误差。因此，所提控制方法可以快速、高精度地实现姿态协同编队-合围控制，同时适用于时变的姿态协同编队结构，更适合应用在航天器中。

8.1　问 题 描 述

考虑一组由 N 个航天器组成的多航天器系统，采用 MRP 姿态描述法对航天器的姿态控制系统进行建模，第 i 个航天器的动力学和运动学方程为

$$
\begin{aligned}
\dot{q}_i &= T_i(q_i)\omega_i \\
J_i\dot{\omega}_i &= -\omega_i^{\times}J_i\omega_i + u_i + \vartheta_i
\end{aligned} \tag{8.1}
$$

其中，$i=1,2,\cdots,N$；q_i 和 ω_i 分别为第 i 个航天器的姿态和角速度信息；$J_i \in \mathbb{R}^{3\times 3}$ 为第 i 个航天器的正定转动惯量矩阵；u_i 和 ϑ_i 分别为第 i 个航天器的控制力矩和外界扰动。令 $J_i = J_{ci} + J_{ui}$，其中 J_{ci} 为非奇异标称部分，J_{ui} 为非匹配建模不确定部分。通过利用 $o_i = \dot{q}_i$，可以将式 (8.1) 变换为以下形式：

$$
\begin{aligned}
\dot{q}_i &= o_i \\
\dot{o}_i &= f_i + g_i(u_i + \vartheta_i)
\end{aligned} \tag{8.2}
$$

其中

$$
g_i = T_i(q_i)J_{ci}^{-1}, \quad f_i = f_{ci} + f_{ui}
$$

$$
f_{ci} = \dot{T}_i(q_i)T_i^{-1}(q_i)o_i - T_i(q_i)J_{ci}^{-1}(T_i^{-1}(q_i)o_i)^{\times}J_{ci}T_i^{-1}(q_i)o_i
$$

$$
f_{ui} = -T_i(q_i)J_{ci}^{-1}J_{ui}(\dot{T}_i^{-1}(q_i)o_i + T_i^{-1}(q_i)\dot{o}_i) - T_i(q_i)J_{ci}^{-1}(T_i^{-1}(q_i)o_i)^{\times}J_{ui}T_i^{-1}(q_i)o_i
$$

假设 8.1　对于外界扰动 ϑ_i 是有界的，即存在未知正常数 ϑ_{Mi} 满足 $\|\vartheta_i\| \leqslant \vartheta_{Mi}$。

对于姿态协同编队-合围控制问题，若一个航天器的邻居节点只有领导者航天器，则称该航天器为领导者；若一个航天器的邻居节点可以是领导者航天器或者跟随者航天器，或者两者都存在，则称该航天器为跟随者。根据以上定义可知领导者航天器无须接收跟随者航天器的信息，并且跟随者可以利用相邻领导者、跟随者或者两者的信息实现合围控制。针对由 N 个航天器组成的多航天器系统，不失一般性，假设该系统包括 M 个领导者和 $N-M$ 个跟随者，设 $\mathcal{N}^{\mathcal{L}} = \{1,2,\cdots,M\}$ 和 $\mathcal{N}^{\mathcal{F}} = \{M+1, M+2,\cdots,N\}$ 分别为领导者和跟随者的指标集合。

假设 8.2　多航天器系统中的 M 个领导者之间的通信拓扑是有向的，并且存在至少一个有向生成树；$N-M$ 个跟随者之间的通信拓扑是有向的，并且至少存在一个领导者对其有有向路径。

假设 N 个航天器之间的网络拓扑关系用有向图 $\mathcal{G} = (\mathcal{V}, \mathcal{E}, \mathcal{A})$ 来表示。利用第 2 章中的代数图论知识，有向图 $\mathcal{G} = (\mathcal{V}, \mathcal{E}, \mathcal{A})$ 的权值入度矩阵、邻接矩阵以及拉普拉斯矩阵可以表示为

$$
D = \begin{bmatrix} D_1 & 0 \\ 0 & D_3 \end{bmatrix}, \quad \mathcal{A} = \begin{bmatrix} \mathcal{A}_1 & 0 \\ \mathcal{A}_2 & \mathcal{A}_3 \end{bmatrix}, \quad L = \begin{bmatrix} L_1 & 0 \\ L_2 & L_3 \end{bmatrix}
$$

其中，$D_1 - \mathcal{A}_1 = L_1 \in \mathbb{R}^{M\times M}$；$-\mathcal{A}_2 = L_2 \in \mathbb{R}^{(N-M)\times M}$；$D_3 - \mathcal{A}_3 = L_3 \in \mathbb{R}^{(N-M)\times(N-M)}$。在假设 8.2 下拉普拉斯矩阵 L_1 是一个 M-矩阵，其所有非零特征值具有正实部。由文献 [200] 可知在假设 8.2 下，拉普拉斯矩阵 L_3 是一个非奇异 M-矩阵，其所有特征值都具有正实部。以上拉普拉斯矩阵的性质对本章 N 个航天器的姿态协同编队-合围控制问题的解决起到重要作用。

定义 8.1 对于实向量空间 $V \subseteq \mathbb{R}^p$ 中的子集 K，若对于子集 K 中任意数 x 和 y 以及 $z \in [0,1]$，点 $(1-z)x + zy$ 也属于子集 K 中，则子集 K 称为凸。令 $\mathrm{Co}(X)$ 为集合 $X = \{x_1, x_2, \cdots, x_n\}$ 的凸集，那么对于满足 $\sum\limits_{i=1}^{n} \alpha_i = 1$ 的正整数 α_i 可给出 $\mathrm{Co}(X) = \left\{\sum\limits_{i=1}^{n} \alpha_i x_i | x_i \in X\right\}$。

定义 8.2 对于领导者航天器 i $(i \in \mathcal{N}^L)$，设其给定的时变姿态编队结构为 $q_d = [q_{d1}^{\mathrm{T}}, q_{d2}^{\mathrm{T}}, \cdots, q_{dM}^{\mathrm{T}}]^{\mathrm{T}}$ $(q_{di} = [q_{di1}, q_{di2}, q_{di3}]^{\mathrm{T}})$，那么定义领导者航天器的姿态编队跟踪误差为

$$\tilde{q}_{ik} = q_{ik} - q_{dik}, \quad k = 1,2,3 \tag{8.3}$$

假设 8.3 航天器 i 的给定时变姿态 q_{dik} 及其导数是有界的，即存在未知正常数 $q_{dik}^{\max}$、$\dot{q}_{dik}^{\max}$ 满足 $|q_{dik}| \leqslant q_{dik}^{\max}$、$|\dot{q}_{dik}| \leqslant \dot{q}_{dik}^{\max}$。

定义 8.3 对于跟随者航天器 i $(i \in \mathcal{N}^{\mathcal{F}})$，令 θ_{ij} 为矩阵 $-L_3^{-1}L_2$ 的第 (i,j) 个元素，则定义跟随者航天器的姿态合围跟踪误差为

$$\bar{q}_{ik} = q_{ik} - \sum_{j=1}^{M} \theta_{ij} q_{jk}, \quad k = 1,2,3 \tag{8.4}$$

注 8.1 由文献 [133] 中引理 2.12 可知，矩阵 $-L_3^{-1}L_2$ 的所有元素都是非负的，并且 $-L_3^{-1}L_2$ 的每一行的和都等于 1。根据定义 8.1 可得如果 $\bar{q}_{ik} \to 0$，那么 $q_{ik}(i \in \mathcal{N}^{\mathcal{F}}, k = 1,2,3)$ 收敛至由 M 个领导者航天器所形成的凸集 $\mathrm{Co}(q_{jk}, j \in \mathcal{N}^L)$ 中。

本章的控制目的是分别针对 M 个领导者航天器和 $N-M$ 个跟随者航天器设计分布式有限时间姿态控制器，解决 N 个航天器系统的有限时间姿态协同编队-合围控制问题，其具体定义如下。

定义 8.4 针对多航天器系统中的 N 个航天器，如果同时满足以下两种条件：

(1) 对于领导者航天器 i $(i \in \mathcal{N}^L)$，存在紧集 $\Omega_{1i} \subset \mathbb{R}^3$ 使 $\forall \tilde{q}_i(t_0) \in \Omega_{1i}$，以及存在一个有限时间 T_1^* 和小的上界 B_{M1}、B_{M2}，使 $|\tilde{q}_{ik}| \leqslant B_{M1}$、$|\dot{\tilde{q}}_{ik}| \leqslant B_{M2}$，$k = 1,2,3$，$\forall t \geqslant t_0 + T_1^*$。

(2) 对于跟随者航天器 $i\,(i \in \mathcal{N}^{\mathcal{F}})$，存在紧集 $\Omega_{2i} \subset \mathbb{R}^3$ 使 $\forall \bar{q}_i(t_0) \in \Omega_{1i}$，以及存在一个有限时间 T_2^* 和小的上界 B_{M3}、B_{M4}，使 $|\bar{q}_{ik}| \leqslant B_{M3}$、$|\dot{\bar{q}}_{ik}| \leqslant B_{M4}$，$k=1,2,3$，$\forall t \geqslant t_0 + T_2^*$。

那么，N 个航天器实现了有限时间姿态协同编队-合围控制。

8.2 主要结果

本节解决 N 个航天器的有限时间姿态协同编队-合围控制问题。针对这一问题，本节分别对 M 个领导者航天器和 $N-M$ 个跟随者航天器提出基于滑模方法的分布式有限时间自适应神经网络控制器，可以同时保证领导者实现姿态编队控制和跟随者实现姿态合围控制。下面首先在 8.2.1 节给出 M 个领导者航天器的姿态协同编队控制策略及其有限时间稳定性分析，然后在 8.2.2 节给出 $N-M$ 个跟随者航天器的姿态合围控制策略以及有限时间稳定性分析。

8.2.1　M 个领导者航天器的有限时间姿态协同编队控制

领导者无须接收跟随者的信息，因此提出以下终端滑模面：

$$
\begin{aligned}
s_i &= b_i(\dot{\tilde{q}}_i + \kappa_1 \tilde{q}_i + \kappa_2 \beta_i(\tilde{q}_i)) \\
&\quad + \sum_{j=1}^{M} a_{ij}[(\dot{\tilde{q}}_i - \dot{\tilde{q}}_j) + \kappa_1(\tilde{q}_i - \tilde{q}_j) + \kappa_2(\beta_i(\tilde{q}_i) - \beta_j(\tilde{q}_j))]
\end{aligned} \tag{8.5}
$$

其中，$i \in \mathcal{N}^L$；a_{ij} 为矩阵 $\mathcal{A}_1$ 的第 (i,j) 个元素；$b_i > 0$ 为姿态跟踪增益；κ_1、κ_2 为待定正常数。$\beta_i(\tilde{q}_i) = [\beta_{i1}(\tilde{q}_{i1}), \beta_{i2}(\tilde{q}_{i2}), \beta_{i3}(\tilde{q}_{i3})]^{\mathrm{T}} \in \mathbb{R}^3$ 定义为

$$
\beta_{ik}(\tilde{q}_{ik}) = \begin{cases} \operatorname{sig}^h(\tilde{q}_{ik}) & \bar{s}_{ik} = 0 \text{ 或 } \bar{s}_{ik} \neq 0,\ |\tilde{q}_{ik}| > \hbar \\ \varsigma_1 \tilde{q}_{ik} + \varsigma_2 \operatorname{sig}^2(\tilde{q}_{ik}), & \bar{s}_{ik} \neq 0,\ |\tilde{q}_{ik}| \leqslant \hbar \end{cases} \tag{8.6}
$$

其中，$k=1,2,3$；$0<h<1$；$\bar{s}_{ik} = \dot{\tilde{q}}_{ik} + \kappa_1 \tilde{q}_{ik} + \kappa_2 \operatorname{sig}^h(\tilde{q}_{ik})$；$\varsigma_1 = (2-h)\hbar^{h-1}$；$\varsigma_2 = (h-1)\hbar^{h-2}$；$\hbar > 0$ 是任意小的正常数。定义 $\tilde{q}_L = [\tilde{q}_1^{\mathrm{T}}, \tilde{q}_2^{\mathrm{T}}, \cdots, \tilde{q}_M^{\mathrm{T}}]^{\mathrm{T}} \in \mathbb{R}^{3M}$，$s_L = [s_1^{\mathrm{T}}, s_2^{\mathrm{T}}, \cdots, s_M^{\mathrm{T}}]^{\mathrm{T}} \in \mathbb{R}^{3M}$，那么可得

$$
s_L = [(L_1 + B) \otimes I_3]\left(\dot{\tilde{q}}_L + \kappa_1 \tilde{q}_L + \kappa_2 \beta(\tilde{q}_L)\right) \tag{8.7}
$$

其中，$\beta(\tilde{q}_L) = [\beta_1^{\mathrm{T}}(\tilde{q}_1), \beta_2^{\mathrm{T}}(\tilde{q}_2), \cdots, \beta_M^{\mathrm{T}}(\tilde{q}_M)]^{\mathrm{T}}$；$B = \operatorname{diag}\{b_1, b_2, \cdots, b_M\} \in \mathbb{R}^{M \times M}$ 是姿态跟踪增益矩阵。根据本书引理 2.2 可知矩阵 $L_1 + B$ 是一个非奇异 M-矩阵。对式 (8.7) 求导可得

$$
\dot{s}_L = [(L_1 + B) \otimes I_3]\left[\ddot{\tilde{q}}_L + (\kappa_1 I_{3M} + \kappa_2 \beta_E)\dot{\tilde{q}}_L\right] \tag{8.8}
$$

其中，$\beta_E=\text{diag}\{\beta_{E1},\beta_{E2},\cdots,\beta_{EM}\}\in\mathbb{R}^{3M\times 3M}$，$\beta_{Ei}=\text{diag}\{\beta_{Ei1},\beta_{Ei2},\beta_{Ei3}\}\in\mathbb{R}^{3\times 3},i\in\mathcal{N}^L$，且

$$\beta_{Eik}=\begin{cases}h|\tilde{q}_{ik}|^{h-1}, & \bar{s}_{ik}=0\text{ 或 }\bar{s}_{ik}\neq 0,|\tilde{q}_{ik}|>\hbar\\ \varsigma_1+2\varsigma_2|\tilde{q}_{ik}|, & \bar{s}_{ik}\neq 0,\ |\tilde{q}_{ik}|\leqslant\hbar\end{cases}\tag{8.9}$$

定义

$$q_L=[q_1^{\mathrm{T}},q_2^{\mathrm{T}},\cdots,q_M^{\mathrm{T}}]^{\mathrm{T}},\quad o_L=[o_1^{\mathrm{T}},o_2^{\mathrm{T}},\cdots,o_M^{\mathrm{T}}]^{\mathrm{T}}$$

$$F_{cL}=[f_{c1}^{\mathrm{T}},f_{c2}^{\mathrm{T}},\cdots,f_{cM}^{\mathrm{T}}]^{\mathrm{T}},\quad F_{uL}=[f_{u1}^{\mathrm{T}},f_{u2}^{\mathrm{T}},\cdots,f_{uM}^{\mathrm{T}}]^{\mathrm{T}}$$

$$G_L=\text{diag}\{g_1,g_2,\cdots,g_M\},\quad u_L=[u_1^{\mathrm{T}},u_2^{\mathrm{T}},\cdots,u_M^{\mathrm{T}}]^{\mathrm{T}},\quad \vartheta_L=[\vartheta_1^{\mathrm{T}},\vartheta_2^{\mathrm{T}},\cdots,\vartheta_M^{\mathrm{T}}]^{\mathrm{T}}$$

则式 (8.2) 的全局形式可写为

$$\begin{aligned}\dot{q}_L&=o_L\\ \dot{o}_L&=F_{cL}+F_{uL}+G_L(u_L+\vartheta_L)\end{aligned}\tag{8.10}$$

将式 (8.10) 代入式 (8.8) 得

$$\dot{s}_L=[(L_1+B)\otimes I_3]\left[F_{uL}+H_{cL}+G_L(u_L+\vartheta_L)\right]\tag{8.11}$$

其中，F_{uL} 为系统中不确定非线性部分；$H_{cL}=F_{cL}+(\kappa_1 I_{3M}+\kappa_2\beta_E)\dot{\tilde{q}}_L-\ddot{q}_d$ 为系统中确定非线性部分。

为了实现 M 个领导者航天器姿态编队控制目的，通过利用神经网络控制提出以下分布式有限时间姿态编队控制器：

$$u_i=g_i^{-1}(-c_1 s_i-c_2\text{sig}^h(s_i)-\hat{W}_i^{\mathrm{T}}\varphi_i(z_i)-\varLambda_i s_i-h_{ci})\tag{8.12}$$

其中，$i\in\mathcal{N}^L$；$c_1>0$、$c_2>0$ 为待定控制增益；$0<h<1$；$\hat{W}_i\in\mathbb{R}^{v_i\times 3}$ 为神经网络加权矩阵 W_i 的估计；$\varphi_i(z_i)\in\mathbb{R}^{v_i}$ 为神经网络激活函数；$\varLambda_i=\dfrac{\hat{\delta}_i}{\|s_i\|+\zeta_i}$ 为时变控制增益，$\hat{\delta}_i\in\mathbb{R}$ 为未知常数 $\delta_i=\varepsilon_{Mi}+0.5J_{ci}\vartheta_{Mi}$ 的估计值，$\zeta_i>0$ 为一个任意设计常数；$h_{ci}=f_{ci}+\kappa_1\dot{\tilde{q}}_i+\kappa_2\beta_{Ei}\dot{\tilde{q}}_i-\ddot{q}_{di}$。$\hat{W}_i$、$\hat{\delta}_i$ 由以下自适应律给出：

$$\dot{\hat{W}}_i=\varGamma_i\left[p_i(d_i+b_i)\varphi_i s_i^{\mathrm{T}}-k_1\hat{W}_i\right]\tag{8.13}$$

$$\dot{\hat{\delta}}_i=\varrho_i\left[\frac{p_i(d_i+b_i)\|s_i\|^2}{\|s_i\|+\zeta_i}-k_2\hat{\delta}_i\right]\tag{8.14}$$

其中，$0<\Gamma_i\in\mathbb{R}^{v_i\times v_i}$；$0<\varrho_i\in\mathbb{R}$ 为任意待定参数；p_i 为向量 $[p_1,p_2,\cdots,p_M]^{\mathrm{T}}=(L_1+B)^{-\mathrm{T}}1_N$ 的第 i 个元素；d_i 为第 i 个航天器的入度值；k_1、k_2 为待定正常数。定义 W_i、δ_i 的估计误差为 $\tilde{W}_i=W_i-\hat{W}_i$，$\tilde{\delta}_i=\delta_i-\hat{\delta}_i$。

定义 $G_L^{-1}=\mathrm{diag}\{g_1^{-1},g_2^{-1},\cdots,g_M^{-1}\},\mathrm{sig}^h(s_L)=[\mathrm{sig}^{h\mathrm{T}}(s_1),\mathrm{sig}^{h\mathrm{T}}(s_2),\cdots,\mathrm{sig}^{h\mathrm{T}}(s_M)]^{\mathrm{T}},\hat{W}_L=\mathrm{diag}\{\hat{W}_1,\hat{W}_2,\cdots,\hat{W}_M\}$，则式 (8.12) 的全局形式可写为

$$u_L=G_L^{-1}\left(-c_1s_L-c_2\mathrm{sig}^h(s_L)-\hat{W}_L^{\mathrm{T}}\varphi_L-\Lambda_Ls_L-H_{cL}\right)\tag{8.15}$$

在给出本节的主要定理之前，首先给出以下稳定性分析过程，具体过程分为三步。

步骤 1：定义 $W_L=\mathrm{diag}\{W_1,W_2,\cdots,W_M\}$，$\delta_L=[\delta_1,\delta_2,\cdots,\delta_M]$，$\hat{\delta}_L=[\hat{\delta}_1,\hat{\delta}_2,\cdots,\hat{\delta}_M]$，$\tilde{W}_L=W_L-\hat{W}_L$，$\tilde{\delta}_L=\delta_L-\hat{\delta}_L$。构造以下 Lyapunov 函数：

$$V_L=V_{L1}+V_{L2}+V_{L3}\tag{8.16}$$

其中，$V_{L1}=\dfrac{1}{2}s_L^{\mathrm{T}}(P_L\otimes I_3)s_L,P_L=\mathrm{diag}\{p_1,p_2,\cdots,p_M\};V_{L2}=\dfrac{1}{2}\mathrm{tr}\left(\tilde{W}_L^{\mathrm{T}}\Gamma_L^{-1}\tilde{W}_L\right)$，$\Gamma_L=\mathrm{diag}\{\Gamma_1,\Gamma_2,\cdots,\Gamma_M\}$；$V_{L3}=\dfrac{1}{2}\tilde{\delta}_L^{\mathrm{T}}\varrho_L^{-1}\tilde{\delta}_L$，$\varrho_L=\mathrm{diag}\{\varrho_1,\varrho_2,\cdots,\varrho_M\}$。将控制输入 (8.15) 代入式 (8.11) 中，并对 V_{L1} 求导得

$$\begin{aligned}\dot{V}_{L1}=&\,s_L^{\mathrm{T}}\left[P_L(L_1+B)\otimes I_3\right]\\&\cdot\left(-c_1s_L-c_2\mathrm{sig}^h(s_L)+F_{uL}-\hat{W}_L^{\mathrm{T}}\varphi_L+G_L\vartheta_L-\Lambda_Ls_L\right)\end{aligned}\tag{8.17}$$

通过利用神经网络对未知非线性 F_{uL} 进行逼近可得

$$\begin{aligned}\dot{V}_{L1}=&\,s_L^{\mathrm{T}}\left[P_L(L_1+B)\otimes I_3\right]\\&\cdot\left(-c_1s_L-c_2\mathrm{sig}^h(s_L)+\tilde{W}_L^{\mathrm{T}}\varphi_L+\varepsilon_L+G_L\vartheta_L-\Lambda_Ls_L\right)\end{aligned}\tag{8.18}$$

其中，$\varepsilon_L=[\varepsilon_1^{\mathrm{T}},\varepsilon_2^{\mathrm{T}},\cdots,\varepsilon_M^{\mathrm{T}}]^{\mathrm{T}}\in\mathbb{R}^{3M}$。应用引理 2.3 进一步可得

$$\begin{aligned}\dot{V}_{L1}=&-\frac{c_1}{2}s_L^{\mathrm{T}}(Q_L\otimes I_3)s_L-c_2s_L^{\mathrm{T}}[P_L(L_1+B)\otimes I_3]\mathrm{sig}^h(s_L)\\&+s_L^{\mathrm{T}}\left[P_L(L_1+B)\otimes I_3\right](\tilde{W}_L^{\mathrm{T}}\varphi_L+\varepsilon_L+G_L\vartheta_L-\Lambda_Ls_L)\\\leqslant&-\frac{c_1(Q_L)}{2}s_L^{\mathrm{T}}s_L-c_2s_L^{\mathrm{T}}\left[P_L(L_1+B)\otimes I_3\right]\mathrm{sig}^h(s_L)\\&+s_L^{\mathrm{T}}\left[P_L(L_1+B)\otimes I_3\right]\tilde{W}_L^{\mathrm{T}}\varphi_L\\&+s_L^{\mathrm{T}}\left[P_L(L_1+B)\otimes I_3\right](\varepsilon_L+G_L\vartheta_L-\Lambda_Ls_L)\end{aligned}\tag{8.19}$$

通过应用引理 2.15，式 (8.19) 右边第二项可写为

$$\begin{aligned}
&-c_2 s_L^{\mathrm{T}}\left[P_L(L_1+B)\otimes I_3\right]\mathrm{sig}^h(s_L)\\
&\leqslant -c_2 s_L^{\mathrm{T}}\left[P_L(\mathcal{D}_1+B)\otimes I_3\right]\mathrm{sig}^h(s_L)+\frac{c_2}{2\ell_1}\mathrm{sig}^{h\mathrm{T}}(s_L)\mathrm{sig}^h(s_L)\\
&\quad+\frac{c_2\ell_1}{2}s_L^{\mathrm{T}}(P_L\mathcal{A}_1\otimes I_3)(\mathcal{A}_1^{\mathrm{T}}P_L\otimes I_3)s_L \qquad (8.20)\\
&\leqslant \sum_{i=1}^{M}\sum_{k=1}^{3}\left[-c_2p_i(d_i+b_i)|s_{ik}|^{1+h}+\frac{c_2\ell_1\bar{\sigma}^2(P_L\mathcal{A}_1)}{2}|s_{ik}|^2+\frac{c_2}{2\ell_1}|s_{ik}|^{2h}\right]
\end{aligned}$$

其中，$\ell_1>0$ 是任意正常数。根据 Young 不等式，可推出

$$\begin{aligned}
|s_{ik}|^{2h}&\leqslant\frac{2h}{1+h}\left\{|s_{ik}|^{2h}[\ell_2p_i(d_i+b_i)]^{\frac{2h}{1+h}}\right\}^{\frac{1+h}{2h}}+\frac{1-h}{1+h}\left\{[\ell_2p_i(d_i+b_i)]^{-\frac{2h}{1+h}}\right\}^{\frac{1+h}{1-h}}\\
&=\frac{2h\ell_2p_i(d_i+b_i)}{1+h}|s_{ik}|^{1+h}+\frac{1-h}{1+h}[\ell_2p_i(d_i+b_i)]^{\frac{2h}{h-1}}
\end{aligned}\tag{8.21}$$

其中，$\ell_2>0$ 是任意正常数。然后将式 (8.21) 代入式 (8.20) 得

$$\begin{aligned}
&-c_2s_L^{\mathrm{T}}[P_L(L_1+B)\otimes I_3]\mathrm{sig}^h(s_L)\\
&\leqslant\sum_{i=1}^{M}\sum_{k=1}^{3}\left\{\frac{c_2\ell_1\bar{\sigma}^2(P_L\mathcal{A}_1)}{2}|s_{ik}|^2-c_2p_i(d_i+b_i)\frac{\ell_1+(\ell_1-\ell_2)h}{\ell_1(1+h)}|s_{ik}|^{1+h}\right.\\
&\quad\left.+\frac{c_2(1-h)}{2\ell_1(1+h)}[\ell_2p_i(d_i+b_i)]^{\frac{2h}{h-1}}\right\}
\end{aligned}\tag{8.22}$$

由于 $\varphi_i\leqslant\varphi_{\max}$，通过应用引理 2.15，式 (8.19) 右边第三项可写为

$$\begin{aligned}
&s_L^{\mathrm{T}}[P_L(L_1+B)\otimes I_3]\tilde{W}_L^{\mathrm{T}}\varphi_L\\
&\leqslant\mathrm{tr}\left(\tilde{W}_L^{\mathrm{T}}\varphi_Ls_L^{\mathrm{T}}[P_L(\mathcal{D}_1+B)\otimes I_3]\right)+\frac{\ell_1\bar{\sigma}^2(P_L\mathcal{A}_1)}{2}s_L^{\mathrm{T}}s_L+\frac{\varphi_{\max}^2}{2\ell_1}\|\tilde{W}_L\|_F^2 \qquad (8.23)\\
&=\sum_{i=1}^{M}\left(\mathrm{tr}\left(\tilde{W}_i^{\mathrm{T}}\varphi_is_i^{\mathrm{T}}p_i(d_i+b_i)\right)+\frac{\varphi_{\max}^2}{2\ell_1}\|\tilde{W}_i\|_F^2\right)+\sum_{i=1}^{M}\sum_{k=1}^{3}\frac{\ell_1\bar{\sigma}^2(P_L\mathcal{A}_1)}{2}|s_{ik}|^2
\end{aligned}$$

由引理 2.11 以及假设 8.1 可得 $\|\varepsilon_i\|+\|g_i\|\,\|\vartheta_i\|\leqslant\varepsilon_{Mi}+0.5J_{ci}\vartheta_{Mi}=\delta_i$。再次应用引理 2.15 以及应用 $\|s_i\|\leqslant\|s_i\|+\zeta_i$，式 (8.19) 右边最后一项可写为

$$s_L^{\mathrm{T}}[P_L(L_1+B)\otimes I_3](\varepsilon_L+G_L\vartheta_L-\Lambda_Ls_L)$$

$$\begin{aligned}
&\leqslant -s_L^{\mathrm{T}}(P_L\mathcal{A}_1\otimes I_3)(\varepsilon_L+G_L\vartheta_L-\Lambda_L s_L)\\
&\quad+\sum_{i=1}^{M}\left[p_i(d_i+b_i)\left(\|s_i\|\delta_i-\frac{\|s_i\|^2}{\|s_i\|+\zeta_i}\hat{\delta}_i\right)\right]\\
&\leqslant -s_L^{\mathrm{T}}(P_L\mathcal{A}_1\otimes I_3)(\varepsilon_L+G_L\vartheta_L-\Lambda_L s_L)\\
&\quad+\sum_{i=1}^{M}\left[p_i(d_i+b_i)\left(\frac{\|s_i\|^2}{\|s_i\|+\zeta_i}\tilde{\delta}_i+\zeta_i\delta_i\right)\right]
\end{aligned}\tag{8.24}$$

定义 $\Delta_L=\operatorname{diag}\left\{\dfrac{s_1}{\|s_1\|+\zeta_i},\dfrac{s_2}{\|s_2\|+\zeta_i},\cdots,\dfrac{s_M}{\|s_M\|+\zeta_i}\right\}$，则 $\Lambda_L s_L=\Delta_L\hat{\delta}_L$。进一步应用引理 2.15 可得以下不等式：

$$\begin{aligned}
&-s_L^{\mathrm{T}}(P_L\mathcal{A}_1\otimes I_3)(\varepsilon_L+G_L\vartheta_L-\Lambda_L s_L)\\
=&-s_L^{\mathrm{T}}(P_L\mathcal{A}_1\otimes I_3)(\varepsilon_L+G_L\vartheta_L+\Delta_L\tilde{\delta}_L-\Delta_L\delta_L)\\
\leqslant&\frac{3\ell_1}{2}s_L^{\mathrm{T}}(P_L\mathcal{A}_1\otimes I_3)(\mathcal{A}_1^{\mathrm{T}}P_L\otimes I_3)s_L+\frac{1}{2\ell_1}\delta_L^{\mathrm{T}}\delta_L\\
&+\frac{1}{2\ell_1}\tilde{\delta}_L^{\mathrm{T}}\Delta_L^{\mathrm{T}}\Delta_L\tilde{\delta}_L+\frac{1}{2\ell_1}\delta_L^{\mathrm{T}}\Delta_L^{\mathrm{T}}\Delta_L\delta_L\\
\leqslant&\frac{3\ell_1\bar{\sigma}^2(P_L\mathcal{A}_1)}{2}s_L^{\mathrm{T}}s_L+\frac{1}{2\ell_1}\tilde{\delta}_L^{\mathrm{T}}\tilde{\delta}_L+\frac{1}{\ell_1}\delta_L^{\mathrm{T}}\delta_L
\end{aligned}\tag{8.25}$$

从而式 (8.24) 变为

$$\begin{aligned}
&s_L^{\mathrm{T}}[P_L(L_1+B)\otimes I_3](\varepsilon_L+G_L\vartheta_L-\Lambda_L s_L)\\
\leqslant&\sum_{i=1}^{M}\left[\frac{1}{2\ell_1}|\tilde{\delta}_i|^2+\frac{p_i(d_i+b_i)\|s_i\|^2}{\|s_i\|+\zeta_i}\tilde{\delta}_i+\frac{1}{\ell_1}\delta_i^2+p_i(d_i+b_i)\zeta_i\delta_i\right]\\
&+\sum_{i=1}^{M}\sum_{k=1}^{3}\frac{3\ell_1\bar{\sigma}^2(P_L\mathcal{A}_1)}{2}|s_{ik}|^2
\end{aligned}\tag{8.26}$$

将式 (8.22)、式 (8.23) 和式 (8.26) 代入式 (8.19) 得

$$\begin{aligned}
\dot{V}_{L1}\leqslant&\sum_{i=1}^{M}\sum_{k=1}^{3}\left(-\mu_{L1}|s_{ik}|^2-\gamma_{L1}|s_{ik}|^{1+h}\right)\\
&+\sum_{i=1}^{M}\left(\operatorname{tr}\left(\tilde{W}_i^{\mathrm{T}}\varphi_i s_i^{\mathrm{T}}p_i(d_i+b_i)\right)+\frac{\varphi_{\max}^2}{2\ell_1}\|\tilde{W}_i\|_F^2\right)
\end{aligned}\tag{8.27}$$

$$
\begin{aligned}
&+\sum_{i=1}^{M}\left[\frac{1}{2\ell_1}|\tilde{\delta}_i|^2+\frac{p_i(d_i+b_i)s_i^2}{s_i+\zeta_i}\tilde{\delta}_i\right]\\
&+\sum_{i=1}^{M}\left\{\frac{3c_2(1-h)}{2\ell_1(1+h)}[\ell_2 p_i(d_i+b_i)]^{\frac{2h}{h-1}}+\frac{1}{\ell_1}\delta_i^2+p_i(d_i+b_i)\zeta_i\delta_i\right\}
\end{aligned}
$$

其中，$\mu_{L1}=\dfrac{c_1(Q_L)}{2}-\left(\dfrac{c_2}{2}+2\right)\ell_1\bar{\sigma}^2(P_L\mathcal{A}_1)$；$\gamma_{L1}=c_2p_i(d_i+b_i)\left[\dfrac{\ell_1+(\ell_1-\ell_2)h}{\ell_1(1+h)}\right]$。当 $c_1>\dfrac{(c_2+4)\ell_1\bar{\sigma}^2(P_L\mathcal{A}_1)}{Q_L}$、$c_2>0$、$\ell_1>\ell_2$ 时，可以保证 $\mu_{L1}>0$、$\gamma_{L1}>0$。

然后结合所设计自适应律 (8.13)、(8.14)，可以求出 $V_L=V_{L1}+V_{L2}+V_{L3}$ 的导数为

$$
\begin{aligned}
&\dot{V}_{L1}+\dot{V}_{L2}+\dot{V}_{L3}\\
\leqslant&\sum_{i=1}^{M}\sum_{k=1}^{3}\left(-\mu_{L1}|s_{ik}|^2-\gamma_{L1}|s_{ik}|^{1+h}\right)\\
&+\sum_{i=1}^{M}\left(\frac{\varphi_{\max}^2}{2\ell_1}\|\tilde{W}_i\|_F^2+k_1\mathrm{tr}\left(\tilde{W}_i^{\mathrm{T}}\hat{W}_i\right)\right)\\
&+\sum_{i=1}^{M}\left(\frac{1}{2\ell_1}|\tilde{\delta}_i|^2+k_2\tilde{\delta}_i\hat{\delta}_i\right)\\
&+\sum_{i=1}^{M}\left\{\frac{3c_2(1-h)}{2\ell_1(1+h)}[\ell_2p_i(d_i+b_i)]^{\frac{2h}{h-1}}+\frac{1}{\ell_1}\delta_i^2+p_i(d_i+b_i)\zeta_i\delta_i\right\}
\end{aligned}
\tag{8.28}
$$

通过利用 $2\mathrm{tr}(\tilde{W}_i^{\mathrm{T}}\hat{W}_i)\leqslant\mathrm{tr}(W_i^{\mathrm{T}}W_i)-\|\tilde{W}_i\|_F^2$ 以及 $2\tilde{\delta}_i\hat{\delta}_i\leqslant\delta_i^2-\tilde{\delta}_i^2$，式 (8.28) 可进一步推导为

$$
\begin{aligned}
&\dot{V}_{L1}+\dot{V}_{L2}+\dot{V}_{L3}\\
\leqslant&\sum_{i=1}^{M}\sum_{k=1}^{3}\big(-\mu_{L1}|s_{ik}|^2-\mu_{L2}\|\tilde{W}_i\|_F^2-\mu_{L3}|\tilde{\delta}_i|^2\\
&-\gamma_{L1}|s_{ik}|^{1+h}-\gamma_{L2}\|\tilde{W}_i\|_F^{1+h}-\gamma_{L3}|\tilde{\delta}_i|^{1+h}\big)\\
&+\sum_{i=1}^{M}\left[\frac{k_1}{2}\mathrm{tr}(W_i^{\mathrm{T}}W_i)+\left(\frac{k_1}{4}\|\tilde{W}_i\|_F^2\right)^{\frac{1+h}{2}}-\frac{k_1}{4}\|\tilde{W}_i\|_F^2\right]
\end{aligned}
\tag{8.29}
$$

$$+\sum_{i=1}^{M}\left[\frac{k_2}{2}\delta_i^2+\left(\frac{k_2}{4}|\tilde{\delta}_i|^2\right)^{\frac{1+h}{2}}-\frac{k_2}{4}|\tilde{\delta}_i|^2\right]$$

$$+\sum_{i=1}^{M}\left\{\frac{3c_2(1-h)}{2\ell_1(1+h)}[\ell_2 p_i(d_i+b_i)]^{\frac{2h}{h-1}}+\frac{1}{\ell_1}\delta_i^2+p_i(d_i+b_i)\zeta_i\delta_i\right\}$$

其中，$\mu_{L2}=\dfrac{1}{3}\left(\dfrac{k_1}{4}-\dfrac{\varphi_{\max}^2}{2\ell_1}\right)$；$\mu_{L3}=\dfrac{1}{3}\left(\dfrac{k_2}{4}-\dfrac{1}{2\ell_1}\right)$；$\gamma_{L2}=\dfrac{1}{3}\left(\dfrac{k_1}{4}\right)^{\frac{1+h}{2}}$；$\gamma_{L3}=\dfrac{1}{3}\left(\dfrac{k_2}{4}\right)^{\frac{1+h}{2}}$。注意到如果 $k_1>\dfrac{2\varphi_{\max}^2}{\ell_1}$、$k_2>\dfrac{2}{\ell_1}$，可以保证 $\mu_{L2}>0$、$\mu_{L3}>0$、$\gamma_{L2}>0$、$\gamma_{L3}>0$。由于 $\dfrac{1+h}{2}<1$，可知当 $\dfrac{k_1}{4}\|\tilde{W}_i\|_F^2>1$ 时，$\left(\dfrac{k_1}{4}\|\tilde{W}_i\|_F^2\right)^{\frac{1+h}{2}}-\dfrac{k_1}{4}\|\tilde{W}_i\|_F^2<0$；当 $\dfrac{k_1}{4}\|\tilde{W}_i\|_F^2<1$ 时，$\left(\dfrac{k_1}{4}\|\tilde{W}_i\|_F^2\right)^{\frac{1+h}{2}}-\dfrac{k_1}{4}\|\tilde{W}_i\|_F^2<1$。因此，可得 $\left(\dfrac{k_1}{4}\|\tilde{W}_i\|_F^2\right)^{\frac{1+h}{2}}-\dfrac{k_1}{4}\|\tilde{W}_i\|_F^2<1$。同样，可得 $\left(\dfrac{k_2}{4}|\tilde{\delta}_i|^2\right)^{\frac{1+h}{2}}-\dfrac{k_2}{4}|\tilde{\delta}_i|^2<1$。令 $\mu_{L0}=\min\{\mu_{L1},\mu_{L2},\mu_{L3}\}$，$\gamma_{L0}=\min\{\gamma_{L1},\gamma_{L2},\gamma_{L3}\}$，则式 (8.29) 可进一步推导为

$$\begin{aligned}\dot{V}_{L1}+\dot{V}_{L2}+\dot{V}_{L3}\leqslant&-\mu_{L0}\sum_{i=1}^{M}\sum_{k=1}^{3}\left(|s_{ik}|^2+\|\tilde{W}_i\|_F^2+|\tilde{\delta}_i|^2\right)\\&-\gamma_{L0}\sum_{i=1}^{M}\sum_{k=1}^{3}\left(|s_{ik}|^{1+h}+\|\tilde{W}_i\|_F^{1+h}+|\tilde{\delta}_i|^{1+h}\right)+d_L\end{aligned}\tag{8.30}$$

其中，$d_L=\sum_{i=1}^{M}\left\{\dfrac{k_1}{2}\mathrm{tr}(W_i^{\mathrm{T}}W_i)+\left(\dfrac{1}{\ell_1}+\dfrac{k_2}{2}\right)\delta_i^2+p_i(d_i+b_i)\zeta_i\delta_i+\dfrac{3c_2(1-h)}{2\ell_1(1+h)}[\ell_2 p_i(d_i+b_i)]^{\frac{2h}{h-1}}+2\right\}$。

由式 (8.16) 可得

$$\begin{aligned}V_L\leqslant&\sum_{i=1}^{M}\sum_{k=1}^{3}\left(\frac{1}{2}\bar{\sigma}(P_L)|s_{ik}|^2+\frac{1}{6}\bar{\sigma}(\varGamma_L^{-1})\|\tilde{W}_i\|_F^2+\frac{1}{6}\bar{\sigma}(\varrho_L^{-1})|\tilde{\delta}_i|^2\right)\\\leqslant&\beta_L\sum_{i=1}^{M}\sum_{k=1}^{3}\left(|s_{ik}|^2+\|\tilde{W}_i\|_F^2+|\tilde{\delta}_i|^2\right)\end{aligned}\tag{8.31}$$

其中，$\beta_L = \max\left\{\dfrac{1}{2}\bar{\sigma}(P_L), \dfrac{1}{6}\bar{\sigma}(\Gamma_L^{-1}), \dfrac{1}{6}\bar{\sigma}(\varrho_L^{-1})\right\}$。根据引理 2.17 可进一步推出以下关系：

$$V_L^{\frac{1+h}{2}} \leqslant \beta_L^{\frac{1+h}{2}} \sum_{i=1}^{M}\sum_{k=1}^{3}[|s_{ik}|^{1+h} + \|\tilde{W}_i\|_F^{1+h} + |\tilde{\delta}_i|^{1+h}] \tag{8.32}$$

那么，结合式 (8.30)、式 (8.31)、式 (8.32) 可得

$$\dot{V}_L \leqslant -\lambda_{L1}V_L - \lambda_{L2}V_L^{\frac{1+h}{2}} + d_L \tag{8.33}$$

其中，$\lambda_{L1} = \dfrac{\mu_{L0}}{\beta_L}$；$\lambda_{L2} = \dfrac{\gamma_{L0}}{\beta_L^{\frac{1+h}{2}}}$。由文献 [192] 中定理 5.2 可得，当 $t \in [t_0, t_L^*]$ 时，$V_L \geqslant \left(\dfrac{2d_L}{\lambda_2}\right)^{\frac{2}{1+h}}$。从而对所有的 $t \in [t_0, t_L^*]$，$\dot{V}_L \leqslant -\lambda_{L1}V_L - \dfrac{\lambda_{L2}}{2}V_L^{\frac{1+h}{2}}$。由引理 2.8 可得 $t_L^* \leqslant t_0 + T_{L1}^*$，有

$$T_{L1}^* \leqslant \frac{2}{\lambda_{L1}(1-h)} \ln \frac{2\lambda_{L1}V_L^{\frac{1-h}{2}}(t_0) + \lambda_{L2}}{\lambda_{L2}} \tag{8.34}$$

因此，有

$$V_L \leqslant \left(\frac{2d_L}{\lambda_{L2}}\right)^{\frac{2}{1+h}}, \quad \forall t \geqslant t_0 + T_{L1}^* \tag{8.35}$$

由式 (8.16) 和式 (8.35) 可进一步得

$$\|s_L\| \leqslant \left(\frac{2}{\underline{\sigma}(P_L)}\right)^{\frac{1}{2}} \left(\frac{2d_L}{\lambda_{L2}}\right)^{\frac{1}{1+h}} \overset{\text{def}}{=\!=} \Omega_{L1}, \quad \forall t \geqslant t_0 + T_{L1}^* \tag{8.36}$$

步骤 2：证明领导者姿态编队跟踪误差 $\tilde{q}_{ik}$、$\dot{\tilde{q}}_{ik}$ ($i \in \mathcal{N}^L$，$k = 1, 2, 3$) 在有限时间内收敛到任意小的区域内。由于 $L_1 + B$ 是一个非奇异矩阵，则由式 (8.7) 和式 (8.36) 可得

$$\|\dot{\tilde{q}}_L + \kappa_1\tilde{q}_L + \kappa_2\beta(\tilde{q}_L)\| \leqslant \frac{\|s_L\|}{\underline{\sigma}(L_1 + B)} \leqslant \frac{\Omega_{L1}}{\underline{\sigma}(L_1 + B)} \tag{8.37}$$

因此，对于第 i 个领导者航天器：

$$\eta_{ik} = \dot{\tilde{q}}_{ik} + \kappa_1\tilde{q}_{ik} + \kappa_2\beta_{ik}(\tilde{q}_{ik}) \overset{\text{def}}{=\!=} \Phi_{L1}, \quad |\Phi_{L1}| \leqslant \frac{\Omega_{L1}}{\underline{\sigma}(L_1 + B)}, \quad k = 1, 2, 3 \tag{8.38}$$

当 $\bar{s}_{ik}\neq 0$ 时，$|\tilde{q}_{ik}|\leqslant \hbar$，可得出

$$|\dot{\tilde{q}}_{ik}|\leqslant(\kappa_1+\kappa_2\varsigma_1)\hbar+\kappa_2\varsigma_2\hbar^2+|\Phi_{L1}|\overset{\text{def}}{=\!=}\Psi_1 \tag{8.39}$$

当 $\bar{s}_{ik}=0$ 或者 $\bar{s}_{ik}\neq 0$ 且 $|\tilde{q}_{ik}|>\hbar$ 时，对 $\bar{V}_{ik}=\dfrac{1}{2}\tilde{q}_{ik}^2(i\in\mathcal{N}^L,k=1,2,3)$ 求导可得

$$\begin{aligned}\dot{\bar{V}}_{ik}&\leqslant-\left(\kappa_1-\frac{1}{2}\right)\tilde{q}_{ik}^2-\kappa_2|\tilde{q}_{ik}|^{1+h}+\frac{1}{2}\Phi_{L1}^2\\&\leqslant-(2\kappa_1-1)\bar{V}_{ik}-\kappa_2 2^{\frac{1+h}{2}}\bar{V}_{ik}^{\frac{1+h}{2}}+\frac{1}{2}\Phi_{L1}^2\end{aligned}$$

然后利用与式 (8.33) ~ 式 (8.36) 相同的推导过程可知：

$$\begin{aligned}&|\tilde{q}_{ik}|\leqslant 2^{\frac{1}{2}}\left(\frac{\Phi_{L1}^2}{\kappa_2}\right)^{\frac{1}{1+h}}\overset{\text{def}}{=\!=}\Psi_2\\&|\dot{\tilde{q}}_{ik}|\leqslant\kappa_1 2^{\frac{1}{2}}\left(\frac{\Phi_{L1}^2}{\kappa_2}\right)^{\frac{1}{1+h}}+\kappa_2 2^{\frac{h}{2}}\left(\frac{\Phi_{L1}^2}{\kappa_2}\right)^{\frac{h}{1+h}}+\frac{\Omega_{L1}}{\underline{\sigma}(L_1+B)}\overset{\text{def}}{=\!=}\Psi_3\end{aligned} \tag{8.40}$$

对于 $\forall t\geqslant t_0+T_{L1}^*+T_{L2}^*$，其中有

$$T_{L2}^*\leqslant\frac{2}{(2\kappa_1-1)(1-h)}\ln\frac{(2\kappa_1-1)2^{\frac{h-1}{2}}\tilde{q}_{ik}^{1-h}(t_0+T_{L1}^*)+\kappa_2 2^{\frac{1+h}{2}}}{\kappa_2 2^{\frac{1+h}{2}}} \tag{8.41}$$

结合式 (8.39) 和式 (8.40) 可得对于 $\forall t\geqslant t_0+T_{L1}^*+T_{L2}^*$，有

$$\begin{aligned}&|\tilde{q}_{ik}|\leqslant\max\{\hbar,\Psi_2\}\\&|\dot{\tilde{q}}_{ik}|\leqslant\max\{\Psi_1,\Psi_3\}\end{aligned} \tag{8.42}$$

步骤 3：由式 (8.16) 和式 (8.35) 也可推出

$$\begin{aligned}\tilde{W}_{LF}&\leqslant\left(\frac{2}{\underline{\sigma}(\Gamma_L^{-1})}\right)^{\frac{1}{2}}\left(\frac{2d_L}{\lambda_{L2}}\right)^{\frac{1}{1+h}}\overset{\text{def}}{=\!=}\Omega_{L2}\\\tilde{\delta}_L&\leqslant\left(\frac{2}{\underline{\sigma}(\Pi_L^{-1})}\right)^{\frac{1}{2}}\left(\frac{2d_L}{\lambda_{L2}}\right)^{\frac{1}{1+h}}\overset{\text{def}}{=\!=}\Omega_{L3}\end{aligned} \tag{8.43}$$

因此，由式 (8.36) 和式 (8.43) 可得闭环系统中的所有内部信号都能保证在有限时间内收敛到小的区域内。

基于以上分析，下面给出本节的主要定理。

定理 8.1 针对 M 个领导者航天器系统 (8.1)，在假设 8.1 ~ 假设 8.3 成立的条件下，应用所设计的分布式有限时间姿态编队控制策略 (8.12)~(8.14)，如果有

$$\begin{aligned} c_1 &> \frac{(c_2+4)\ell_1\bar{\sigma}^2(P_L\mathcal{A}_1)}{\underline{\sigma}(Q_L)}, \quad c_2 > 0 \\ k_1 &> \frac{2\varphi_{\max}^2}{\ell_1}, \quad k_2 > \frac{2}{\ell_1} \end{aligned} \tag{8.44}$$

那么 M 个领导者航天器可以在有限时间内形成给定的时变姿态编队结构，具体可得出以下结果：

(1) 滑模面 s_L 在有限时间 $t_0+T_{L1}^*$ 内收敛至任意小的区域内，其中 T_{L1}^* 由式 (8.34) 表示，收敛区域由式 (8.36) 表示；

(2) 姿态编队跟踪误差 $\tilde{q}_{ik}$ 及其导数 $\dot{\tilde{q}}_{ik}$ 在有限时间 $t_0+T_{L1}^*+T_{L2}^*$ 内收敛至任意小的区域内，其中 T_{L2}^* 由式 (8.41) 表示，收敛区域由式 (8.42) 表示；

(3) 闭环系统内所有内部信号都保证一致有界。

注 8.2 由于在领导者航天器未形成给定姿态编队之前，领导者的状态也会影响到跟随者航天器的姿态变化，这对跟随者航天器有限时间合围控制器设计以及稳定性分析带来困难和挑战。具体来说，定理 8.1 的结果可以作为跟随者航天器实现合围控制的前提条件，下面着重介绍跟随者的有限时间合围控制设计和稳定性分析。

8.2.2 $N-M$ 个跟随者航天器的有限时间姿态合围控制

在假设 8.2 成立的条件下，首先针对 $N-M$ 个跟随者航天器提出以下滑模面：

$$s_i = \sum_{j=1}^{N} a_{ij}[(\dot{q}_i-\dot{q}_j)+\kappa_3(q_i-q_j)] \tag{8.45}$$

其中，κ_3 是一个待定正常数。定义 $s_F=[s_{M+1}^{\mathrm{T}}, s_{M+2}^{\mathrm{T}}, \cdots, s_N^{\mathrm{T}}]^{\mathrm{T}} \in \mathbb{R}^{3(N-M)}$，$q_L=[q_1^{\mathrm{T}}, q_2^{\mathrm{T}}, \cdots, q_M^{\mathrm{T}}]^{\mathrm{T}} \in \mathbb{R}^{3M}$，$q_F=[q_{M+1}^{\mathrm{T}}, q_{M+2}^{\mathrm{T}}, \cdots, q_N^{\mathrm{T}}]^{\mathrm{T}} \in \mathbb{R}^{3(N-M)}$，则

$$\begin{aligned} s_F &= (L_2\otimes I_3)(\dot{q}_L+\kappa_3 q_L) + (L_3\otimes I_3)(\dot{q}_F+\kappa_3 q_F) \\ &= (L_3\otimes I_3)[\dot{q}_F+\kappa_3 q_F - (-L_3^{-1}L_2\otimes I_3)(\dot{q}_L+\kappa_3 q_L)] \\ &= (L_3\otimes I_3)[\rho_F - (-L_3^{-1}L_2\otimes I_3)\rho_L] \end{aligned} \tag{8.46}$$

其中，$\rho_F=\dot{q}_F+\kappa_3 q_F$；$\rho_L=\dot{q}_L+\kappa_3 q_L$。

令

$$F_{cF}=[f_{c(M+1)}^{\mathrm{T}}, f_{c(M+2)}^{\mathrm{T}}, \cdots, f_{cN}^{\mathrm{T}}]^{\mathrm{T}}, \quad F_{uF}=[f_{u(M+1)}^{\mathrm{T}}, f_{u(M+2)}^{\mathrm{T}}, \cdots, f_{uN}^{\mathrm{T}}]^{\mathrm{T}}$$

$$G_F = \mathrm{diag}\{g_{M+1}, g_{M+2}, \cdots, g_N\}, \quad u_F = [u_{M+1}^{\mathrm{T}}, u_{M+2}^{\mathrm{T}}, \cdots, u_N^{\mathrm{T}}]^{\mathrm{T}}$$

$$\vartheta_F = [\vartheta_{M+1}^{\mathrm{T}}, \vartheta_{M+2}^{\mathrm{T}}, \cdots, \vartheta_N^{\mathrm{T}}]^{\mathrm{T}}$$

则对式 (8.46) 求导得

$$\dot{s}_F = (L_3 \otimes I_3)[F_{uF} + H_{cF} + G_F(u_F + \vartheta_F) - (-L_3^{-1}L_2 \otimes I_3)\dot{\rho}_L] \tag{8.47}$$

其中，$H_{cF} = [h_{c(M+1)}^{\mathrm{T}}, h_{c(M+2)}^{\mathrm{T}}, \cdots, h_{cN}^{\mathrm{T}}]^{\mathrm{T}} = F_{cF} + \kappa_3 \dot{q}_F$。

引理 8.1　假设存在一个上界 $\tau_1 > 0$ 使 $\|s_F\| \leqslant \tau_1$，则 $\|\rho_F - (-L_3^{-1}L_2 \otimes I_3)\rho_L\| \leqslant \dfrac{\tau_1}{\underline{\sigma}(L_3)}$。并且，存在上界 $\tau_2 > 0$、$\tau_3 > 0$ 以及有限收敛时间 t_F^* 使

$$\begin{aligned} |\bar{q}_{ik}| &\leqslant \tau_2, \quad \forall t \geqslant t_0 + t_F^* \\ |\dot{\bar{q}}_{ik}| &\leqslant \tau_3, \quad \forall t \geqslant t_0 + t_F^* \end{aligned} \tag{8.48}$$

其中，$i \in \mathcal{N}^{\mathcal{F}}$；$k = 1, 2, 3$；$\bar{q}_{ik}$ 在定义 8.3 中给出。

证明　在假设 8.2 满足的条件下，可知 L_3 是一个非奇异矩阵。由 $\rho_F - (-L_3^{-1}L_2 \otimes I_3)\rho_L = (L_3^{-1} \otimes I_3)s_F$ 和 $\|s_F\| \leqslant \tau_1$ 可得

$$\|\rho_F - (-L_3^{-1}L_2 \otimes I_3)\rho_L\| \leqslant \frac{\|s_F\|}{\underline{\sigma}(L_3)} \leqslant \frac{\tau_1}{\underline{\sigma}(L_3)}$$

注意到 $\rho_F = \dot{q}_F + \kappa_3 q_F$、$\rho_L = \dot{q}_L + \kappa_3 q_L$ 以及 $\bar{q}_{ik}$ 的定义，可得

$$\dot{\bar{q}}_{ik} + \kappa_3 \bar{q}_{ik} \overset{\text{def}}{=\!=} \varPhi_F, \ |\varPhi_F| \leqslant \frac{\tau_1}{\underline{\sigma}(L_3)}$$

为了得出式 (8.48)，构造 Lyapunov 函数 $\bar{V}_{ik} = \dfrac{1}{2}\bar{q}_{ik}^2$，并对其求导可得 $\dot{\bar{V}}_{ik} \leqslant -2\kappa_3|\bar{q}_{ik}|^2 + 2|\varPhi_F|\,|\bar{q}_{ik}| \overset{\text{def}}{=\!=} -2W_F(\bar{q}_{ik})$。其中，当 $|\bar{q}_{ik}| > \dfrac{|\varPhi_F|}{\kappa_3}$ 时，$W_F(\bar{q}_{ik})$ 是一个恒为正的连续函数。令 $\chi = \min\limits_{|\bar{q}_{ik}| > \frac{|\varPhi_F|}{\kappa_3}} \{W_F(\bar{q}_{ik})\} > 0$，则 $\dot{\bar{V}}_{ik} \leqslant -\chi$，$\forall |\bar{q}_{ik}| > \dfrac{|\varPhi_F|}{\kappa_3}$。因此，存在一个有限收敛时间 $t_0 + t_F^*$、$t_F^* \leqslant \dfrac{2\bar{V}_{ik}(t_0)\kappa_3^2 - \varPhi_F^2}{2\chi\kappa_3^2}$ 使式 (8.48) 成立，其中，$\tau_2 = \dfrac{|\varPhi_F|}{\kappa_3}$、$\tau_3 = \dfrac{|\varPhi_F|}{\kappa_3} + \dfrac{\tau_1}{\underline{\sigma}(L_3)}$。证毕。

为了实现 $N - M$ 个跟随者航天器姿态合围控制目的，通过利用神经网络控制提出以下分布式有限时间姿态合围控制器：

$$u_i = g_i^{-1}[-c_3 s_i - c_4 \mathrm{sig}^h(s_i) - \hat{W}_i^{\mathrm{T}} \varphi_i(z_i) - \varLambda_i s_i - h_{ci}] \tag{8.49}$$

其相应的自适应律为

$$\dot{\hat{W}}_i = \Gamma_i(p_i d_i \varphi_i s_i^{\mathrm{T}} - k_3 \hat{W}_i) \tag{8.50}$$

$$\dot{\hat{\delta}}_i = \varrho_i \left(\frac{p_i d_i \|s_i\|^2}{\|s_i\| + \zeta_i} - k_4 \hat{\delta}_i \right) \tag{8.51}$$

其中，$i \in \mathcal{N}^{\mathcal{F}}$；$c_3 > 0$、$c_4 > 0$、$k_3 > 0$、$k_4 > 0$ 是待设计控制增益；p_i 是向量 $[p_{M+1}, p_{M+2}, \cdots, p_N]^{\mathrm{T}} = L_3^{-\mathrm{T}} 1_N$ 的第 i 个元素；$h_{ci} = f_{ci} + \kappa_3 \dot{q}_i$。定义

$$G_F^{-1} = \mathrm{diag}\{g_{M+1}^{-1}, g_{M+2}^{-1}, \cdots, g_N^{-1}\}, \quad \hat{W}_F = \mathrm{diag}\{\hat{W}_{M+1}, \hat{W}_{M+2}, \cdots, \hat{W}_N\}$$

$$\varphi_F = \mathrm{diag}\{\varphi_{M+1}, \varphi_{M+2}, \cdots, \varphi_N\}$$

$$\Lambda_F = \mathrm{diag}\{\Lambda_{M+1} \otimes I_3, \Lambda_{M+2} \otimes I_3, \cdots, \Lambda_N \otimes I_3\}$$

$$\mathrm{sig}^h(s_F) = [\mathrm{sig}^h(s_{M+1})^{\mathrm{T}}, \mathrm{sig}^h(s_{M+2})^{\mathrm{T}}, \cdots, \mathrm{sig}^h(s_N)^{\mathrm{T}}]^{\mathrm{T}}$$

则式 (8.49) 的全局形式可写为

$$u_F = G_F^{-1}[-c_3 s_F + c_4 \mathrm{sig}^h(s_F) - \hat{W}_F^{\mathrm{T}} \varphi_F - \Lambda_F s_F - H_{cF}] \tag{8.52}$$

根据定理 8.1 可知领导者在有限时间 $t_0 + T_{L1}^* + T_{L2}^*$ 内可以实现给定的时变姿态编队结构。注意到在领导者未形成给定编队之前，领导者是动态变化的，并且其控制输入信号对于跟随者来说是未知且不可测的。为了使得跟随者进入领导者形成的凸区域内，首先需要证明当 $t \in [t_0, t_0 + T_{L1}^* + T_{L2}^*)$ 时，跟随者的状态一直保持有界，然后证明跟随者可以在有限时间 $t_0 + T_F^*$ 内实现合围控制。因此，整个系统稳定性分析包括以下两个步骤。

步骤 1：对于 $t \in [t_0, t_0 + T_{L1}^* + T_{L2}^*)$，定义 $P_F = \mathrm{diag}\{p_{M+1}, p_{M+2}, \cdots, p_N\}$，并构造如下 Lyapunov 函数：

$$V_{F1} = \frac{1}{2} s_F^{\mathrm{T}} (P_F \otimes I_3) s_F \tag{8.53}$$

对其求导可得

$$\begin{aligned}
\dot{V}_{F1} &= s_F^{\mathrm{T}}(P_F L_3 \otimes I_3)[F_{uF} + H_{cF} + G_F(u_F + \vartheta_F)] + s_F^{\mathrm{T}}(P_F L_2 \otimes I_3)\dot{\rho}_L \\
&\leqslant s_F^{\mathrm{T}}(P_F L_3 \otimes I_3)[F_{uF} + H_{cF} + G_F(u_F + \vartheta_F)] + \frac{\ell_3}{2} s_F^{\mathrm{T}} s_F \\
&\quad + \frac{1}{2\ell_3} \dot{\rho}_L^{\mathrm{T}} (P_F L_2 \otimes I_3)^{\mathrm{T}} (P_F L_2 \otimes I_3) \dot{\rho}_L \\
&= s_F^{\mathrm{T}}(P_F L_3 \otimes I_3)[F_{uF} + H_{cF} + G_F(u_F + \vartheta_F)] + \frac{\ell_3}{2} s_F^{\mathrm{T}} s_F
\end{aligned} \tag{8.54}$$

$$+\frac{1}{2\ell_3}\sum_{j=M+1}^{N}\left\|\sum_{i=1}^{M}\varpi_{ji}(\ddot{q}_i+\kappa_3\dot{q}_i)\right\|^2$$

其中，$\ell_3>0$ 是任意正常数；ϖ_{ji} 是矩阵 P_FL_2 的第 (j,i) 个元素。令 $\varpi=\max\limits_{j\in\mathcal{N}^{\mathcal{F}},\ i\in\mathcal{N}^L}|\varpi_{ji}|$，式 (8.54) 右边第三项可推导为

$$\frac{1}{2\ell_3}\sum_{j=M+1}^{N}\left\|\sum_{i=1}^{M}\varpi_{ji}(\ddot{q}_i+\kappa_3\dot{q}_i)\right\|^2\leqslant\frac{(N-M)\varpi^2}{2\ell_3}\sum_{i=1}^{M}\|\ddot{q}_i+\kappa_3\dot{q}_i\|^2 \tag{8.55}$$

下面证明 $\ddot{q}_i,\dot{q}_i(i\in\mathcal{N}^L)$ 在 $[t_0,t_0+T_{L1}^*+T_{L2}^*)$ 内具有有界性。由式 (8.33) 可知 $\dot{V}_L\leqslant-\lambda_1V_L+d_L$，$t\in[t_0,t_0+T_{L1}^*+T_{L2}^*)$，从而可得

$$V_L(t)\leqslant\left(V_L(t_0)-\frac{d_L}{\lambda_1}\right)\mathrm{e}^{-\lambda_1t}+\frac{d_L}{\lambda_1} \tag{8.56}$$

结合式 (8.16) 可给出

$$\begin{aligned}
\|s_L\|^2&\leqslant\frac{2V(t_0)\mathrm{e}^{-\lambda_1t}}{\underline{\sigma}(P)}+\frac{2d_L(1-\mathrm{e}^{-\lambda_1t})}{\lambda_1\underline{\sigma}(P)}\stackrel{\text{def}}{=\!=}\Omega_{L4}\\
\|\tilde{W}_L\|_F^2&\leqslant\frac{2V(t_0)\mathrm{e}^{-\lambda_1t}}{\underline{\sigma}(\varGamma_L^{-1})}+\frac{2d_L(1-\mathrm{e}^{-\lambda_1t})}{\lambda_1\underline{\sigma}(\varGamma_L^{-1})}\stackrel{\text{def}}{=\!=}\Omega_{L5}\\
\|\tilde{\delta}_L\|^2&\leqslant\frac{2V(t_0)\mathrm{e}^{-\lambda_1t}}{\underline{\sigma}(\varrho_L^{-1})}+\frac{2d_L(1-\mathrm{e}^{-\lambda_1t})}{\lambda_1\underline{\sigma}(\varrho_L^{-1})}\stackrel{\text{def}}{=\!=}\Omega_{L6}
\end{aligned} \tag{8.57}$$

由式 (8.57) 可知 $\|s_i\|$、$\|\tilde{W}_i\|_F$、$|\tilde{\delta}_i|(i\in\mathcal{N}^L)$ 在 $[t_0,t_0+T_{L1}^*+T_{L2}^*)$ 内一直保持有界。

按照与式 (8.38) 相同的推导，可以得出

$$|\eta_{ik}|\leqslant\frac{\sqrt{\Omega_{L4}}}{\underline{\sigma}(L_1+B)} \tag{8.58}$$

其中，$i\in\mathcal{N}^L$，$k=1,2,3$。根据式 (8.5) 中 $\beta_i(\tilde{q}_i)$ 的定义可分为以下两个方面进行讨论。一方面，当 $\bar{s}_{ik}=0$ 或者 $\bar{s}_{ik}\neq0$ 且 $|\tilde{q}_{ik}|>\hbar$ 时，可得

$$\dot{\tilde{q}}_{ik}+\kappa_1\tilde{q}_{ik}+\kappa_2\mathrm{sig}^h(\tilde{q}_{ik})\stackrel{\text{def}}{=\!=}\varPhi_{L2},\quad|\varPhi_{L2}|\leqslant\frac{\sqrt{\Omega_{L4}}}{\underline{\sigma}(L_1+B)} \tag{8.59}$$

对 $\bar{V}_{ik}=\dfrac{1}{2}\tilde{q}_{ik}^2(i\in\mathcal{N}^L,k=1,2,3)$ 求导可得 $\dot{\bar{V}}_{ik}\leqslant-(2\kappa_1-1)\bar{V}_{ik}+\dfrac{1}{2}\varPhi_{L2}^2$，对式 (8.59) 两边积分可得 $\bar{V}_{ik}(t)\leqslant\bar{V}_{ik}(t_0)\mathrm{e}^{-(2\kappa_1-1)t}+\dfrac{\varPhi_{L2}^2(1-\mathrm{e}^{-(2\kappa_1-1)t})}{4\kappa_1-2}$，$\forall t\in$

$[t_0, t_0+T^*_{L1}+T^*_{L2})$。进一步可得在 $[t_0, t_0+T^*_{L1}+T^*_{L2})$ 内，$|\tilde{q}_{ik}(t)| \leqslant \left[2\tilde{q}_{ik}(t_0)\mathrm{e}^{-(2\kappa_1-1)t} + \dfrac{\varPhi^2_{L2}(1-\mathrm{e}^{-(2\kappa_1-1)t})}{2\kappa_1-1}\right]^{\frac{1}{2}} \overset{\text{def}}{=\!=} \varPsi_4$。因此，根据假设 8.3 以及式 (8.59) 可得

$$\begin{aligned} |q_{ik}(t)| &\leqslant \varPsi_4 + q^{\max}_{dik} \overset{\text{def}}{=\!=} \varPsi_5 \\ |\dot{q}_{ik}(t)| &\leqslant \kappa_1\varPsi_4 + \kappa_2\varPsi_4^h + \dot{q}^{\max}_{dik} \overset{\text{def}}{=\!=} \varPsi_6 \end{aligned} \tag{8.60}$$

另一方面，当 $\bar{s}_{ik} \neq 0$ 且 $|\tilde{q}_{ik}| \leqslant \hbar$ 时，可直接得出 $|\dot{\tilde{q}}_{ik}| \leqslant (\kappa_1+\kappa_2\varsigma_1)\hbar + \kappa_2\varsigma_2\hbar^2 + |\varPhi_{L2}|$，因此有

$$\begin{aligned} |q_{ik}(t)| &\leqslant \hbar + q^{\max}_{dik} \overset{\text{def}}{=\!=} \varPsi_7 \\ |\dot{q}_{ik}(t)| &\leqslant (\kappa_1+\kappa_2\varsigma_1)\hbar + \kappa_2\varsigma_2\hbar^2 + |\varPhi_{L2}| + \dot{q}^{\max}_{dik} \overset{\text{def}}{=\!=} \varPsi_8 \end{aligned} \tag{8.61}$$

综合以上两方面，可给出

$$\begin{aligned} |q_{ik}(t)| &\leqslant \max\{\varPsi_5, \varPsi_7\} \\ |\dot{q}_{ik}(t)| &\leqslant \max\{\varPsi_6, \varPsi_8\} \end{aligned} \tag{8.62}$$

其中，$i \in \mathcal{N}^L$；$k=1,2,3$；$\forall t \in [t_0, t_0+T^*_{L1}+T^*_{L2})$。

根据所有内部信号都具有有界性以及式 (8.62) 可给出以下结论:在 $t \in [t_0, t_0+T^*_{L1}+T^*_{L2})$ 内，总存在一上界 $\bar{B}_M > 0$ 使

$$\|\ddot{q}_i + \kappa_3\dot{q}_i\| \leqslant \bar{B}_M,\ \ i \in \mathcal{N}^L \tag{8.63}$$

然后，利用式 (8.63)，式 (8.54) 可进一步推导为

$$\begin{aligned} \dot{V}_{F1} \leqslant\ & s^{\mathrm{T}}_F(P_FL_3 \otimes I_3)[F_{uF} + H_{cF} + G_F(u_F + \vartheta_F)] \\ & + \frac{\ell_3}{2}s^{\mathrm{T}}_F s_F + \frac{(N-M)M\varpi^2}{2\ell_3}\bar{B}^2_M \end{aligned} \tag{8.64}$$

将控制输入 (8.49) 代入式 (8.64) 得

$$\begin{aligned} \dot{V}_{F1} \leqslant & -\frac{c_3}{2}s^{\mathrm{T}}_F(Q_F \otimes I_3)s_F - c_4 s^{\mathrm{T}}_F(P_FL_3 \otimes I_3)\mathrm{sig}^h(s_F) \\ & + s^{\mathrm{T}}_F(P_FL_3 \otimes I_3)(\tilde{W}^{\mathrm{T}}_F\varphi_F + \varepsilon_F + G_F\vartheta_F - \varLambda_F s_F) \\ & + \frac{\ell_3}{2}s^{\mathrm{T}}_F s_F + \frac{(N-M)M\varpi^2}{2\ell_3}\bar{B}^2_M \end{aligned} \tag{8.65}$$

$$
\begin{aligned}
&\leqslant -\frac{1}{2}(c_3\underline{\sigma}(Q_F)-\ell_3)s_F^{\mathrm{T}}s_F - c_4 s_F^{\mathrm{T}}(P_F L_3\otimes I_3)\mathrm{sig}^h(s_F)\\
&\quad + s_F^{\mathrm{T}}(P_F L_3\otimes I_3)(\tilde{W}_F^{\mathrm{T}}\varphi_F+\varepsilon_F+G_F\vartheta_F-\Lambda_F s_F)\\
&\quad + \frac{(N-M)M\varpi^2}{2\ell_3}\bar{B}_M^2
\end{aligned}
$$

按照与式 (8.22)、式 (8.23) 和式 (8.26) 相同的推导，可得以下不等式关系：

$$
\begin{aligned}
&-c_4 s_F^{\mathrm{T}}(P_F L_3\otimes I_3)\mathrm{sig}^h(s_F)\\
&\leqslant \sum_{i=M+1}^{N}\sum_{k=1}^{3}\left[\frac{c_4\ell_4\bar{\sigma}^2(P_F\mathcal{A}_3)}{2}|s_{ik}|^2 - c_4 p_i d_i\frac{\ell_4+(\ell_4-\ell_5)h}{\ell_4(1+h)}|s_{ik}|^{1+h}\right.\\
&\quad \left. +\frac{c_4(1-h)}{2\ell_4(1+h)}(\ell_5 p_i d_i)^{\frac{2h}{h-1}}\right]
\end{aligned} \tag{8.66}
$$

$$
\begin{aligned}
&s_F^{\mathrm{T}}(P_F L_3\otimes I_3)\tilde{W}_F^{\mathrm{T}}\varphi_F\\
&\leqslant \sum_{i=M+1}^{N}\left[\mathrm{tr}(\tilde{W}_i^{\mathrm{T}}\varphi_i s_i^{\mathrm{T}} p_i d_i)+\frac{\varphi_{\max}^2}{2\ell_4}\|\tilde{W}_i\|_F^2\right]+\sum_{i=M+1}^{N}\sum_{k=1}^{3}\frac{\ell_4\bar{\sigma}^2(P_F\mathcal{A}_3)}{2}|s_{ik}|^2
\end{aligned} \tag{8.67}
$$

$$
\begin{aligned}
&s_F^{\mathrm{T}}(P_F L_3\otimes I_3)(\varepsilon_F+G_F\vartheta_F-\Lambda_F s_F)\\
&\leqslant \sum_{i=M+1}^{N}\left(\frac{1}{2\ell_4}|\tilde{\delta}_i|^2+\frac{p_i d_i\|s_i\|^2}{\|s_i\|+\zeta_i}\tilde{\delta}_i+\frac{\delta_i^2}{\ell_4}+p_i d_i\zeta_i\delta_i\right)+\sum_{i=M+1}^{N}\sum_{k=1}^{3}\frac{3\ell_4\bar{\sigma}^2(P_F\mathcal{A}_3)}{2}|s_{ik}|^2
\end{aligned} \tag{8.68}
$$

其中，$\ell_4>0$、$\ell_5>0$ 是任意正常数。将式 (8.66) ~ 式 (8.68) 代入式 (8.65) 可得

$$
\begin{aligned}
\dot{V}_{F1}\leqslant &\sum_{i=M+1}^{N}\sum_{k=1}^{3}(-\mu_{F1}|s_{ik}|^2-\gamma_{F1}|s_{ik}|^{1+h})\\
&+\sum_{i=M+1}^{N}\left(\mathrm{tr}(\tilde{W}_i^{\mathrm{T}}\varphi_i s_i^{\mathrm{T}} p_i d_i)+\frac{\varphi_{\max}^2}{2\ell_4}\|\tilde{W}_i\|_F^2\right)\\
&+\sum_{i=M+1}^{N}\left(\frac{1}{2\ell_4}|\tilde{\delta}_i|^2+\frac{p_i d_i s_i^2}{s_i+\zeta_i}\tilde{\delta}_i\right)\\
&+\sum_{i=M+1}^{N}\left[\frac{c_4(1-h)}{2\ell_4(1+h)}(\ell_5 p_i d_i)^{\frac{2h}{h-1}}+\frac{1}{\ell_4}\delta_i^2+p_i d_i\zeta_i\delta_i\right]
\end{aligned} \tag{8.69}
$$

$$+\frac{(N-M)M\varpi^2}{2\ell_3}\bar{B}_M^2$$

其中

$$\mu_{F1}=\frac{1}{2}c_3\underline{\sigma}(Q_F)-\left[\frac{1}{2}\ell_3+\left(\frac{c_4}{2}+2\right)\ell_4\bar{\sigma}^2(P_F\mathcal{A}_3)\right],\quad \gamma_{F1}=\frac{[\ell_4+(\ell_4-\ell_5)h]p_id_ic_4}{\ell_4(1+h)}$$

当 $c_3>\dfrac{\ell_3+(c_4+4)\ell_4\bar{\sigma}^2(P_F\mathcal{A}_3)}{\underline{\sigma}(Q_F)}$、$c_4>0$、$\ell_4>\ell_5$ 时，可以保证 $\mu_{F1}>0$、$\gamma_{F1}>0$。

令 $W_F=\mathrm{diag}\{W_{M+1},W_{M+2},\cdots,W_N\}$，$\delta_F=[\delta_{M+1},\delta_{M+2},\cdots,\delta_N]^{\mathrm{T}}$，$\hat{\delta}_F=[\hat{\delta}_{M+1},\hat{\delta}_{M+2},\cdots,\hat{\delta}_N]^{\mathrm{T}}$，$\tilde{W}_F=W_F-\hat{W}_F$，$\tilde{\delta}_F=\delta_F-\hat{\delta}_F$。构造以下 Lyapunov 函数：

$$V_{F2}=\frac{1}{2}\mathrm{tr}(\tilde{W}_F^{\mathrm{T}}\varGamma_F^{-1}\tilde{W}_F) \tag{8.70}$$

$$V_{F3}=\frac{1}{2}\tilde{\delta}_F^{\mathrm{T}}\varrho_F^{-1}\tilde{\delta}_F \tag{8.71}$$

其中，$\varGamma_F=\mathrm{diag}\{\varGamma_{M+1},\varGamma_{M+2},\cdots,\varGamma_N\}$；$\varrho_F=\mathrm{diag}\{\varrho_{M+1},\varrho_{M+2},\cdots,\varrho_N\}$。对 V_{F2} 和 V_{F3} 求导，并结合式 (8.69) 可得

$$\begin{aligned}&\dot{V}_{F1}+\dot{V}_{F2}+\dot{V}_{F3}\\&\leqslant\sum_{i=M+1}^{N}\sum_{k=1}^{3}\left(-\mu_{F1}|s_{ik}|^2-\bar{\mu}_{F2}\|\tilde{W}_i\|_F^2-\bar{\mu}_{F3}|\tilde{\delta}_i|^2-\bar{\gamma}_{F1}|s_{ik}|^{1+h}\right)+\bar{d}_F\end{aligned} \tag{8.72}$$

其中

$$\begin{aligned}\bar{d}_F=&\sum_{i=M+1}^{N}\left[\frac{k_3}{2}\mathrm{tr}(W_i^{\mathrm{T}}W_i)+\left(\frac{1}{\ell_4}+\frac{k_4}{2}\right)\delta_i^2+\frac{c_4(1-h)}{2\ell_4(1+h)}(\ell_5p_id_i)^{\frac{2h}{h-1}}+p_id_i\zeta_i\delta_i\right]\\&+\frac{(N-M)M\varpi^2}{2\ell_3}\bar{B}_M^2\end{aligned}$$

$$\bar{\mu}_{F2}=\frac{1}{3}\left(\frac{k_3}{2}-\frac{\varphi_{\max}^2}{2\ell_4}\right),\quad \bar{\mu}_{F3}=\frac{1}{3}\left(\frac{k_4}{2}-\frac{1}{2\ell_4}\right)$$

当 $k_3>\dfrac{\varphi_{\max}^2}{\ell_4}$、$k_4>\dfrac{1}{\ell_4}$ 时，可以保证 $\bar{\mu}_{F2}>0$、$\bar{\mu}_{F3}>0$。令 $\bar{\mu}_{F0}=\min\{\mu_{F1},\bar{\mu}_{F2},\bar{\mu}_{F3}\}$ 以及

$$V_F=V_{F1}+V_{F2}+V_{F3} \tag{8.73}$$

可推出 $\dot{V}_F \leqslant -\bar{\lambda}_{F1}V_F+\bar{d}_F, \bar{\lambda}_{F1}=\dfrac{\bar{\mu}_{F0}}{\beta_F}, \beta_F=\max\left\{\dfrac{1}{2}\bar{\sigma}(P_F), \dfrac{1}{6}\bar{\sigma}(\Gamma_F^{-1}), \dfrac{1}{6}\bar{\sigma}(\varrho_F^{-1})\right\}$。从而可得 $V_F(t)\leqslant\left(V_F(t_0)-\dfrac{\bar{d}_F}{\bar{\lambda}_{F1}}\right)\mathrm{e}^{-\bar{\lambda}_{F1}t}+\dfrac{\bar{d}_F}{\bar{\lambda}_{F1}}$。因此，对于 $i\in\mathcal{N}^{\mathcal{F}}$ 及 $t\in[t_0, t_0+T_{L1}^*+T_{L2}^*)$，可得

$$
\begin{aligned}
\|s_i(t)\| &\leqslant \sqrt{\frac{2V_F(t_0)\mathrm{e}^{-\bar{\lambda}_{F1}t}}{\underline{\sigma}(P_F)}+\frac{2\bar{d}_F(1-\mathrm{e}^{-\bar{\lambda}_{F1}t})}{\bar{\lambda}_{F1}\underline{\sigma}(P_F)}} \\
\|\tilde{W}_i(t)\|_F &\leqslant \sqrt{\frac{2V_F(t_0)\mathrm{e}^{-\bar{\lambda}_{F1}t}}{\underline{\sigma}(\Gamma_F^{-1})}+\frac{2\bar{d}_F(1-\mathrm{e}^{-\bar{\lambda}_{F1}t})}{\bar{\lambda}_{F1}\underline{\sigma}(\Gamma_F^{-1})}} \\
|\tilde{\delta}_i(t)| &\leqslant \sqrt{\frac{2V_F(t_0)\mathrm{e}^{-\bar{\lambda}_{F1}t}}{\underline{\sigma}(\varrho_F^{-1})}+\frac{2d_F(1-\mathrm{e}^{-\bar{\lambda}_{F1}t})}{\bar{\lambda}_{F1}\underline{\sigma}(\varrho_F^{-1})}}
\end{aligned}
\tag{8.74}
$$

以上结果表明在领导者形成给定姿态编队结构前，即 $t\in[t_0, t_0+T_{L1}^*+T_{L2}^*)$，跟随者航天器系统的所有状态都保证了有界性。

步骤 2：当 $t\geqslant t_0+T_{L1}^*+T_{L2}^*$ 时，由定理 8.1 可知 M 个领导者可以形成给定的时变姿态编队结构，且领导者的内部信号 $\tilde{q}_{ik}$、$\dot{\tilde{q}}_{ik}$、$\tilde{W}_i$、$\tilde{\delta}_i(i\in\mathcal{N}^L, k=1,2,3)$ 分别收敛至任意小的区域 Ψ_2、Ψ_3、Ω_{L2}、Ω_{L3} 内。从而可以直接得出 $\dot{q}_i$、$\ddot{q}_i$ $(i\in\mathcal{N}^L)$ 也是有界的，且存在一个未知上界 $B_M>0$ 使 $\|\ddot{q}_i+\kappa_3\dot{q}_i\|\leqslant B_M$。因此，当 $t\geqslant t_0+T_{L1}^*+T_{L2}^*$ 时，对 V_F 求导可得

$$
\begin{aligned}
\dot{V}_F \leqslant\ & \sum_{i=M+1}^{N}\sum_{k=1}^{3}\big(-\mu_{F1}|s_{ik}|^2-\mu_{F2}\|\tilde{W}_i\|_F^2-\mu_{F3}|\tilde{\delta}_i|^2 \\
& -\gamma_{F1}|s_{ik}|^{1+h}-\gamma_{F2}\|\tilde{W}_i\|_F^{1+h}-\gamma_{F3}|\tilde{\delta}_i|^{1+h}\big)+d_F
\end{aligned}
\tag{8.75}
$$

其中，$\mu_{F2}=\dfrac{1}{3}\left(\dfrac{k_3}{4}-\dfrac{\varphi_{\max}^2}{2\ell_4}\right)$；$\mu_{F3}=\dfrac{1}{3}\left(\dfrac{k_4}{4}-\dfrac{1}{2\ell_4}\right)$；$\gamma_{F2}=\dfrac{1}{3}\left(\dfrac{k_3}{4}\right)^{\frac{1+h}{2}}$；$\gamma_{F3}=\dfrac{1}{3}\left(\dfrac{k_4}{4}\right)^{\frac{1+h}{2}}$；$d_F=\displaystyle\sum_{i=M+1}^{N}\left[\dfrac{k_3}{2}\mathrm{tr}(W_i^{\mathrm{T}}W_i)+\left(\dfrac{1}{\ell_4}+\dfrac{k_4}{2}\right)\delta_i^2+\dfrac{c_4(1-h)}{2\ell_4(1+h)}(\ell_5 p_i d_i)^{\frac{2h}{h-1}}+p_i d_i\zeta_i\delta_i+2\right]+\dfrac{(N-M)M\varpi^2}{2\ell_3}B_M^2$。当 $k_3>\dfrac{2\varphi_{\max}^2}{\ell_4}$、$k_4>\dfrac{2}{\ell_4}$ 时，可以保证 $\mu_{F2}>0$、$\mu_{F3}>0$。令 $\mu_{F0}=\min\{\mu_{F1},\mu_{F2},\mu_{F3}\}$，$\gamma_{F0}=\min\{\gamma_{F1},\gamma_{F2},\gamma_{F3}\}$，按照与式 (8.30) ~ 式 (8.32) 相同的推导可得

$$
\dot{V}_F\leqslant-\lambda_{F1}V_F-\lambda_{F2}V_F^{\frac{1+h}{2}}+d_F \tag{8.76}
$$

其中，$\lambda_{F1}=\dfrac{\mu_{F0}}{\beta_F}$；$\lambda_{F2}=\dfrac{\gamma_{F0}}{\beta_F^{\frac{1+h}{2}}}$。根据引理 2.8，由式 (8.76) 可知存在有限时间 $t_0+T_{L1}^*+T_{L2}^*+T_{F1}^*$，且

$$T_{F1}^*\leqslant\frac{2}{\lambda_{F1}(1-h)}\ln\frac{2\lambda_{F1}V_F^{\frac{1-h}{2}}(t_0+T_{L1}^*+T_{L2}^*)+\lambda_{F2}}{\lambda_{F2}}\tag{8.77}$$

使式 (8.78) 成立，即

$$V_F(t)\leqslant\left(\frac{2d_F}{\lambda_{F2}}\right)^{\frac{2}{1+h}},\quad \forall t\geqslant t_0+T_{L1}^*+T_{L2}^*+T_{F1}^*\tag{8.78}$$

从而可进一步得出对于 $\forall t\geqslant t_0+T_{L1}^*+T_{L2}^*+T_{F1}^*$，有

$$\begin{aligned}\|s_F\|&\leqslant\left(\frac{2}{\underline{\sigma}(P_F)}\right)^{\frac{1}{2}}\left(\frac{2d_F}{\lambda_{F2}}\right)^{\frac{1}{1+h}}\overset{\text{def}}{=\!=}\varOmega_{F1}\\ \|\tilde{W}_F\|_F&\leqslant\left(\frac{2}{\underline{\sigma}(\varGamma_F^{-1})}\right)^{\frac{1}{2}}\left(\frac{2d_F}{\lambda_{F2}}\right)^{\frac{1}{1+h}}\overset{\text{def}}{=\!=}\varOmega_{F2}\\ \|\tilde{\delta}_F\|&\leqslant\left(\frac{2}{\underline{\sigma}(\varrho_F^{-1})}\right)^{\frac{1}{2}}\left(\frac{2d_F}{\lambda_{F2}}\right)^{\frac{1}{1+h}}\overset{\text{def}}{=\!=}\varOmega_{F3}\end{aligned}\tag{8.79}$$

根据引理 8.1 可得存在一有限时间

$$\begin{aligned}|\bar{q}_{ik}|&\leqslant\frac{\varOmega_{F1}}{\kappa_3\underline{\sigma}(L_3)}\overset{\text{def}}{=\!=}\varPsi_{F1}\\ |\dot{\bar{q}}_{ik}|&\leqslant\frac{(1+\kappa_3)\varOmega_{F1}}{\kappa_3\underline{\sigma}(L_3)}\overset{\text{def}}{=\!=}\varPsi_{F2}\end{aligned}\tag{8.80}$$

其中，$i\in\mathcal{N}^{\mathcal{F}}$，$k=1,2,3$。其有限收敛时间为 $t_0+T_{L1}^*+T_{L2}^*+T_{F1}^*+T_{F2}^*$，且

$$T_{F2}^*\leqslant\frac{2\bar{V}_F(t_0+T_{L1}^*+T_{L2}^*+T_{F1}^*)\kappa_3^2-\varPhi_F^2}{2\chi\kappa_3^2}\tag{8.81}$$

其中，$|\varPhi_F|\leqslant\dfrac{\varOmega_{F1}}{\underline{\sigma}(L_3)}$；$\bar{V}_F(\cdot)$、$\chi$ 在引理 8.1 中给出。

基于以上两步系统稳定性分析，下面给出本节的主要定理。

定理 8.2 针对 $N-M$ 个跟随者航天器系统 (8.1)，在假设 8.1~ 假设 8.3 成立的条件下，应用所设计的分布式有限时间姿态合围控制策略 (8.49)~(8.51)，如果有

$$
\begin{aligned}
&lc_3 > \frac{\ell_3 + (c_4+4)\ell_4\bar{\sigma}^2(P_F\mathcal{A}_3)}{\underline{\sigma}(Q_F)}, \quad c_4 > 0 \\
&k_3 > \frac{2\varphi_{\max}^2}{\ell_4}, \quad k_4 > \frac{2}{\ell_4}
\end{aligned} \tag{8.82}
$$

那么 $N-M$ 个跟随者航天器可以在有限时间内收敛至 M 个领导者所形成的凸集中，具体可得出以下结果：

(1) 滑模面 s_F 在有限时间 $t_0+T_{L1}^*+T_{L2}^*+T_{F1}^*$ 内收敛至任意小的区域内，其中 T_{L1}^*、T_{L2}^*、T_{F1}^* 分别由式 (8.34)、式 (8.41)、式 (8.77) 表示，收敛区域由式 (8.79) 表示；

(2) 姿态合围跟踪误差 $\bar{q}_{ik}$ 及其导数 $\dot{\bar{q}}_{ik}$ 在有限时间 $t_0+T_{L1}^*+T_{L2}^*+T_{F1}^*+T_{F2}^*$ 内收敛至任意小的区域内，其中 T_{F2}^* 由式 (8.81) 表示，收敛区域由式 (8.80) 表示；

(3) 闭环系统内所有内部信号都保证一致有界。

注 8.3　由定理 8.1 和定理 8.2 可知，在所设计的控制策略 (8.12)、(8.49) 下，领导者的内部信号 s_L、$\tilde{W}_L$、$\tilde{\delta}_L$ 和跟随者的内部信号 s_F、$\tilde{W}_F$、$\tilde{\delta}_F$ 分别在有限时间内收敛至可调区域 Ω_{L1}、Ω_{L2}、Ω_{L3} 和 Ω_{F1}、Ω_{F2}、Ω_{F3} 内。由收敛区域以及收敛时间可以看出通过增大控制参数 $c_2(c_4)$、$k_1(k_3)$、$k_2(k_4)$ 可以得到较大的 $\lambda_{L2}\,(\lambda_{F2})$，通过增大 $l_1\,(l_4)$ 以及减小 $l_2\,(l_5)$、ζ_i 可以减小 $d_L(d_F)$。根据以上所给出的关系，由较大的 $\lambda_{L2}\,(\lambda_{F2})$ 以及较小的 $d_L\,(d_F)$ 可以直接得到更好的控制精度以及更快的收敛速度。因此，以上观察可以帮助设计者基于实际应用选取合适的参数，实现在一定的控制代价下保证所需要的控制精度及收敛速度。

注 8.4　注意到当 $c_2=0$、$c_4=0$ 时，所提有限时间姿态协同编队-合围控制策略转换为对于领导者 $i\in\mathcal{N}^L$ 的非有限时间姿态编队控制器（nonfinite-time attitude formation controller，NFTAFC）：

$$
u_i = g_i^{-1}(-c_1 s_i - \hat{W}_i^{\mathrm{T}}\varphi_i(z_i) - \Lambda_i s_i - h_{ci}) \tag{8.83}
$$

和相应的自适应律 (8.13)、(8.14)，以及对于跟随者 $i\in\mathcal{N}^{\mathcal{F}}$ 的非有限时间姿态合围控制器（nonfinite-time attitude containment controller，NFTACC）：

$$
u_i = g_i^{-1}(-c_3 s_i - \hat{W}_i^{\mathrm{T}}\varphi_i(z_i) - \Lambda_i s_i - h_{ci}) \tag{8.84}
$$

和相应的自适应律 (8.50)、(8.51)。通过应用以上姿态控制策略，并且按照与定理 8.1 和定理 8.2 类似的证明，可以推出，当

$$
c_1 > \frac{4\ell_1\bar{\sigma}^2(P_L\mathcal{A}_1)}{\underline{\sigma}(Q_L)}, \quad \ell_1 > 0, \quad k_1 > \frac{2\varphi_{\max}^2}{\ell_1}, \quad k_2 > \frac{2}{\ell_1} \tag{8.85}
$$

以及

$$c_3 > \frac{\ell_3 + 4\ell_4\bar{\sigma}^2(P_F\mathcal{A}_3)}{\underline{\sigma}(Q_F)}, \quad \ell_3 > 0, \ \ell_4 > 0, \quad k_3 > \frac{2\varphi_{\max}^2}{\ell_4}, \quad k_4 > \frac{2}{\ell_4} \tag{8.86}$$

时，可分别得

$$\dot{V}_L \leqslant -\lambda_{L1}V_L + d_L \tag{8.87}$$

以及

$$\dot{V}_F \leqslant -\lambda_{F1}V_F + d_F \tag{8.88}$$

以上公式表明领导者的姿态协同编队跟踪误差 $\tilde{q}_{ik}$ 以及跟随者的姿态合围控制跟踪误差 $\bar{q}_{ik}$ 分别渐近收敛至小的区域。因此，姿态控制器 (8.83) 和 (8.84) 可以作为一种非有限时间姿态控制器。

8.3　仿真结果与分析

本节考虑一组由 3 个领导者航天器和 4 个跟随者航天器构成的多航天器系统，其网络拓扑结构满足假设 8.2，并如图 8.1 所示，节点 1 ~ 3 表示领导者航天器，节点 4 ~ 7 表示跟随者航天器。

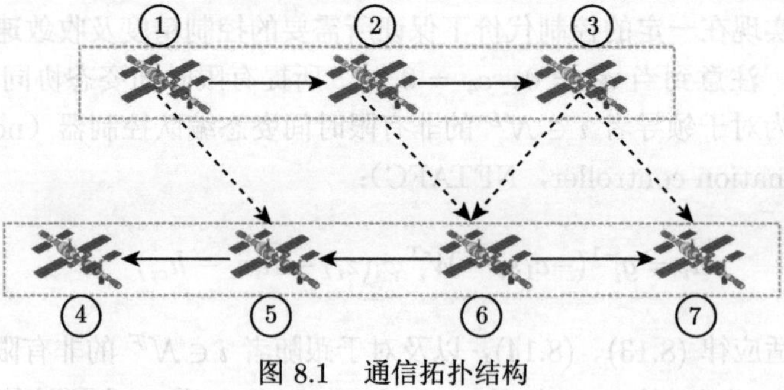

图 8.1　通信拓扑结构

各航天器的姿态系统模型由式 (8.1) 表示，其中非奇异标称的转动惯量矩阵为

$$J_{c1} = [1.0 \quad 0.1 \quad 0.1;\ 0.1 \quad 0.1 \quad 0.1;\ 0.1 \quad 0.1 \quad 0.9]\ \mathrm{kg \cdot m^2}$$

$$J_{c2} = [1.5 \quad 0.2 \quad 0.3;\ 0.2 \quad 0.9 \quad 0.4;\ 0.3 \quad 0.4 \quad 2.0]\ \mathrm{kg \cdot m^2}$$

$$J_{c3} = [0.8 \quad 0.1 \quad 0.2;\ 0.1 \quad 0.7 \quad 0.3;\ 0.2 \quad 0.3 \quad 1.1]\ \mathrm{kg \cdot m^2}$$

$$J_{c4} = [1.2 \quad 0.3 \quad 0.7;\ 0.3 \quad 0.9 \quad 0.2;\ 0.7 \quad 0.2 \quad 1.4]\ \mathrm{kg \cdot m^2}$$

$$J_{c5} = [0.9\quad 0.15\quad 0.3;\ 0.15\quad 1.2\quad 0.4;\ 0.3\quad 0.4\quad 1.2]\ \mathrm{kg\cdot m^2}$$

$$J_{c6} = [1.1\quad 0.35\quad 0.45;\ 0.35\quad 1.0\quad 0.5;\ 0.45\quad 0.5\quad 1.3]\ \mathrm{kg\cdot m^2}$$

$$J_{c7} = [0.9\quad 0.1\quad 0.2;\ 0.1\quad 0.9\quad 0.3;\ 0.2\quad 0.3\quad 1.2]\ \mathrm{kg\cdot m^2}$$

各航天器的初始状态设为

$$q_1(0) = [0,1,\sqrt{3}]^{\mathrm{T}},\quad q_2(0) = 0.4[1,1,\sqrt{2}]^{\mathrm{T}},\quad q_3(0) = 0.4[\sqrt{3},1,0]^{\mathrm{T}}$$

$$q_4(0) = -0.3[\sqrt{3},0,1]^{\mathrm{T}},\quad q_5(0) = 0.8[1,\sqrt{2},1]^{\mathrm{T}},\quad q_6(0) = 0.6[1,1,\sqrt{2}]^{\mathrm{T}}$$

$$q_7(0) = 0.4[1,\sqrt{3},0]^{\mathrm{T}},\quad w_i(0) = [0,0,0]^{\mathrm{T}}\mathrm{rad/s},\quad i = 1,2,\cdots,7$$

本节仿真目标是通过利用定理 8.1 和定理 8.2 的控制策略，验证领导者和跟随者都可以实现各自的控制目标。一方面，三个领导者在有限时间姿态编队控制器（finite-time attitude formation controller，FTAFC）下形成给定的时变姿态编队结构，其时变姿态编队结构由 $q_{di} = \varpi_{di}(t)\tan\dfrac{\phi_{di}(t)}{4}$、$\varpi_{di}(t) = 0.2[\cos(0.2it),\sin(0.2it),\sqrt{3}]^{\mathrm{T}}$、$\phi_{di}(t) = \pi\mathrm{rad}\ (i = 1,2,3)$ 表示；另一方面，四个跟随者的姿态在姿态合围控制器（finite-time attitude containment controller，FTACC）下可以实现进入领导者所形成的凸集中。根据定理 8.1 和定理 8.2，可选取以下控制参数：$c_1 = c_2 = 5$，$\kappa_1 = 1$，$\kappa_2 = 0.01$，$k_1 = k_2 = 3$；$c_3 = 5$，$c_4 = 3$，$\kappa_3 = 1$，$k_3 = k_4 = 5$；$h = 0.5$，$\hbar = 0.15$，$\Gamma_i = I_{10}$，$\varrho_i = 1$，$\zeta_i = 0.01$，$i = 1,2,\cdots,7$。假设控制力矩满足约束 $|u_{ik}| \leqslant 2\mathrm{N\cdot m}\ (i = 1,2,\cdots,7;\ k = 1,2,3)$。对于图 8.1 中 7 个航天器系统，分别采用具有 10 个神经元的神经网络结构，选取 Sigmoid 函数作为激活函数，且神经网络加权矩阵初始值为零。

为了验证所设计 FTAFC 和 FTACC 的控制效果，仿真分别从情况 A（不考虑转动惯量不确定性和外界扰动）和情况 B（考虑转动惯量不确定性和外界扰动）进行验证。同时，给出了所提出的有限时间控制策略（FTAFC、FTACC）与非有限时间控制策略（NFTAFC (8.83)、NFTACC (8.84)）之间的对比。注意到控制策略中控制参数 c_1、c_2、k_1、k_2 和 c_3、c_4、k_3、k_4 的选取依赖于设计参数 $\ell_i(i = 1,2,3,4)$ 的大小，因此可以通过调节 $\ell_i(i = 1,2,3,4)$ 的大小保证有限时间控制策略与非有限时间控制策略选取相同的控制参数。

情况 A：在图 8.1 的网络拓扑结构下，针对不存在转动惯量不确定性和外界扰动下的航天器系统，验证 FTAFC、FTACC 和 NFTAFC、NFTACC 两种控制策略的控制性能。图 8.2 和图 8.3 分别显示了 3 个领导者航天器的姿态编队跟踪误差 $\tilde{q}_{ik}(i,k = 1,2,3)$ 及其导数 $\dot{\tilde{q}}_{ik}$ 的响应曲线，图 8.4 和图 8.5 分别显示了 4 个跟随者航天器的姿态合围跟踪误差 $\bar{q}_{ik}(i = 4,5,6,7;\ k = 1,2,3)$ 及其导数 $\dot{\bar{q}}_{ik}$ 的响应曲线。由图 8.2 ~ 图 8.5 可以看出在两种控制策略下，姿态跟踪误差都可以在 5s 内快速收敛至很小的区域内（小于 10^{-3}）。另外，与非有限时间控制策略相比，有限时间控制策略可以提供更快的收敛速度以及更高的控制精度。

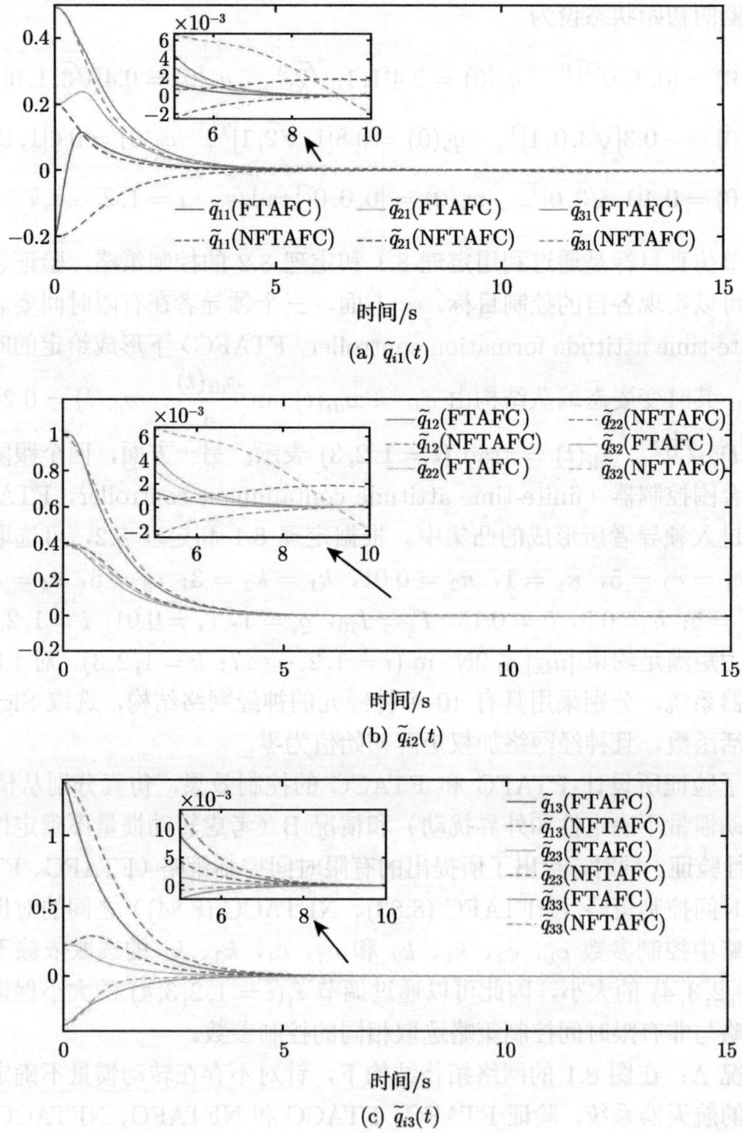

图 8.2　情况 A：领导者姿态编队跟踪误差 $\tilde{q}_{i1}(t)$、$\tilde{q}_{i2}(t)$、$\tilde{q}_{i3}(t)$ $(i=1,2,3)$ 的轨迹图

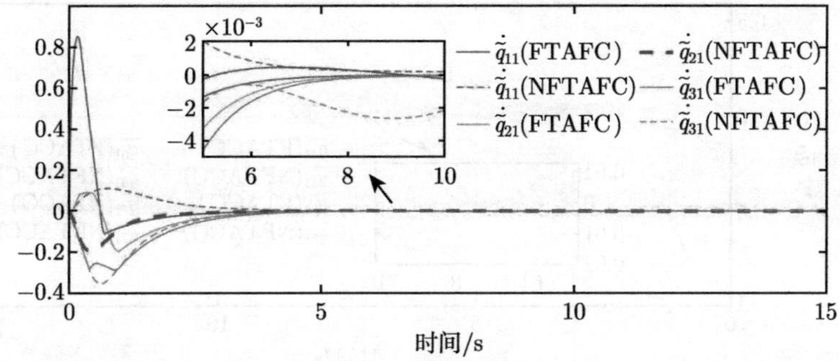

(a) $\dot{\tilde{q}}_{i1}(t)$

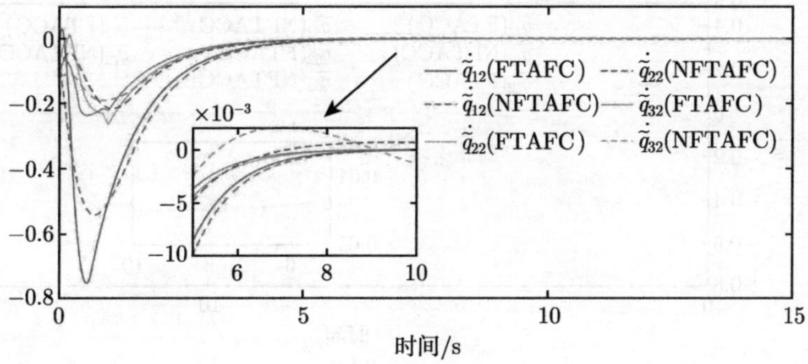

(b) $\dot{\tilde{q}}_{i2}(t)$

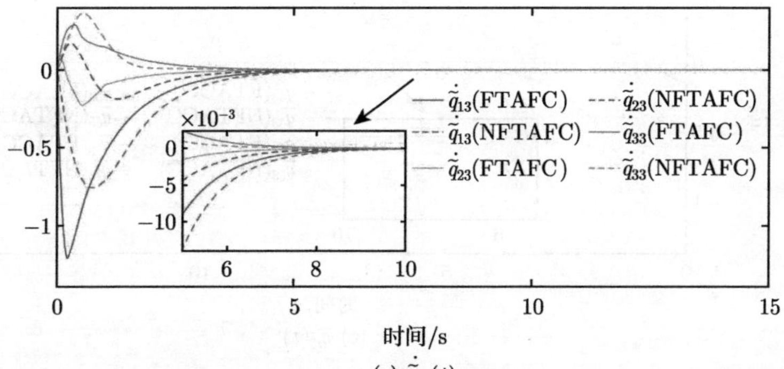

(c) $\dot{\tilde{q}}_{i3}(t)$

图 8.3　情况 A：领导者姿态编队跟踪误差 $\dot{\tilde{q}}_{i1}(t)$、$\dot{\tilde{q}}_{i2}(t)$、$\dot{\tilde{q}}_{i3}(t)$ $(i=1,2,3)$ 的轨迹图

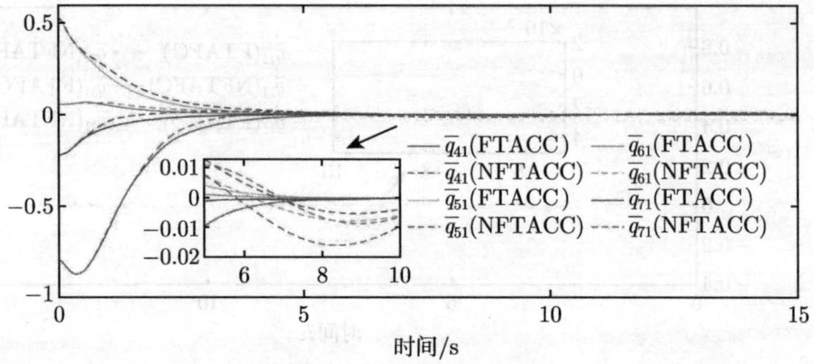

(a) $\overline{q}_{i1}(t)$

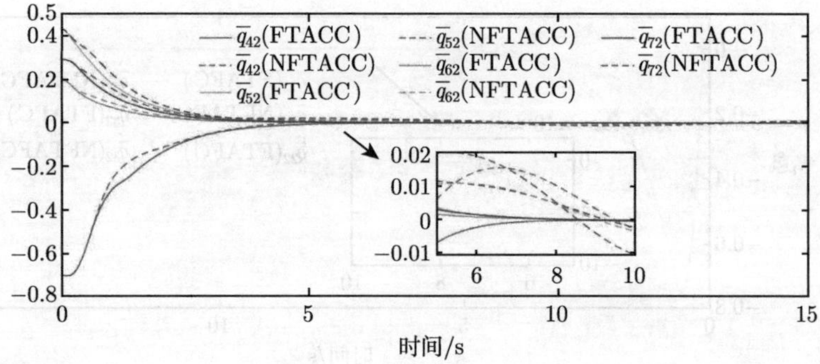

(b) $\overline{q}_{i2}(t)$

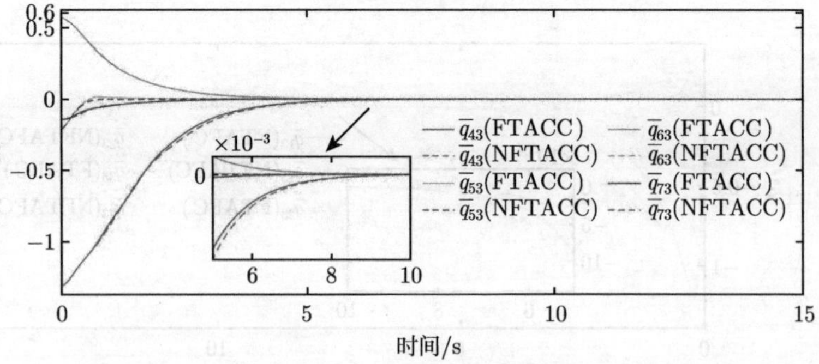

(c) $\overline{q}_{i3}(t)$

图 8.4 情况 A：跟随者姿态合围跟踪误差 $\overline{q}_{i1}(t)$、$\overline{q}_{i2}(t)$、$\overline{q}_{i3}(t)$ $(i=4,5,6,7)$ 的轨迹图

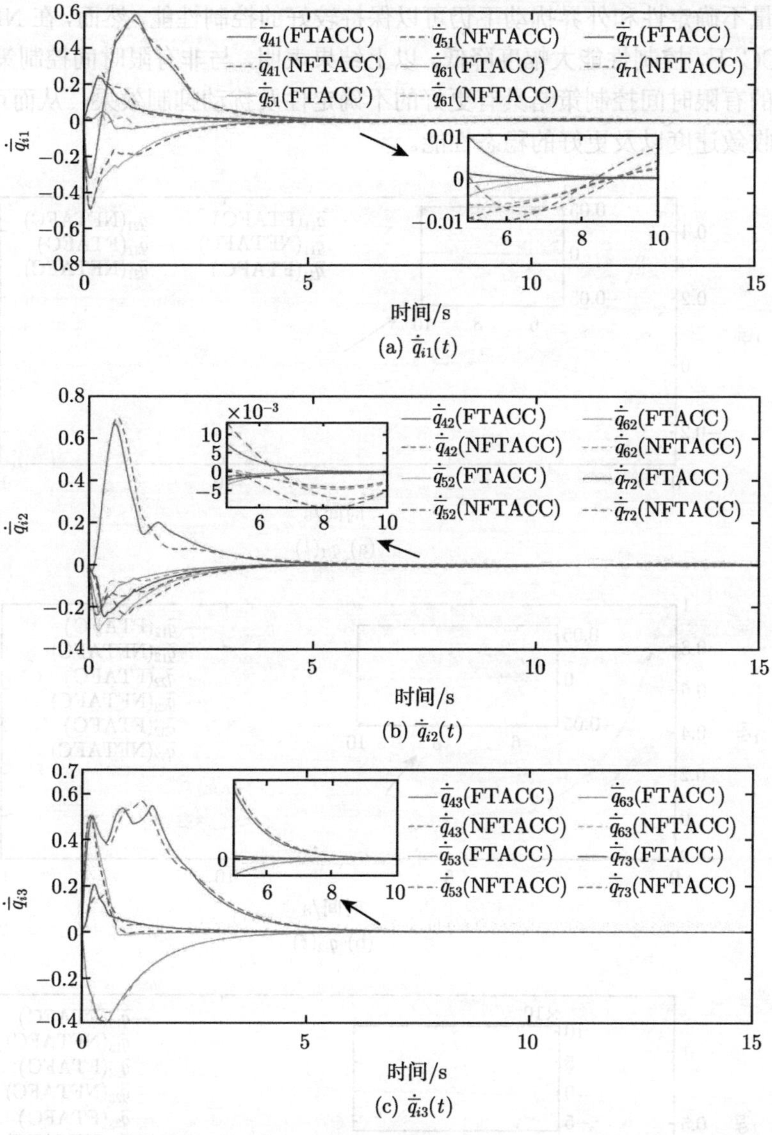

图 8.5 情况 A：跟随者姿态合围跟踪误差 $\dot{\bar{q}}_{i1}(t)$、$\dot{\bar{q}}_{i2}(t)$、$\dot{\bar{q}}_{i3}(t)$ $(i=4,5,6,7)$ 的轨迹图

情况 B：进一步针对具有转动惯量不确定性和外界扰动的航天器系统，并验证 FTAFC、FTACC 和 NFTAFC、NFTACC 两种控制策略的控制性能。首先，7 个航天器系统中的非匹配建模不确定转动惯量矩阵设为 $J_{ui}=\mathrm{diag}\{0.02\sin(t), 0.01\cos(t), 0.02\sin(0.5t)\}$，并且其外界扰动设为 $d_i=0.1[\sin(it),\cos(it),\sin(2it)]^{\mathrm{T}}$ $(i=1,2,\cdots,7)$。在两种控制策略下，图 8.6、图 8.7 和图 8.8、图 8.9 分别给出了 $\tilde{q}_i$、$\dot{\tilde{q}}_i$ 和 $\bar{q}_i$、$\dot{\bar{q}}_i$ 的响应曲线。从以上图中可以看出所设计的 FTAFC、FTACC 在具有

转动惯量不确定性和外界扰动下仍可以保持较好的控制性能。然而，在 NFTAFC、NFTACC 下，控制性能大幅度降低。以上结果表明，与非有限时间控制策略相比，所提出的有限时间控制策略具有更好的不确定性及扰动抑制效果，从而可以得到更快的收敛速度以及更好的稳态性能。

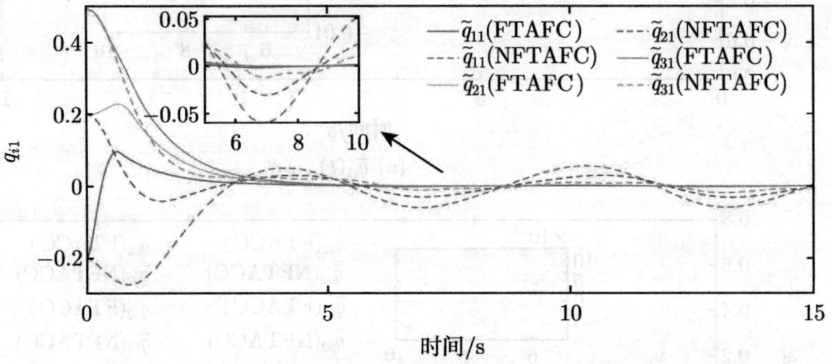

(a) $\tilde{q}_{i1}(t)$

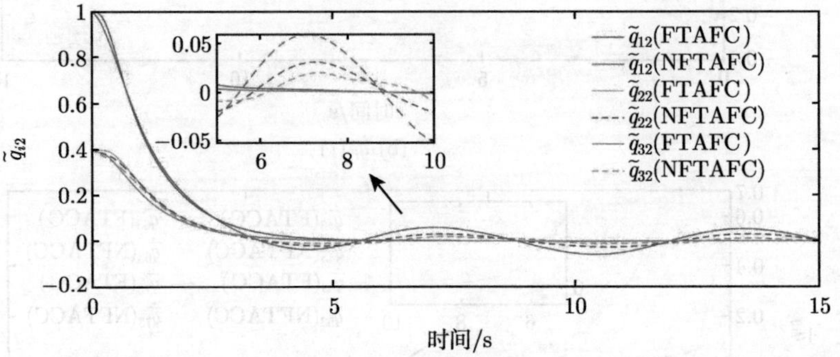

(b) $\tilde{q}_{i2}(t)$

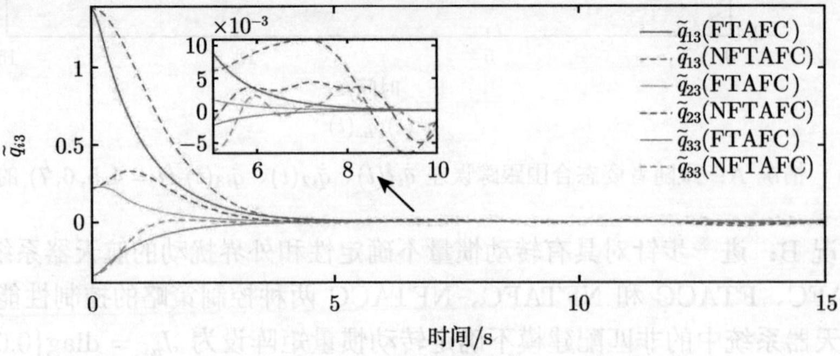

(c) $\tilde{q}_{i3}(t)$

图 8.6　情况 B：领导者姿态编队跟踪误差 $\tilde{q}_{i1}(t)$、$\tilde{q}_{i2}(t)$、$\tilde{q}_{i3}(t)$ $(i=1,2,3)$ 的轨迹图

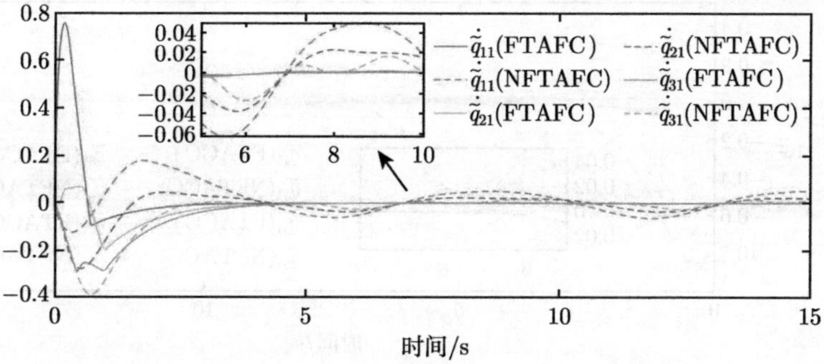

(a) $\dot{\tilde{q}}_{i1}(t)$

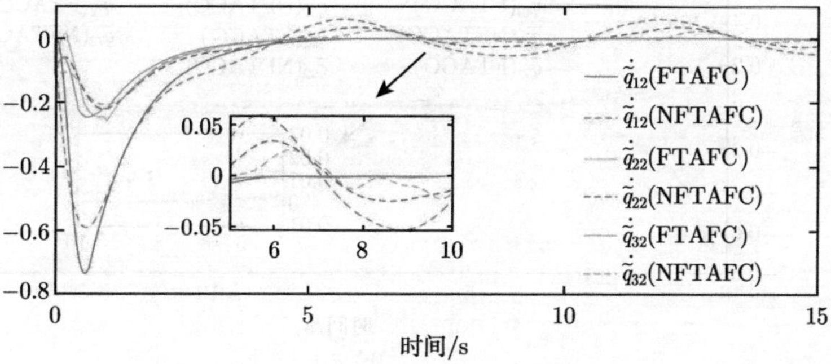

(b) $\dot{\tilde{q}}_{i2}(t)$

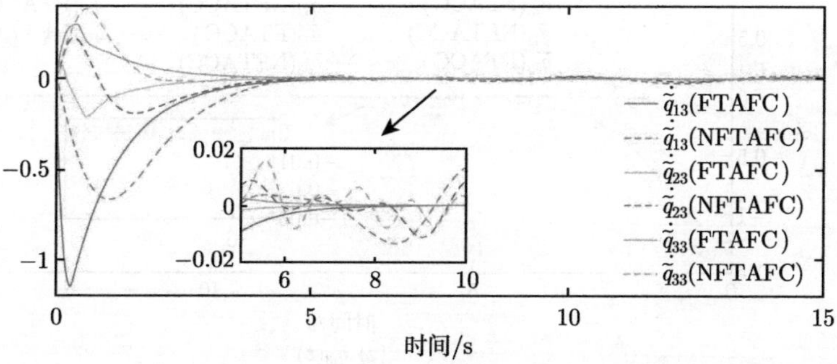

(c) $\dot{\tilde{q}}_{i3}(t)$

图 8.7　情况 B：领导者姿态编队跟踪误差 $\dot{\tilde{q}}_{i1}(t)$、$\dot{\tilde{q}}_{i2}(t)$、$\dot{\tilde{q}}_{i3}(t)$ $(i=1,2,3)$ 的轨迹图

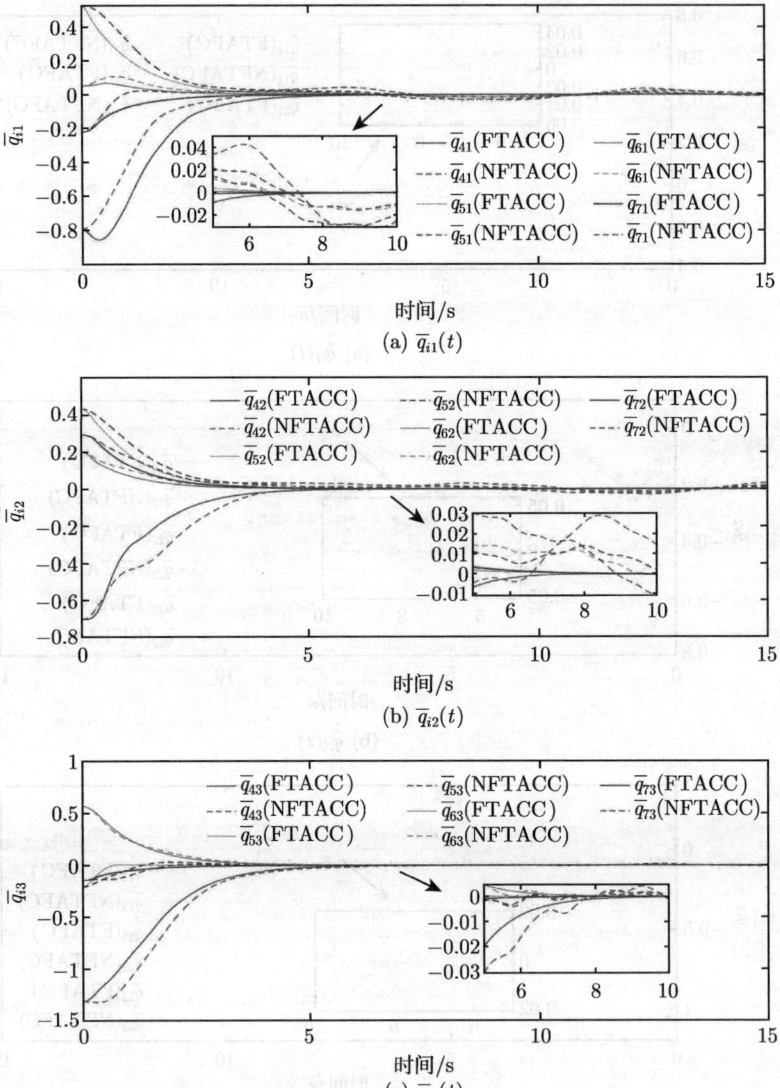

(a) $\overline{q}_{i1}(t)$

(b) $\overline{q}_{i2}(t)$

(c) $\overline{q}_{i3}(t)$

图 8.8　情况 B：跟随者姿态合围跟踪误差 $\bar{q}_{i1}(t)$、$\bar{q}_{i2}(t)$、$\bar{q}_{i3}(t)$ $(i=4,5,6,7)$ 的轨迹图

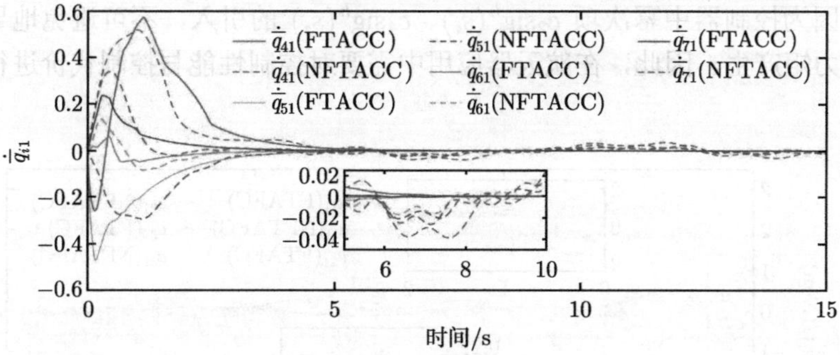

(a) $\dot{\bar{q}}_{i1}(t)$

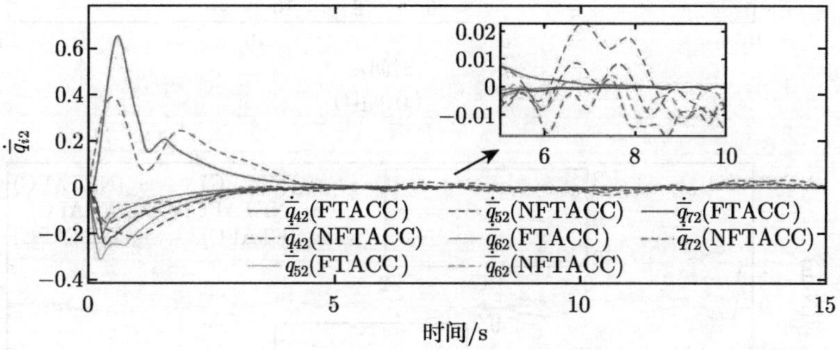

(b) $\dot{\bar{q}}_{i2}(t)$

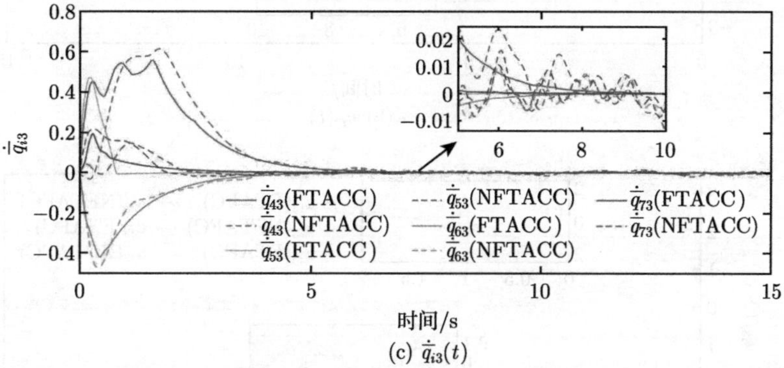

(c) $\dot{\bar{q}}_{i3}(t)$

图 8.9　情况 B：跟随者姿态合围跟踪误差 $\dot{\bar{q}}_{i1}(t)$、$\dot{\bar{q}}_{i2}(t)$、$\dot{\bar{q}}_{i3}(t)$ $(i = 4, 5, 6, 7)$ 的轨迹图

图 8.10 和图 8.11 分别显示了在控制力矩约束条件下领导者和跟随者的控制力矩曲线，表明各航天器系统仍能保证具有较好的系统性能。注意到控制力矩响应曲线在一定幅值范围的振荡，这种现象的产生主要是为了补偿系统中的不确定性和外界扰动。需要指出的是，在两种控制策略下，航天器系统在稳态阶段具有类似的控制力矩，而在暂态阶段，有限时间控制策略产生了较高的控制力矩。这

主要是因为控制器中幂次项 $c_2\text{sig}^h(s_i)$、$c_4\text{sig}^h(s_i)$ 的引入，不可避免地导致较大的控制力矩产生。因此，在航天器应用中需要对控制性能与控制代价进行一定的权衡。

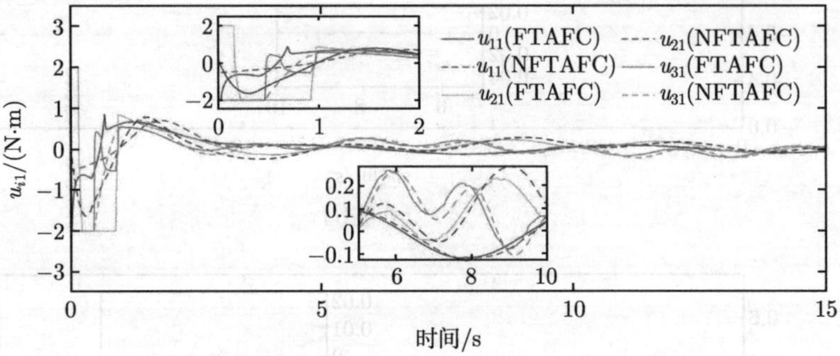

(a) $u_{i1}(t)$

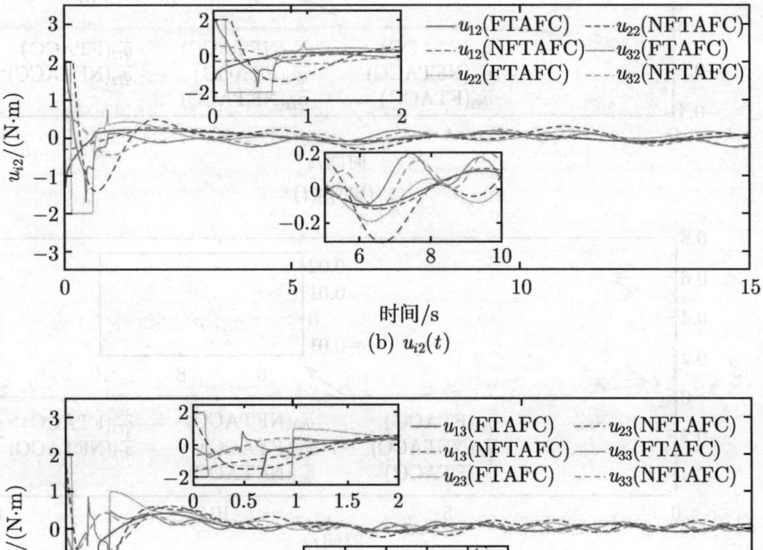

(b) $u_{i2}(t)$

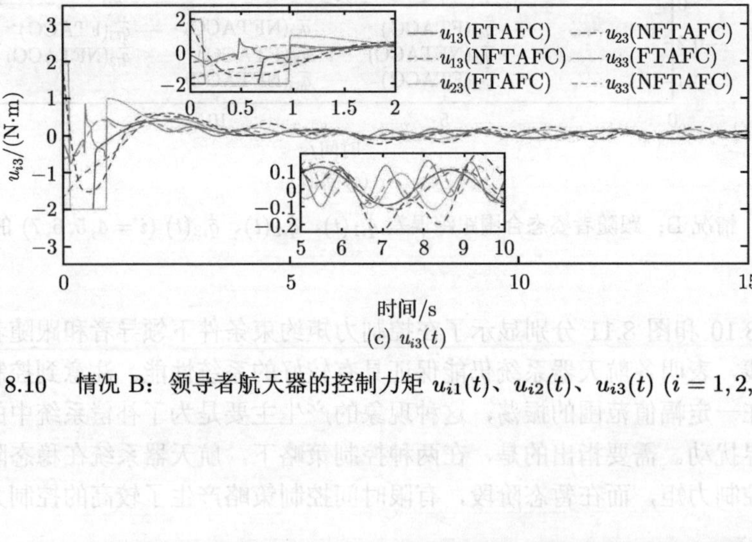

(c) $u_{i3}(t)$

图 8.10 情况 B：领导者航天器的控制力矩 $u_{i1}(t)$、$u_{i2}(t)$、$u_{i3}(t)$ $(i = 1, 2, 3)$

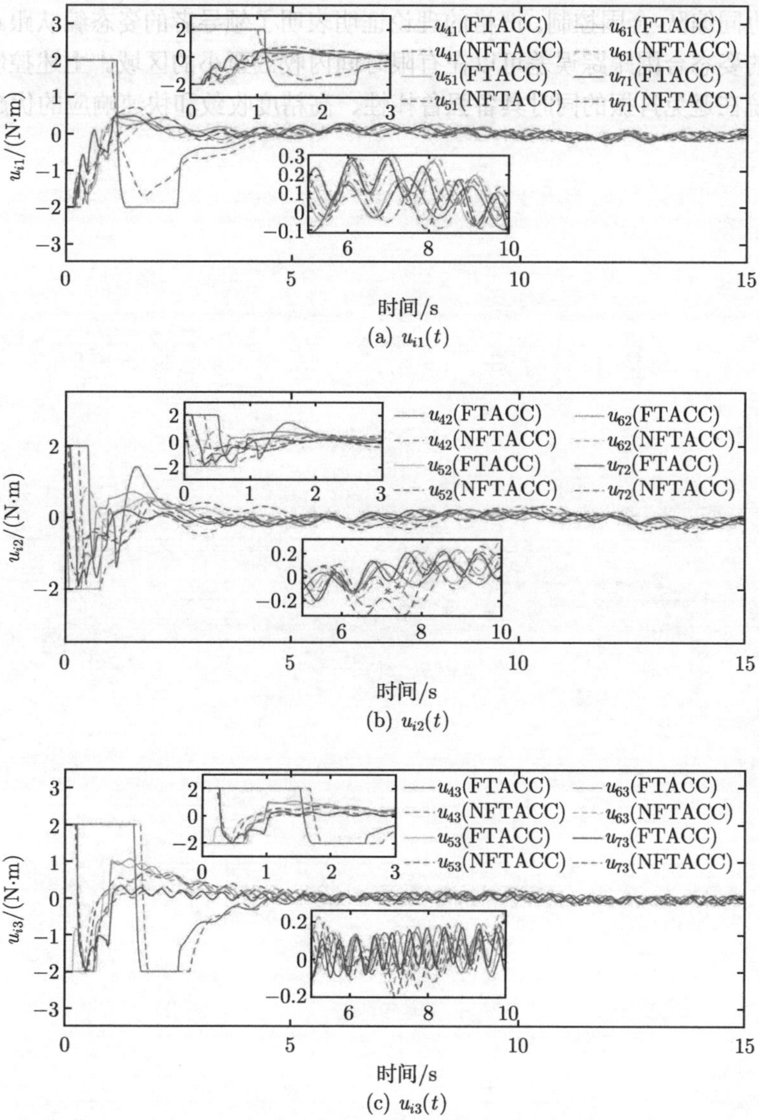

(a) $u_{i1}(t)$

(b) $u_{i2}(t)$

(c) $u_{i3}(t)$

图 8.11　情况 B：跟随者航天器的控制力矩 $u_{i1}(t)$、$u_{i2}(t)$、$u_{i3}(t)$ $(i=4,5,6,7)$

8.4　本章小结

本章解决了有向拓扑结构下多航天器系统的分布式有限时间姿态协同编队-合围控制问题。通过滑模控制方法和自适应神经网络控制技术，提出了同时适应于多领导者和多跟随者航天器统一的连续分布式姿态控制框架，从而可以实现时变姿态协同编队-合围控制。严格的理论证明表明了领导者的姿态编队跟踪误差与跟踪者的姿态合围跟踪误差可以在有限时间内收敛至小的区域。上述控制方案能保证系统在避免抖振的同时具备强鲁棒性、高精度收敛和快速响应的优越性能。

参考文献

[1] Reynolds C W. Flocks, herds and schools: A distributed behavioral model[C]. Proceedings of the 14th Annual Conference on Computer Graphics and Interactive Techniques, 1987: 25-34.

[2] Minsky M. The Society of Mind[M]. New York: Simon and Schuster, 1986.

[3] Cao Y C, Yu W W, Ren W, et al. An overview of recent progress in the study of distributed multi-agent coordination[J]. IEEE Transactions on Industrial Informatics, 2013, 9(1): 427-438.

[4] Tang Y, Qian F, Gao H J, et al. Synchronization in complex networks and its application—A survey of recent advances and challenges[J]. Annual Reviews in Control, 2014, 38(2): 184-198.

[5] Aung M, Ahmed A, Wette M, et al. An overview of formation flying technology development for the Terrestrial Planet Finder mission[C]. Proceedings of IEEE Aerospace Conference, 2004: 2667-2679.

[6] Michael N, Fink J, Kumar V. Cooperative manipulation and transportation with aerial robots[J]. Autonomous Robots, 2011, 30(1): 73-86.

[7] Bidram A, Davoudi A, Lewis F L, et al. Secondary control of microgrids based on distributed cooperative control of multi-agent systems[J]. IET Generation Transmission & Distribution, 2013, 7(8): 822-831.

[8] Larson J, Kammer C, Liang K Y, et al. Coordinated route optimization for heavy-duty vehicle platoons[C]. The 16th International IEEE Conference on Intelligent Transportation Systems, 2013: 1196-1202.

[9] Cortes J, Martinez S, Karatas T, et al. Coverage control for mobile sensing networks[J]. IEEE Transactions on Robotics and Automation, 2004, 20(2): 243-255.

[10] Schenato L, Fiorentin F. Average TimeSynch: A consensus-based protocol for clock synchronization in wireless sensor networks[J]. Automatica, 2011, 47(9): 1878-1886.

[11] 刘学良. 多智能体系统协调控制中的若干问题研究[D]. 广州: 华南理工大学, 2012.

[12] Olfati-Saber R, Fax J A, Murray R M. Consensus and cooperation in networked multi-agent systems[J]. Proceedings of the IEEE, 2007, 95(1): 215-233.

[13] Antonelli G. Interconnected dynamic systems: An overview on distributed control[J]. IEEE Control Systems, 2013, 33(1): 76-88.

[14] Ren W. Consensus strategies for cooperative control of vehicle formations[J]. IET Control Theory & Applications, 2007, 1(2): 505-512.

[15] Fidan B, Hendrickx J M, Anderson B D O. Closing ranks in rigid multi-agent formations using edge contraction[J]. International Journal of Robust & Nonlinear Control, 2010, 20(18): 2077-2092.

[16] Cao K C, Yang H, Jiang B. Formation tracking control of nonholonomic chained form systems[C]. The 10th IEEE International Conference on Control and Automation, 2013: 846-851.

[17] Do K D. Formation tracking control of unicycle-type mobile robots with limited sensing ranges[J]. IEEE Transactions on Control Systems Technology, 2008, 16(3): 527-538.

[18] Panagou D, Kumar V. Cooperative visibility maintenance for leader-follower formations in obstacle environments[J]. IEEE Transactions on Robotics, 2014, 30(4): 831-844.

[19] 王祥科, 李迅, 郑志强. 多智能体系统编队控制相关问题研究综述[J]. 控制与决策, 2013, 28(11): 1601-1613.

[20] Yu C, Anderson B D O, Dasgupta S, et al. Control of minimally persistent formations in the plane[J]. SIAM Journal on Control & Optimization, 2009, 48(1): 206-233.

[21] Summers T H, Yu C, Dasgupta S, et al. Control of minimally persistent leader-remote-follower and coleader formations in the plane[J]. IEEE Transactions on Automatic Control, 2011, 56(12): 2778-2792.

[22] 韩娜妮, 张可儿. 二阶离散 leader-following 多智能体网络的分布式编队控制[J]. 自动化与仪器仪表, 2016, (3): 147-149.

[23] Wen G, Duan Z, Li Z, et al. Flocking of multi-agent dynamical systems with intermittent nonlinear velocity measurements[J]. International Journal of Robust & Nonlinear Control, 2012, 22(16): 1790-1805.

[24] Zavlanos M M, Tanner H G, Jadbabaie A, et al. Hybrid control for connectivity preserving flocking[J]. IEEE Transactions on Automatic Control, 2009, 54(12): 2869-2875.

[25] Su H, Wang X, Lin Z. Flocking of multi-agents with a virtual leader[J]. IEEE Transactions on Automatic Control, 2009, 54(2): 293-307.

[26] Dong W J. Flocking of multiple mobile robots based on backstepping[J]. IEEE Transactions on Systems, Man, and Cybernetics, Part B: Cybernetics, 2011, 41(2): 414-424.

[27] Olfati-Saber R, Murray R M. Consensus problems in networks of agents with switching topology and time-delays[J]. IEEE Transactions on Automatic Control, 2004, 49(9): 1520-1533.

[28] Carli R, Chiuso A, Schenato L, et al. Optimal synchronization for networks of noisy double integrators[J]. IEEE Transactions on Automatic Control, 2011, 56(5): 1146-1152.

[29] Nedic A, Ozdaglar A, Parrilo P A. Constrained consensus and optimization in multi-agent networks[J]. IEEE Transactions on Automatic Control, 2010, 55(4): 922-938.

[30] Lobel I, Ozdaglar A. Distributed subgradient methods for convex optimization over random networks[J]. IEEE Transactions on Automatic Control, 2011, 56(6): 1291-1306.

[31] 袁玩贵, 屈百达. 多智能体系统通信拓扑最优设计[J]. 控制理论与应用, 2016, 33(2): 228-232.

[32] Mahboubi H, Sharifi F, Aghdam A G, et al. Distributed coordination of multi-agent systems for coverage problem in presence of obstacles[C]. American Control Conference, 2012: 5252-5257.

[33] He Z, Su R, Meng W, et al. Integrated multi-agent system framework: decentralised search, tasking and tracking[J]. IET Control Theory & Applications, 2015, 9(3): 493-502.

[34] Miah S, Nguyen B, Bourque A, et al. Nonuniform coverage control with stochastic intermittent communication[J]. IEEE Transactions on Automatic Control, 2015, 60(7): 1981-1986.

[35] Zhang F, Leonard N E. Cooperative filters and control for cooperative exploration[J]. IEEE Transactions on Automatic Control, 2010, 55(3): 650-663.

[36] Lynch K M, Schwartz I B, Yang P, et al. Decentralized environmental modeling by mobile sensor networks[J]. IEEE Transactions on Robotics, 2008, 24(3): 710-724.

[37] Yang P, Freeman R A, Lynch K M. Multi-agent coordination by decentralized estimation and control[J]. IEEE Transactions on Automatic Control, 2008, 53(11): 2480-2496.

[38] Degroot M H. Reaching a consensus[J]. Journal of the American Statistical Association, 1974, 69(345): 118-121.

[39] Borkar V, Varaiya P. Asymptotic agreement in distributed estimation[J]. IEEE Transactions on Automatic Control, 1982, 27(3): 650-655.

[40] Tsitsiklis J N, Bertsekas D P, Athans M. Distributed asynchronous deterministic and stochastic gradient optimization algorithms[J]. IEEE Transactions on Automatic Control, 1986, 31(9): 803-812.

[41] Couzin I D, Krause J, Franks N R, et al. Effective leadership and decision-making in animal groups on the move[J]. Nature, 2005, 433(7025): 513-516.

[42] Wang W, Slotine J J E. A theoretical study of different leader roles in networks[J]. IEEE Transactions on Automatic Control, 2006, 51(7): 1156-1161.

[43] Vicsek T, Czirók A, Ben-Jacob E, et al. Novel type of phase transition in a system of self-driven particles[J]. Physical Review Letters, 1995, 75(6): 1226-1229.

[44] Jadbabaie A, Lin J, Morse A S. Coordination of groups of mobile autonomous agents using nearest neighbor rules[J]. IEEE Transactions on Automatic Control, 2003, 48(6): 988-1001.

[45] Fax J A, Murray R M. Information flow and cooperative control of vehicle formations[J]. IEEE Transactions on Automatic Control, 2004, 49(9): 1465-1476.

[46] Ren W, Beard R W. Consensus seeking in multiagent systems under dynamically changing interaction topologies[J]. IEEE Transactions on Automatic Control, 2005, 50(5): 655-661.

[47] Ren W, Beard R W, Atkins E M. Information consensus in multivehicle cooperative control[J]. IEEE Control Systems Magazine, 2007, 27(2): 71-82.

[48] Ren W. On consensus algorithms for double-integrator dynamics[J]. IEEE Transactions on Automatic Control, 2008, 53(6): 1503-1509.

[49] Yu W W, Chen G R, Cao M. Some necessary and sufficient conditions for second-order consensus in multi-agent dynamical systems[J]. Automatica, 2010, 46(6): 1089-1095.

[50] Hong Y G, Chen G R, Bushnell L. Distributed observers design for leader-following control of multi-agent networks[J]. Automatica, 2008, 44(3): 846-850.

[51] Ren W. High-order and model reference consensus algorithms in cooperative control of multivehicle systems[J]. Journal of Dynamic Systems Measurement and Control, 2007, 129(5): 678-688.

[52] He W, Cao J. Consensus control for high-order multi-agent systems[J]. IET Control Theory & Applications, 2011, 5(1): 231-238.

[53] Yu W, Chen G, Ren W, et al. Distributed higher order consensus protocols in multiagent dynamical systems[J]. IEEE Transactions on Circuits & Systems I: Regular Papers, 2011, 58(8): 1924-1932.

[54] Tuna S E. Conditions for synchronizability in arrays of coupled linear systems[J]. IEEE Transactions on Automatic Control, 2009, 54(10): 2416-2420.

[55] Li Z, Duan Z, Chen G, et al. Consensus of multiagent systems and synchronization of complex networks: A unified viewpoint[J]. IEEE Transactions on Circuits & Systems I: Regular Papers, 2010, 57(1): 213-224.

[56] Ma C Q, Zhang J F. Necessary and sufficient conditions for consensusability of linear multi-agent systems[J]. IEEE Transactions on Automatic Control, 2010, 55(5): 1263-1268.

[57] Tuna S E. LQR-based coupling gain for synchronization of linear systems[EB/OL]. http://arxiv.org/PS_cache/arxiv/pdf/0801/0801.3390v1.pdf[2024-5-8].

[58] Zhang H, Lewis F L, Das A. Optimal design for synchronization of cooperative systems: State feedback, observer and output feedback[J]. IEEE Transactions on Automatic Control, 2011, 56(8): 1948-1952.

[59] Wang X, Cheng L, Cao Z Q, et al. Output-feedback consensus control of linear multi-agent systems: A fixed topology[J]. International Journal of Innovative Computing Information & Control, 2011, 7(5A): 2063-2074.

[60] Moreau L. Stability of multiagent systems with time-dependent communication links[J]. IEEE Transactions on Automatic Control, 2005, 50(2): 169-182.

[61] Arcak M. Passivity as a design tool for group coordination[J]. IEEE Transactions on Automatic Control, 2007, 52(8): 1380-1390.

[62] Cortés J. Distributed algorithms for reaching consensus on general functions[J]. Automatica, 2008, 44(3): 726-737.

[63] Yu W, Zhou L, Yu X, et al. Consensus in multi-agent systems with second-order dynamics and sampled data[J]. IEEE Transactions on Industrial Informatics, 2013, 9(4): 2137-2146.

[64] Yu W W, Chen G R, Cao M, et al. Second-order consensus for multiagent systems with directed topologies and nonlinear dynamics[J]. IEEE Transactions on Systems, Man, and Cybernetics, Part B: Cybernetics, 2010, 40(3): 881-891.

[65] Yu W, Chen G, Cao M. Consensus in directed networks of agents with nonlinear dynamics[J]. IEEE Transactions on Automatic Control, 2011, 56(6): 1436-1441.

[66] Wen G, Duan Z, Yu W, et al. Consensus of second-order multi-agent systems with delayed nonlinear dynamics and intermittent communications[J]. International Journal of Control, 2013, 86(2): 322-331.

[67] Li Z K, Liu X D, Fu M Y, et al. Global H_∞ consensus of multi-agent systems with Lipschitz non-linear dynamics[J]. IET Control Theory & Applications, 2012, 6(13): 2041-2048.

[68] Wen G, Duan Z, Li Z, et al. Stochastic consensus in directed networks of agents with non-linear dynamics and repairable actuator failures[J]. IET Control Theory & Applications, 2012, 6(11): 1583-1593.

[69] Ren W. Multi-vehicle consensus with a time-varying reference state[J]. Systems & Control Letters, 2007, 56(7-8): 474-483.

[70] Hu J P, Hong Y G. Leader-following coordination of multi-agent systems with coupling time delays[J]. Physica A: Statistical Mechanics and Its Applications, 2007, 374(2): 853-863.

[71] Meng Z Y, Ren W, Cao Y C, et al. Leaderless and leader-following consensus with communication and input delays under a directed network topology[J]. IEEE Transactions on Systems, Man, and Cybernetics, Part B: Cybernetics, 2011, 41(1): 75-88.

[72] Chen F, Chen Z Q, Xiang L Y, et al. Reaching a consensus via pinning control[J]. Automatica, 2009, 45(5): 1215-1220.

[73] Song Q, Cao J D, Yu W W. Second-order leader-following consensus of nonlinear multi-agent systems via pinning control[J]. Systems & Control Letters, 2010, 59(9): 553-562.

[74] Song Q, Liu F, Cao J D, et al. M-matrix strategies for pinning-controlled leader-following consensus in multiagent systems with nonlinear dynamics[J]. IEEE Transactions on Cybernetics, 2013, 43(6): 1688-1697.

[75] Wen G H, Yu W W, Zhao Y, et al. Pinning synchronisation in fixed and switching directed networks of Lorenz-type nodes[J]. IET Control Theory & Applications, 2013, 7(10): 1387-1397.

[76] Qu Z H, Wang J, Hull R A. Cooperative control of dynamical systems with application to autonomous vehicles[J]. IEEE Transactions on Automatic Control, 2008, 53(4): 894-911.

[77] Hou Z G, Cheng L, Tan M. Decentralized robust adaptive control for the multiagent system consensus problem using neural networks[J]. IEEE Transactions on Systems, Man, and Cybernetics, Part B: Cybernetics, 2009, 39(3): 636-647.

[78] Das A, Lewis F L. Distributed adaptive control for synchronization of unknown nonlinear networked systems[J]. Automatica, 2010, 46(12): 2014-2021.

[79] Das A, Lewis F L. Cooperative adaptive control for synchronization of second-order systems with unknown nonlinearities[J]. International Journal of Robust & Nonlinear Control, 2011, 21(13): 1509-1524.

[80] Chen G, Lewis F L. Distributed adaptive tracking control for synchronization of unknown networked Lagrangian systems[J]. IEEE Transactions on Systems, Man, and Cybernetics, Part B: Cybernetics, 2011, 41(3): 805-816.

[81] Yu H, Xia X H. Adaptive consensus of multi-agents in networks with jointly connected topologies[J]. Automatica, 2012, 48(8): 1783-1790.

[82] Hu G Q. Robust consensus tracking of a class of second-order multi-agent dynamic systems[J]. Systems & Control Letters, 2012, 61(1): 134-142.

[83] Liu B, Wang X L, Su H S, et al. Adaptive second-order consensus of multi-agent systems with heterogeneous nonlinear dynamics and time-varying delays[J]. Neurocomputing, 2013, 118: 289-300.

[84] Liu Y, Min H B, Wang S C, et al. Distributed adaptive consensus for multiple mechanical systems with switching topologies and time-varying delay[J]. Systems & Control Letters, 2014, 64: 119-126.

[85] Chen C L P, Wen G, Liu Y J, et al. Adaptive consensus control for a class of nonlinear multiagent time-delay systems using neural networks[J]. IEEE Transactions on Neural Networks and Learning Systems, 2014, 25(6): 1217-1226.

[86] Wen G X, Chen C L P, Liu Y J, et al. Neural-network-based adaptive leader-following consensus control for second-order non-linear multi-agent systems[J]. IET Control Theory & Applications, 2015, 9(13): 1927-1934.

[87] Wang Y J, Song Y D, Lewis F L. Robust adaptive fault-tolerant control of multiagent systems with uncertain nonidentical dynamics and undetectable actuation failures[J]. IEEE Transactions on Industrial Electronics, 2015, 62(6): 3978-3988.

[88] Zhang H W, Lewis F L. Adaptive cooperative tracking control of higher-order nonlinear systems with unknown dynamics[J]. Automatica, 2012, 48(7): 1432-1439.

[89] El-Ferik S, Qureshi A, Lewis F L. Neuro-adaptive cooperative tracking control of unknown higher-order affine nonlinear systems[J]. Automatica, 2014, 50(3): 798-808.

[90] Yu H, Shen Y J, Xia X H. Adaptive finite-time consensus in multi-agent networks[J]. Systems & Control Letters, 2013, 62(10): 880-889.

[91] Wang W, Huang J S, Wen C Y, et al. Distributed adaptive control for consensus tracking with application to formation control of nonholonomic mobile robots[J]. Automatica, 2014, 50(4): 1254-1263.

[92] Shen Q K, Jiang B, Shi P, et al. Cooperative adaptive fuzzy tracking control for networked unknown nonlinear multiagent systems with time-varying actuator faults[J]. IEEE Transactions on Fuzzy Systems, 2014, 22(3): 494-504.

[93] Peng Z H, Wang D, Zhang H W, et al. Distributed model reference adaptive control for cooperative tracking of uncertain dynamical multi-agent systems[J]. IET Control Theory & Applications, 2013, 7(8): 1079-1087.

[94] Peng Z H, Wang D, Wang H, et al. Distributed cooperative tracking of uncertain nonlinear multi-agent systems with fast learning[J]. Neurocomputing, 2014, 129: 494-503.

[95] Li Z K, Duan Z S, Lewis F L. Distributed robust consensus control of multi-agent systems with heterogeneous matching uncertainties[J]. Automatica, 2014, 50(3): 883-889.

[96] Peng Z H, Wang D, Zhang H W, et al. Distributed neural network control for adaptive synchronization of uncertain dynamical multiagent systems[J]. IEEE Transactions on Neural Networks and Learning Systems, 2014, 25(8): 1508-1519.

[97] 林来兴. 小卫星编队飞行及其轨道构成[J]. 中国空间科学技术, 2001, 21(1): 23-28, 65.

[98] Shaw G B, Miller D W, Hastings D E. Generalized characteristics of satellite systems[J]. Journal of Spacecraft and Rockets, 2000, 37(6): 801-811.

[99] Buckreuss S, Zink M. The missions TerraSAR-X and TanDEM-X: Status, challenges, future perspectives[C]. General Assembly and Scientific Symposium, 2011: 1.

[100] 林来兴. 自主空间交会对接飞行演示与验证: 美国“轨道快车”计划[J]. 控制工程 (北京), 2005, (3): 1-8, 15.

[101] 李志. 分布式天基雷达卫星编队与波束形成技术研究[D]. 成都: 电子科技大学, 2011.

[102] 张健. 多航天器编队姿态协同控制算法研究[D]. 哈尔滨: 哈尔滨工业大学, 2017.

[103] Scharf D P, Hadaegh F Y, Ploen S R. A survey of spacecraft formation flying guidance and control[C]. Proceedings of the American Control Conference, 2004: 2976-2985.

[104] Ma L, Min H, Wang S, et al. An overview of research in distributed attitude coordination control[J]. IEEE/CAA Journal of Automatica Sinica, 2015, 2(2): 121-133.

[105] Cai H, Huang J. Leader-following attitude consensus of multiple rigid body systems by attitude feedback control[J]. Automatica, 2016, 69: 87-92.

[106] Cai H, Huang J. Leader-following attitude consensus of multiple uncertain spacecraft systems subject to external disturbance[J]. International Journal of Robust & Nonlinear Control, 2017, 27: 742-760.

[107] Ma X, Sun F C, Li H B, et al. Neural-network-based sliding-mode control for multiple rigid-body attitude tracking with inertial information completely unknown[J]. Information Sciences, 2017, 400: 91-104.

[108] Zhang J, Hu Q L, Wang D W, et al. Robust attitude coordinated control for spacecraft formation with communication delays[J]. Chinese Journal of Aeronautics, 2017, 30(3): 1071-1085.

[109] 龚立纲, 王青, 董朝阳, 等. 航天器姿态输出反馈抗干扰跟踪控制[J]. 控制理论与应用, 2017, 34(12): 1547-1560.

[110] Cockell C S, Herbst T, A. Léger, et al. Darwin—An experimental astronomy mission to search for extrasolar planets[J]. Experimental Astronomy, 2009, 23(1): 435-461.

[111] Giulicchi L, Wu S F, Fenal T. Attitude and orbit control systems for the LISA pathfinder mission[J]. Aerospace Science and Technology, 2013, 24(1): 283-294.

[112] Bhat S, Bernstein D. Finite time stability of homogeneous systems[C]. Proceedings of the American Control Conference, Albuquerque, 1997: 2513-2514.

[113] Hong Y, Jiang Z P. Finite-time stabilization of nonlinear systems with parametric and dynamic uncertainties[J]. IEEE Transactions on Automatic Control, 2006, 51(12): 1950-1956.

[114] Hong Y, Wang J, Cheng D. Adaptive finite-time control of nonlinear systems with parametric uncertainty[J]. IEEE Transactions on Automatic Control, 2006, 51(5): 858-862.

[115] Hui Q, Haddad W, Bhat S. Finite-time semi-stability and consensus for nonlinear dynamical networks[J]. IEEE Transactions on Automatic Control, 2008, 53(8): 1887-1900.

[116] Zhao Y, Duan Z, Wen G. Distributed finite-time tracking of multiple Euler-Lagrange systems without velocity measurements[J]. International Journal of Robust & Nonlinear Control, 2015, 25(11): 1688-1703.

[117] Hu Q, Zhang J, Friswell M I. Finite-time coordinated attitude control for spacecraft formation flying under input saturation[J]. Journal of Dynamic Systems, Measurement, and Control, 2015, 137(6): 1-14.

[118] Zou A M, de Ruiter A H J, Kumar K D. Distributed finite-time velocity-free attitude coordination control for spacecraft formations[J]. Automatica, 2016, 67: 46-53.

[119] Coron J M, Praly L. Adding an integrator for the stabilization problem[J]. Systems & Control Letters, 1991, 17(2): 89-104.

[120] Lin W, Qian C J. Adding one power integrator: A tool for global stabilization of high-order lower-triangular systems[J]. Systems & Control Letters, 2000, 39(5): 339-351.

[121] Lin W, Qian C. Adaptive control of nonlinearly paramterized systems: the smooth feedback case[J]. IEEE Transactions on Automatic Control, 2002, 47(8): 1249-1266.

[122] Lin W, Qian C. Adaptive control of nonlinearly paramterized systems: A nonsmooth feedback framwork[J]. IEEE Transactions on Automatic Control, 2002, 47(5): 757-774.

[123] Li S H, Du H B, Lin X Z. Finite-time consensus algorithm for multi-agent systems with double-integrator dynamics[J]. Automatica, 2011, 47(8): 1706-1712.

[124] Du H, Li S, Qian C. Finite-time attitude tracking control for spacecraft with application to attitude synchronization[J]. IEEE Transactions on Automatic Control, 2011, 56(11): 2711-2717.

[125] Zhou J K, Hu Q L, Friswell M I. Decentralized finite time attitude synchronization control of satellite formation flying[J]. Journal of Guidance, Control, and Dynamics, 2012, 36(1): 185-195.

[126] Li S H, Du H B, Shi P. Distributed attitude control for multiple spacecraft with communication delays[J]. IEEE Transactions on Aerospace Electronic Systems, 2014, 50(3): 1765-1773.

[127] Jiang B Y, Li C J, Ma G F. Finite-time output feedback attitude control for spacecraft using "adding a power integrator" technique[J]. Aerospace Science and Technology, 2017, 66: 342-354.

[128] Emelyanov S V, Taran V A. On a class of variable structure control systems[C]. Proceedings of USSR Academy of Sciences, Energy and Automation, Moskov, 1962: 1-4.

[129] Zou A M, Kumar K D. Distributed attitude coordination control for spacecraft formation flying[J]. IEEE Transactions on Aerospace Electronic Systems, 2012, 48(2): 1329-1346.

[130] Gan C, Lu P, Liu X. Finite-time distributed cooperative attitude control for multiple spacecraft with actuator saturation[J]. IET Control Theory & Applications, 2014, 8(18): 2186-2198.

[131] He X Y, Wang Q Y, Yu W W. Finite-time distributed cooperative attitude tracking control for multiple rigid spacecraft[J]. Applied Mathematics and Computation, 2015, 256: 724-734.

[132] Zhou N, Xia Y, Wang M, et al. Finite-time attitude control of multiple rigid spacecraft using terminal sliding mode[J]. International Journal of Robust & Nonlinear Control, 2015, 25(12): 1862-1876.

[133] Meng Z Y, Ren W, You Z. Distributed finite-time attitude containment control for multiple rigid bodies[J]. Automatica, 2010, 46(12): 2092-2099.

[134] Khoo S, Xie L, Man Z. Robust finite-time consensus tracking algorithm for multirobot systems[J]. IEEE/ASME Transactions on Mechatronicas, 2009, 14(2): 219-228.

[135] 张海博, 胡庆雷, 马广富, 等. 多航天器系统分布式有限时间姿态协同跟踪控制[J]. 控制与决策, 2014, 29(9): 1593-1598.

[136] Zhou N, Xia Y. Distributed fault-tolerant control design for spacecraft finite-time attitude synchronization[J]. International Journal of Robust & Nonlinear Control, 2016, 26(14): 2994-3017.

[137] Zhao L, Jia Y M. Neural network-based distributed adaptive attitude synchronization control of spacecraft formation under modified fast terminal sliding mode[J]. Neurocomputing, 2016, 171: 230-241.

[138] Ma L, Wang S C, Min H B, et al. Distributed finite-time attitude containment control of multi-rigid-body systems[J]. Journal of the Franklin Institute, 2015, 352(5): 2187-2203.

[139] Zou A M, Kumar K D, Hou Z G. Distributed consensus control for multi-agent systems using terminal sliding mode and Chebyshev neural networks[J]. International Journal of Robust & Nonlinear Control, 2013, 23(3): 334-357.

[140] Qu Z H. Cooperative Control of Dynamical Systems Applications to Autonomous Vehicles[M]. London: Springer-Verlag, 2008.

[141] Horn R A, Johnson C R. Matrix Analysis[M]. New York: Cambridge University Press, 1990.

[142] Hong Y G, Hu J P, Gao L X. Tracking control for multi-agent consensus with an active leader and variable topology[J]. Automatica, 2006, 42(7): 1177-1182.

[143] Zhang H W, Li Z K, Qu Z H, et al. On constructing Lyapunov functions for multi-agent systems[J]. Automatica, 2015, 58: 39-42.

[144] Khalil H K. Nonlinear Systems[M]. 3rd ed. Upper Saddle River: Prentice Hall, 2002.

[145] Bhat S P, Bernstein D S. Continuous finite-time stabilization of the translational and rotational double integrators[J]. IEEE Transactions on Automatic Control, 1998, 43(5): 678-682.

[146] Yu S H, Yu X H, Shirinzadeh B, et al. Continuous finite-time control for robotic manipulators with terminal sliding mode[J]. Automatica, 2005, 41(11): 1957-1964.

[147] 魏东. 非线性系统神经网络参数预测及控制[M]. 北京: 机械工业出版社, 2008.

[148] Cybenko G. Approximation by superpositions of a sigmoidal function[J]. Mathematics of Control, Signals and Systems, 1989, 2(4): 303-314.

[149] Barron A R. Universal approximation bounds for superpositions of a sigmoidal function[J]. IEEE Transactions on Information Theory, 1993, 39(3): 930-945.

[150] Sanner R M, Slotine J J E. Stable adaptive control and recursive identification using radial Gaussian networks[C]. Proceedings of the 30th IEEE Conference on Decision and Control, 1991: 2116-2123.

[151] Hornik K, Stinchcombe M, White H. Multilayer feedforward networks are universal approximators[J]. Neural Networks, 1989, 2(5): 359-366.

[152] Lewis F L, Jagannathan S, Yesildirek A. Neural Network Control of Robot Manipulators and Nonlinear Systems[M]. London: Taylor & Francis, 1999.

[153] Stone M H. The generalized weierstrass approximation theorem[J]. Mathematics Magazine, 1948, 21(4, 5): 167-184, 237-254.

[154] Wiener T F. Theoretical analysis of gimballess inertial reference equipment using delta-modulated instruments[D]. Cambridge: Massachusetts Institute of Technology, 1962.

[155] Marandi S R, Modi V J. A preferred coordinate system and the associated orientation representation in attitude dynamics[J]. Acta Astronautica, 1987, 15(11): 833-843.

[156] Schaub H, Akella M R, Junkins J L. Adaptive control of nonlinear attitude motions realizing linear closed loop dynamics[J]. Journal of Guidance Control & Dynamics, 2001, 24(1): 95-100.

[157] Hughes P C. Spacecraft Attitude Dynamics[M]. New York: Jones & Wiley, 1986.

[158] Brewer J. Kronecker products and matrix calculus in system theory[J]. IEEE Transactions on Circuits and Systems, 1978, 25(9): 772-781.

[159] Boyd S, Ghaoui L E, Feron E, et al. Linear Matrix Inequalities in System and Control Theory[M]. Philadelphia: SIAM, 1994.

[160] Cao J D, Li H X, Ho D W C. Synchronization criteria of Lur'e systems with time-delay feedback control[J]. Chaos, Solitons & Fractals, 2005, 23(4): 1285-1298.

[161] Qian C J, Lin W. Non-Lipschitz continuous stabilizers for nonlinear systems with uncontrollable unstable linearization[J]. Systems & Control Letters, 2001, 42(3): 185-200.

[162] Hardy G, Littlewood J, Pólya G. Inequalities[M]. Cambridge: Cambridge University Press, 1952.

[163] Fridman E, Shaikhet L. Stabilization by using artificial delays: An LMI approach[J]. Automatica, 2017, 81: 429-437.

[164] Gadewadikar J, Lewis F L, Abu-Khalaf M. Necessary and sufficient conditions for H_∞ static output-feedback control[J]. Journal of Guidance Control & Dynamics, 2012, 29(4): 915-920.

[165] Scardovi L, Sepulchre R. Synchronization in networks of identical linear systems[J]. Automatica, 2009, 45(11): 2557-2562.

[166] Wen G H, Li Z K, Duan Z S, Chen G R. Distributed consensus control for linear multi-agent systems with discontinuous observations[J]. International Journal of Control, 2013, 86(1): 95-106.

[167] Wen G H, Zhang H T, Yu W W, et al. Coordination tracking of multi-agent dynamical systems with general linear node dynamics[J]. International Journal of Robust & Nonlinear Control, 2017, 27(9): 1526-1546.

[168] Liberzon D. Switching in Systems and Control[M]. Boston: Birkhäuser, 2003.

[169] Zhang H W, Lewis F L, Qu Z H. Lyapunov, adaptive, and optimal design techniques for cooperative systems on directed communication graphs[J]. IEEE Transactions on Industrial Electronics, 2012, 59(7): 3026-3041.

[170] Wen G H, Hu G Q, Yu W W, et al. Consensus tracking for higher-order multi-agent systems with switching directed topologies and occasionally missing control inputs[J]. Systems & Control Letters, 2013, 62(12): 1151-1158.

[171] Agiza H N, Matouk A E. Adaptive synchronization of Chua's circuits with fully unknown parameters[J]. Chaos, Solitons & Fractals, 2006, 28(1): 219-227.

[172] Li Z G, Wen C Y, Soh Y C, et al. The stabilization and synchronization of Chua's oscillators via impulsive control[J]. IEEE Transactions on Circuits & Systems I—Fundamental Theory & Applications, 2001, 48(11): 1351-1355.

[173] Baker C T H, Buckwar E. Exponential stability in p-th mean of solutions, and of convergent Euler-type solutions, of stochastic delay differential equations[J]. Journal of Computational and Applied Mathematics, 2005, 184(2): 404-427.

[174] Huang T W, Li C D, Yu W W, et al. Synchronization of delayed chaotic systems with parameter mismatches by using intermittent linear state feedback[J]. Nonlinearity, 2009, 22(3): 569-584.

[175] Li Z K, Wen G H, Duan Z S, et al. Designing fully distributed consensus protocols for linear multi-agent systems with directed graphs[J]. IEEE Transactions on Automatic Control, 2015, 60(4): 1152-1157.

[176] Tang Y, Gao H, Kurths J. Distributed robust synchronization of dynamical networks with stochastic coupling[J]. IEEE Transactions on Circuits & Systems I: Regular Papers, 2017, 61(5): 1508-1519.

[177] Tang Y, Gao H J, Zou W, et al. Distributed synchronization in networks of agent systems with nonlinearities and random switchings[J]. IEEE Transactions on Cybernetics, 2013, 43(1): 358-370.

[178] Zhang H G, Ma T D, Huang G B, et al. Robust global exponential synchronization of uncertain chaotic delayed neural networks via dual-stage impulsive control[J]. IEEE Transactions on Systems, Man, and Cybernetics, Part B: Cybernetics, 2010, 40(3): 831-844.

[179] Tang Y, Qiu R H, Fang J N, et al. Adaptive lag synchronization in unknown stochastic chaotic neural networks with discrete and distributed time-varying delays[J]. Physics Letters A, 2008, 372(24): 4425-4433.

[180] Cheng L, Hou Z G, Tan M, et al. Neural-network-based adaptive leader-following control for multi-agent systems with uncertainties[J]. IEEE Transactions on Neural Networks, 2010, 21(8): 1351-1358.

[181] Mayne D Q, Rawlings J B, Rao C V, et al. Constrained model predictive control: Stability and optimality[J]. Automatica, 2000, 36(6): 789-814.

[182] Sun Z Q, Dai L, Liu K, et al. Robust MPC for tracking constrained unicycle robots with additive disturbances[J]. Automatica, 2018, 90: 172-184.

[183] Gilbert E, Kolmanovsky I. Nonlinear tracking control in the presence of state and control constraints: A generalized reference governor[J]. Automatica, 2002, 38(12): 2063-2073.

[184] Tee K P, Ge S S, Tay E H. Barrier Lyapunov functions for the control of output-constrained nonlinear systems[J]. Automatica, 2009, 45(4): 918-927.

[185] Tee K P, Ge S S. Control of nonlinear systems with partial state constraints using a barrier Lyapunov function[J]. International Journal of Control, 2011, 84(12): 2008-2023.

[186] Liu Y J, Tong S C. Barrier Lyapunov functions-based adaptive control for a class of nonlinear pure-feedback systems with full state constraints[J]. Automatica, 2016, 64: 70-75.

[187] Wang Y J,Song Y D, Krstic M, et al. Fault-tolerant finite time consensus for multiple uncertain nonlinear mechanical systems under single-way directed communication interactions and actuation failures[J]. Automatica, 2016, 63: 374-383.

[188] Wang Y J, Song Y D. Fraction dynamic-surface-based neuroadaptive finite-time containment control of multiagent systems in nonaffine pure-feedback form[J]. IEEE Transactions on Neural Networks and Learning Systems, 2017, 28(3): 678-689.

[189] Swaroop D, Hedrick J K, Yip P P, et al. Dynamic surface control for a class of nonlinear systems[J]. IEEE Transactions Automatic Control, 2000, 45(10): 1893-1899.

[190] Wang D, Huang J. Neural network-based adaptive dynamic surface control for a class of uncertain nonlinear systems in strict-feedback form[J]. IEEE Transactions on Neural Networks, 2005, 16(1): 195-202.

[191] Li T S, Wang D, Feng G, et al. A DSC approach to robust adaptive NN tracking control for strict-feedback nonlinear systems[J]. IEEE Transactions on Systems, Man, and Cybernetics, Part B: Cybernetics, 2010, 40(3): 915-927.

[192] Bhat S P, Bernstein D S. Finite-time stability of continuous autonomous systems[J]. SIAM Journal on Control and Optimization, 2000, 38(3): 751-766.

[193] Ren B B, Ge S S, Tee K P, et al. Adaptive neural control for output feedback nonlinear systems using a barrier Lyapunov function[J]. IEEE Transactions on Neural Networks, 2010, 21(8): 1339-1345.

[194] Moreno J, Osorio M. Strict Lyapunov functions for the supertwisting algorithm[J]. IEEE Transactions on Automatic Control, 2012, 57(4): 1035-1040.

[195] Yu S H, Long X J. Finite-time consensus for second-order multi-agent systems with disturbances by integral sliding mode[J]. Automatica, 2015, 54: 158-165.

[196] Poznyak A S. Advanced Mathematical Tools for Automatic Control Engineers[M]. Amsterdam: Elsevier, 2008.

[197] Kim K, Yucelen T, Calise A. A parameter dependent Riccati equation approach to output feedback adaptive control[C]. AIAA Guidance, Navigation, and Control Conference, 2011: 1-16.

[198] Zou A M. Finite-time output feedback attitude tracking control for rigid spacecraft[J]. IEEE Transactions on Control Systems Technology, 2013, 22(1): 338-345.

[199] Qian C, Li J. Global finite-time stabilization by output feedback for planar systems without observable linearization[J]. IEEE Transactions on Automatic Control, 2005, 50(6): 885-890.

[200] Wang X H, Hong Y G, Ji H B. Adaptive multi-agent containment control with multiple parametric uncertain leaders[J]. Automatica, 2014, 50(9): 2366-2372.

编 后 记

“博士后文库”是汇集自然科学领域博士后研究人员优秀学术成果的系列丛书。“博士后文库”致力于打造专属于博士后学术创新的旗舰品牌，营造博士后百花齐放的学术氛围，提升博士后优秀成果的学术影响力和社会影响力。

“博士后文库”出版资助工作开展以来，得到了全国博士后管委会办公室、中国博士后科学基金会、中国科学院、科学出版社等有关单位领导的大力支持，众多热心博士后事业的专家学者给予积极的建议，工作人员做了大量艰苦细致的工作。在此，我们一并表示感谢！

“博士后文库”编委会